普通高等教育电子信息类系列教材　新形态·立体化

LabVIEW 图形化编程：基础与测控扩展

主　编　陈　忠
参　编　李　海　吴淇森

机械工业出版社

测控技术与以工业互联和工业智能为核心的智能制造技术密切相关。虚拟仪器既涉及测量应用领域，也涉及工业测控领域。LabVIEW 实际上已成为工业标准化测控图形开发平台。本书在侧重阐述 LabVIEW 图形化编程基础知识的同时，还讲述了与工业测控相关的专业主题知识。本书分为基础篇和高级应用篇。基础篇涉及 LabVIEW 图形化编程的基础知识，包括虚拟仪器与 LabVIEW 入门、数据类型与操作、程序控制要素、输入与输出、程序调试技术与界面设计、程序设计模式，以及综合设计案例。高级应用篇涉及 Arduino 与 LabVIEW 嵌入式编程、Modbus 通信和 DSC、LabVIEW 机器视觉、LabVIEW FPGA 编程基础 4 大测控主题知识。各章均配有示例，且大部分章节配有编程短视频，便于读者自主学习。

本书适合高等学校机电、自动化、测控类等相关专业的学生使用，也适合有 LabVIEW 入门与提高学习需求的各类工程技术人员使用。

图书在版编目（CIP）数据

LabVIEW 图形化编程：基础与测控扩展/陈忠主编. —北京：机械工业出版社，2021.7（2024.9 重印）
普通高等教育电子信息类系列教材
ISBN 978-7-111-68428-2

Ⅰ.①L…　Ⅱ.①陈…　Ⅲ.①软件工具-程序设计-高等学校-教材
Ⅳ.①TP311.56

中国版本图书馆 CIP 数据核字（2021）第 110374 号

机械工业出版社（北京市百万庄大街 22 号　邮政编码 100037）
策划编辑：刘琴琴　责任编辑：刘琴琴　张翠翠
责任校对：刘雅娜　封面设计：张　静
责任印制：刘　媛
北京中科印刷有限公司印刷
2024 年 9 月第 1 版第 4 次印刷
184mm×260mm · 15.75 印张 · 382 千字
标准书号：ISBN 978-7-111-68428-2
定价：49.80 元

电话服务	网络服务
客服电话：010-88361066	机　工　官　网：www.cmpbook.com
010-88379833	机　工　官　博：weibo.com/cmp1952
010-68326294	金　　书　　网：www.golden-book.com
封底无防伪标均为盗版	机工教育服务网：www.cmpedu.com

前言

PREFACE

以工业互联与工业智能为核心的智能制造技术，其核心的应用技术之一是测控技术，因此有必要编写与基于工业互联的测控技术和系统实现相关的专业教材。虚拟仪器技术虽然最早针对的是测量应用，但目前已扩展到工业测控领域。LabVIEW 是美国国家仪器（NI）公司于 1983 年研发出来的图形化开发系统，已成为事实上的工业标准化测控图形开发平台。其功能除了传统的测量与测试应用外，还扩展到机器视觉、嵌入式系统、FPGA 等与工业物联网技术相关的领域。

本书分为基础篇和高级应用篇。基础篇用于课堂教学，使得学生可以通过上机与课堂教学基本掌握相关的图形化测控编程知识；高级应用篇用于实践，作为与测控关联的扩展内容，是学生课外或课程学习后的自主学习扩展内容，这部分内容可以培养学生的测控系统图形编程的实际应用能力。本书还配有小视频，能更好地协助学生自主学习相关知识。因此，本书的特色在于有利于课堂学习、上机学习与自主学习等多维跨时空学习。

基础篇适用于对具备高级语言基本编程能力的学生的课堂教学。该部分包括虚拟仪器与 LabVIEW 入门、数据类型与操作、程序控制要素、输入与输出、程序调试技术与界面设计、程序设计模式，以及综合设计案例。高级应用篇在示例与必要数字资源的支持下，适用于欲提高应用能力的学生的自主学习。该部分包括 Arduino 与 LabVIEW 嵌入式编程、Modbus 通信和 DSC、LabVIEW 机器视觉、LabVIEW FPGA 编程基础 4 大测控主题。这样的安排能更好地体现新工科建设对教材的要求。

本书由陈忠、李海、吴淇森编写，陈忠担任主编并审阅全书。陈忠负责第 1 ~7 章、第 10 章以及附录 A 的编写；李海负责第 8 章的编写；吴淇森负责第 9、11 章以及附录 B 的编写。

限于编者水平，书中难免存在不足之处，敬请读者批评指正。

编　者

二维码清单

名称	二维码	页码	名称	二维码	页码
链 1-1　启动		10	链 1-7　工具选择与操作		12
链 1-2　前面板菜单		10	链 1-8　温度变换子 VI		16
链 1-3　框图程序窗口菜单		10	链 1-9　项目创建与编译		16
链 1-4　前面板工具栏		10	链 2-1　数值基数		21
链 1-5　框图程序窗口工具栏		10	链 2-2　枚举与下拉列表数据类型区别		23
链 1-6　VI 图标制作		12	链 2-3　数组创建		25

（续）

名称	二维码	页码	名称	二维码	页码
链 2-4　簇的创建与常量使用		29	链 3-7　事件结构		47
链 3-1　平铺式顺序结构		37	链 3-8　子程序调用		53
链 3-2　层叠式顺序结构		37	链 4-1　文件路径		57
链 3-3　For 循环		40	链 4-2　波形图表		67
链 3-4　While 循环		41	链 4-3　波形图		70
链 3-5　定时循环结构		42	链 4-4　数字波形图		74
链 3-6　条件结构		44	链 5-1　基本调试		91

（续）

名称	二维码	页码	名称	二维码	页码
链 5-2　高亮执行－引起错误		91	链 5-6　运行时菜单		102
链 5-3　无高亮调试正常运行		91	链 6-1　LabVIEW 状态图工具		123
链 5-4　自定义控件		99	链 11-1　环境搭建		211
链 5-5　自定义数据		99	链 11-2　编译过程		214

目 录

CONTENTS

基 础 篇

第1章 虚拟仪器与LabVIEW入门

1.1 虚拟仪器相关的概念与发展

1.1.1 虚拟仪器的起源与定义

早期，所谓的仪器系统局限于测杆、尺规等简单测量仪器。而20世纪80年代前的仪器系统常常指由传感器、调理电路与显示/记录模块构成的一体化专用仪器，或者是应用于生产过程监控的复杂仪器系统。这种复杂仪器系统的特征在于分布式过程监测仪器单元的输出统一汇聚到中央控制仪表。这是20世纪80年代前普遍采用的分布式测量仪器结构。这类仪器系统的特征表现为封闭且缺乏柔性。

1. 虚拟仪器的演化发展

仪器系统一直沿着柔性化、可重组的技术路线发展。从手动控制、厂家定义的仪器系统到计算机控制、用户定义的复杂仪器系统，技术发展可概括为以下4个阶段：

1）模拟仪器系统。

2）数据采集与处理仪器系统。

3）基于通用计算机的数字信号处理仪器系统。

4）分布式虚拟仪器系统。

第一阶段是模拟仪器系统。该类仪器系统的典型代表是早期的示波器和脑电图（Electro Encephalo Gram，EEG）记录仪。这类仪器是“全封闭”仪器系统，包括高度集成的传感、变送与显示单元，而且必须手动设置参数，仪器测量结果直接输出给计数器、指针式仪表、CRT显示器或者直接打印在记录纸上。显然，复杂或自动化测试任务无法在这类模拟仪器系统上实现。

第二阶段是数据采集与处理仪器系统，源于20世纪50年代工业控制发展的需求。仪器模块集成到带有PID控制单元的系统中，这使得相关测试测量系统更加柔性化与自动化。这个阶段的仪器系统开始处理数字化信号，但相关仪器还是采用由厂家定制的独立封闭式模块结构。

第三阶段的仪器系统开始转向采用基于计算机技术的架构。随着计算机技术的发展，仪器模块开始带有与计算机通信的接口。20世纪60年代，惠普（Hewlett - Packard，HP）公司推出了通用总线（General - Purpose Interface Bus，GPIB）接口。通过GPIB接口，通用计算机上的测试、分析应用软件可以离线或在线完成自动化测试、分析任务，用户可以自由定制及实现复杂的自动化测试系统。虽然随着计算机技术的发展，通用计算机的性能越来越高，但构建一个复杂的自动化测量测试仪器系统，仍然不是一件简单的事情。这是因为早期的仪器系统控制程序采用 BASIC 语言编写，这要求仪器用户也必须具有专业或准专业程序员的技术水平。因此，针对这个问题，1986 年，美国国家仪器公司发布了基于 PC Windows 平台的 LabVIEW 1.0 图形化编程语言，这成为虚拟仪器技术发展的标志性事件。这种虚拟仪器技术不基于专用硬件平台，而基于通用的仪器硬件单元、通用计算机，因而具有跨平台特性。而用户只需从仪器供应商购买不能在普通市场上购买的特殊仪器硬件模块即可。其他构成仪器系统的通用单元，如通用计算机，用户可直接从普通市场采购。

第四阶段分布式仪器系统出现的起因是计算机网络技术发展成熟。这个阶段仪器系统的特点是计算机化的仪器可以通过局域或全局通信网与远端通用计算机互联，从而组成分布式仪器系统。仪器系统的分布式特征使得仪器系统不再局限在本地，因而远程测量成为现实。其代表性应用是远程医疗系统。

以上所阐述的仪器系统技术的一个共同特点是引入了计算机技术，使得用户可以采用图形化软件编程技术实现仪器重构，而且仪器的面板信息可以直接显示在计算机显示屏上。

2. 虚拟仪器的定义与组成

Santori 与 Goldberg 分别给出了虚拟仪器的两个非正式定义：“虚拟仪器是其功能与作用可以由软件定义的仪器”；“虚拟仪器是由特殊功能模块、通用计算机、软件与方法构成的仪器”。维基解密给出的定义是“虚拟仪器就是利用高性能的模块化硬件，结合高效灵活的软件来完成各种测试、测量和自动化的应用”。因此，借鉴美国国家仪器给出的虚拟仪器定义，可以认为虚拟仪器是一种可由软件定制的仪器系统，包括工业标准的计算机或工作站、可由用户定义软件、模块化采集硬件。虚拟仪器代表着从以传统硬件为主的测量系统到以软件为中心的测量系统的根本性转变。从直观的角度，虚拟仪器利用模块化硬件单元完成信号的采集、调理与测量，由通用计算机上的软件模块完成数字信号的加工处理，而仪器的操作显示面板由计算机显示屏的软面板体现。这样，虚拟仪器就具有与传统仪器一样的操作、分析以及显示的测试功能。因此，虚拟仪器有两层含义：虚拟的控制面板和虚拟的测试测量与分析。

虚拟仪器系统由 6 个功能模块构成：传感器模块、传感器接口、信号处理模块、数据库接口、信息系统接口、用户界面（显示与控制），如图 1.1 所示。

传感器模块包括传感器、信号调理单元和 A/D 转换单元，用于实现对传感器输出信号的调理，并通过 A/D 转换模块转换为数字信号。传感器包括具有各种不同传感原理的传感器，如热电偶、视觉传感、应变片等，其需要经过信号调理转换为与采集单元阻抗、电气匹配的模拟信号。信号调理单元实现传感器输出信号的放大、输出激励、线性化、隔离以及滤波的功能。A/D 转换单元可把调理后的阻抗匹配的电压信号按设定的采样频率、分辨率采样并变换为数字信号。因此，通过传感器模块，虚拟仪器可以把所接收的外部物理量模拟信号转换为可以处理的数字信号。

传感器接口实现传感器模块与计算机的通信连接，包括有线与无线两大类接口。有线接口包括并行接口，如 GPIB、SCSI（Small Computer Systems Interface）、系统总线（PXI 或 VXI）和串行总线（RS232、RS485 或 USB 接口）。无线接口包括基于 802.11 标准体系的接

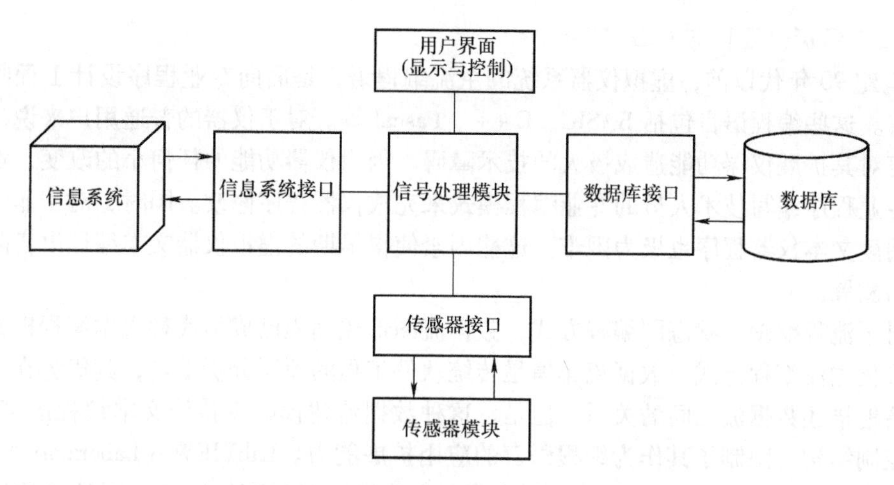

图 1.1　虚拟仪器系统的 6 个功能模块

口、Bluetooth 和 GPRS/GSM 接口等。在许多不允许电缆连接的测试测量场合，传感器模块无线通信技术就显得格外重要。针对医疗仪器构建 PANS（Personal Area Networks）智能传感器网络，国际标准化委员会制定了 ISO/IEEE 1073 系列标准。

信号处理模块可以基于通用处理器与微控制器实现复杂信号处理功能。虚拟仪器的功能通过改变信号处理模块里的相应处理函数就可以实现，而不用依赖更换硬件。可以把虚拟仪器中的信号处理功能归纳为信号解析处理技术与人工智能技术两大类技术。信号解析处理技术可实现输入与输出间的特定函数关系，包括谱分析、信号滤波、加窗、时频域变换、峰值检测以及曲线拟合等。人工智能技术，包括神经网络、模糊逻辑和专家系统等，应用在传感器融合、系统辨识、预测、系统控制、校准、复杂测量过程，以及仪器故障检测等仪器测量相关领域。

数据库接口提供一种相比于简单文件系统性能更好的互操作数据管理方案。可扩展标记语言（eXtensible Markup Language，XML）是一个常用的数据存储交互格式标准。XML 通过字段标记与自描述文档管理组织数据。虚拟仪器常常使用数据库管理系统（DataBase Management System，DBMS）管理测试数据与分析结果，这些数据库系统包括 ODBC、JDBC、ADO 和 DAO。

信息系统接口使得虚拟仪器系统可以与其他异构信息管理系统进行信息交互。通过中间件，如 LabVIEW 支持的 ActiveX，可以与其他已有的或新建的信息系统进行数据交互，实现特征数据监视、决策支持、实时报警以及预防性警告等功能。对于 Web 应用，可以采用 URL（Unified Resource Locators）地址定位各虚拟仪器，从而实现参数配置以及数据传送。

用户界面（显示与控制）模块要求易于用户交互式操作，其主要包括 4 类界面：终端用户界面、图形用户界面、多模用户界面和虚拟增强现实用户界面。终端用户界面对资源需求少，采用纯文本交互方式，可在 PC 或 PDA 等平台上实现。图形用户界面可提供给用户友好的包含各种图形、图表、仪表等图形控件的虚拟仪器面板，甚至实现复杂的 2D 和 3D 视觉成像界面。多模用户界面通过展示声觉、触觉等信息，改善用户的实际感知体验，比如声觉表示可以拓展医疗仪器中的 EEG 信号分析的有效性。虚拟增强现实用户界面可以让用户以超现实的方式访问物理数据，是未来虚拟仪器用户界面的重要发展方向。

1.1.2 图形化编程与LabVIEW

20世纪90年代以前，虚拟仪器系统的主流编程语言是面向专业程序设计工程师的文本编程语言。这些编程语言包括BASIC、C++、Pascal等。对于仪器的普通用户来说，文本型编程语言对其扩展仪器功能造成极大的技术障碍。因为仪器功能的任何小的改变，都要求采用类似专业程序编写技术人员的专业编程模式来完成仪器程序修改。同时，对于非专业编程人员，阅读文本仪器程序也极为困难。这些因素使得早期的虚拟仪器文本编程语言阻碍了仪器技术的发展。

相对于流程框图、状态图编程方式，数据流图形化编程已成为代替文本编程模式的虚拟仪器图形化主流编程方式。数据流建模是传统软件工程的顶层分析工具，其优势在于能够清晰、简洁地描述数据流之间的关系。但是，这种数据流建模缺少传统文本编程语言的循环、条件等控制结构，限制了其作为编程语言的应用扩展能力。LabVIEW（Laboratory Virtual Instrumentation Engineering）的创始人之一杰夫·考度斯基（Jeff Kodosky）对这种传统的数据流建模方式进行了改良，提出了结构化数据流编程模式。该数据流建模工具，首次包括了For循环结构、While循环结构、Case条件结构和Sequence顺序结构，如图1.2所示。1986年，首次发布了运行在Mac图形操作系统上的LabVIEW 1.0 for Macintosh，程序界面如图1.3所示。这成为虚拟仪器图形化编程语言发展的标志性事件，从此，LabVIEW成为虚拟仪器编程语言（又称为“G”语言）事实上的标准工业级图形编程语言。

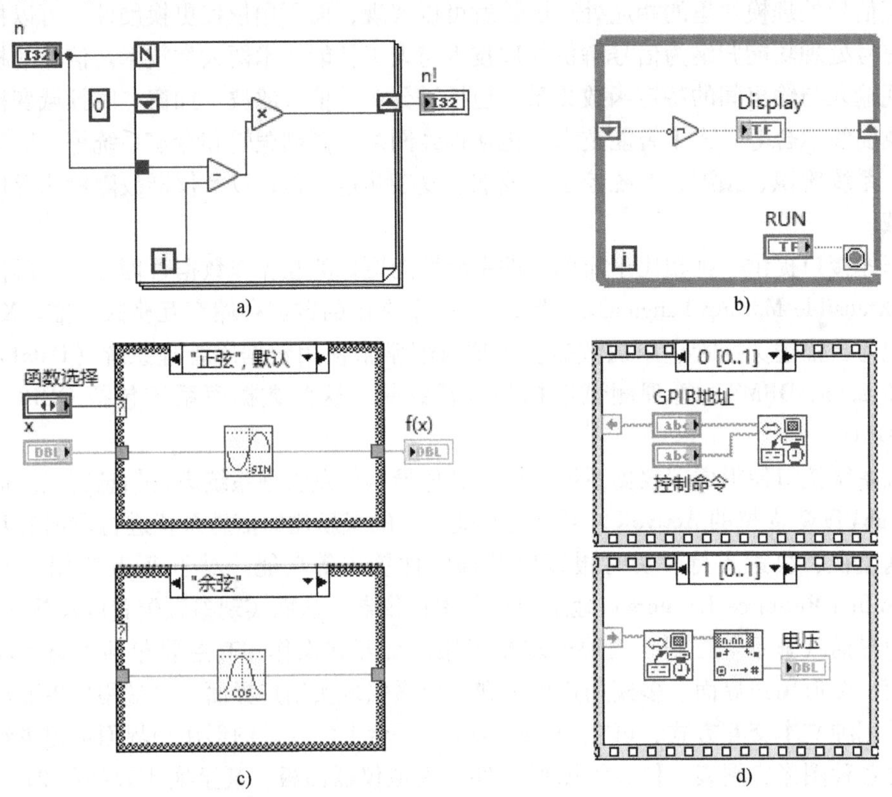

图1.2　数据流编程的结构化工具

a）For循环结构　b）While循环结构　c）Case条件结构　d）Sequence顺序结构

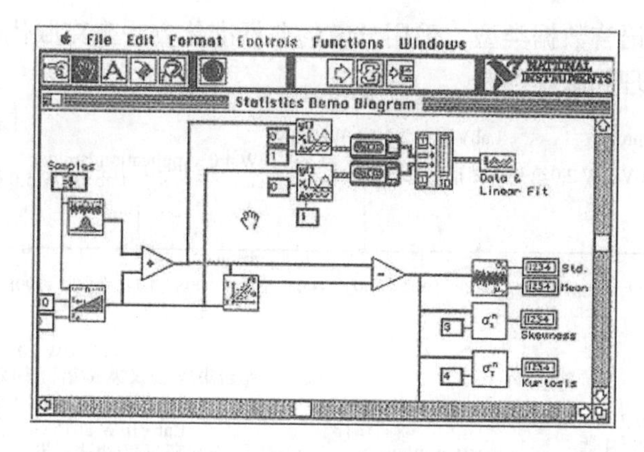

图 1.3　LabVIEW 1.0 for Macintosh 程序界面

LabVIEW 除了作为一种图形化的编程语言外，还可以作为一种用于测量和自动化应用程序的交互式快速开发环境，也能作为 FPGA 硬件电路的图形化开发平台。因此，LabVIEW 作为图形化编程语言，既可以作为类似 C ++ 等高级程序设计语言的一种通用编程工具，也可以用来作为测量和自动化任务的快速编程工具。

LabVIEW 图形化开发系统研发项目于 1983 年在美国德克萨斯州奥斯丁启动，主要是为解决 BASIC 编程时建立/扩展仪器系统的复杂性问题，为仪器用户与科学家等非专业编程人员提供一套快捷构建仪器系统的图形化编程软件平台。图 1.4 所示是 LabVIEW 发展历程。1986 年 10 月，NI 公司成功推出了由 50 张磁盘发布的 LabVIEW 1.0 for Macintosh，成为虚拟仪器图形化开发软件发展的里程碑事件。1990 年 1 月，NI 采用面向对象编程技术重写了系统程序，发布了带有图形编译器功能的 LabVIEW 2.0。随着 Windows 3.0 图形化操作系统的问世，NI 又重写 80% 的 LabVIEW 2.0 代码，并于 1992 年 8 月推出了 LabVIEW 2.5 for Windows。1998 年 2 月，NI 推出了包括多线程等新功能的更加稳定可靠的 LabVIEW 5.0，这成为 LabVIEW 发展历程中的又一个里程碑。从 2005 年开始，发布的 LabVIEW 8.x 版本引入了面向对象（OOP）程序设计概念，使 LabVIEW 更接近一个完整的编程语言。LabVIEW 8.5 集成了多核处理器新技术。之后，从 LabVIEW 2009 开始，按照每年更新一个版本的节奏发布。LabVIEW 2010 具有更强大的定时与同步功能，获得改进的后端编译器可生成经优化的机器码，并将应用程序在运行时的执行性能提升 20%。LabVIEW 2014 内置了新的算法，包括 NI Real - Time Linux 的 .m 文件分析和 FPGA 的视觉函数。LabVIEW 2015 集成了多个可帮助工程师更快速地打开、编写、调试和部署代码的功能，新增了对多种高级硬件的支持，包括高性能 4 核 CompactRIO/CompactDAQ 控制器、FlexRIO 控制器和 8 核 PXI 控制器等。LabVIEW 2017 提高了标准 IP 和标准通信协议的互操作性，如 IEC 61131 - 3、OPC UA 和安全 DDS 消息标准，尤其在分布式系统的设计部署以及管理方面做了进一步的简化，表现为开放的平台集成、开放的协议集成和开放的语言集成。同时，NI 于 2017 年 5 月 23 日推出了下一代 LabVIEW 工程系统设计软件 LabVIEW NXG 1.0。LabVIEW NXG 通过一种实现测量自动化的创新方式，在基于配置的软件和自定义编程语言之间建立了桥梁，让各个领域的专家可以将关注焦点集中在最重要的事情上，即关注问题本身而非工具。LabVIEW 2018 互连接口选板新增 Python 子选板，可使用它从 LabVIEW 代码中调用 Python 代码。LabVIEW 2019 提供了更好的 IDE 可视性、强大的调试增强功能以及新的图形化语言数据类型，包括新增映射表、集合图形化语言数据类型；采用分散的非标准化方法来克服代码部署过程中的常见挑战——依赖关系管理和版本控制。

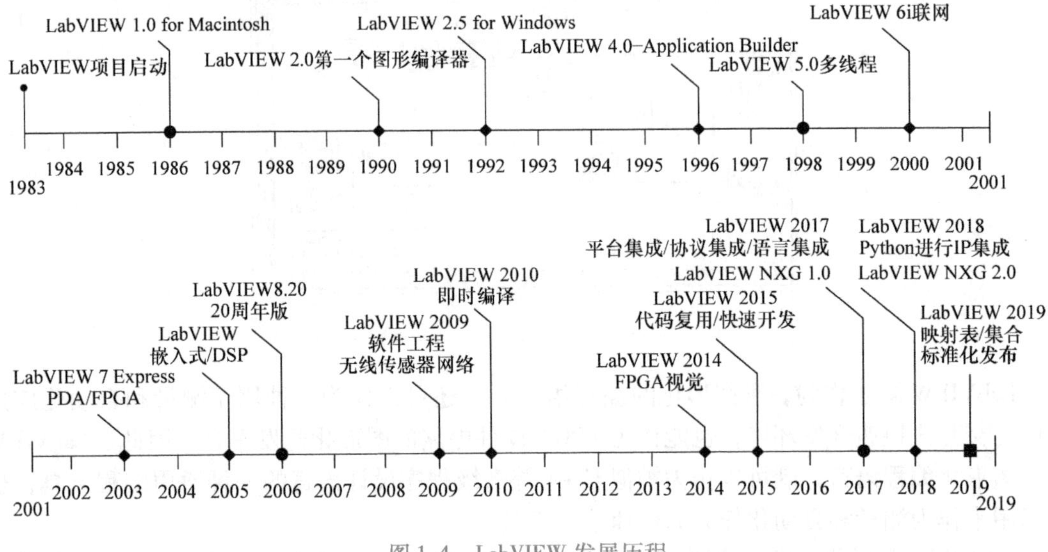

图 1.4　LabVIEW 发展历程

1.2　LabVIEW 界面

本书大部分内容基于 LabVIEW 2018 版本介绍 LabVIEW 图形化编程语言规则与编程模式。随着 LabVIEW 软件持续发展更新，启动界面会有所不同，但基本结构没有大的变化。图 1.5 所示是 LabVIEW 2018 启动界面。通过该界面可以快速打开已有 VI、项目，或创建新的 VI、项目。同时，该界面上的“文件”“操作”“工具”和“帮助”菜单是图形开发环境中对应菜单的简化版本。启动界面与图形开发环境中的“帮助”菜单的菜单项基本一样，具体差异可以通过实际上机操作对比。本节将介绍 LabVIEW 开发环境的主要编程要素。

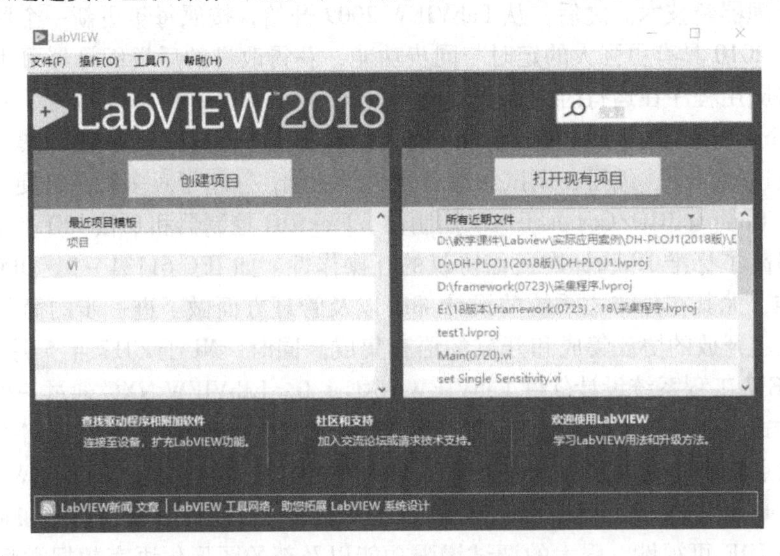

图 1.5　LabVIEW 2018 启动界面

进入新建 VI 界面后，将出现两个窗体：前面板窗体和框图程序窗体，如图 1.6 所示。两个窗体包括前面板区、框图程序区、程序控制按钮区、控件布局按钮区、调试按钮区、菜单栏和接口与图标区。

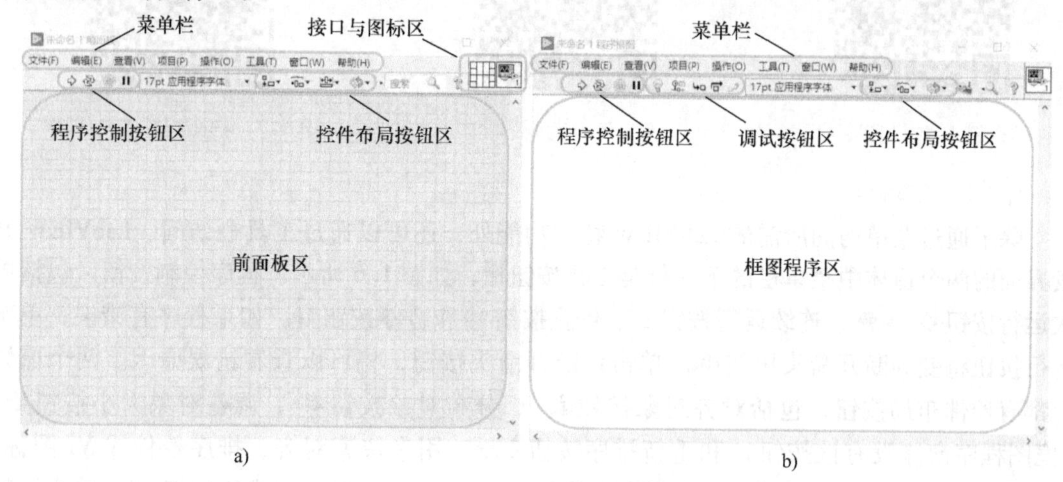

图 1.6　LabVIEW 开发界面

a）前面板窗体　b）框图程序窗体

1.2.1　菜单

两个窗体顶端有同样的菜单栏，包括“文件”“编辑”“查看”“项目”“操作”“工具”“窗口”和“帮助”菜单。“文件”菜单主要包括“文件”“项目打开”“创建”和“保存”等菜单项，特别是有“保存早期版本”“VI 属性设置”菜单项。其中，VI 属性设置功能可以完成 VI 外观、大小、位置、执行控制和版本控制等有关 VI 的设置。“编辑”菜单除了包括传统的剪切、复制、删除、粘贴功能外，还包括与框图程序直接相关的删除断线、创建子 VI 等功能，以及创建运行时菜单功能。“查看”菜单包括“控件选板”“函数选板”和“工具选板”菜单项，还包括与调试相关的“断点管理器”“探针监视窗口”和“错误列表”等菜单项，并可启动导航窗口。图 1.7 所示是工具选板窗体。“项目”菜单主要包括项目创建、打开等与项目相关的菜单项。“操作”菜单主要包括项目运行以及与调试相关的菜单项。“工具”菜单包括 MAE（Measurement & Automation Explorer）、仪器访问、VI 比较/合并、源代码控制、LLB（LabVIEW Library）管理以及涉及 LabVIEW 开发环境配置的“选项”菜单项。“窗口”菜单可以切换框图程序窗体、前面板窗体。“帮助”菜单可以显示即时帮助窗体（如图 1.8所示）、详细帮助窗体和查找范例窗体。各 VI 的接口细节与功能如果通过即时帮助窗体不能理解，可借助详细帮助窗体学习。而对于查找范例功能，可以通过充分利用 NI LabVIEW 自带的丰富例程学习图形化编程的技巧、规范等。

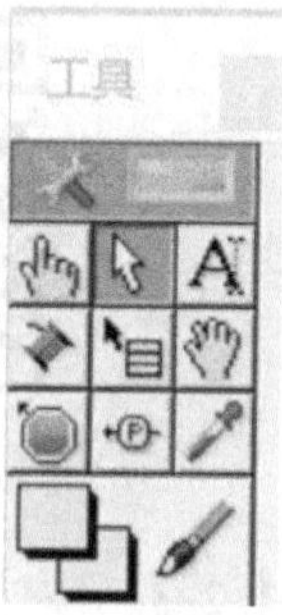

图 1.7　工具选板窗体

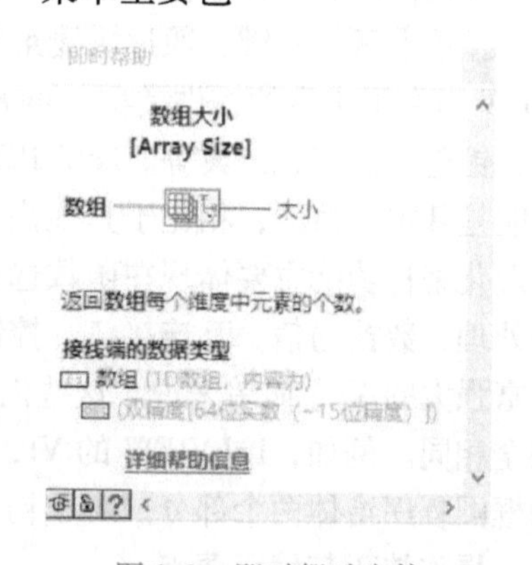

图 1.8　即时帮助窗体

链 1-1　启动

链 1-2　前面板菜单

链 1-3　框图程序窗口菜单

1.2.2　工具栏

除了通过菜单访问所需的 LabVIEW 特定功能外，还可以通过工具栏访问。LabVIEW 开发界面的两个窗体中菜单栏的下一行是工具按钮栏，如图 1.6 所示。程序控制按钮区包括单次运行按钮→、连续运行按钮、停止按钮和暂停按钮。如果程序有错误，单次运行按钮将变为断开箭头按钮。单击该断开箭头按钮，将可以查看错误原因。两个窗体上都有控件布局按钮，包括对齐对象按钮、分布对象按钮、调整对象大小按钮（框图程序窗体没有该按钮）和重新排序按钮，用来快速对齐、排序控件或 VI 图标。框图程序窗体上还有调试按钮，包括高亮执行按钮→、保存连线值按钮、单步执行（进入 VI）按钮、单步执行（跳过 VI）按钮和退出单步步出按钮。调试功能也可以通过前面板/框图程序窗体的操作下拉菜单项调用。LabVIEW 调试方法、技巧等知识将在第 5 章详述。

链 1-4　前面板工具栏

链 1-5　框图程序窗口工具栏

1.2.3　控件选板与函数选板

前面板区用来放置控件等，以快速完成界面设计。框图程序区用于进行图形化程序设计，围绕该区域的程序设计是本书重点讲述的内容。当鼠标指针分别在前面板区和框图程序区时，单击鼠标右键，通过快捷菜单可分别弹出控件选板和函数选板，如图 1.9 所示。LabVIEW 提供了丰富的控件类型，可方便用户快速完成界面设计。控件风格包括新式、NXG 风格、银色、系统、经典等。LabVIEW 提供的控件除了有不同的外观风格外，其内在特性与功能是基本一致的，相比于其他高级语言提供的标准控件功能更加强大。LabVIEW 的强大图形化编程功能主要体现在函数选板。函数选板包括编程、测量 I/O、仪器 I/O、数学、信号处理、数据通信、互连接口、控制和仿真、Express 以及各种附加工具箱等。这些 VI 中有丰富强大的 VI，简单来说，这些内置的 VI 相当于其他高级程序语言的函数或过程，但又不完全相同。例如，LabVIEW 的 VI，不管是内置的还是用户自己设计的，都包括前面板窗体和框图程序窗体两个部分。对于初学者来说，要重点掌握有关编程类中主要 VI 的使用。

操作技巧与编程要点：

- 快捷键 <Ctrl + E>，用于快速切换前面板窗体和框图程序窗体。

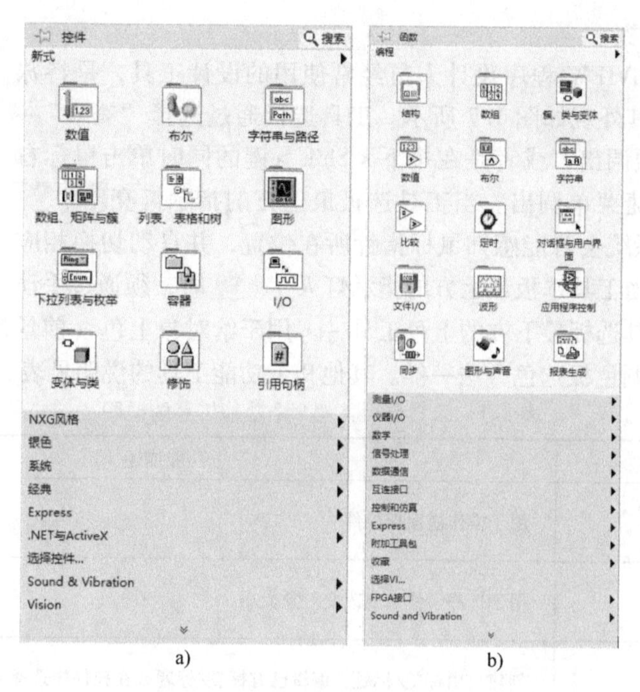

图 1.9　控件选板和函数选板

a）控件选板　b）函数选板

- 快捷键 <Ctrl + T>，用于并列显示前面板窗体和框图程序窗体。

1.2.4　接口与图标

接口与图标区包括两个功能图标：端口配置图标和图标设计图标。在端口配置图标上单击鼠标右键，通过弹出菜单选择“输入”→“输出端口配置模式”菜单项，进行端口配置模式设置。一般来说，为了保证框图程序的规范与美观整齐，优先选择 4 - 2 - 2 - 4 的配置。这种配置的左右端口各有 4 个，可分别作为输入和输出端口。端口配置功能还可以用来交互式定义子 VI 的输入/输出端口。通过在图标设计区域中双击鼠标左键或通过单击鼠标右键，可以打开“图标编辑器”窗口，如图 1.10 所示。通过该窗体，用户可以利用提供的标准图形、图形编辑工具、图层控制等快速完成子 VI 图标的设计。

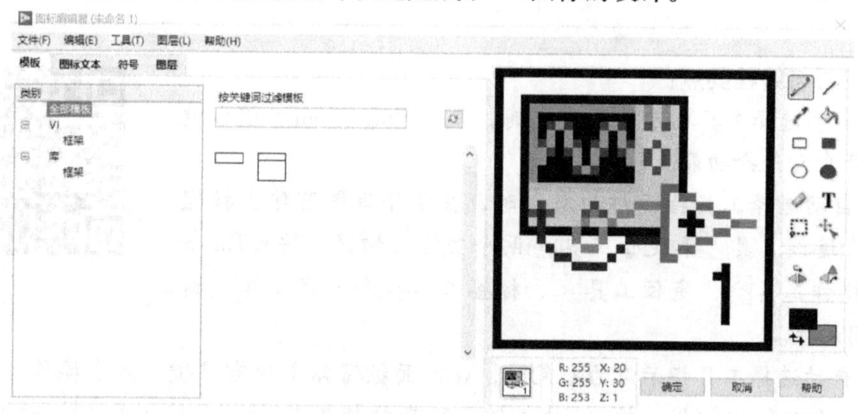

图 1.10　“图标编辑器”窗口

1.2.5 工具选板

工具选板是LabVIEW程序设计人员经常使用的设计工具，是特殊的鼠标操作模式，其外观如图1.7所示。工具选板通过选择“查看”→“工具选板”菜单项调出，或者是在按下<Shift>键的同时单击鼠标右键，通过弹出的快捷菜单调出。当工具选板最上方的指示灯亮（默认情况）时，系统会智能感知鼠标指针所在位置，并自动切换相应的当前功能工具。当工具选板最上方的指示灯灭时，须通过手动切换功能工具。工具选板最下方的上色工具用于给对象上色（前景色和背景色），方法与Windows系统的调色板选色方法一样。其他9个功能工具的说明见表1.1。

链1-6　VI图标制作

表1.1　工具选板其他9个功能工具的说明

工具图标与名称	功能描述
操作工具	用于操作前面板控件
定位工具	用于选择、移动或改变对象大小
标签工具	创建自由标签/标题，编辑已有标签/标题或在控件中选择文本
连线工具	在程序框图中为对象连线
对象快捷键	打开对象的快捷菜单
滚动工具	在不使用滚动条的情况下滚动窗口
断点工具	在VI、函数、节点、连线、结构或MathScript脚本行上设置断点
探针工具	在连线或MathScript节点上创建探针，用于查看相应的即时值
获取颜色	通过上色工具复制用于粘贴的颜色

操作技巧与编程要点：

- 当自动选择工具指示灯为灰色时，用<Shift+Tab>组合键可快速打开自动选择功能。
- 当自动选择工具指示灯为灰色时，在程序框图窗体上按空格键，可在连线工具和定位工具两个功能间切换；按<Tab>键，可在操作工具、定位工具、标签工具和连线工具这4个功能间切换。

链1-7　工具选择与操作

- 当自动选择工具指示灯为灰色时，在前面板窗体上按空格键，可在操作工具、定位工具两个功能间切换；按<Tab>键，可在操作工具、定位工具、标签工具、上色工具这4个功能间切换。

1.3　项目管理与快速设计示例

1.3.1　LabVIEW 项目创建

使用 LabVIEW 进行虚拟仪器或测控系统的开发，一般需要采用项目创建与项目管理的方法。设计人员可以通过多种方法创建 LabVIEW 项目：通过单击启动窗口的“创建项目”按钮或选择“文件”→“新建项目”菜单项，打开“创建项目”窗口（不同的 LabVIEW 版本，该窗口会有差别），如图 1.11 所示。

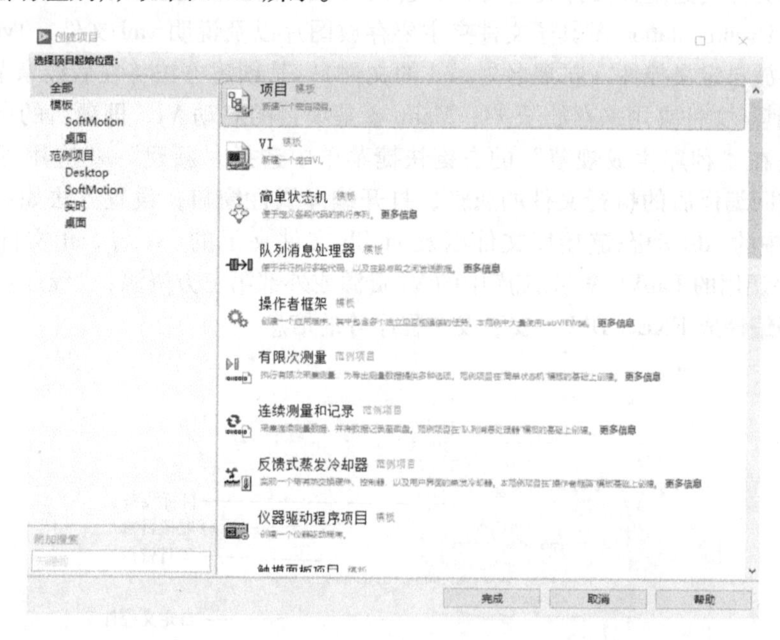

图 1.11　“创建项目”窗口

显然，通过“创建项目”窗口，基于不同的选择，可以快速创建 LabVIEW 项目框架。这些项目框架包括两大类：模板和范例项目。使用模板框架，可以创建“桌面”类的“项目”（空白项目）、VI（空白）、“简单状态机”（用于控制执行顺序）、“队列消息处理器”（并行执行/消息传递）、“操作者框架”“仪器驱动程序项目”“触摸面板项目”和“LabVIEW FPGA 项目”，SoftMotion 类的 SoftMotion Drive Interface Plug－in。使用范例项目框架，可以创建多种特殊应用的程序框架（依赖所安装的工具包），包括 Desktop 类的 Audio Analyzer（NI－DAQmx）(Sound and Vibration) 等、SoftMotion 类的 Brushless Servo Drive（NI 9502）等、“实时”类的“LabVIEW Real－Time 波形采集和记录（NI－DAQmx)”和“桌面”类的“有限次测量”等。本章采用“项目”（空白）选择，介绍 LabVIEW 项目管理与开发的一般过程。

1.3.2　项目浏览器与项目管理

这里以 LabVIEW 内带的“有限次测量”项目例程为例介绍项目浏览器特征，打开的项目浏览器窗口如图 1.12 所示。显然，LabVIEW 采用树形结构管理整个虚拟仪器的开发项目资源。窗口中“项目”中的第一层是项目名称（扩展名为 .lvproj）。保存到计算机里的项目文件即是这个项目名称。第二层是项目程序运行的目标硬件，这里是“我的电脑”，即 PC。LabVIEW 项目管理支持一个项目多个目标硬件程序的开发，也就是说，第二层可以有多个目标硬件。目标硬件可以是 PC、Pda、NI 公司的 CompactRIO、PXI 硬件平台以及第三方兼容的 RIO 等硬件平台。非 PC 目标硬件一般需要安装相应的工具包，这样如 Real – Time、FPGA 工具包，这样才能在该层看到该类目标硬件（非 NI 硬件需要安装相应的第三方特殊驱动）。本书第 11 章将介绍针对 NI FPGA 板卡平台的 FPGA 程序开发。

第三层中除了“依赖关系”和“程序生成规范”外，都是项目中要用到的文件资源。其中，该层的文件夹是虚拟文件夹（可以嵌套），用来管理不同类型的项目资源。如图 1.12 所示，Project Documentation 及其子文件夹主要存放图片以及说明 xml 文件；Type Definitions 文件夹用来存放自定义控件（扩展名为 . ctl 的文件），其创建方法将在后续章节介绍；Sub-VIs 文件夹及其子文件夹用来存放子 VI；Main. vi 是项目的启动 VI，即项目的启动 VI 程序，其定义方法是在“程序生成规范”的右键快捷菜单中选择“新建”→“应用程序（EXE）”菜单项，或访问编译后的执行文件的属性，打开编译属性窗口，设置方法如图 1.13 所示；“依赖关系”中的 . dll 动态链接库文件以及 vi. lib 文件夹下的 . vi 与 . ctl 文件是所编写的 LabVIEW 程序调用的 LabVIEW 系统库中的 VI 资源或外部第三方资源；“程序生成规范”用于设置源代码编译成 EXE、DLL、安装发布程序等的信息。

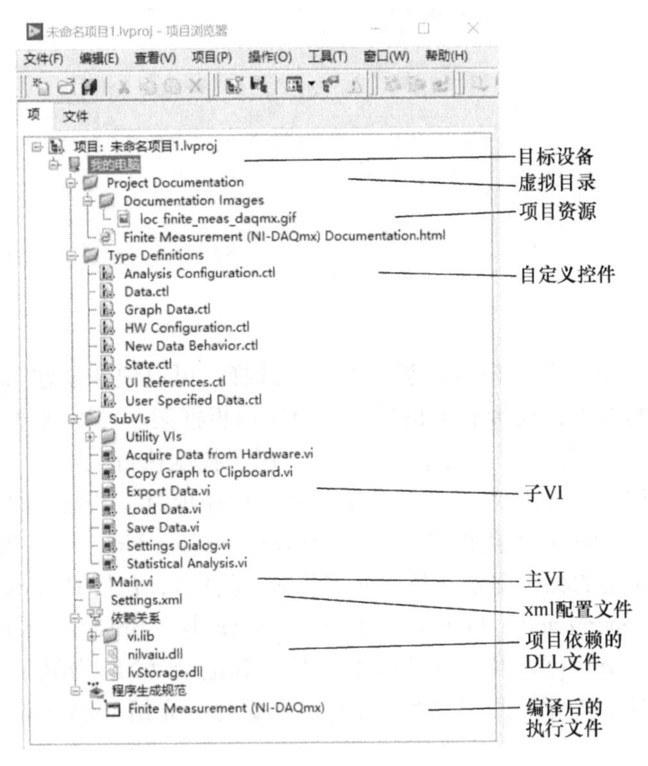

图 1.12　项目浏览器窗口

1.3.3　VI 文件创建

项目浏览器中的 VI 文件，可通过已设计好的 VI 文件导入，也可直接采用项目硬件目标、虚拟文件夹关联的方式快速打开空白 VI 设计环境（在目标处单击鼠标右键，在弹出的

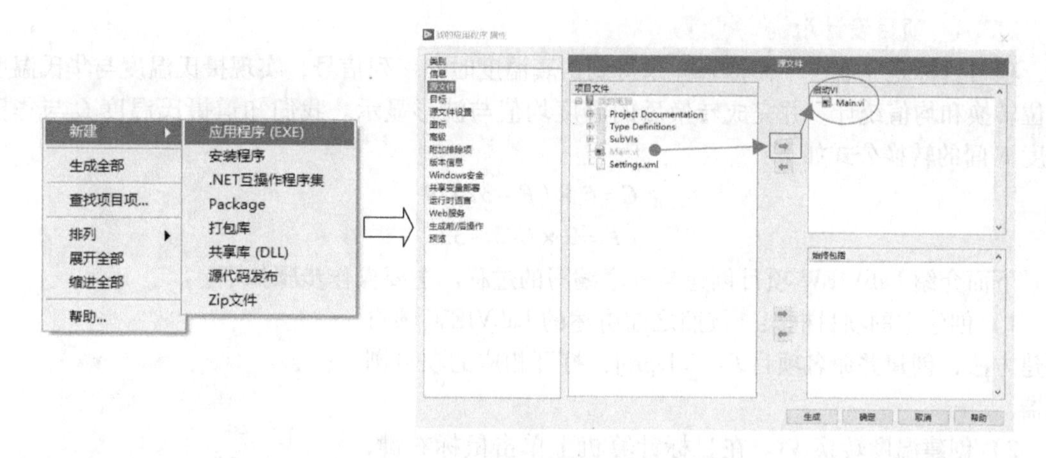

图 1.13　项目启动 VI 的设置方法

快捷菜单中选择“新建”→“VI”菜单项)，从中创建 VI 文件。这里介绍通过项目浏览器、启动窗口或前面板窗体的“文件”菜单创建不同类型的 VI 的基本方法。选择“文件”→“新建”菜单项，将打开 VI 文件“新建”窗口，如图 1.14 所示。显然，通过该窗口可以快速建立一种特殊的模板框架。这些 VI 文件类型主要包括空 VI、自适应 VI、多态 VI 以及基于模板的 VI（触摸面板、框架、模拟仿真等 VI 设计模板)。也可创建特殊类型的文件，包括 XControl、库、类、全局变量、运行时菜单、自定义控件、自定义类型等。当选中某一个 VI 选项模式时，窗口的右侧将出现该 VI 模式的框图程序与文字说明描述，图 1.14中，右边栏显示“生产者/消费者设计模式（事件)”的框图程序简图与文字说明。其中，VI 框图模板相关的程序设计模式将在第 6 章介绍，本章的项目设计示例中仅涉及空白 VI 创建的方法。

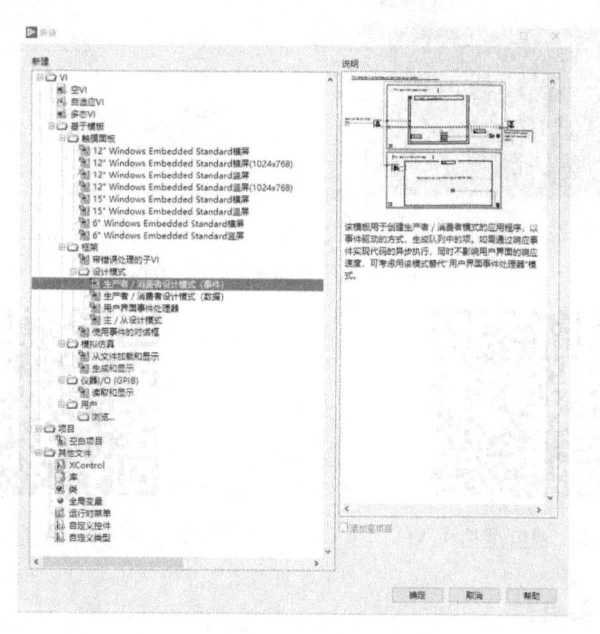

图 1.14　文件“新建”窗口

1.3.4 项目设计示例

项目目标是完成一个模拟采样来得到仿真温度时间序列信号，实现摄氏温度与华氏温度单位转换和均值统计，并完成转换后的温度均值与波形显示。我们知道摄氏温度 C 与华氏温度 F 间的转换公式如下：

$$C = 5 \times (F - 32)/9$$

$$F = 9 \times C/5 + 32$$

下面介绍 LabVIEW 项目创建与程序编写的过程。主要操作步骤如下：

1）创建空的项目框架。按照之前讲述的 LabVIEW 项目创建方法，创建并命名项目 CtoF. lvproj，打开相应的项目浏览器。

2）创建温度转换 VI。在目标计算机上单击鼠标右键，通过弹出的快捷菜单创建温度转换 VI。VI 设计过程见本节小视频。

3）创建主程序。使用同样的方法创建主程序，主程序的功能是模拟仿真温度信号、计算均值，并进行波形显示。设计过程见小视频。

4）创建虚拟目录，整理项目树。

5）创建 EXE 应用程序。"程序生成规范"参数设置过程见本节小视频。

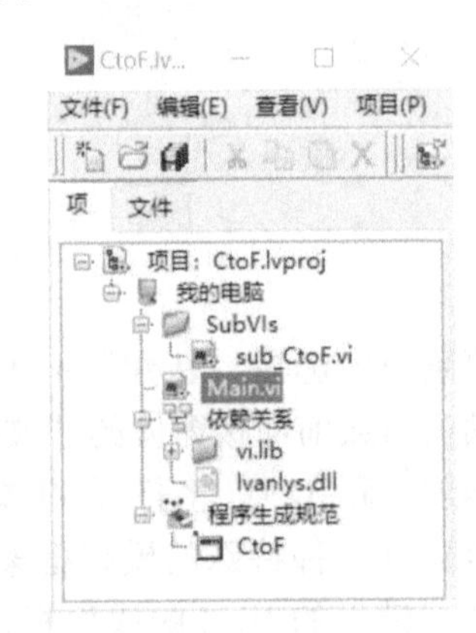

图 1.15 程序完成后的项目浏览器窗口

程序完成后的项目浏览器窗口如图 1.15 所示，主程序运行界面与框图程序如图 1.16 所示。

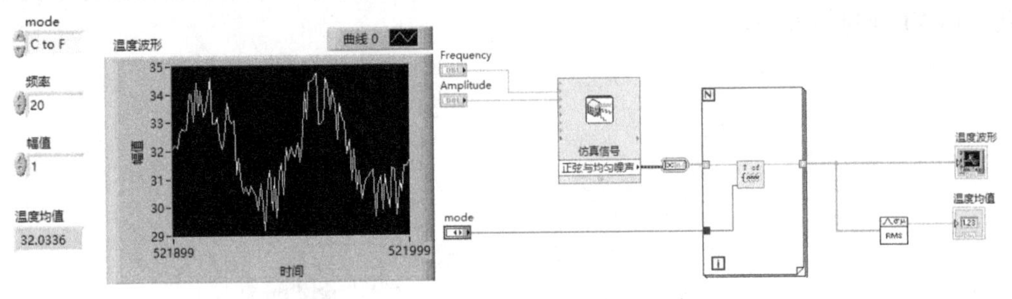

图 1.16 主程序运行界面与框图程序

链 1-8 温度变换子 VI

链 1-9 项目创建与编译

操作技巧与编程要点：

- 快捷键 <Ctrl + B>，用于快速删除框图程序中的错线（Bad Wires）。
- 当将鼠标指针移动到连线上，鼠标模式变为定位工具模式时单击，可快速选择一

段连线；双击鼠标可快速选择一段转折连线；鼠标连续单击三次，可快速选择相通的所有连线。

本章小结

本章主要介绍虚拟仪器的概念、LabVIEW 各版本的发展与技术要点，LabVIEW 使用界面与开发环境的入门介绍，LabVIEW 的开发项目管理与 LabVIEW 程序的快速设计示例。读者应在初步了解 LabVIEW 的入门知识后，通过上机练习进一步熟悉图形化开发环境与快捷操作技巧。

上机练习

熟悉 LabVIEW 编程环境；参考本章介绍的 LabVIEW 项目创建与开发方法完成温度单位（摄氏温度/华氏温度）转换、程序的显示，并完成 EXE 文件的生成。

思考与编程习题

1. 虚拟仪器与传统仪器的区别是什么？
2. 思考 LabVIEW 框图程序与 C 等文本编程语言在运行逻辑上有什么不同。
3. 总结 LabVIEW 快速操作的快捷键方式。

参考文献

[1] SANTORI M. An Instrument That Isn't Really (Laboratory Virtual Instrument Engineering Workbench) [J]. IEEE Spectrum, 1990, 27 (8): 36-39.
[2] GOLDBERG H. What Is Virtual Instrumentation? [J]. IEEE Instrumentation and Measurement Magazine, 2000, 3 (4): 10-13.
[3] SUMATHI S, SUREKHA P. LabVIEW Based Advanced Instrumentation Systems [M]. Berlin: Springer, 2007.
[4] JOHNSON G W, JINNINGS R. LabVIEW Graphical Programming [M]. New York: McGraw-Hill, 2006.
[5] 张兰勇，孙健，孙晓云，等. LabVIEW 程序设计基础与提高 [M]. 北京：机械工业出版设计，2012.

第2章 数据类型与操作

2.1 基本数据类型及其操作

数据结构是程序设计或整个软件开发的基础。每种高级程序设计语言都会提供数值型、布尔型、字符串型等基本数据类型，以及数值与结构等复合数据类型及其操作函数。LabVIEW 作为一种图形化程序设计语言，数据结构在存储、配置定义与操作方面表现出独有的特点。本节介绍基本数据类型及其操作。

2.1.1 数值型

1. 数值控件

LabVIEW 基本数据类型中的数值型分为浮点型、整型和复数型 3 种。与其他编程语言的差异在于，LabVIEW 除了用关键字区分不同的数据类型外，也用颜色和线型来区分。这里，基本数据类型中的浮点型数据用橙色表示，整型数据用蓝色表示。表 2.1 所示为数值型端口说明。

表 2.1 数值型端口说明

图标与缩写	名称	接线端与字节	图标与缩写	名称	接线端与字节
EXT	扩展精度浮点型	16	DBL	双精度浮点型	8
SGL	单精度浮点型	4	FXP	定点数	8 或 9
I64	有符号 64 位整型	8	I32	有符号 32 位整型	4
I16	有符号 16 位整型	2	I8	有符号 8 位整型	1
U64	无符号 64 位整型	8	U32	无符号 32 位整型	4
U16	无符号 16 位整型	2	U8	无符号 8 位整型	1
CXT	扩展精度复数	32	CDB	扩展精度复数	16
CSG	单精度复数	8			

LabVIEW 数值控件及与其对应的操作函数可通过鼠标操作的方法快速调出，如图 2.1 和图 2.2 所示。图 2.1 所示的控件是新式控件，其他风格控件的使用方法可通过上机熟悉。对前面板窗体中的数值控件以及框图程序中数值类型端口的数据类型，一般通过交互式方式预先定义。在控件上单击鼠标右键，通过弹出菜单设置数值控件的数据类型，如图 2.3 所示。也可通过控件的属性对话框设置数值的数据类型，如图 2.4 所示。值得注意的是，LabVIEW 中的数值控件可以通过弹出菜单、属性对话框以及属性节点进行外观、类型表示、输入控制、显示格式等方面的设置。下面仅就外观、显示格式两方面进行介绍，其他部分读者可自行上机熟悉。

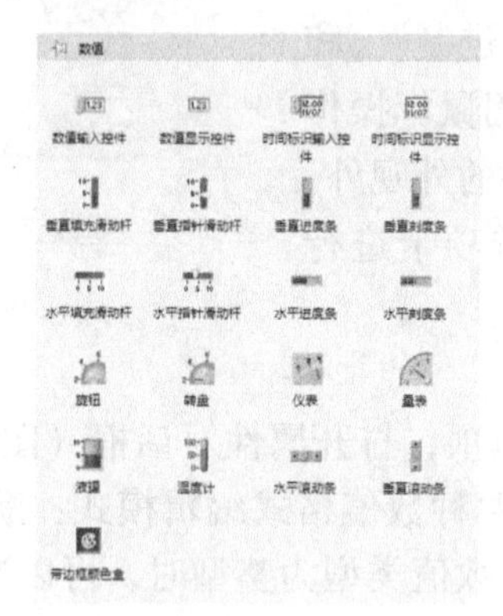

图 2.1 数值控件

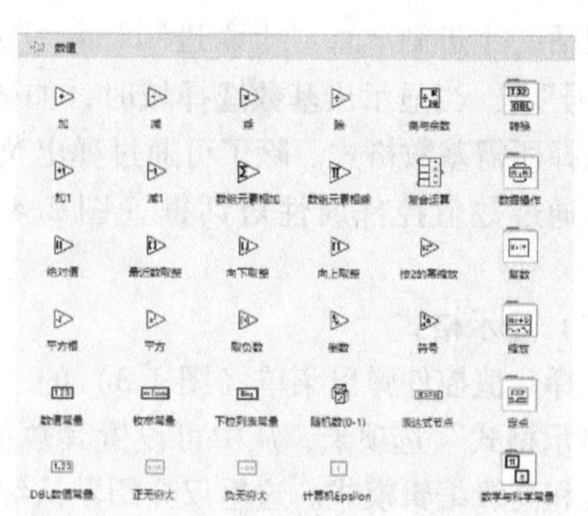

图 2.2 数值型操作函数

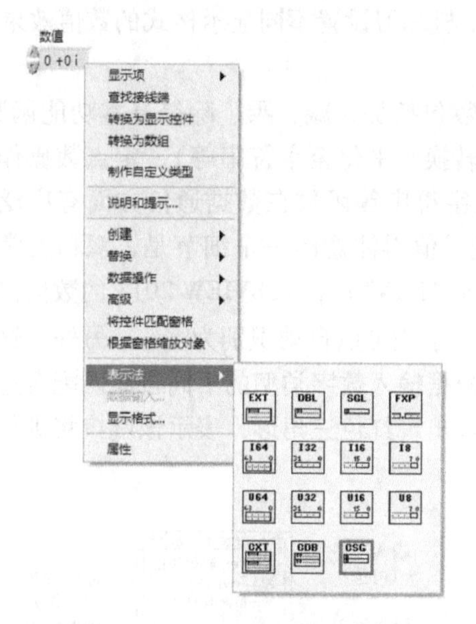

图 2.3 数值控件的弹出菜单

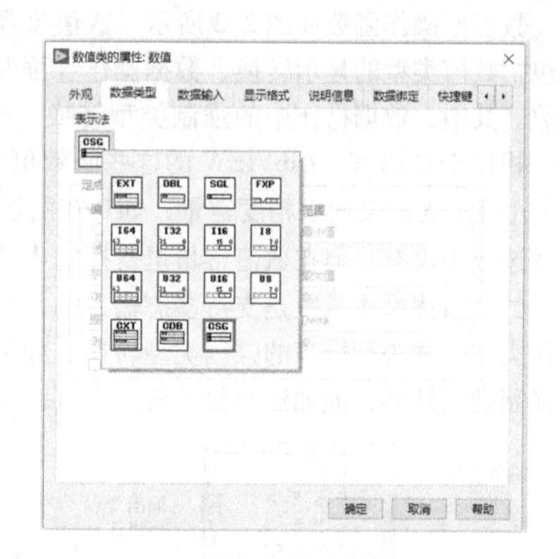

图 2.4 数值控件的属性对话框

操作技巧与编程要点：

可用选择工具选择的 LabVIEW 对象都有相应的右键弹出菜单，这是访问特定功能或参数设置的快捷方式。图 2.3 所示为数值控件的弹出菜单。该弹出菜单主要分为 6 个区域，其中第 5 个区域具有与该控件类型相关的特殊菜单项，其他区域的菜单项与其他控件弹出菜单相似。对初学者来说，通过熟悉对象弹出菜单，可以快速掌握LabVIEW的特殊功能，这是由LabVIEW特殊的图形化编程语言决定的。

（1）外观

通过弹出菜单（图2.3）的“显示项”，可以选择“标签”“标题”“单位标签”“基数”和“增量/减量”菜单项。“标签”用于设置控件的标识。“标题”与“标签”类似，但仅用于说明控件，常量没有标题。“单位标签”用于显示、设定数值控件的单位。数值控件或常量设定单位后，可进行带单位的相容运算。对于带单位的数值运算设置，读者可自行上机练习。“基数”菜单项用于数值基数的设定，包括“十进制”、“十六进制”、“八进制”、“二进制”和“SI符号”。当显示出基数选择域时，如图2.5所示，可用鼠标操作工具选择所需基数格式。除了可通过弹出菜单设置数值控件的外观外，还可以通过数值控件属性对话框（图2.4）的“外观”选项卡进行设置。

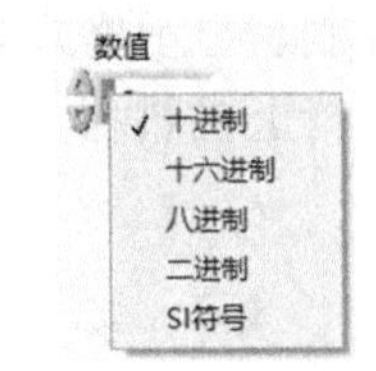

图2.5　基数选择域

（2）显示格式

选择数值控件弹出菜单（图2.3）的“显示格式”菜单项，打开属性对话框（图2.4）的“显示格式”选项卡，从中可设置其数值显示格式。有两种数值格式编辑模式：默认编辑模式和高级编辑模式。这里仅介绍默认编辑模式。当选择数值类型为整型时，可以选择3种类型：浮点类、基数类和时间类。其中，浮点类包括“浮点”“科学计数法”“自动格式”和“SI符号”；基数类包括“十进制”“十六进制”“八进制”和“二进制”；时间类包括“绝对时间”和“相对时间”。读者可以通过上机练习设置不同显示格式的数值效果。

2. 数值型操作函数

数值型操作函数如图2.2所示。数值型操作函数包括加、减、乘、除等基本功能函数，也包括数值类型的显示转换、数据操作（强制类型转换、平化至字符串等）、定点数操作等函数。其中，数据操作中的强制类型转换、平化至字符串等函数在数据通信方面有广泛应用。相比于C语言，LabVIEW的这些函数更加便利。值得注意的一个细节是，双精度常量 NaN （表示无意义的双精度常量，如0/0的运算返回“NaN”）在LabVIEW 2018的数值操作函数选板中没有，但在数值常量里直接输入“nan”，系统可以自动识别为 NaN 。另外，这些基本的数值型操作函数是支持多态输入的，即可以根据输入数字类型的不同自动匹配合适的数值类型，并进行恰当的强制类型转换。如果其端口出现红色三角形，表示该端口将进行自动强制类型转换，如加法函数的输入端（NaN 0 +）。

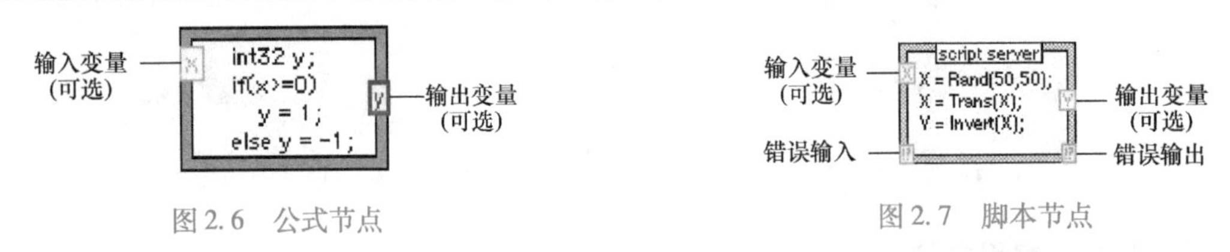

图2.6　公式节点　　　　图2.7　脚本节点

对于较复杂的数值运算，全部采用基本函数节点会造成框图程序可读性下降。为此，可以采用数值型操作函数选板中的表达式节点 EXPR 。我们可以把第1章中的华氏度转换为摄氏度的数学计算用表达式节点完成，如 (F-32)*5/9 。如果数学计算比较复杂，或者涉及复

杂数值算法，可以采用公式节点（位于“数学”→“信号与脚本”中），如图 2.6 所示。在公式节点的框架上可以创建输入/输出端口（用鼠标右键弹出菜单），框架内可输入算法所需的程序代码。其语法规则与 C 语言一样，赋值结束后使用分号（;）。公式节点只允许有限的函数与运算符。如果想扩展这种文本编程的能力，可安装 LabVIEW Math-Script 工具箱，然后使用脚本节点（“数学”→“信号与脚本”→“脚本节点”）完成代码编程，脚本节点如图 2.7 所示。脚本节点遵循 MAT-LAB M－Script 语法，但运行效率逊色于公式节点。脚本节点的运行会调用 MATLAB 软件，因此，要求在 Windows 系统安装 MATLAB 6.5 或更高版本的软件。

链 2-1 数值基数

2.1.2 布尔型

LabVIEW 的布尔型数据对应两个值：“真”和“假”。理论上，布尔型数据只需一位（bit）表示就可以，但实际上 LabVIEW 需用一个字节表示。虽然布尔型数据较为简单，但 LabVIEW 提供了丰富的布尔型开关控件。布尔控件选板可通过“控件选板”中的“布尔”（）选项打开，如图 2.8 所示。布尔操作函数选板可以通过“函数选板”中的“布尔”（）选项打开，如图 2.9 所示。

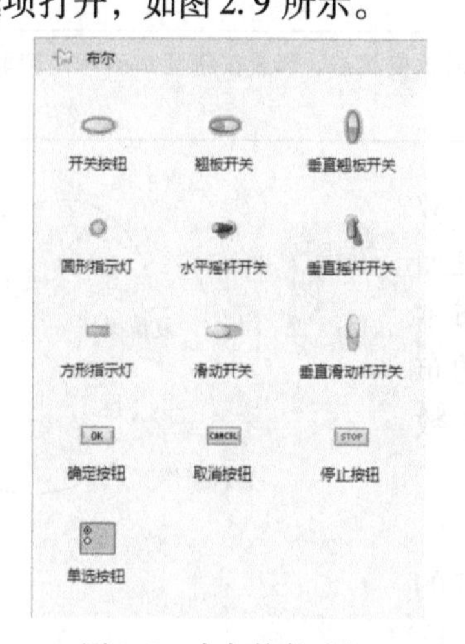

图 2.8 布尔控件选板

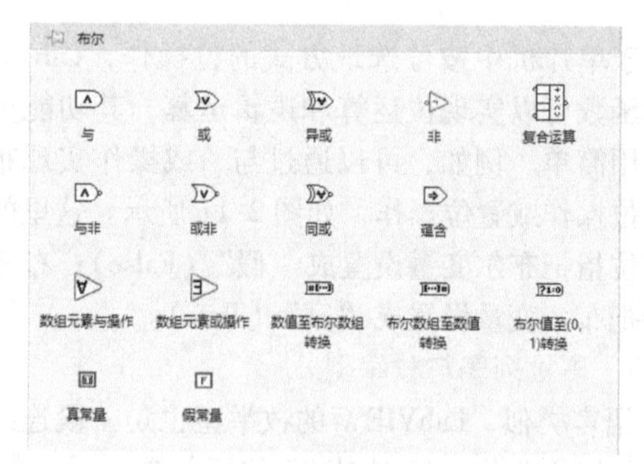

图 2.9 布尔操作函数选板

虽然布尔控件的值只是“真”或“假”，但其还有能模拟实际按钮工作特性的机械动作属性。布尔控件的机械动作属性，可通过鼠标右键弹出菜单项“机械动作”或“布尔类的属性：布尔”对话框的“操作”选项卡进行设置，如图 2.10 所示。这些机械动作的含义见表 2.2。

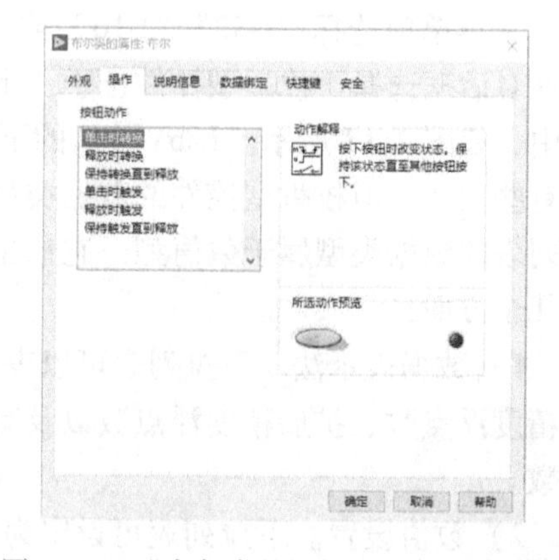

图 2.10 “布尔类的属性：布尔”对话框

显然，这些机械动作属性可以模拟实际的开关动作。例如，一般房间的灯具开关具有状态转换型动作特征，当按钮按下时，开关状态就发生了改变，直到再次按动按钮。这种行为与表 2.2 的前 3 个机械动作相一致。而门铃对应的是触发型的机械动作，与表2.2的后3个机械动作一致。值得注意的是，当布尔控件的机械动作设置为触发型（表2.2中后3种机械特性）时，是不能够使用局部变量和“值”属性节点读写控件数据的。

表2.2 机械动作的含义

图标	名称	含义
	单击时转换	按下按钮时改变状态。保持该状态直至其他按钮按下
	释放时转换	释放按钮时改变状态。释放其他按钮之前保持当前状态
	保持转换直到释放	按下按钮时改变状态。释放按钮后恢复原来的状态
	单击时触发	按下按钮时改变状态。LabVIEW 读取控件值后恢复原来的状态
	释放时触发	释放按钮时改变状态。LabVIEW 读取控件值后返回原状态
	保持触发直到释放	按下按钮时改变状态。释放按钮且 LabVIEW 读取控件值后恢复

相比于单片机中按位选址方式的位操作，LabVIEW布尔操作函数可以实现位运算和逻辑运算，其功能更加强大且使用简单。例如，可以通过与、或操作实现布尔数组的复位操作或置位操作，如图2.11所示。这里的布尔数组复位指把布尔变量设置成“假”（False）；布尔数组置位指把布尔变量设置成“真”（True）。

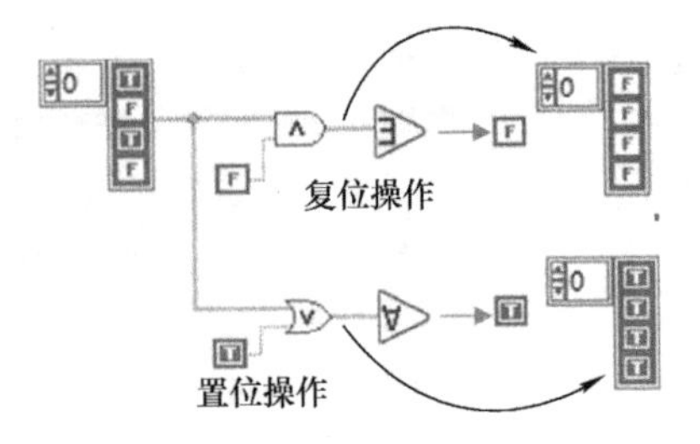

图2.11 复位操作或置位操作

2.1.3 下拉列表与枚举型

与C语言类似，LabVIEW的枚举型也是一段连续的正整数，可以用8位、16位或32位正整数表示。数据类型表示的选择方法是，通过鼠标右键弹出菜单的“表示法”子菜单项选择“U32”“U16”或“U8”，也可通过其属性对话框选择。枚举型控件位于“下拉列表与枚举”选板中，如图2.12所示。LabVIEW的下拉列表与枚举型控件有些相似，但枚举型控件的数据类型属于枚举型，而下拉列表的数据类型属于数值型。它们主要的差异表现在以下几个方面：

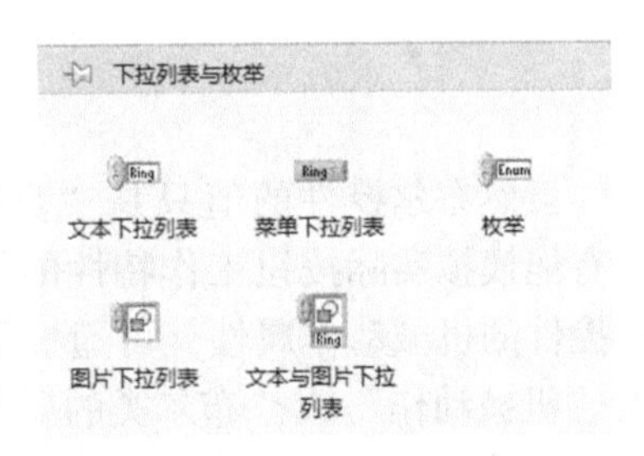

图2.12 “下拉列表与枚举”选板

1）数据表示法。下拉列表可以表示成任何浮点实数和整型数据，包括单精度浮点数、双精度浮点数、扩展精度浮点数以及有符号/无符号整型数。而枚举型只能表示为无符号整型数。

2）数值设置。下拉列表可设定为任意值，但枚举型只能设定为从0开始的连续整数。

3）作为条件结构的条件输入。下拉列表与条件端子连接时，条件结构的条件标签用值

与下拉列表项对应。因此，为了确保它们的对应关系，必须手动输入条件标签的对应值。而枚举变量端口与条件端子连接时，可以通过条件结构的鼠标右键弹出菜单自动为枚举类型条目添加条件分支，且分支标签内容为其条目内容。它们的对比可从图 2.13 观察判断。

4）类型严格性。具有不同条目的下拉列表变量可以相互赋值，而具有不同条目的枚举类型变量不能直接赋值，必须经过中间变换后才能实现相互赋值。

通过枚举控件的鼠标右键弹出菜单的“编辑项”菜单项，可以打开“枚举类的属性：枚举”对话框。枚举型数据的输入可通过该对话框的“编辑项”选项卡，完成枚举条目的初始化，如图 2.14 所示。

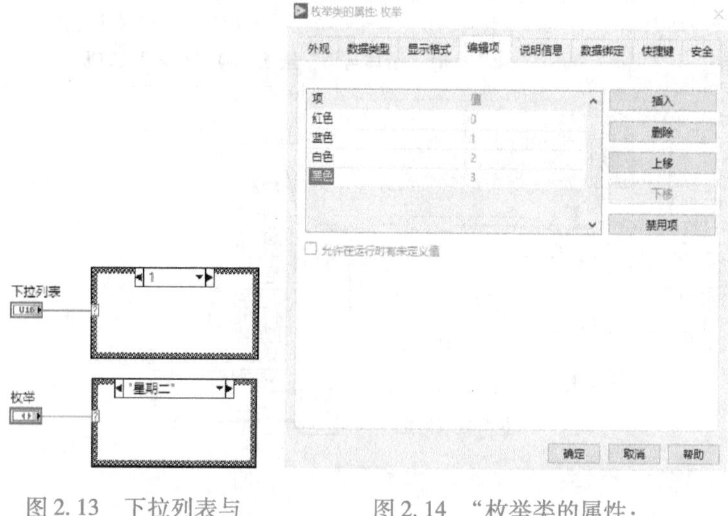

图 2.13　下拉列表与枚举型控件

图 2.14　“枚举类的属性：枚举”对话框

链 2-2　枚举与下拉列表数据类型区别

2.1.4　时间与变体类型

时间控件是 LabVIEW 比较特殊的控件，位于数值控件选板。LabVIEW 的时间类型本质上是数值类型。时间控件的默认显示有其特定格式，可以直接在其控件的文本框内输入时、分、秒、年、月、日，也可通过单击其右边的时间/日期浏览按钮打开“设置时间和日期”对话框，从中快速设置，如图 2.15 所示。LabVIEW 的时间类型使用双精度浮点数表示，单位是秒，其默认值是 0，表示绝对时间是 1904 年 1 月 1 日上午 08:00:00。LabVIEW 的时间格式可以在“时间表示属性：时间表示”对话框的“显示格式”选项卡中快速选择，也可以通过高级编辑模式实现灵活的控制。时间格式字符串须包含在“% < >T”时间容器中，读者可自行通过系统帮助查阅具体格式控制符信息。

变体类型是 LabVIEW 的一种重要而特殊的数据类型，其在自动化服务器、ActiveX 编程和网络通信方面得到了广泛应用。变体类型可以存储任意类型数据，并且可以根据指定的数据类型还原数据。同时，变体还可以设置一个或多个属性。变体数据类控件可从前面板的控件的“变体与类”选项中选择。变体函数位于函数选板的“编程”→“簇、类与变体”→“变体”选项，如图 2.16 所示。变体类型的转换、属性设置、属性获取操作示例如图 2.17 所示。值得注意的是，“变体”选项中的“数据类型解析”函数包括许多获取变体本身存储的数据类型的解析函数，读者可自行探索学习。

图 2.15　时间控件及“设置时间和日期”对话框

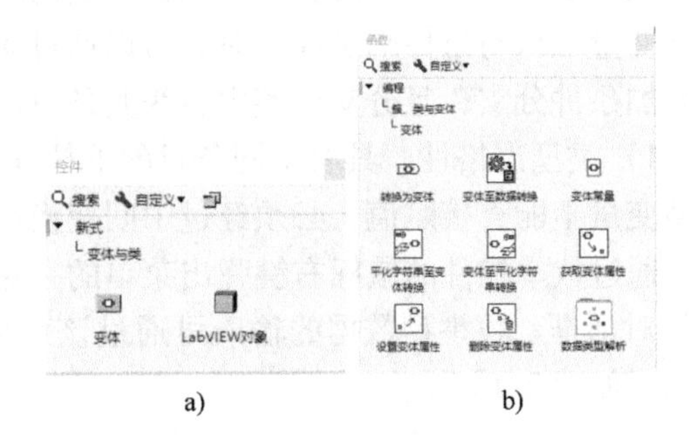

图 2.16　“变体与类”选项与“变体”选项
a)“变体与类”选项　b)“变体”选项

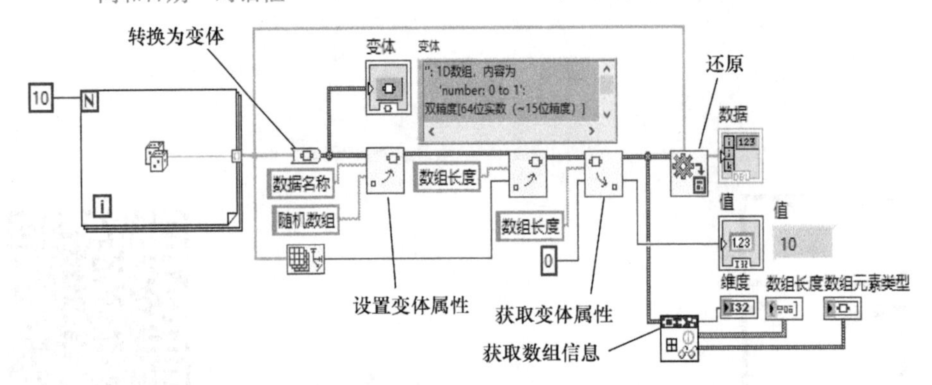

图 2.17　变体类型的转换、属性设置、属性获取操作示例

2.2　数组及其操作

数组是计算机程序设计语言中的常见数据类型，用来存储与管理相同数据类型的数据，是一种较为简洁的同类型数据的组织形式。LabVIEW 的数组可存放几乎任何其他类型的数据作为数组元素，但数组本身不能作为另一个数组的元素。实际上可以把数组打包为簇数据元素，再把这种数组簇作为数组元素存储，也可以用二维数据管理。LabVIEW 内部是含有数组维度信息以及按顺序组织的数组元素。

2.2.1　数组创建与基本算术运算

LabVIEW 提供了数组控件以及相应的大量数组函数（函数选板→“编程”→“数组”），如图 2.18 所示。当数组控件被放置到（通过鼠标选择后放置）前面板时，对应的框图程序窗体中将出现一个黑色端口，如图 2.18 左上所示。这时，数组的状态是未定义的。可以简单地拖动另一种控件，如拖动数组控件到未定义数组控件内，完成数组元素数据类型定义，如图 2.18左中所示。这时，数组端口颜色变为与数据类型相对应的橙色以及标识。然后，可以用鼠标选择、拖动等操作以及输入数值来完成数组元素的初始化。这种交互方式的数组初始化可以定义一维、二维甚至多维数组。当然，也可以在框图程序窗体中用类似的方法创建数组常量（用“数组”函数选板的“数组常量”）。

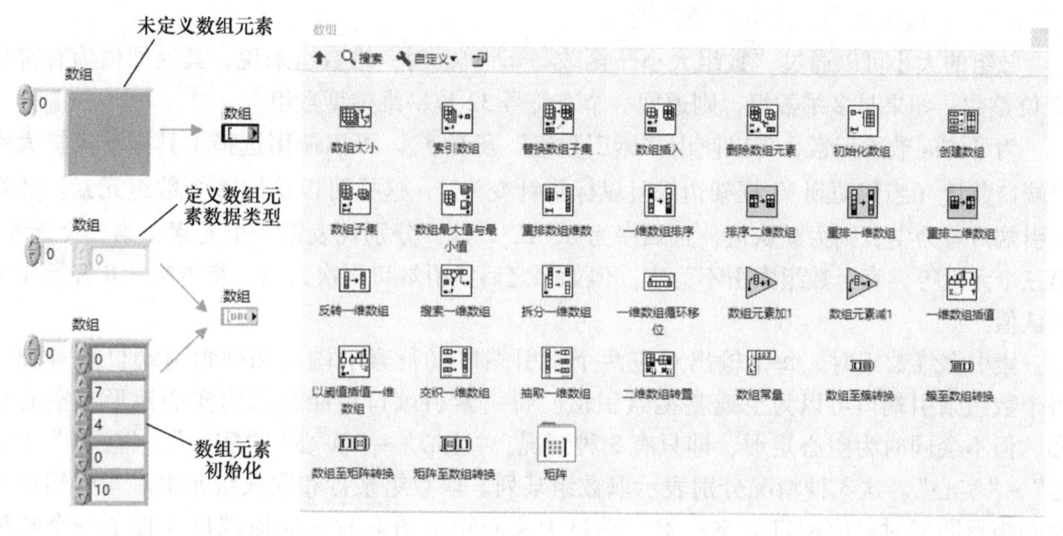

图 2.18 数组控件与“数组”函数选板

操作技巧与编程要点：

链 2-3 数组创建

输入控件与显示控件的切换：把鼠标指针移动到控件端口的输出端（工具选板处于自动模式），这时自动切换为连线工具，单击鼠标右键，选择“转换为显示控件”菜单项，图 2.18 中的数组控件端口将变为 [DBL]。其他数值、字符串等输入控件切换为显示控件的方法是一样的。同样，可以选择“转换为输入控件”菜单项，把显示控件转换为输入控件。

前面介绍的数值类型、布尔类型的算术运算，逻辑运算等函数也支持数组作为输入。如图 2.19 所示，LabVIEW 支持数组与数组、数组与标量的算术运算。当两个数组作为运算操作数时，最后将以数组长度较短的那个作为基准进行计算与输出。

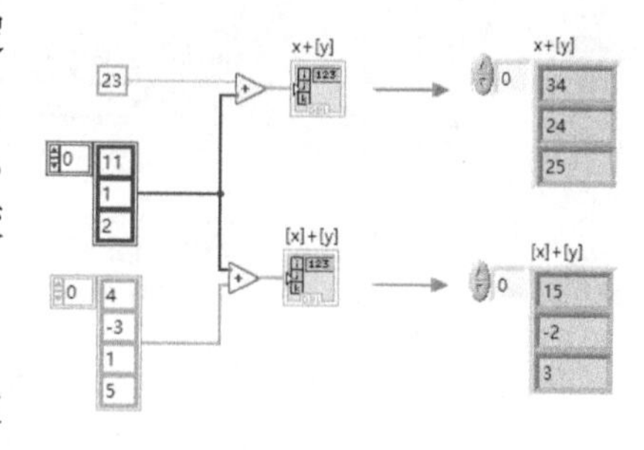

图 2.19 数值加法运算

2.2.2 数组比较

当 LabVIEW 比较函数的操作数是数组数据时，这些比较函数（如“大于”“等于”等函数）还有一定的功能扩展。通过比较函数的右键弹出菜单，可以选择“比较元素”或“比较集合”两种模式中的一种，可以分别实现数组元素比较和数组整体比较两种功能。如图 2.20 所示，当“等于”比较函数选择“比较元素”模式时，数组比较结果为布尔数组；当选择“比较集合”模式时，数组比较结果为布尔值。

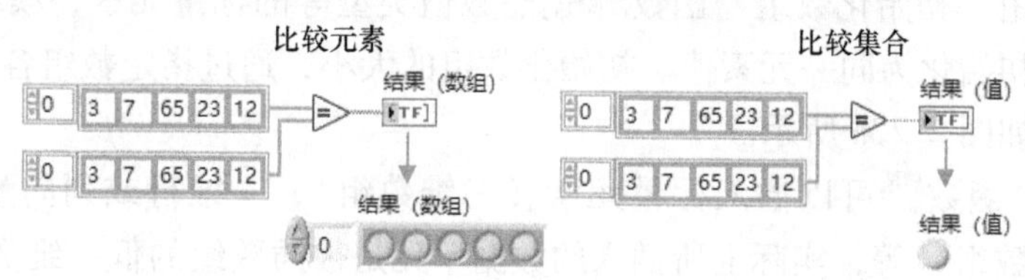

图 2.20 数组比较

2.2.3 数组大小、索引与子集提取

数组的大小可以通过“数组大小”函数计算。对一维数组来说，其返回值为有符号32位整数；如果是多维数组，则返回一个有符号32位一维整型数组。

为了访问数组元素，可以使用“索引数组”函数。可以使用选择工具拖动来扩大索引端口数量（当移动到VI框架边缘且鼠标指针变为⇕，这样可以访问多个数组元素。数组索引端口若为空，则为默认值，且顺序为0，1，2等，分别代表第一个元素、第二个元素、第三个元素等，直至数组索引不为空。但如果之后索引端口再次为空，将再次从0开始作为默认值。

索引多维数组时，每个输出对应两个索引端口（行索引端口和列索引端口）。同时，每个数组索引端口可以为空或整型索引值。每组索引端口可能显示为实心矩形或空心矩形，但不会同时为空心矩形，即只有3种情况：“空心”-“实心”“实心”-“空心”“实心”-“实心”。这3种情况分别表示取数组某列、取数组某行和取数组元素。索引端口为空心矩形图案时对应端口为空；索引端口为实心矩形图案时对应该端口连接了一个整型索引数值。

为了更加灵活地取数组元素，可以使用“数组子集”函数。它通过给定起始索引和数据长度决定提取的数组元素范围。当数组是多维数组时，每维参数都含有起始索引和数据长度端口，这样就可以灵活地提取任何数组子集。

“数组大小”函数、“索引数组”函数和“数组子集”函数的使用如图2.21所示，读者可以仔细体会。

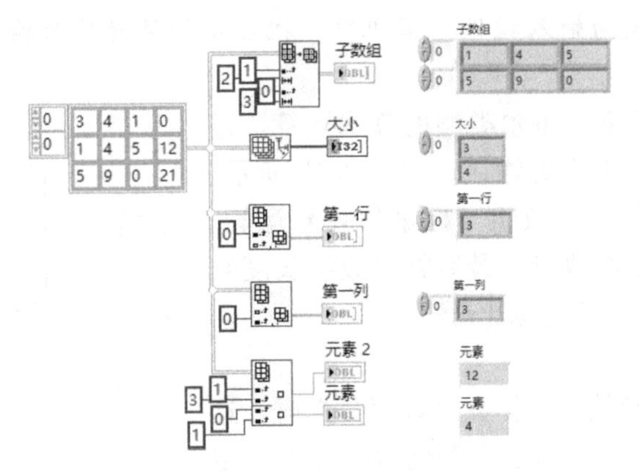

图2.21 “数组大小”“索引数组”和“数组子集”函数的使用

2.2.4 数组初始化、插入、删除、合并与重整

除了上面介绍的使用数组交互式创建方法完成数组初始化之外，也可以在框图程序中初始化数组。可以用“初始化数组”函数创建数值类型等的标量元素、簇结构元素的一维或多维数组，并初始化为同一元素值。初始化数组的大小，通过指定数组各维大小的整型数据确定。其示例如图2.22a所示。

“数组插入”函数可以插入标量元素（一维数组）、一维行或列向量（二维数组）、二维数组（三维数组）等，实际上所插入的数据单元是被插数组的低一维数组子集。因此，对于一维数组插入，仅需要指定数组的索引位置；对于二维数组插入，需要指定行索引或列

索引（不能同时指定）；对于三维数组插入，需要指定索引页、索引行或索引列（不能同时指定）。二维数组的插入示例如图 2. 22b 所示。

与“数组插入”函数类似，“删除数组元素”函数可以删除比被删除数组低一维的数组子集。可通过指定删除长度与索引位置，删除一维数组的元素子集；可以指定删除长度与行或列索引位置，删除多行或多列数组元素。二维数组元素的删除示例如图 2. 22b 所示。

通过“创建数组”函数可以添加元素到数组中或实现多个数组的合并。默认情况下，“创建数组”函数可以实现多维数组的创建，例如，如果输入两个具有相同数组元素类型的一维数组，可以创建一个二维数组（数组行或长度为所输入一维数组的最大长度）。但如果需要实现这两个一维数组的连接，可以在函数输入端口上单击鼠标右键，在弹出菜单中选择“连接输入”菜单项，其输出就是连接后的一维数组。其数组合并示例如图 2. 22c 所示。

可以通过“重排数组维数”函数把输入数组重置为另外一种维数大小的数组。该函数是按照行优先顺序重新排列数组元素的。以输入一个 3 × 3 的二维数组为例，重排为 2 × 4 的二维数组。如图 2. 22d 所示，需要输入“2”“4”到函数的维数大小输入端口，输出的二维数组元素按照行优先顺序排列。

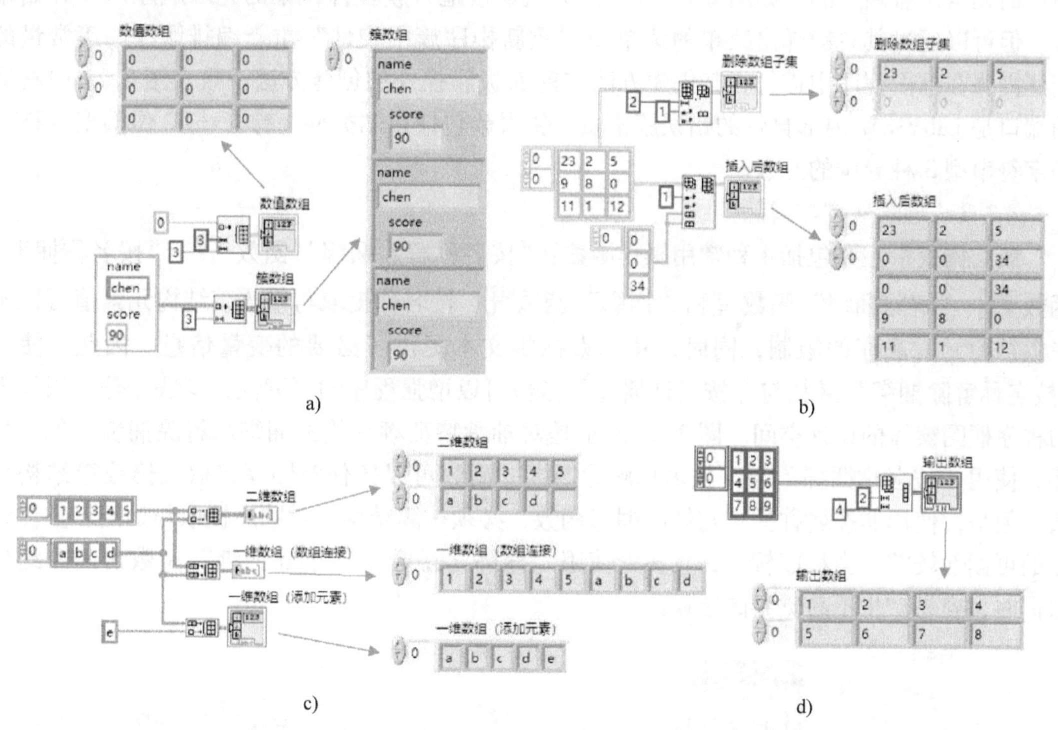

图 2. 22　数组初始化、插入、删除、合并与重整示例

a）数组初始化　b）二维数组的插入和删除　c）数组合并　d）数组重整

操作技巧与编程要点：

由于数组插入、删除会改变数组的大小，相当于给数组变量动态分配存储空间，空间动态分配会增加系统的运行负担。因此，一般建议程序设计人员在应用程序运行时间、系统资源时，避免大范围频繁使用“数组插入”“删除数组元素”函数。

2.3　簇及其操作

簇是 LabVIEW 的一种集合型数据类型，用于把不同的数据类型归为一组，与 C 语言中的结构（Structure）类型相似。由于该类型可以把不同的数据类型集合在一起，便于程序中数据的传递与管理，因此，在 LabVIEW 图形化编程中经常采用。程序设计人员恰当地运用簇结构类型可以增强程序的可读性与数据管理能力。

2.3.1　簇的创建

簇的创建与数组的创建类似，可以在前面板上采用交互方式创建簇控件，但其创建有一些特殊性。图 2.23 所示是在前面板上创建好的一个表示轴承特征频率的簇控件，包括轴承内圈特征频率（Ball Pass Frequency on Inner Race，BPFI）、外圈特征频率（Ball Pass Frequency on Outer Race，BPFO）、保持架特征频率（Fundamental Train Frequency，FTF）和滚动体特征频率（Ball Spin Frequency，BSF）的数值控件。其创建方法非常简单，只需把 4 个数值控件分别拖入簇控件框架即可。这时，簇控件对应的端口将由黑色变为棕色。但要注意，簇控件里的元素是有顺序的，如图 2.23 所示，默认是按拖入簇控件框架的先后顺序从 0 开始编号。但可以通过其右键弹出菜单的菜单项“重新排序簇中控件”重新编排顺序。簇常量的创建需要在框图程序中进行，其创建方法与前面板簇控件的创建方法一致。图 2.23 中右侧的端口是 LabVIEW 内部自带的错误簇常量。错误簇包括布尔类型、有符号 32 位整型（I32）和字符串型 3 种异构的元素。

2.3.2　簇的捆绑与解除捆绑

簇结构变量主要包括 4 种常用操作函数：“按名称解除捆绑”函数、“按名称捆绑”函数、“解除捆绑”函数和“捆绑”函数。按名称提取与修改簇结构元素值可以不受簇结构元素顺序的限制，同时，其元素标签文本提供了必要的变量信息。因此，使用“按名称解除捆绑”函数与“按名称捆绑”函数可以增强程序的可读性，其缺点是占用较大的程序框图窗体的设计空间。图 2.24 所示是对轴承特征频率簇的捆绑与解除捆绑示例。显然，使用“按名称捆绑”与“按名称解除捆绑”函数可以按任意顺序提取或修改簇结构元素。但是，使用非按名称捆绑与解除捆绑函数，必须按簇结构元素顺序提取与访问，整体程序的可读性较差。当程序较大，且多处使用“捆绑”函数与“解除捆绑”函数访问簇结构数据时，容易产生不易觉察的错误。

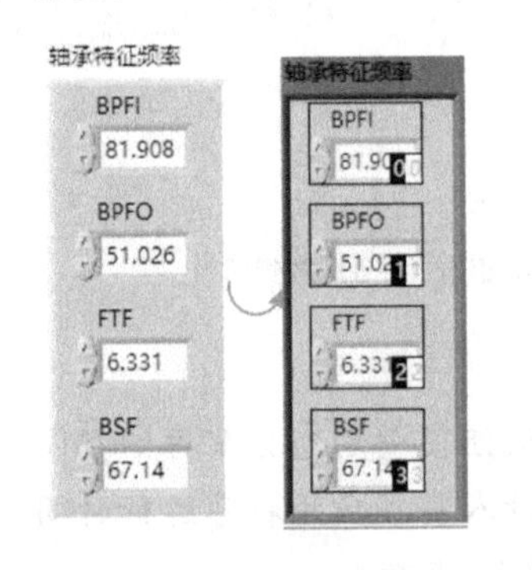

图 2.23　簇控件与顺序

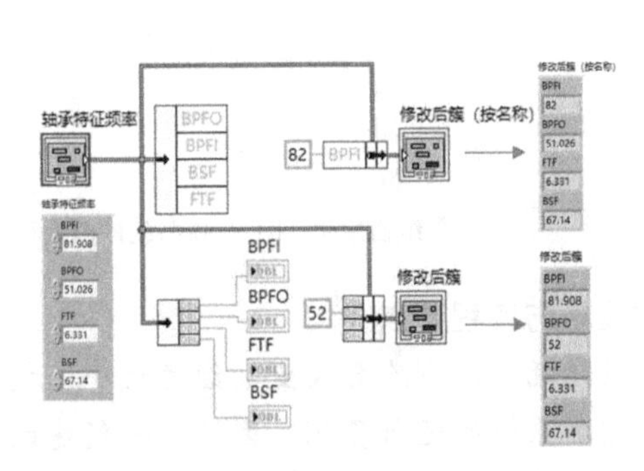

图 2.24　簇捆绑与解除捆绑

2.3.3　簇数组与簇/数组转换

可以使用“创建簇数组”函数把输入的集合结构元素或标量元素捆绑成簇，并把这些簇结构集合成以簇为元素的簇数组。如图 2.25 所示，可以把数值数组或数组簇创建成簇数组，值得注意的是，当数组簇中的数组大小不一样时，同样可以捆绑成簇数组，但要求输入给“创建簇数组”函数的数组元素均为数值类型或字符串类型等同类数据，不能把数值类型数组与字符串类型数组等异构数据捆绑为簇数组。

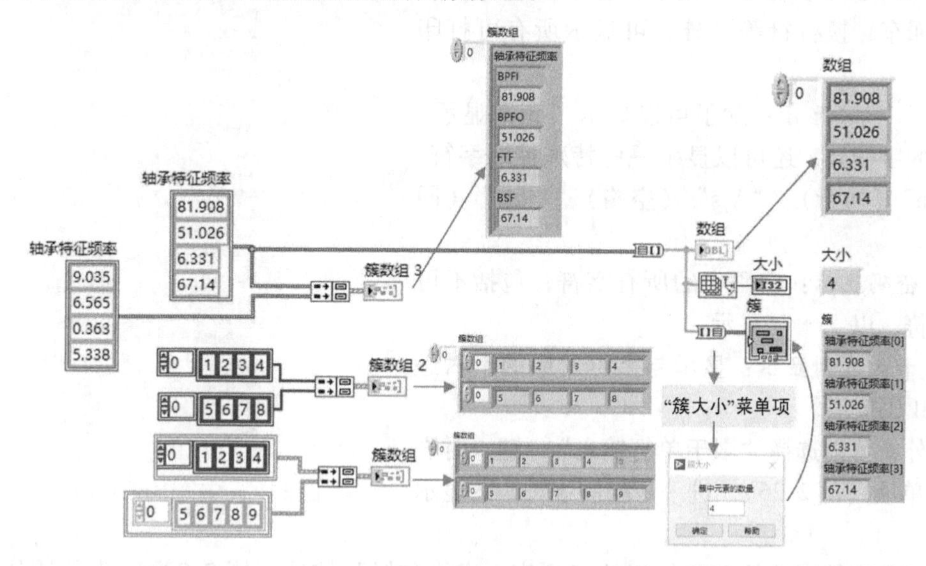

图 2.25　簇数组与簇/数组转换

同时，可以使用“数组至簇转换”函数把数组转换为簇。但为了保证转换得到的簇元素数目与原数组大小一致，须在该函数输出端口的右键弹出菜单中选择“簇大小”菜单项，在弹出的对话框中设置“簇中元素的数量”，如图 2.25 所示。对于“簇至数组转换”函数，其操作过程与要求与“数组至簇转换”函数类似。

操作技巧与编程要点：

簇结构对不同元素组合有不同的内存映射方式，例如对由标量元素组成的簇结构，内存采用字节对齐的连续存储模式；对由数组、字符串组成的簇结构，内存采用按指向数组与字符串的句柄存储模式。对簇结构存储模式的正确理解可以进行更加灵活的数据类型变换与设计高效的程序。相关扩展内容可查看本章参考文献 [1]。

链 2-4　簇的创建与常量使用

2.4　字符串及其操作

字符串是 LabVIEW 的一种基本数据类型，与 C 语言类似，等同于 U8 的数值数组，即每个字符等同 U8 的 ACSII 码数值。这种等同可用“字符串至字节数组转换”函数或“字节数组至字符串转换”函数实现。

2.4.1 字符串的显示

字符串控件可用于字符串的显示与输入。其相关参数的设置大部分与数值控件的设置相同，但字符串控件有其特殊的显示样式，这可以通过字符串控件的右键弹出菜单［或在字符串控件左端的“显示样式”（左端的“n”“s”“p”和“x”）区域单击设置］快速设置，如图2.26所示。字符串显示样式分列如下。

- 正常显示：除了一些不可显示的字符（如空格、回车、换行符等）外，可显示所有可打印的字符。
- '\ '代码显示：除了可以显示“正常显示”样式下的字符外，还可以显示一些特殊控制字符，如“\ n”（换行）、“\ s”（空格）、“\ r”（回车）等。
- 密码显示：密码中的所有字符，包括不可显示字符，以“*”显示。
- 十六进制显示：显示与字符对应的十六进制ASCII码值。

另外，可以选择“限于单行输入”“键入时刷新”菜单项（图2.26），进一步控制字符串的显示样式。

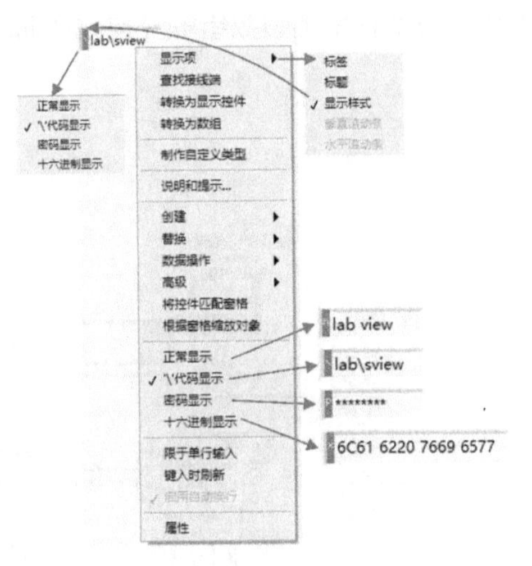

图2.26 字符串控件显示设置

对于与字符串控件有些相似的“列表、表格和树”控件（图2.27），读者可自行根据LabVIEW帮助系统学习。

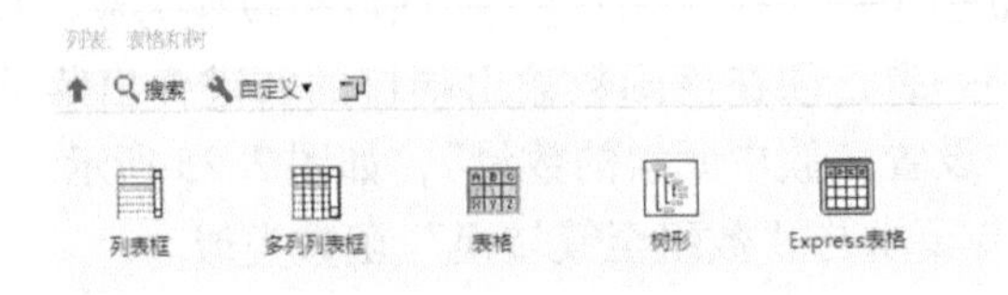

图2.27 “列表、表格和树”控件

2.4.2 字符串的操作

（1）获取字符串长度

由于LabVIEW字符串本身就含有字符串长度信息，且与C语言字符串以“\ 0”表示其结尾不同，LabVIEW字符串没有结尾控制符。如图2.28所示，字符串显示样式为“'\ '代码显示”，控件中的字符串含有不可显示字符“\ s”和“\ 00”。但“\ 00”并不是C语言的字符串结束符，“\ s”和“\ 00”这两个不可显示字符要计入字符串长度。

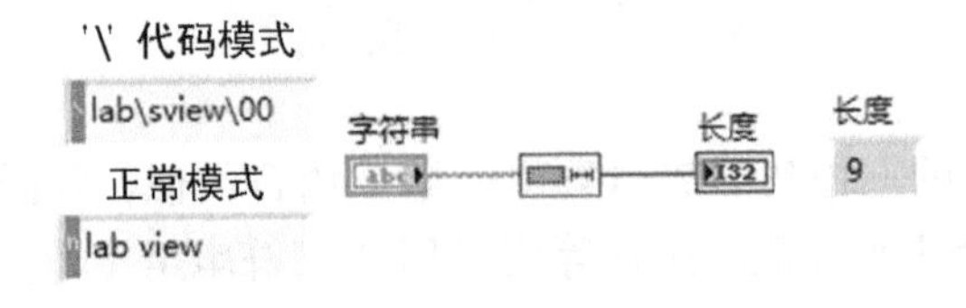

图2.28 字符串长度计算

(2) 字符串编辑

字符串编辑包括字符串连接、字符串截取、字符串替换等。对于这些功能，LabVIEW提供了相应的函数实现，如“连接字符串”函数、“截取字符串”函数和“替换子字符串”函数。具体的实现案例如图2.29所示。

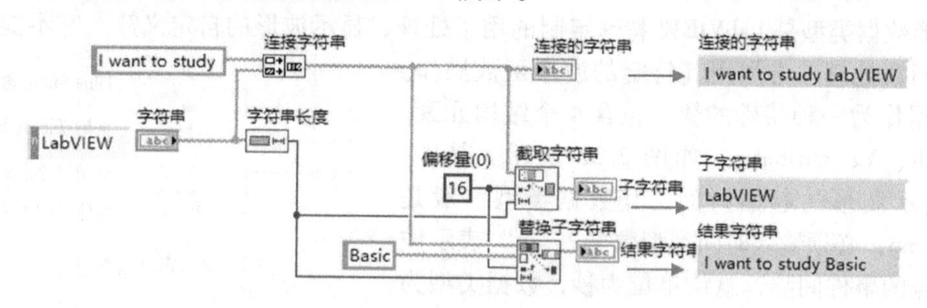

图2.29 字符串编辑（连接、截取与替换）

(3) 字符串搜索与格式化

“搜索替换字符串”函数可以用指定字符串替换输入字符串的某子字符串。函数输入端口的含义可参考LabVIEW帮助说明。“扫描字符串”函数用来按一定格式检索输入字符串中的内容，具体端口含义参考LabVIEW帮助说明。“格式化写入字符串”函数用来对给定输入进行格式化输出，其端口含义参见LabVIEW帮助说明。如图2.30所示，使用这3个函数实现某轴承特征阈值的修改。首先，通过“扫描字符串”函数返回需要修改的阈值字符串“10.2”。然后，使用“搜索替换字符串”函数，根据返回的字符串“10.2”搜索位置，用“格式化写入字符串”函数格式化后的新阈值字符串“11.5”替换。这里用到了一些格式控制符，如“%3.1f”表示宽度为3的小数点后为1位的浮点型数据格式；“%f”表示不指定宽度与小数点位数的浮点型数据格式。实际上，LabVIEW的字符串格式控制符与C语言一致，读者可参考其相应内容。

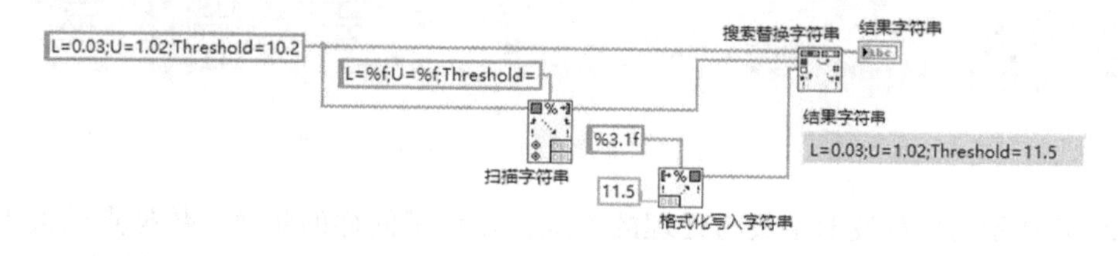

图2.30 字符串搜索与格式化

(4) 数值/字符串转换

LabVIEW提供了丰富的数值与字符串之间的相互转换函数（“编程”→“字符串”→“数值/字符串转换”）。这里仅介绍“数值至小数字符串转换”函数。如图2.31所示，当指定小数位数小于原小数位数时，将按四舍五入进行转换。

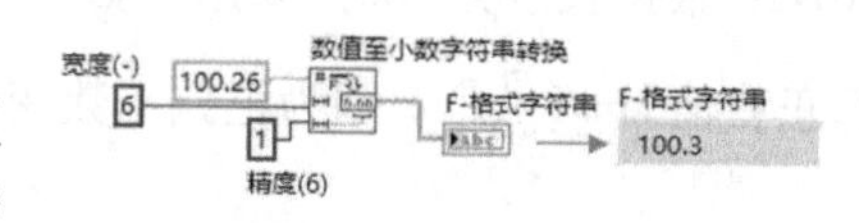

图2.31 数值至小数字符串转换

2.5 波形及其操作

2.5.1 波形数据类型

波形数据类型是LabVIEW特殊定制的用于处理、显示波形的自定义簇。它不能用标准簇操作函数处理，必须用其特定的波形函数操作。波形数据作为一种特殊的簇，包含4个结构元素，即t0、dt、Y、attributes，如图2.32所示。其中，“t0”表示波形的起始时间，其数据类型一般是Time Stamp，必须输入时间类型数据。“dt”表示波形数据点的事件间隔，默认单位为秒，数据类型为双精度浮点类型。“Y”表示数据数组，默认是双精度浮点数组。“attributes”用来说明数据等相关信息，默认是变体数据类型，一般用于说明数据采样信息等。

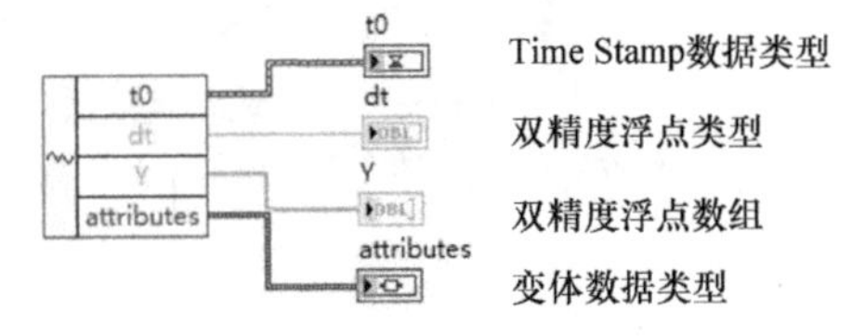

图2.32 波形数据结构

2.5.2 波形数据操作

波形数据相关操作函数主要位于“函数”→“编程”→“波形”选板中。“信号处理”选板的“波形生成”“波形调理”以及“波形测量”中的函数也是针对波形数据的。这些函数如图2.33所示。波形数据操作常常与波形图显示控件（第4章讲述）关联使用，所以，这里仅用简单例程讲述一下波形数据的基本操作。

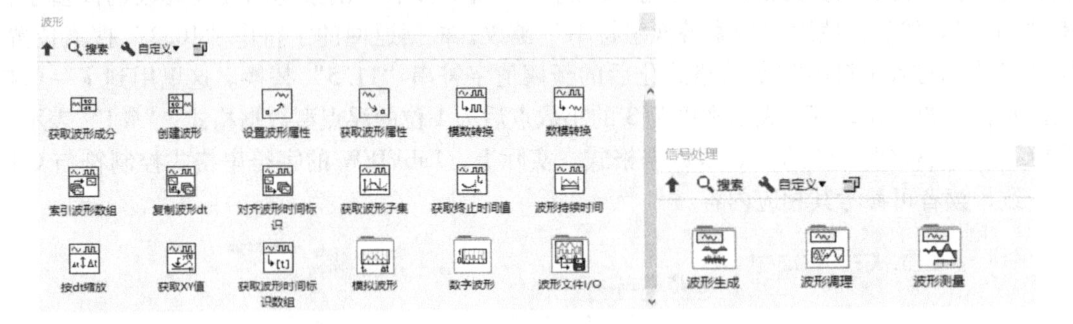

图2.33 波形数据操作函数

图2.34所示为两种波形生成与处理的方式，显示了同样的频率、数据点的波形数据。图中的波形控件采用NXG风格。上面一种设计方式是采用“创建波形”函数创建波形，为此，需要指定起始时间、数据点时间间隔以及数据数组。显然，其采用频率为1/dt，等于10Hz；数据长度为200。采用“数学”→“初等与特色函数”→“三角函数”中的正弦函数计算正弦值 $\sin\left(\frac{\pi}{50}i\right)$。因为正弦函数变量满足以下公式：

$$\omega t=\left(\frac{\pi}{50}\right)i=\left(\frac{\pi}{50}\right)10t$$

式中，角频率 $\omega=2\pi f$，因此正弦信号频率为0.1Hz。

另外一种方式是采用“信号处理”→“波形生成”中的“正弦波形”函数，为此需要设置该函数的端口“频率”“幅值”“采样信息”。根据前面的分析，“频率”端口设置为

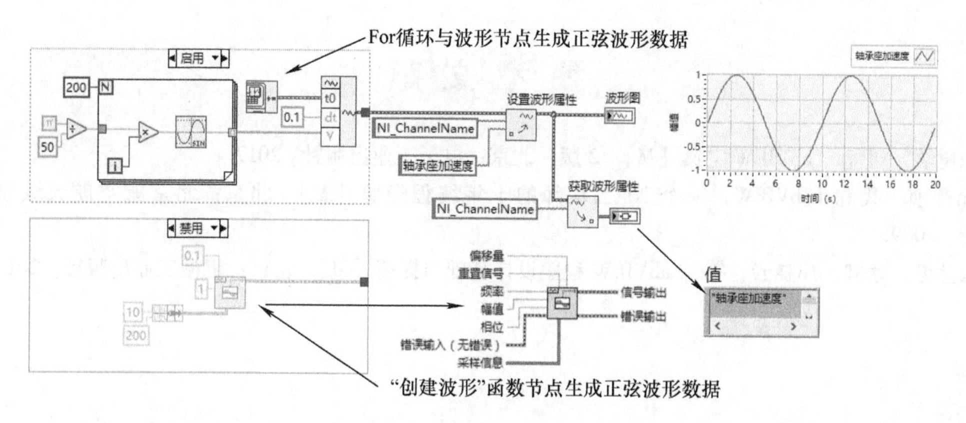

图 2.34　波形数据的基本操作

0.1Hz；“幅值”端口设置为1；“采样信息”是一个包含采样频率以及采样长度的簇，分别设置为10Hz与200。这样，其运行显示的波形将与第一种方式一样。

操作技巧与编程要点：

很多波形数据的处理操作涉及信号处理理论与技术，读者可在初步掌握其操作原理后，在学习信号处理专业知识时，再配合深度学习。

本章小结

本章通过示例的方式对LabVIEW的基本数据类型及其操作、数组及其操作、簇及其操作、字符串及其操作、波形及其操作进行介绍。

上机练习

熟悉LabVIEW的数值控件与操作函数、数组及其操作函数、簇及其操作函数以及字符串及其操作函数。具体的上机题目如下：

设计一个简易的计算器，使其具有加、减、乘、除运算以及三角函数运算的功能。

思考与编程习题

1. LabVIEW字符串控件内容为“LabVIEW%s2018%nProgramming%sTechnique”（“'\' 代码显示”样式），转换为“正常显示”样式时，字符串如何显示？字符串的长度是多少？（请在上机编程前，先进行观察）。

2. LabVIEW的簇与C语言的“Structure”结构有什么不同？

3. 对于输入字符串“Bearing Features：BPFI = 81.908Hz；BPFO = 51.024Hz；BSF = 67.14Hz；FTF = 6.331Hz”，请提取轴承的4个特征，并分别输出轴承特征数组和轴承特征簇。

4. 试编写一个二维数值数组的乘法运算函数（循环结构可自学）。

参 考 文 献

[1] 陈树学，刘萱. LabVIEW 宝典［M］. 2 版. 北京：电子工业出版社，2017.

[2] 阮奇桢. 我和 LabVIEW：一个 NI 工程师的十年编程经验［M］. 北京：北京航空航天大学出版社，2009.

[3] 张兰勇，孙健，孙晓云，等. LabVIEW 程序设计基础与提高［M］. 北京：机械工业出版社，2012.

C3 HAPTER

第3章 程序控制要素——结构、功能节点、变量与子程序

程序控制要素或构件是实现程序流程控制的重要部分，是学习 LabVIEW 程序控制模式的基础。本章将讲述顺序结构、For 循环结构、While 循环结构、定时循环结构、条件结构、事件结构这些基本的 LabVIEW 程序控制结构，公式节点、反馈节点和使能结构，以及局部变量、全局变量、共享变量和子程序等。这些结构、节点、变量 VI 主要位于“函数”→“编程”→“结构”选板中，如图 3.1 所示。

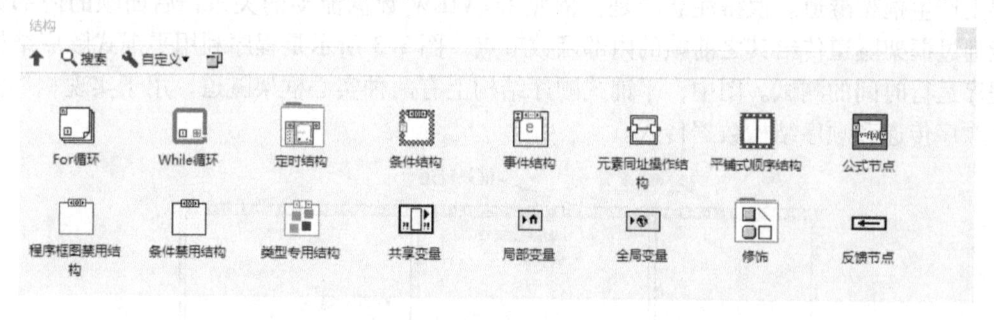

图 3.1 “结构”选板

3.1 LabVIEW 控制结构

3.1.1 顺序结构

LabVIEW 程序运行依赖程序中的顺序数据流，而其他文本编程语言（如 C 语言）是依照代码的先后顺序编译执行的。LabVIEW 本质上是一种数据流驱动的编程语言，同时也是一种天然的多线程编程语言。多线程体现在其程序运行是“齐头并进”的，这是 LabVIEW 图形化程序的内在特性。而数据流依赖关系可保证程序的运行顺序。因此，实际上可以利用数据节点之间的数据流连线实现程序的顺序运行。图 3.2 所示是一个利用简单的数据流依赖关系确保程序顺序执行的例子。“Sine Waveform. vi”正弦波函数节点运行结束后，才能执行“Basic Averaged DC - RMS. vi”函数节点，完成其直流数值及其有效值的计算。这里，波形数据流与错误簇数据流确保了两个函数节点的顺序运行。

除此之外，LabVIEW 提供了图形化的顺序结构来实现模块代码的顺序执行，包括两种顺序结构：平铺式顺序结构（“函数”→“编程”→“结构”→“平铺式顺序结构”）和层叠式顺

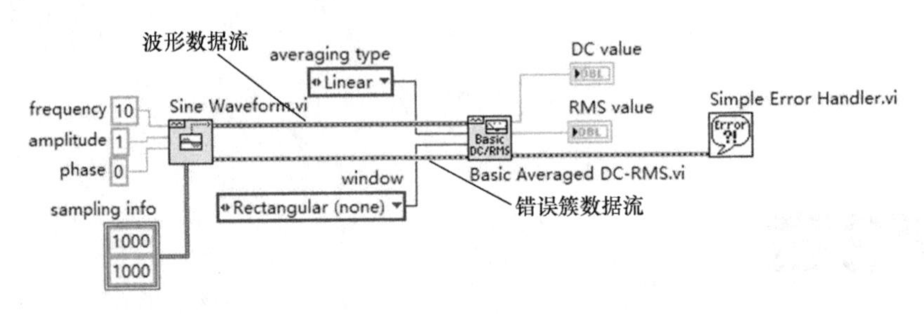

图 3.2　利用数据流依赖关系确保程序顺序执行示例

序结构。从函数选板中只能选择“平铺式顺序结构”框架节点，放置到程序框图窗体后，进行拖动操作即可创建适合大小的平铺式顺序结构。然后，可通过在顺序结构框架上单击鼠标右键，选择“在后面添加帧”或“在前面添加帧”菜单项，完成顺序帧的布局。图形化程序模块代码可以放置在顺序结构的各帧框图内，这些模块代码将按照顺序帧依次执行。各帧可通过跨越各帧的数据线传递。当要跨越相邻各帧并进行数据端口连线时，自动在框架上产生框架隧道。该框架隧道实际上是一种隶属于顺序结构的局部变量。同时，平铺式顺序结构框架外的数据也可传递给各帧内部的函数节点或与数据线相连，这时，也会在顺序结构的框架上产生框架隧道。值得注意的是，依照 LabVIEW 数据流动的关系，后面帧的内部数据不能通过框架隧道传给其之前帧的内部函数节点。图 3.3 所示是程序利用平铺式顺序结构实现程序运行时间的测试。图中，平铺式顺序结构上有两种实心框架隧道，用于实现相邻帧的数据顺序传递和顺序结构数据传入。

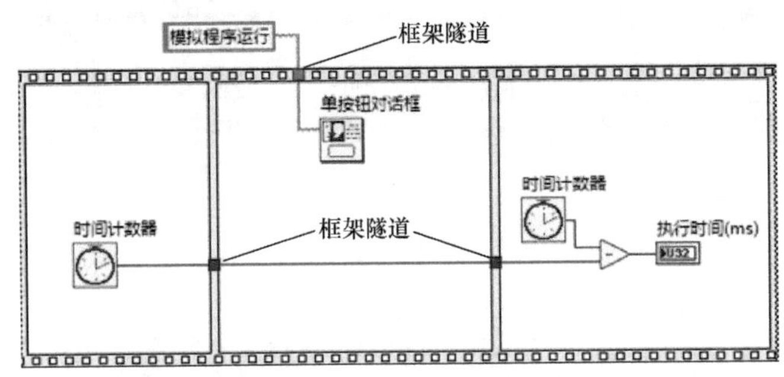

图 3.3　利用平铺式顺序结构实现程序运行时间的测试

层叠式顺序结构的实质功能与平铺式顺序结构相同，但它们在一些细节上存在差异。层叠式顺序结构可以通过右键弹出菜单中的菜单项与平铺式顺序结构相互进行转换。图 3.4 的上部分是层叠式顺序结构（包括 3 个帧）。各帧可以通过顺序框上的左右三角形指示按钮切换，也可通过单击框架上部中间部分的帧选择区域，在下拉列表中选择相应帧。显然，平铺式顺序结构程序代码的可读性要比层叠式顺序结构要好，但层叠式顺序结构占用更小的代码平面空间。

如图 3.4 所示，层叠式顺序结构的各帧可有自己的输出框架隧道，对应平铺式顺序结构各帧下面的框架隧道（图 3.4 所示的平铺式顺序结构）。层叠式顺序结构各帧的输出数据不能连到其他帧数据输出用的框架隧道。但层叠式顺序结构的各帧可以共用输入框架隧道（如图 3.4 中的输入框架隧道），相当于对应平铺式顺序结构的直连线产生的内部框架隧道。

对于层叠式顺序结构各帧输出数据的相互传递，可以采用顺序局部变量。可在层叠式顺

序结构的某一帧创建顺序局部变量（在框架上单击鼠标右键，选择菜单项“添加顺序局部变量”），其后的任何帧可以引用或连接该局部变量。顺序局部变量的作用域局限在顺序结构内，创建顺序局部变量之前的帧不能引用该局部变量。如图 3.4 所示，层叠式顺序结构上的局部变量对应平铺式顺序结构帧之间的框架隧道。

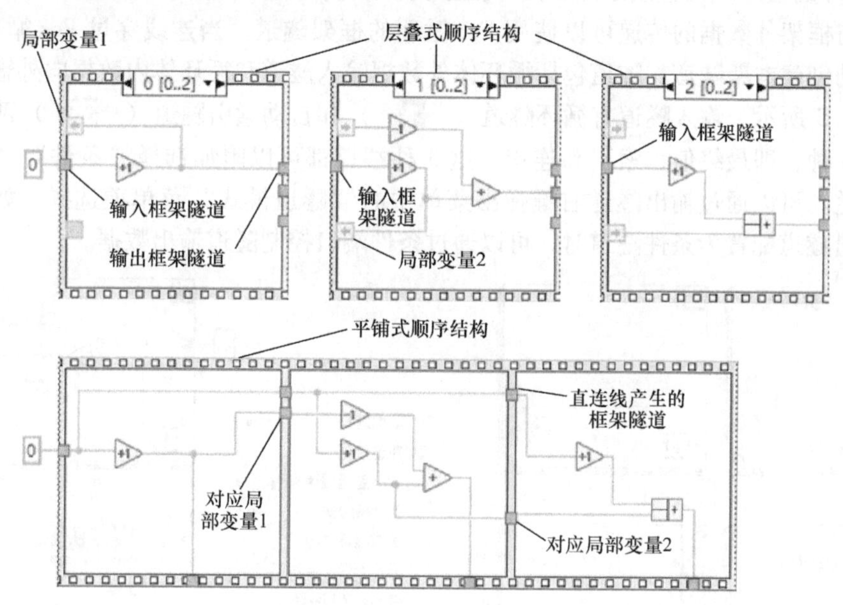

图 3.4　顺序结构的框架隧道与局部变量

值得注意的是，LabVIEW 的顺序结构与 LabVIEW 多线程并行运行以及数据流驱动特征有点相悖，建议尽量不采用顺序结构实现代码的顺序控制，而采用数据流依赖关系来确保代码或节点的顺序执行。

操作技巧与编程要点：

- 删除操作：对平铺式顺序结构，可以通过右键弹出菜单的菜单项“删除顺序”删除结构，而保留其各帧代码。而对层叠式顺序结构，也可通过右键弹出菜单的菜单项“删除顺序”删除结构，但只能保留其当前帧的代码。如果要保留其所有帧的内部代码，需要采用“转到平铺式顺序结构＋删除结构”方式实现。
- 替换：平铺式顺序结构还可以替换为定时结构；层叠式顺序结构还可以替换为条件结构。定时结构和条件结构将在 3.1.4 和 3.1.5 小节中介绍。
- 在顺序、For 循环、While 循环等结构框的空白处，按下 <Ctrl> 键的同时按住鼠标左键并拖动，可以在任意方向扩大结构的内部空间。For 循环和 While 循环将在 3.1.2 和 3.1.3 小节中介绍。

链 3-1　平铺式顺序结构

链 3-2　层叠式顺序结构

3.1.2　For 循环

LabVIEW 的循环结构是 LabVIEW 程序设计的最基本结构。其中，For 循环结构与其他文本编程语言一样，是用于循环次数确定的循环控制。我们知道，C 语言中的循环结构中

（如“i=0；i<100；i++”）包括3个基本要素：初值设定、循环条件、循环变量更新。但LabVIEW的循环结构只需设定循环次数（图3.5）即可，且其循环计数[i]只能读出，无法改变。

For循环的程序代码直接添加在循环框架内。该代码是For循环每次循环都要运行的代码。代码与框架外数据的传递可以使用For循环的框架隧道。当连线穿过For循环框架时，就可以自动创建框架隧道。隧道包括循环体外数据输入隧道和循环体内数据向外输出隧道两类，如图3.5所示。输入隧道有循环隧道（—■—）和自动索引隧道（—[]—）两种。而输出隧道有3种，即最终值、索引和连接，这3种端口都可以附加选择“条件”菜单项，变为条件隧道。可以通过输出隧道右键弹出菜单中的“隧道模式”菜单项选择，如图3.5所示。当输出隧道配置为条件隧道时，可以通过条件端口控制隧道输出数据。

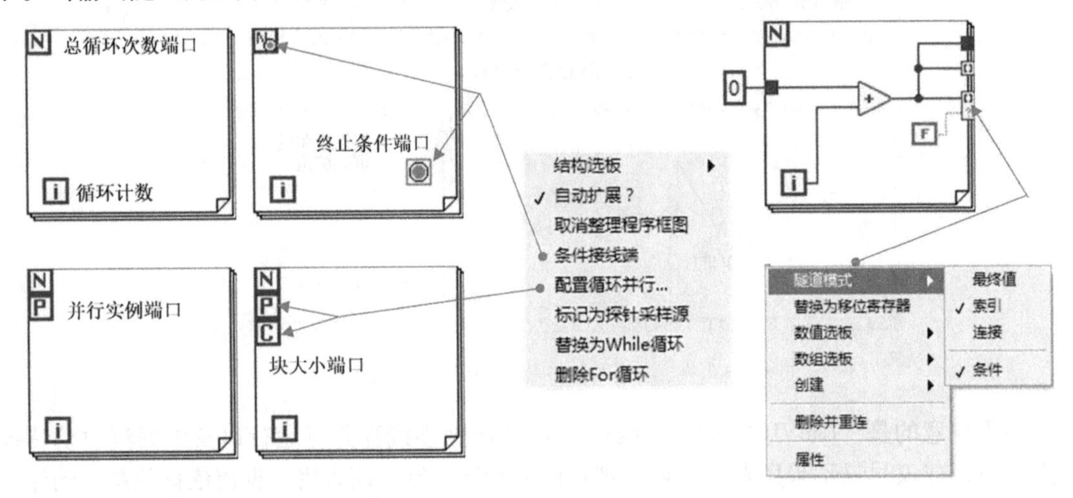

图3.5　For循环结构

1）自动索引。For循环与数组操作密不可分，其处理数组数据具有天然优势。当向For循环传入数组数据时，其框架上的输入隧道默认变为自动索引隧道（—[]—）。当输入隧道是自动索引隧道时，每次For循环体的运行都自动依次按数组索引输出数组数据。如图3.6所示，当自动索引隧道输入的是二维数组时，其隧道输出是按数组行管理的一维数组。输入隧道也可以通过鼠标右键弹出菜单禁用索引，这时输入隧道切换为循环隧道，其输出是数组整体。For循环框架的输出隧道默认是自动索引隧道，但可以通过“隧道模式”菜单项（鼠标右键弹出菜单的“隧道模式”菜单项，见图3.5）切换为其他类型。

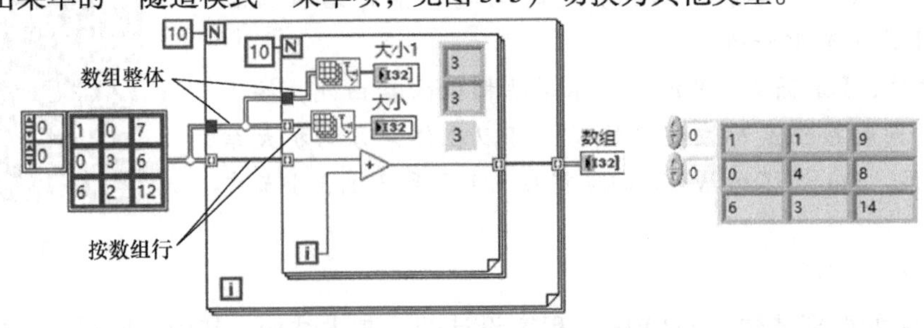

图3.6　For循环隧道的自动索引

值得注意的是，For 循环的循环次数由循环体总循环次数端口的数据与输入自动索引隧道数组最低维的大小决定。如图 3.6 所示，外层 For 循环的循环次数为 3（二维数组有 3 行），而不是 10。如果循环框架的输入隧道的索引禁用，那么 For 循环的循环次数将由循环体总循环次数端口的数值决定。

2）移位寄存器。要在一段局部代码范围内存储数据以及共享数据，传统的手段是采用局部变量。For 循环结构可以认为是一段局部运行的代码，为了实现循环体范围内的局部数据共享，LabVIEW 提供了特殊的移位寄存器机制。For 循环的移位寄存器相当于一种具有固定长度的堆栈存储器，用于保存当次或历史循环体运行的中间结果，供下次循环调用。

在 For 循环中可以在框架上单击鼠标右键，在弹出菜单中选择菜单项“添加移位寄存器”，在框架上添加一个移位寄存器，也可通过框架隧道与移位寄存器的相互转换添加。移位寄存器在框架的左、右两端各有一个初始端口。当其未初始化时，主体颜色为黑色。移位寄存器可以作为任何数据类型的存储容器，根据其存储的数据类型而有不同的颜色，例如存储整型数据时，移位寄存器的端口颜色为蓝色。框架左端的移位寄存器端口，可以通过对边框进行拖动操作来扩展移位寄存器的长度，用于保存历史循环的中间结果。图 3.7 所示是移位寄存器在滑动平均滤波中应用的示例。

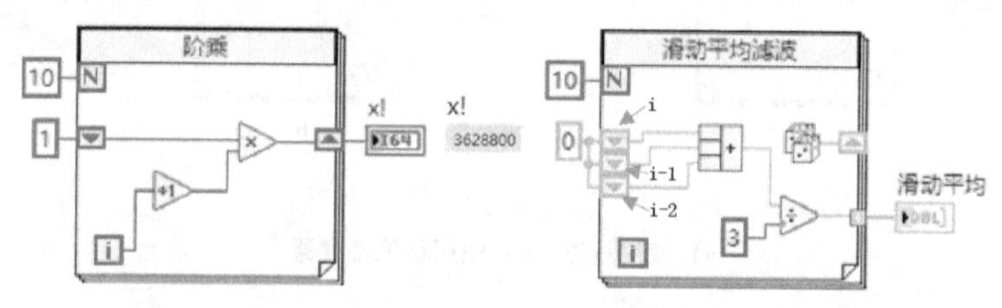

图 3.7　移位寄存器在滑动平均滤波中应用的示例

3）Continue 与 Break 功能。我们知道，在 C 语言的 For 循环结构中可以通过 Continue 与 Break 语句实现继续下次循环与跳出循环的功能。LabVIEW 的 For 循环也可实现类似功能。对于 Continue 功能，要采用条件结构实现；Break 功能可直接利用 For 循环的条件端口实现。如图 3.8 所示，For 循环的条件端口在满足设定条件时终止 For 循环；在 For 循环体内使用条件结构控制该次循环是否跳过，所要跳过的执行内容放在条件结构内。

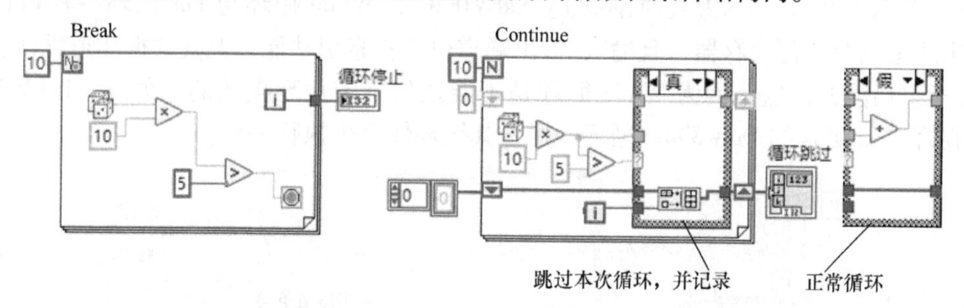

图 3.8　Continue 与 Break 实现示例

操作技巧与编程要点：

● 图 3.5 中，For 循环右键弹出菜单中的“标记为探针采样源”菜单项，是在安装了 FPGA 软件模块后才有的菜单项，其作用为设置采样探针；选择“配置循环并行”菜单项可

链 3-3　For 循环

启动并行循环迭代对话框，用于多核计算的 For 循环计算配置，其中P为并行示例端口，C为块大小端口，具体的含义读者可自行查阅 LabVIEW 联机帮助。

● 图 3.5 中，隧道模式置为“连接”模式时，可自动连接离开循环的数组。选择“连接”模式，所有输入都按顺序组合成一个数组，维数和连入的输入数组一致。具体操作可参考本小节的小视频。

● 移位寄存器与隧道。For 循环框架上的一对移位寄存器对应的是系统唯一的内存存储区域，而框架左、右两边的隧道各自对应不同的存储区域。因此，如果没有合理使用移位寄存器与隧道，可能产生不可预期的结果。如图 3.9 所示，使用隧道的运行结果为 0，而使用移位寄存器的运行结果为 56。这是因为 For 循环的运行次数是由数组的大小（例中数组为空数组）决定的。这里该输出隧道输出其默认值 0，而移位寄存器输出的是其初始值 56。

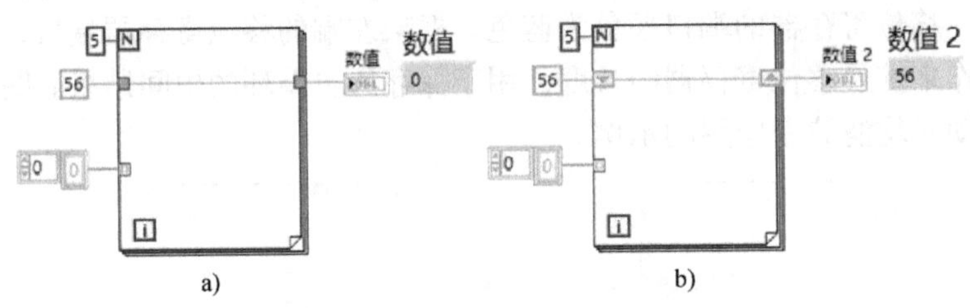

图 3.9　使用隧道与移位寄存器

a）使用隧道　b）使用移位寄存器

3.1.3　While 循环

While 循环与 For 循环不同，它不是预先设定循环次数，而是设定循环的条件，因此其循环次数完全取决于条件的变化。While 循环结构在构造 LabVIEW 程序设计模式方面，特别是复杂程序设计架构方面有特殊作用，在后续有关程序设计模式的章节会有涉及。

While 循环结构与 For 循环结构一样，通过拖动操作可以很快地在框图程序窗体中放置一个 While 循环结构。如图 3.10 所示，该图形化结构默认包括循环计数端口i和条件控制端口（●为真时停止，↻为真时继续）。LabVIEW 的 While 循环与 For 循环一样可以有输入/输出隧道以及移位寄存器，且输入/输出隧道也支持索引功能。但其数据隧道默认是不启动自动索引功能的，这是因为 While 循环是不能预先确定循环次数的。另外，LabVIEW 的 While 循环与 C 语言的 Do-While 循环一样，其循环体至少执行一次。

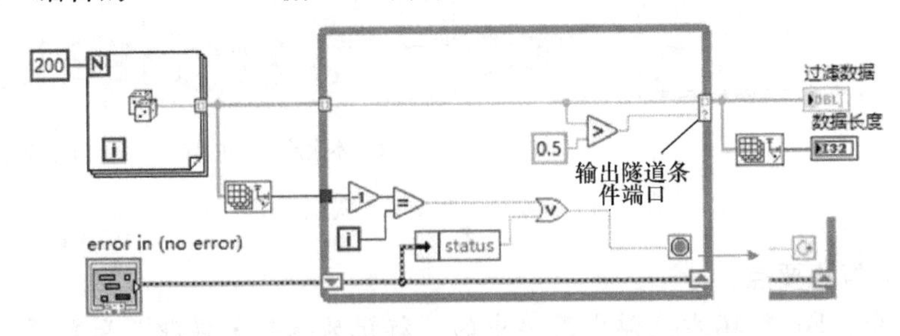

图 3.10　While 循环结构在数据筛选方面的应用

图 3.10 所示是采用 While 循环实现数组数据筛选的例子。程序中利用输出索引隧道的条件端口把随机数组中大于 0.5 的数组元素筛选出来，并通过索引隧道生成新的数组。当对每个数组元素进行提取判断或 While 循环的错误簇存在错误状态时将退出 While 循环。当结束 While 循环时，输出隧道一次性把筛选后的新数组输出。这里，While 循环的次数由“或”操作函数的任意两个输入条件中至少一个为真来决定。因此，需要根据传入的数组大小进行判断。同时，错误簇常常与 While 循环共存使用，这在后续有关程序设计模式的章节会用到。读者可以采用 For 循环实现图 3.10 的数组元素筛选程序，并比较两种方法的异同。

操作技巧与编程要点：

- 当控制结构中的数据流运行结束时，While 循环及其他控制结构的输出隧道才输出数据，不能在控制结构还没有结束的情况下把结构体内的数据流传出。
- While 循环的条件控制端口可以通过选择鼠标右键弹出菜单的菜单项“真（T）时停止”/“真（T）时继续”切换。
- 移位寄存器的创建方法以及与隧道的切换方法与 For 循环中的操作一样。

链 3-4 While 循环

3.1.4 定时结构

很多时候都会要求应用程序能实现准确的定时间隔控制。定时精度基本上是由系统定时精度决定的。相对于无硬件定时器的系统，Windows 操作系统软件定时的精度是 1ms。对 LabVIEW 来说，可以利用延时函数，即“等待（ms）”函数和“等待下一个整数倍毫秒”函数，实现系统程序的定时控制。其中，“等待下一个整数倍毫秒”函数的定时精度较高。但由于 Windows 操作系统本身的非实时多任务调度策略，实际上因误差累计效应，利用这两种延时函数进行定时所产生的误差远超过 1ms。

为此，LabVIEW 提供了两种定时结构，即定时循环结构和定时顺序结构。这两种结构本身是针对实时系统（Realtime System，RT）和现场可编程逻辑门阵列（Field Programmable Gate Array，FPGA）应用的，也可在 Windows 系统状态下使用，其定时精度要高于上面提到的两种延时函数。

1. 定时循环结构

定时循环结构除了具有 While 循环结构的隧道、移位寄存器功能外，还可以配置定时属性。定时循环的配置窗口可通过双击输入节点区域或选择其右键弹出菜单的“配置输入节点”菜单项打开。图 3.11 右侧是“配置定时循环”对话框。通过该配置对话框，可以设置内部定时源、定时周期、优先级等，也可通过输入节点的相应端口设置。图 3.11 中，为定时周期端口赋值 10ms，时钟源选用的是 1kHz（因为这是由 Windows 软件系统决定的，如果在嵌入式开发环境，就会有其他硬件时钟源可选）。图 3.11 中的程序产生 1000 个数据点，按照采样周期 10ms，生成正弦信号。程序中将定时循环左数据节点中的“周期”数据赋给波形数据的“dt”数据点时间间隔。从波形图的横坐标可以看出，信号总长为 10s，符合预期。

2. 定时顺序结构

定时顺序结构与定时循环结构非常相似，但是输入节点没有“周期”端口，因此，它们的区别在于前者仅执行一次。含有多帧的定时循环结构可以理解成定时循环结构平铺成定

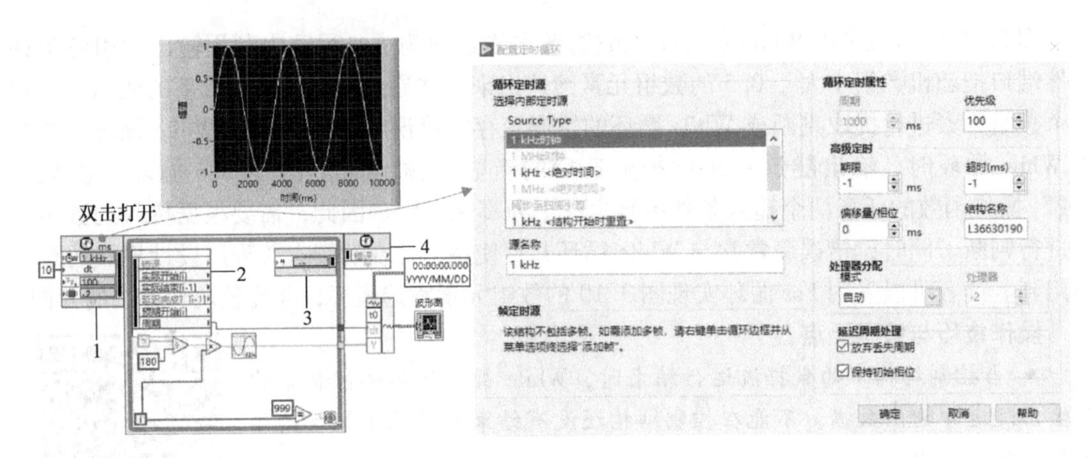

图 3.11　定时循环结构

1—输入节点　2—左数据节点　3—右数据节点　4—输出节点

时顺序结构。图 3.12 所示是多帧定时顺序结构示例。程序中的定时顺序结构的定时属性“期限”和“超时”都设为 -1。程序通过定时结构的输出节点的“帧持续时间”端口输出上一帧的执行时间。

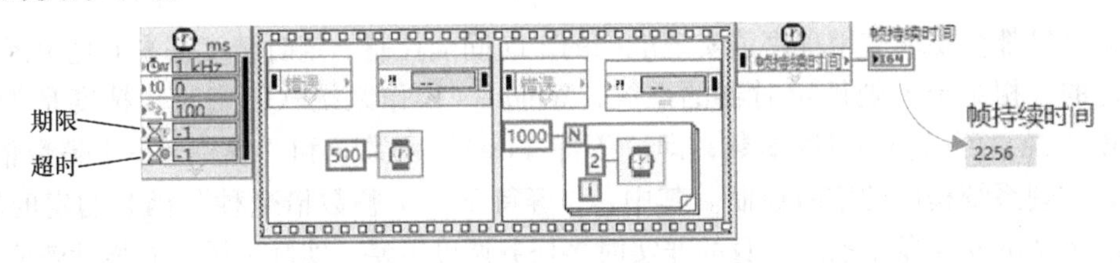

图 3.12　多帧定时顺序结构示例

操作技巧与编程要点：

链 3-5　定时循环结构

● 定时循环结构输入节点配置属性：“期限”为 -1、“超时”为 -1时，这两个参数的实际值将按照“周期”数值确定。当图 3.11 所示程序定时循环的循环体执行时间超过设定的“周期”数值时，下一次循环的左数据节点端口“延迟完成？[i-1]”将输出“真(T)”。

● 定时循环结构输入节点的“配置定时循环”对话框中的“保持初始相位”复选框，用于每次循环的初始相位是否保持一致；“放弃丢失周期”复选框，用于设置在有硬件缓冲区和软件缓冲区的情况下是否发生作用（因为循环体的执行时间有可能超过设置定时周期）。

● 如图 3.13 所示，可以通过定时循环结构的右键弹出菜单的菜单项“在前面添加帧”“在后面添加帧”“插入帧”和“合并帧”（根据右键单击的位置不同而不同，如左右最外框架、上下框架、中间框架），使得单帧定时循环结构变成多帧定时循环结构。

3.1.5　条件结构

LabVIEW 的条件结构与其他常规编程语言的条件结构有很大不同，它也是 LabVIEW 的一种重要编程结构，在特殊的编程模式中起着重要作用。图 3.14 所示是条件结构的构成，包括以下几个部分。

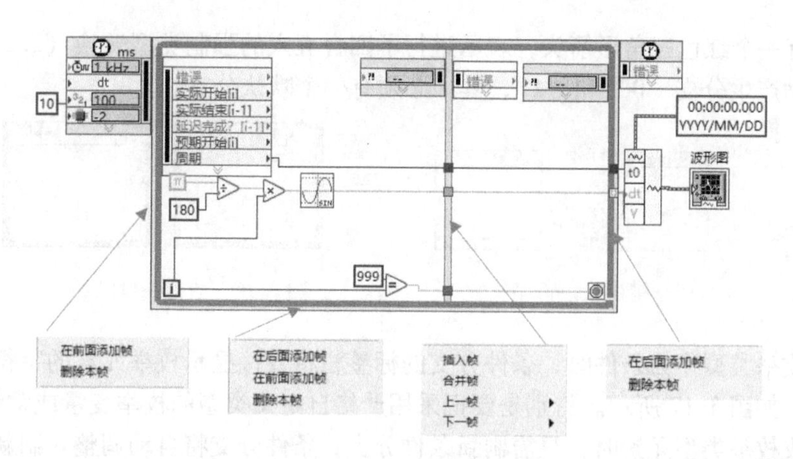

图 3.13　多帧定时循环结构

1）分支选择器：分支选择器的条件端口可以输入布尔型、数值型、错误簇、枚举型、下拉列表、字符串型等数据。

2）条件分支递增/递减按钮：三角形形状的递增/递减按钮用于切换浏览前后条件分支，并且具有自动回卷功能，即采用链式首尾相连方式浏览。

3）条件分支下拉列表：能以下拉显示方式选择所需条件分支。

4）条件标签区：以文本形式显示分支条件，并可用工具选板中的“编辑文本”工具进行编辑。

5）结构体：结构框的空白区域，用来输入框图程序。

6）隧道：包括输入隧道与输出隧道，要求每个分支都要给同一输出隧道赋值。如果只有一个分支给该输出隧道赋值，其他分支没有赋值，则隧道显示为空心的矩形（），如图 3.14中的输出隧道。这时，程序运行按钮显示为断开的箭头。如果把这些未连线的输出隧道设置为使用默认值，则输出隧道显示为加粗的空心矩形（）。如果各分支都对输出隧道连线赋值，则输出隧道为实心矩形（）。

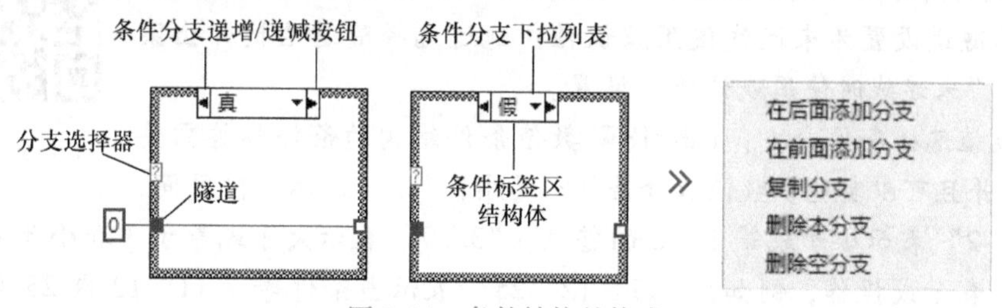

图 3.14　条件结构的构成

当条件结构输入布尔型条件时，将自动产生“真”和“假”两个分支，相当于构建了 If-Else 结构。可以采用这种方式设置条件判断的嵌套结构，但一般不多于 3 层。

错误簇也可以作为接入条件端口，条件结构将自动生成“错误”和“无错误”两个条件分支帧。LabVIEW 提供的“带错误处理的子 VI”模板就是利用了这种条件判断模式，如图 3.15 所示。

当采用数值作为条件时，LabVIEW 只允许有符号整数和无符号整数作为条件。如果把单精度或双精度浮点数接入条件端口，将自动转换为有符号整数，如图 3.16 所示。这时，条件端口将有一个红色三角形箭头，表示进行了四舍五入的强制类型转换（2.6转换为整数3），同时自动产生分支“0”和“1”，其中必须有一个默认分支。

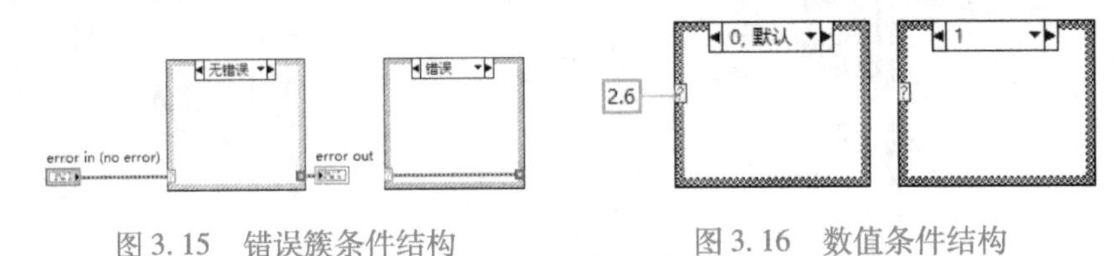

图3.15　错误簇条件结构

图3.16　数值条件结构

当采用枚举类型作为条件时，条件分支的标签栏将直接显示枚举元素的字符串，而不是其整数数值，如图3.17所示。特别是要把采用严格自定义类型的枚举变量或常量作为条件，当增减或修改枚举类型元素时，只需刷新条件分支，条件分支将自动调整。刷新通过条件结构右键弹出菜单的菜单项“为每个值添加分支”实现。严格自定义类型枚举常常用在状态机编程结构中。

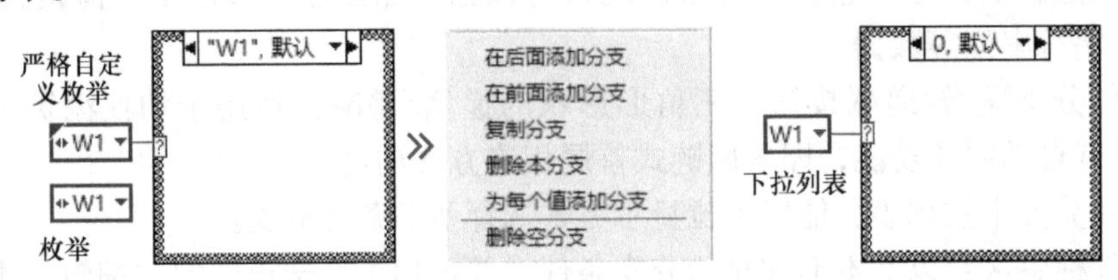

图3.17　枚举条件结构与下拉列表条件结构

下拉列表变量作为条件时，条件结构的标签栏将显示列表项对应的整型数值，其特性与数值条件结构类似，如图3.17所示。

字符串作为条件时，各条件分支的文本需要手动输入。

操作技巧与编程要点：

链3-6　条件结构

● 按住<Ctrl>键的同时滚动鼠标滚轮可以快速浏览条件分支；按住<Ctrl>键的同时按住鼠标左键不动并拖动可以扩展结构体空白区域。

● 输出隧道设置为未连线使用默认值：通过选择隧道右键弹出菜单的菜单项“未连线时使用默认值”设置。

● 多数值选择条件分支：LabVIEW数值条件结构的条件标签需要手动编辑，并且可以实现多数值选择条件。其中，“..”表示一段区间，

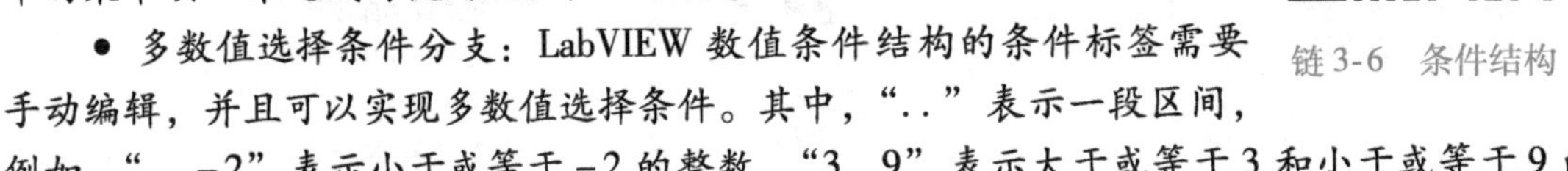

例如，“..-2”表示小于或等于-2的整数，“3..9”表示大于或等于3和小于或等于9的整数；“,”表示或操作，例如，“11，12，25”表示当条件等于11、12或25时选择这个分支。

● 枚举条件结构的标签栏文本不能手动编辑。

● 字符串编辑时不用加引号，编辑完成后，系统会自动加上引号。

● 尽量避免在结构框内为显示控件输出数据，而应该在结构体外为显示控件输出数据。原因是当条件分支不执行时，显示控件将显示其默认值，这时，结果可能与预期不符。

● 多重条件分支的处理：由于三重以上的条件嵌套将造成程序可读性降低，因此，应把嵌套条件转换为多分支条件问题，如图3.18所示。

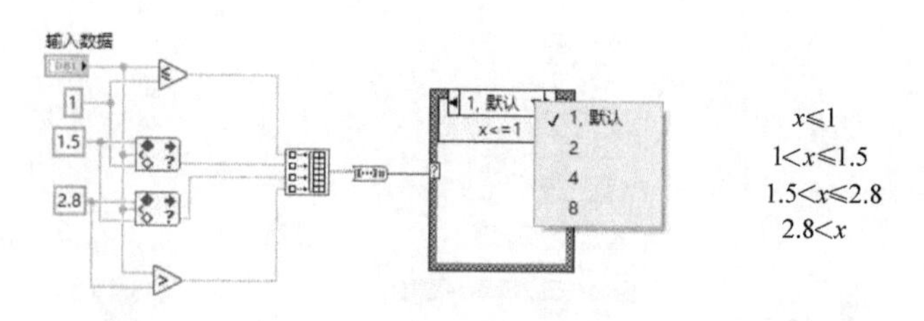

图 3.18　多重条件分支的处理

3.1.6　事件结构

事件结构是基于事件驱动或消息驱动的编程结构，主要针对用户界面交互式应用。它与 LabVIEW 数据流编程所采用的传统轮询实现方式不同，其运行模式类似于中断执行，因此程序运行效率较高。

图 3.19 所示是事件结构的主要构成。事件结构包括超时接线端、动态事件端口、事件数据节点（与对应的事件相关）、事件过滤节点（与对应的事件相关）以及事件标签。事件结构默认只有一个超时事件分支，通过事件结构的右键弹出菜单（图 3.19）可以选择“编辑本分支所处理的事件”等菜单项，打开“编辑事件”对话框（图 3.19）。因此，通过“编辑事件”对话框可以提前完成应用程序、VI、窗格控件等多种事件的定义，也可创建动态事件，但需要在程序里进行事件定义，后面将简要讲述。每种事件都有对应的事件数据节点端口或事件过滤节点端口。例如，“类型”端口与严格枚举类型对应（包括所有的已定义好的全部事件类型），“平台组合键”端口数据类型为簇（内部包括 Shift、Ctrl、Alt、Cmd 和 Opt 键的布尔状态），“按钮”是 U16 整型（1 表示鼠标左键，2 表示鼠标右键，3 表示滚轮键），如图 3.20 所示。

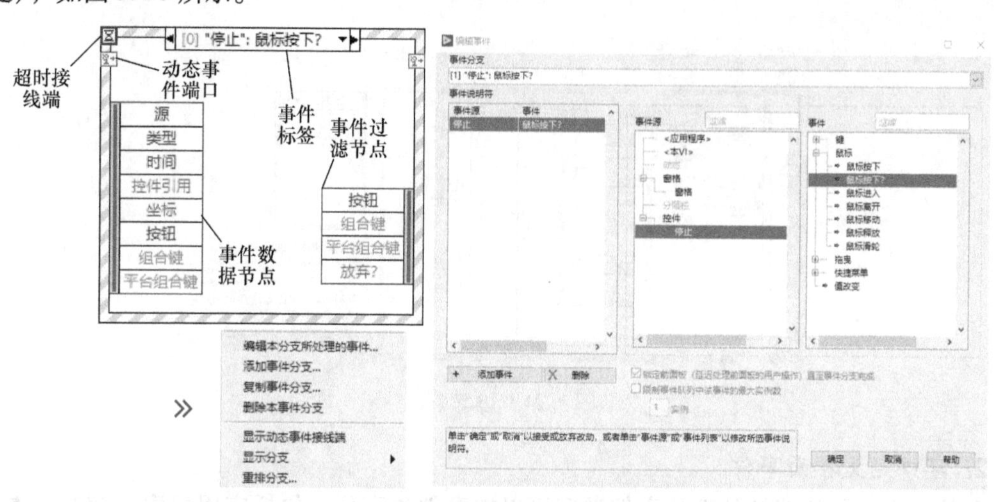

图 3.19　事件结构的主要构成

1. 事件的响应、过滤次序

LabVIEW 的事件结构内部底层运行是由操作系统负责实现的。因此，LabVIEW 编程人员只需了解其基本常识，确定相应的事件响应（注册相应的回调函数，对应定义 LabVIEW 的事件分支）即可。由于操作系统发出界面相关事件是有其内在顺序的，因此，处理 Lab-

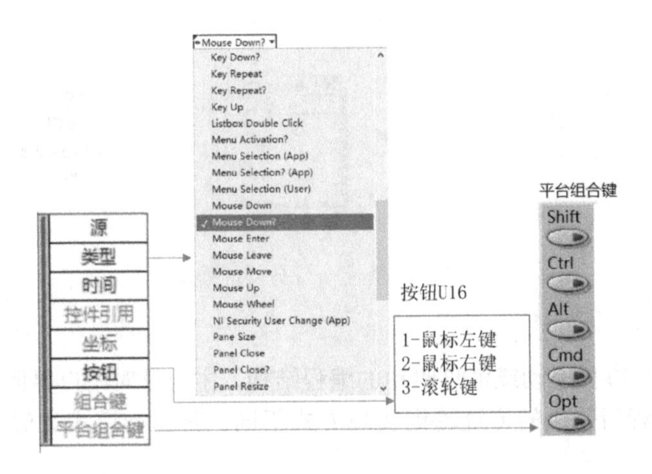

图 3.20　事件数据

VIEW 的事件分支也是按其顺序进行的。例如，前面板上有一个按钮，对应于 LabVIEW 事件结构，其事件发出的顺序是窗格相关事件（如鼠标、键盘等相关事件）→按钮相关事件（如鼠标、键盘相关事件）。按钮鼠标事件包括鼠标进入、鼠标离开、鼠标释放、鼠标移动等事件，其中鼠标移动是持续性事件，其使用要特别小心。另外，窗格、控件等都有过滤事件。过滤事件是在其对应通知事件之前发出的，相当于事前事件。如图 3.19 所示的“鼠标按下?”过滤事件，在过滤事件的标签中，事件字符串的后面会有一个问号“?”。如图 3.21 所示，在输入字符串控件的“键按下?”过滤事件分支中通过判断键盘输入的字符是大写字母还是小写字母，来限制输入的一定是大写字母或小写字母。

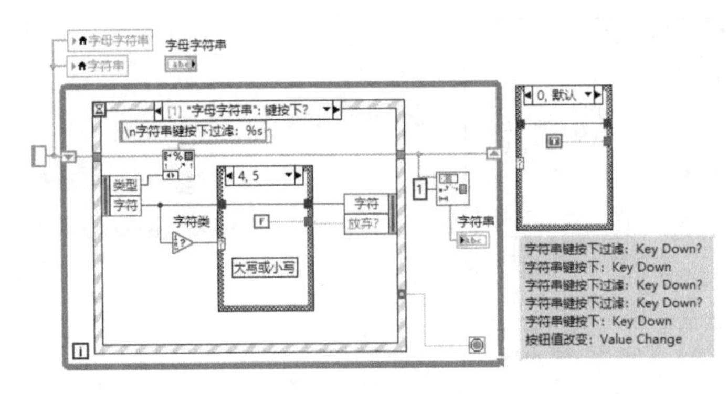

图 3.21　过滤事件

2. 窗口定义界面事件

显然，事件结构能够处理的事件类型可以按事件源区分，包括应用程序、超时、本 VI、窗格、控件等通过窗口设置就可完成事件定义的事件，以及需代码配置的事件——动态事件。触发整个应用程序退出的动作将触发应用程序关闭事件。例如，应用程序任意一个前面板菜单的“文件”→“退出”菜单项将触发应用程序关闭事件。当超时端口设置成 -1（默认值）时，将禁止超时事件发生。如果设定时间内有事件发生，超时事件对应的分支将重新计时，因此，不宜在超时事件分支处理重要的任务。

3. 动态事件

默认情况下，事件的动态事件端口并没有创建，需要通过其右键弹出菜单的菜单项“显示动态事件接线端”创建。然后需要使用图 3.22 所示的“事件”选板中的“注册事件”函数进行事件注册。除了可以注册窗格、控件等常规图形用户界面（Graphical User Interface，GUI）事件外，也可以注册用户自定义事件。值得注意的是，注册事件要求传入 GUI 对象的引用，如控件引用。当完成动态事件注册后，把其事件句柄连到动态事件端口，然后使用与前述一样的方法完成事件分支的创建。图 3.23 所示是使用动态事件的示例，该示例包括一个主程序和一个子程序。其基本功能是通过主程序关闭子程序、通过主程序中的数值变化来判断有子程序处理。显然，子程序中使用了事件结构的动态事件分支，使用“注册事件”函数完成主程序控件的注册。值得注意的是，“注册事件”函数需要传入主程序中的控件引用。LabVIEW 提供的动态事件处理功能扩展了程序事件处理能力。

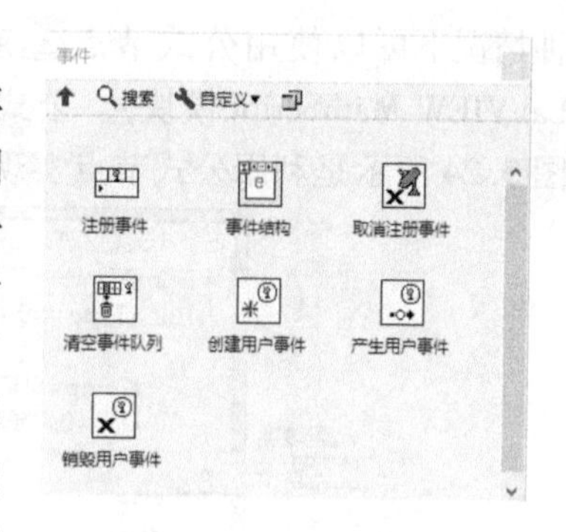

图 3.22　“事件”选板

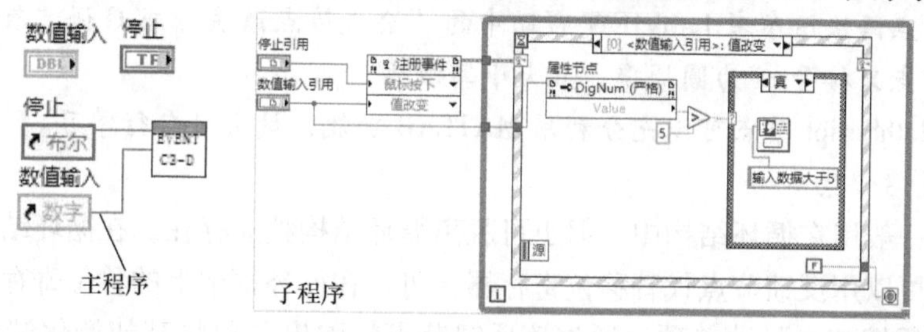

图 3.23　使用动态事件的示例

操作技巧与编程要点：

● 因事件结构的分支隧道未连数据不会报错，因此，须在带有数据隧道/移位寄存器的事件结构或条件结构中适时建立空白分支，利用分支复制功能进行复制。

● 如果一个循环中有两个或两个以上的事件结构，那么容易造成程序死锁。

● 采用创建用户事件的构建事件结构的动态事件分支，需要利用图 3.22 中的相关函数节点，读者可以自行学习。

● 图 3.23 中，针对主程序按钮控件的操作响应，应在子程序中使用“值改变”事件，而不能使用“鼠标按下”等反映交互操作的事件。

链 3-7　事件结构

3.2　功能节点

3.2.1　公式节点

LabVIEW 图形化编程方式虽然使得编程更加直观，并且贴近数据流编程，但对于繁杂的数学公式或计算式，人们更喜欢代码形式的公式表达，因为这样表达更接近实际公式书写方式。然而基于基本数值计算的基本函数节点的数据流公式表达将使程序的可读性降低。这种情况下可以使用公式节点或 MathScript 脚本节点（MATLAB 脚本，需要单独安装 LabVIEW MathScript 模块）。公式节点中的表达式语法与 C 语言类似，但功能要简单很多。图 3.24 所示是利用公式节点实现华氏温度与摄氏温度的相互转换程序。

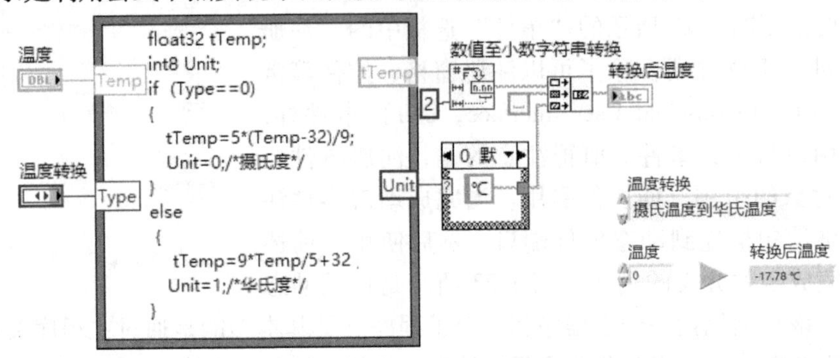

图 3.24 公式节点使用示例

操作技巧与编程要点：

- 公式节点语法请参考 LabVIEW 帮助中的“公式节点语法”或 C 语言教材。
- 公式节点只接受 pi 为圆周率，且大小写敏感。
- 利用 MathScript 节点可以充分利用 MATLAB 功能，读者可自行学习。

3.2.2 反馈节点

反馈节点一般用在循环结构中，但也可脱离循环结构独立存在。在循环结构中，为了避免连线过长，可以用反馈节点代替移位寄存器。可以在循环框架上的移位寄存器右键菜单中选择“替换为反馈节点”菜单项，通过该反馈节点的弹出菜单将其初始化端口移到循环框架上，如图 3.25 所示。当然，也可以直接在循环结构内放置反馈节点。其初始状态是黑色边框，表示其未初始化，需要通过初始化接线端对其进行初始化。反馈节点的使用要点如下。

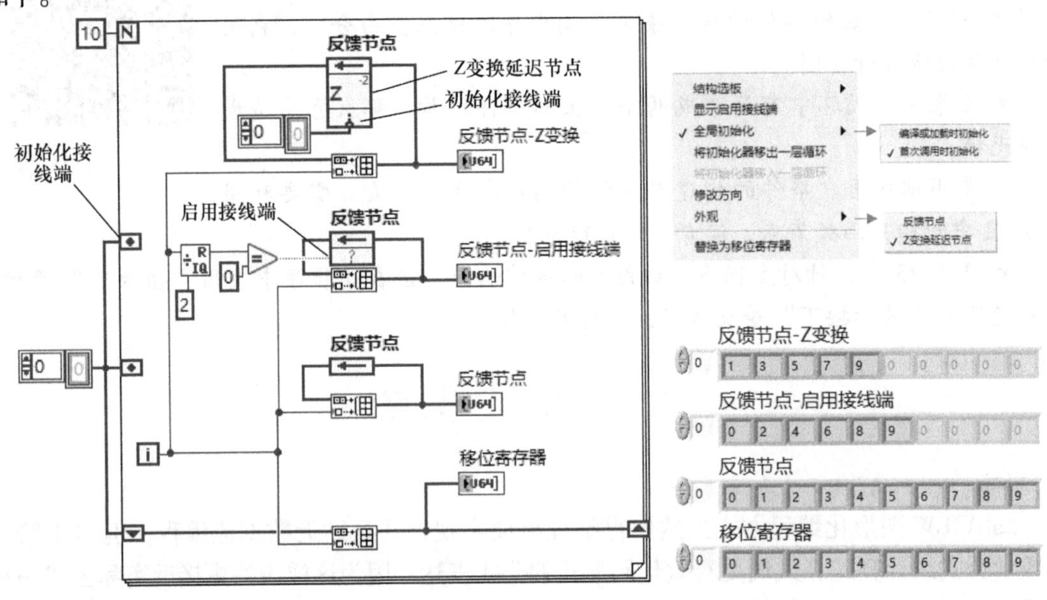

图 3.25 反馈节点与移位寄存器

1）启用接线端：启用接线端通过选择其右键弹出菜单的菜单项“显示启用接线端”显示，如图 3.25 所示。当其接入值是“假”时，反馈节点不接收输入新值，而保持内部数据不变，始终输出内部保存的原始值。在图 3.25 中，循环变量为偶数时，其接入值是“真”，读者可仔细体会其工作原理。

2）Z 变换延迟节点：选择右键弹出菜单的菜单项“外观”→“Z 变换延迟节点”，可以显示相应的 Z 变换延迟符号，如图 3.25 所示。同时，通过其属性对话框中的“配置”选项卡来设置延迟次数，其实际对应的是移位寄存器左侧端口的下拉扩展数量。读者可根据图 3.25所示的程序体会其工作过程。

操作技巧与编程要点：

反馈节点的箭头方向，可选择其右键弹出菜单的菜单项“修改方向”切换，箭头方向对应的是数据流方向。

3.2.3 使能结构

LabVIEW 提供了程序框图禁用结构（简称为禁用结构）与条件禁用结构两种使能结构，用于程序的高效调试。

1）禁用结构。禁用结构与条件结构有些类似，但条件结构的执行分支是由程序实际运行的控制条件决定的，而禁用结构是设计时就应确定的，所有分支中只有一个是启用分支，并且必须有一个是启用分支。禁用结构的分支可以通过选择右键弹出菜单的菜单项“在后面添加子程序框图”或“在前面添加子程序框图”添加，且默认是禁用分支。任何一个禁用分支都可以转换为启用分支（图 3.26），这时原来的启用分支将自动转换为禁用分支。启用分支也可以转换为禁用分支（图 3.26），但这时的所有分支均为禁用分支，需要再选择其中一个分支为启用分支。显然，可以采用禁用结构实现局部程序模块的调试。如图 3.26 所示，有两个子程序模块，使用禁用结构切换不同的子程序模块。可以直接在需要调试的程序模块范围内用禁用结构框选，完成局部程序代码的禁用。

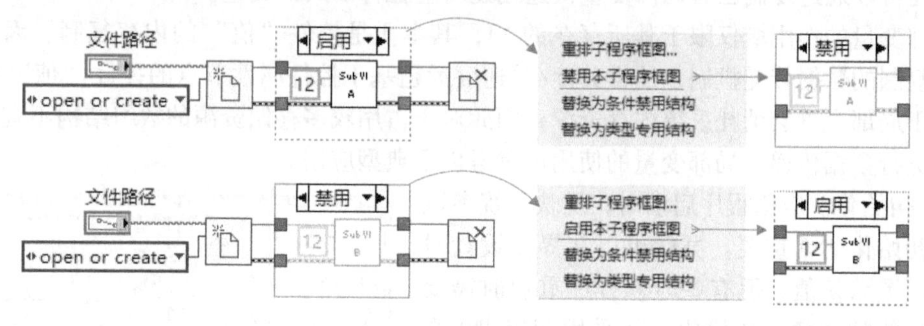

图 3.26 程序框图禁用结构

2）条件禁用结构。条件禁用结构与禁用结构的区别是：条件禁用结构可以根据用户设定的符号值来判断执行某个分支上的框图程序，有些类似 C 语言中的#ifdef 宏结构。条件禁用结构常用在跨平台应用程序开发中。使用条件禁用结构就可以把针对不同操作系统的代码分别写在其不同的结构分支内，系统将自动根据程序所运行的操作系统选择不同的执行分支。当需要添加分支时，将弹出“配置条件”对话框，如图 3.27 所示。这时可以选择或添加不同的符号条件，但必须有一个是默认分支。图 3.27 所示分支中的代码运行在 Windows 64 位操作系统下，且为默认分支。

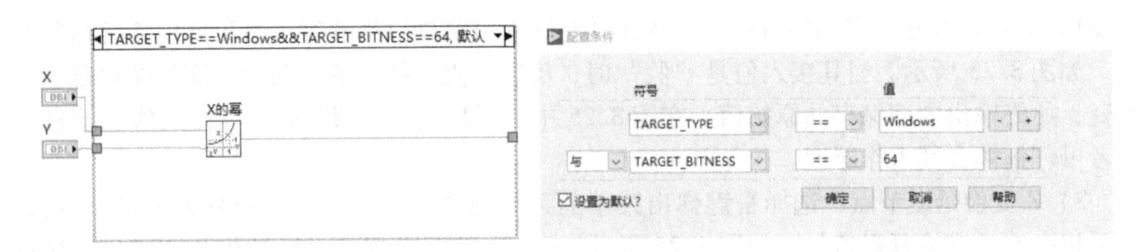

图 3.27　条件禁用结构

操作技巧与编程要点：

- 当对某部分框图程序应用禁用结构时，会自动生成一个空的启用结构分支。
- TARGET_TYPE、TARGET_BITNESS、RUN_TIME_ENGINE、OS、CPU、FPGA_EXECUTION_MODE、FPGA_TARGET_FAMILY、FPGA_TARGET_CLASS 是 LabVIEW 内定的符号，读者也可以自定义符号。自定义符号的创建方法请参考 LabVIEW 联机帮助。其中，TARGET_TYPE 的值为 Windows、FPGA、Embedded、RT、Mac、UNIX、PocketPC、DSP；TARGET_BITNESS 的值为 32、64。

3.3 变　　量

局部变量、全局变量和共享变量是 LabVIEW 程序数据传递的重要语言要素，它们的主要区别是作用域范围不同。

3.3.1 局部变量

局部变量创建的一般方法为：在输入控件或显示控件的右键弹出菜单中选择“创建”→“局部变量”菜单项。另外，也可通过框图程序窗体中控件端口或连线端口的右键弹出菜单创建，还可以通过复制已有局部变量快速创建对应控件的局部变量。

局部变量的作用域仅限于其所存在的 VI，其本质是控件“值”的内存复制。因此，基于内存复制的数据传递机制，使得其读/写速度远超基于控件属性节点的控件“值”访问速度。由于局部变量会消耗系统内存资源，因此对于占用较多存储资源的数组结构不宜采用局部变量进行数据传递。局部变量的使用可参考以下典型应用。

1）初始化。应用程序启动时，反映系统参数的控件初始化非常重要。虽然可以在界面设计时对控件设置默认值，但有些时候程序重启时需要修改控件的默认值。初始化一般采用配置 INI 文件的方式。系统启动时，自动读取配置 INI 文件，根据读取的值初始化程序控件。这时候，就可以采用给控件局部变量赋值的方式完成控件初始化，如图 3.28 所示。

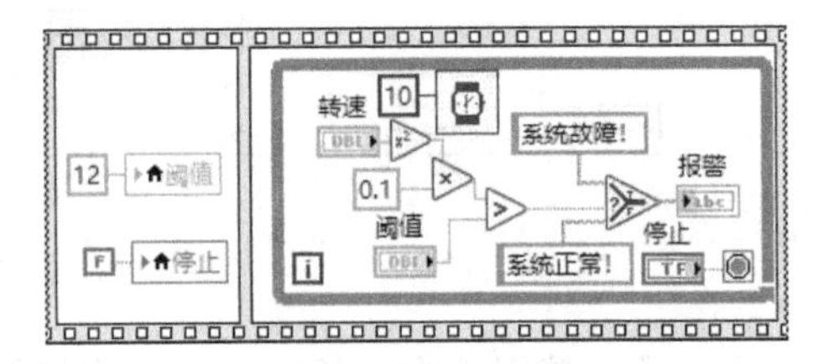

图 3.28　局部变量与系统初始化

2）并行循环的同步终止。为了同步终止多个循环，可以采用控制控件的多个局部变量来控制循环终止端口的方式实现。如图 3.29 所示，有 3 个停止按钮的局部变量。当按下停止按钮时，通过局部变量的值传递可以近乎同步完成 3 个 While 循环的终止。

3）连续采样数据的间隔读取。当连续采集数据时，会产生大量的数据，但实际应用中

没有必要实时读取与处理所有数据。这时，可以采用间隔读取数据的方式完成数据处理。要实现这种间隔读取的功能，可以采用局部变量的方式。如图 3.30 所示，10ms 的间隔周期产生数据，而利用局部变量实现间隔 100ms 读取数据，从而避免大数据量的处理。

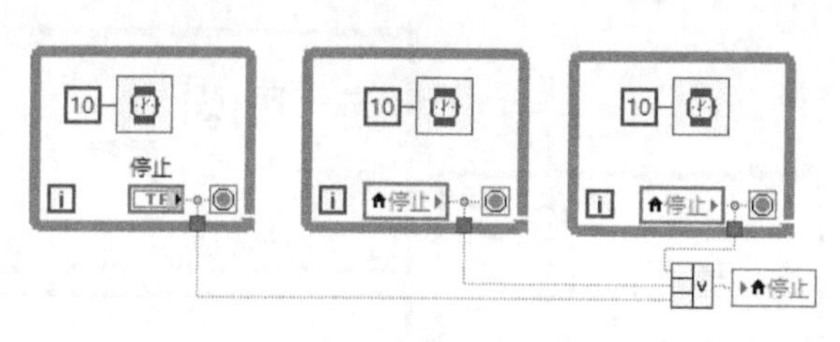

图 3.29　局部变量与循环同步停止

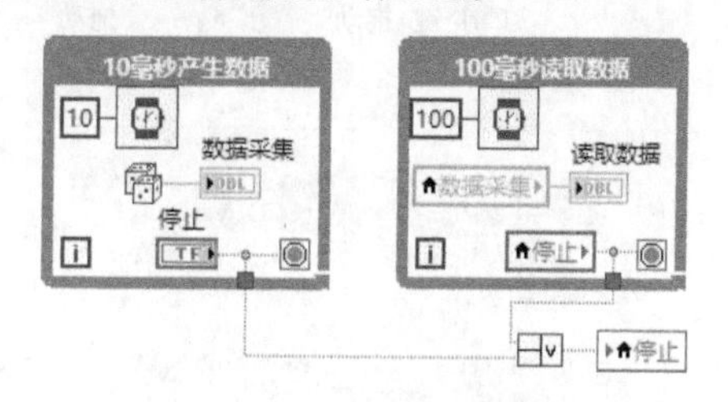

图 3.30　局部变量与间隔读取

操作技巧与编程要点：

当 VI 中含有多个局部变量时，要注意系统资源的访问冲突。如果无法避免程序中的资源竞争，应避免使用局部变量访问这些资源。

3.3.2　全局变量

LabVIEW 的全局变量存在于全局变量 VI 中。与一般的 VI 不同，全局变量 VI 只有前面板窗体，没有框图程序窗体。一个全局变量 VI 可以放置多个控制控件或显示控件，这些控件都是全局变量。值得注意的是，这里的控制控件与显示控件没有本质的区别，它们都仅仅用来体现数据类型，而没有一般控件的各种特质。例如，不能通过其属性节点修改其外在或内在特性。

由于全局变量存在于单独的 VI 中，因此，其作用域范围不受限制，可以在同一个目标平台上的多个 VI 间传递数据。由于全局变量涉及内存复制，因此大型数据结构不宜采用全局变量完成数据共享与传递。同时，与局部变量一样，全局变量的使用也涉及访问冲突的问题，而且由于涉及多个不同 VI，因此其危害性更大。

全局变量的创建有两种方法：一种是通过选择“文件”→“新建”→“其他文件”→“全局变量”菜单项打开前面板创建；另一种是通过函数选板“编程”→“结构”→“全局变量”在程序框图窗体中放置节点，双击即可打开前面板创建。在前面板放置各种需要的控制控件或显示控件后保存即可。如果所有要用到的全局变量都放置在这个全局变量文件中，则可以通过复制功能创建多个全局变量节点，然后选择所需的全局变量类型。

全局变量的典型应用列举如下。

1）作为程序常量使用。C 语言采用宏定义方法定义符号常量，如“#define MAX 10”“#define M (y) y * y + 3 * y”。Visual Basic 也有定义条件编译常数的语句：“#Const Max = 10”。LabVIEW 可以用全局变量近似实现类似的功能，但不同的是，LabVIEW 的全局变量实现的常数功能是可以读写的。图 3.31 所示是用全局变量实现程序常量的示例。

2）多个 VI 的同时终止。与用局部变量同步控制 VI 中的循环终止一样，可以用全局变量控制不同 VI 中的循环终止，如图 3.32 所示。

操作技巧与编程要点：

全局变量节点复制方式：<Ctrl>键 + 鼠标选择拖动。

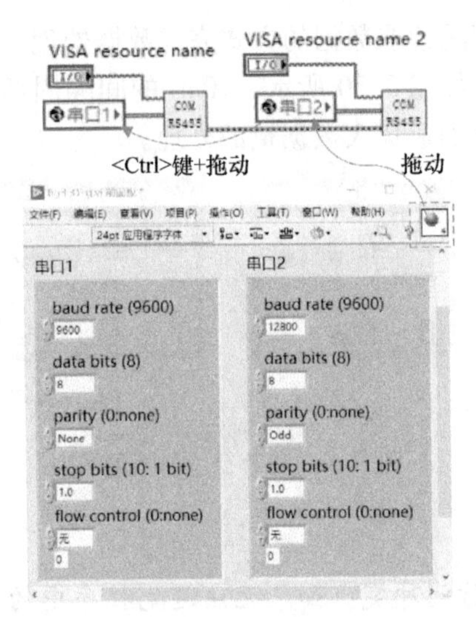

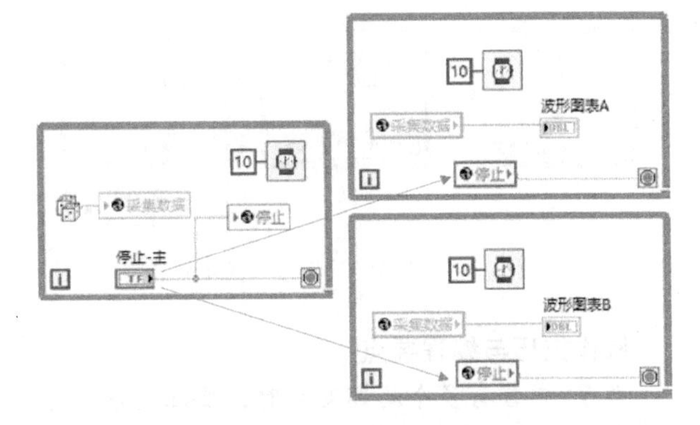

图 3.31　用全局变量实现程序常量的示例　　　　图 3.32　全局变量与多 VI 控制

3.3.3　共享变量

共享变量的作用范围相比全局变量与局部变量的更大，其可以实现跨平台的数据共享。共享变量可在项目浏览器中的目标平台的右键弹出菜单中选择“新建”→“变量”菜单项创建。共享变量不是一个单独的 VI，而是 LV 库的一部分，只能创建在某个 LV 库（lvlib 文件夹）下。共享变量包括 4 种类型：单进程、网络发布、I/O 别名和 I/O 变量。图 3.33 所示是 LabVIEW 自带的共享变量示例，创建的网络发布型共享变量在服务器端产生数据，而客户端利用共享变量读取数据。

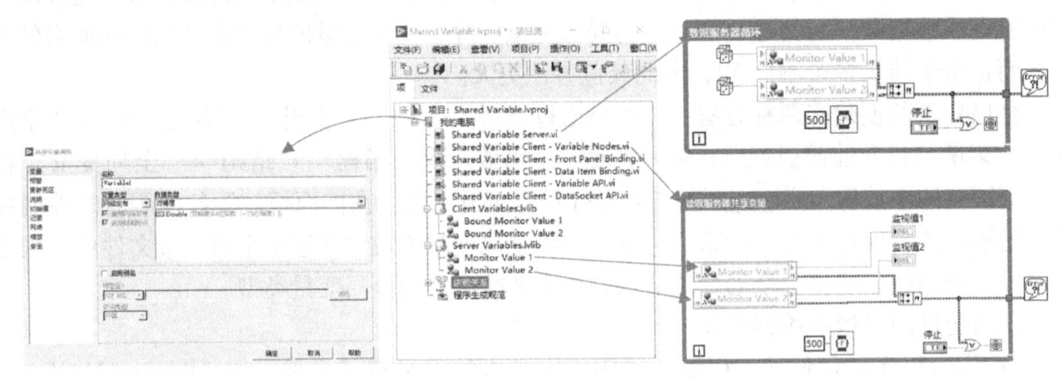

图 3.33　共享变量示例

3.4　子　程　序

复杂的应用程序常常采用模块化设计方法，而子程序是其中的重要编程方法。LabVIEW 的子程序类似于其他编程语言的函数或过程，但其定义方法有特殊性。子程序的创建一般从创建普通的 VI 文件开始。当完成了 VI 程序的编写后，接下来就要完成端口的定义与 VI 图标的设计。输入/输出端口定义的方法，须采用交互式操作模式。利用连线工具单击前面

板端口框对应端口，该端口变为黑色。然后单击前面板上的对应控件，该端口将变为对应控件数据类型的颜色。用同样的操作方法，完成子 VI 所有端口的定义。接着双击前面板右上角的图标，打开“图标编辑器”窗口，如图 1.10 所示。具体的图标编辑方法，读者可参考常用的图形编辑软件的使用方法。子 VI 代码的初始设计，也可通过框选已有部分框图程序的方式完成。具体实现方法是：用选择工具选择所需代码后，选择框图程序窗体中的菜单项“编辑”→“创建子 VI”，一次性完成代码初始设计、端口定义。图 3.34 所示为子程序及其端口定义示例。

子 VI 定义好后，保存在设定的目录中。在主程序中，通过函数选板上的“选择 VI”打开设计好的子 VI，此时就可以像函数选板上的其他函数 VI 一样使用。具体调用例子可参见第 1 章的图 1.16 所示的程序。

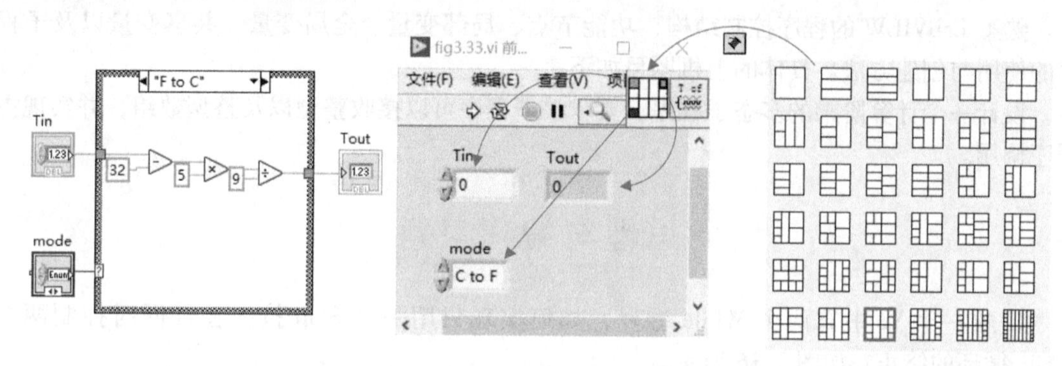

图 3.34　子程序及其端口定义示例

操作技巧与编程要点：

这里举例说明创建一个具有加法与乘法功能的多态子 VI。首先按照子 VI 的创建方法分别创建具有两个操作数的加法与乘法子 VI。然后，选择“文件”→“新建”→“多态 VI”菜单项，打开多态 VI 创建窗口，如图 3.35 所示。通过该窗口添加已创建好的加法与乘法子 VI，并选择“绘制多态 VI 图标”单选按钮，以及“默认显示选择器”“允许多态 VI 自动匹配数据类型”复选框。

链 3-8　子程序调用

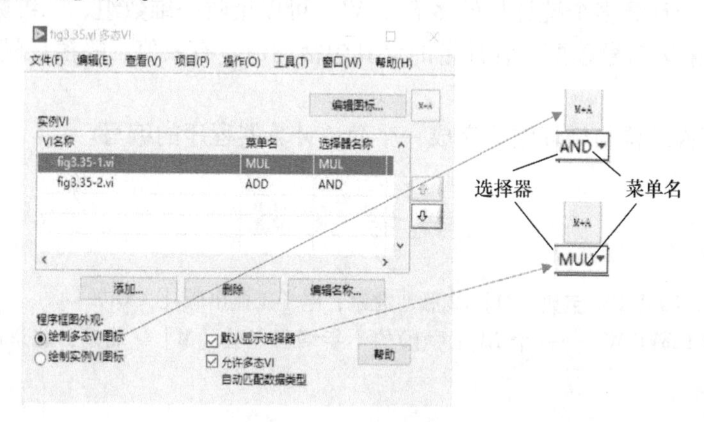

图 3.35　创建多态子 VI

本章小结

本章通过示例的方式阐述了 LabVIEW 的顺序结构、For 循环结构、While 循环结构、定时循环结构、条件结构和事件结构等基本程序控制结构相关知识，对公式节点、反馈节点与使能结构等进行了讲解，并对局部变量、全局变量、共享变量和子程序的相关内容进行了介绍。这些都是实现 LabVIEW 程序控制的重要内容。

上机练习

熟悉 LabVIEW 的程序控制结构、功能节点、局部变量、全局变量、共享变量以及子程序的使用与创建方法。具体的上机题目如下：

设计一个计算阶乘的多态子程序。要求该子程序可以接收整型以及整型数组，并实现主程序调用。

思考与编程习题

1. 在一个 VI 中有两个 While 循环，如何实现只用一个 Stop 按钮控件同时控制两个 While 循环的终止？如图 3.36 所示。

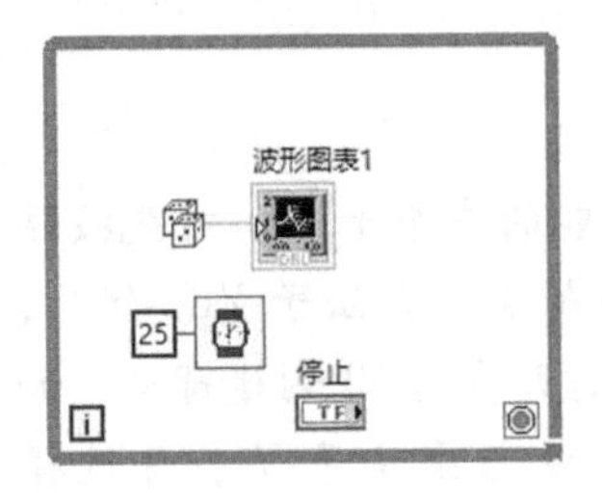

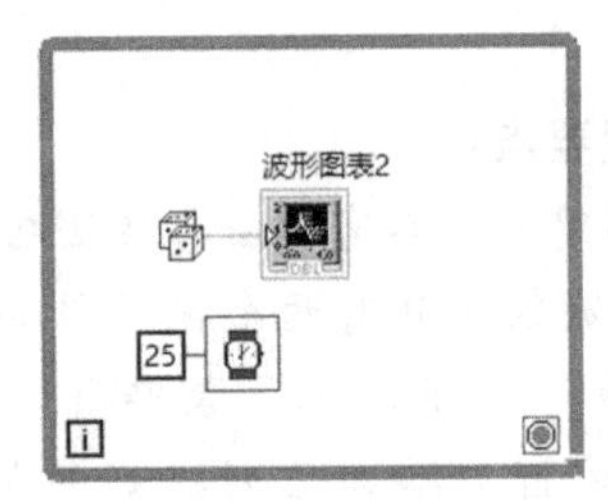

图 3.36　思考与编程习题 1 图

2. 试设计一个计算多个统计量的多态子 VI，可以接收一维数组、二维数组、波形数据、波形数组表示的采集信号数据，统计量的计算包括均值、有效值、峰值、峭度值，并完成图标设计。

3. 试利用事件结构与循环结构完成一个简单计算器程序的编写。

参考文献

[1] 陈树学，刘萱．LabVIEW 宝典［M］．2 版．北京：电子工业出版社，2017.

[2] 阮奇桢．我和 LabVIEW——一个 NI 工程师的十年编程经验［M］．北京：北京航空航天大学出版社，2009.

第4章 输入与输出——文件、图形/图表与信号采集

程序的输入/输出控制是实现人机交互等接口的重要设计要素。本章将阐述 LabVIEW 文本/二进制文件操作、图形/图表显示以及基本的信号采集等编程要素。

4.1 文 件

文件输入/输出用于实现数据永久性存储以及从磁盘读取的操作。与其他编程语言相比，LabVIEW 能够操作的文件类型更加丰富，使用更加方便。因此，为了更好地掌握与应用相关的文件操作，读者需要认真领会其数据存储组织的内在规律。

4.1.1 文件类型与操作的基本要素

LabVIEW 支持两大类文件：文本文件与二进制文件。文本文件以 ASCII 方式存储字符，因此可以用记事本类型的文本编辑软件查看文本文件内容。但由于文本文件本质是以字符（包括不可打印字符）的 ASCII 码形式存储的，因此使用记事本软件打开有可能会出现乱码。如图 4.1 所示，“31”（十六进制）的 ASCII 码对应字符“1”。显然，文本文件适于配置文件等类型的存储，其优点是存储及访问灵活，缺点是不适合大数据存储及文件安全性较差。实际上，LabVIEW 中的电子表格文件、XML 文件等都是以字符 ASCII 码形式存储的，因此也可归为文本文件。

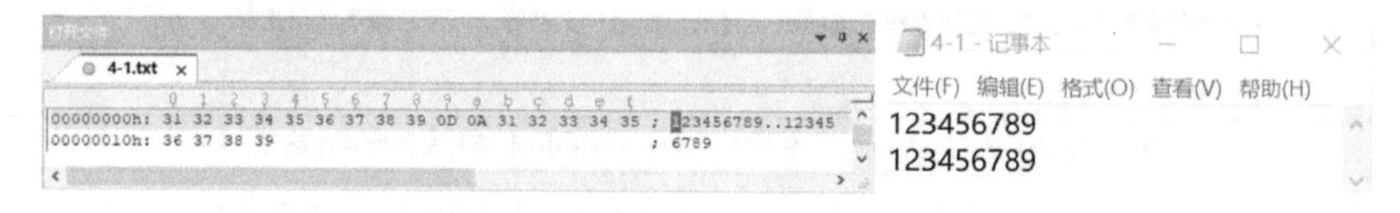

图 4.1 文本文件的 ASCII 码存储

而二进制文件以字节为单位存储数据，不采用字符 ASCII 码形式存储。如图 4.2 所示，对“1234”分别以 I32 和 DBL 两种数据类型表示，其存储分别对应 4B 和 8B，且十六进制字节表达不同。显然，使用二进制文件存储数据可以节省存储空间和保证数据安全。为了正确读取二进制文件中的数据，需要明确其数据存储类型。实际上，LabVIEW 中的数据记录文件、TDMS 文件都是以字节二进制文件存储的，也可归为二进制类型文件。

文件操作函数会涉及文件常量以及文件路径的设置。为更好地使用 LabVIEW 文件操作

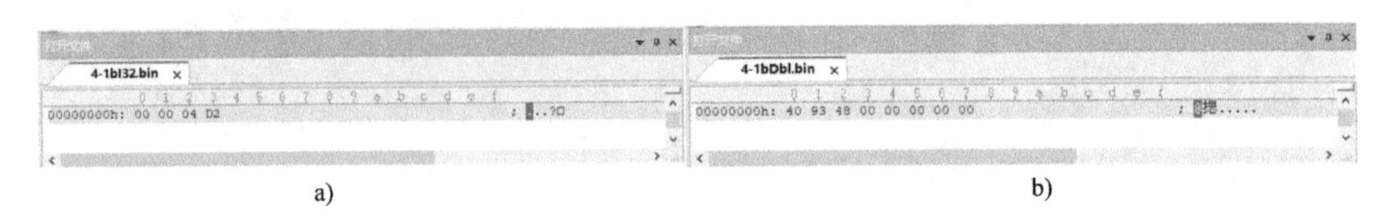

图 4.2　二进制文件的字节表达

a）I32 整数：1234　b）DBL 浮点数：1234

函数进行文本文件或二进制文件的读取与写入等操作，需要正确使用相关的文件常量，以及正确生成文件路径。

1. 文件常量

为了方便文件路径的创建，LabVIEW 提供了必要的文件常量 VI，位于“函数”→“文件 I/O”→”文件常量”选板，如图 4.3 所示。

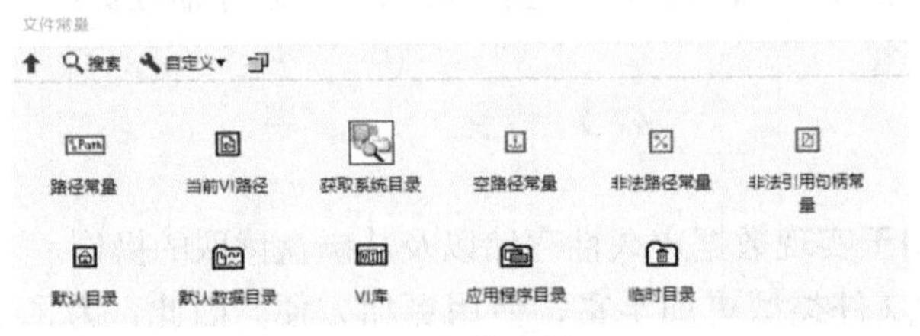

图 4.3　文件常量 VI

常用文件常量 VI 的用法说明见表 4.1。“路径常量”“空路径常量”等的使用与常规数值常量的使用方法类似。

表 4.1　常用文件常量 VI 用法说明

图标	说　明
	“当前 VI 路径”，返回当前 VI 的完整路径，在开发环境和运行环境下的返回路径不同
	开发环境下：D:\教材编写\labview\教材编写计划\chap\chap4\vi\Tab4.1.vi 运行环境下：D:\教材编写\labview\教材编写计划\chap\chap4\builds\Tab4\EXE\Tab4.1.exe\Tab4.1.vi
用户文档	“获取系统目录”，返回操作系统的重要目录，如用户文档等，可用枚举类常量选择
	C:\Users\mezhchen\Documents
	“VI 库”，开发环境下返回系统 VI 库路径，运行环境下返回 EXE 文件所在库路径
	开发环境下：D:\Program Files (x86)\National Instruments\LabVIEW 2018\vi.lib 运行环境下：D:\教材编写\labview\教材编写计划\chap\chap4\builds\Tab4\EXE\vi.lib
	“默认目录”，可通过“工具”→“选项”→“路径”菜单项进行设置
	D:\Program Files (x86)\National Instruments\LabVIEW 2018
	“应用程序目录”，在开发环境及运行环境下返回对应的 VI 或 EXE 文件所在路径
	开发环境下：D:\教材编写\labview\教材编写计划\chap\chap4\vi 运行环境下：D:\教材编写\labview\教材编写计划\chap\chap4\builds\Tab4\EXE

2. 文件路径

为了创建、访问文件，需要构建文件路径。文件路径包括相对路径与绝对路径。在程序设计时尽量避免采用绝对路径，这是因为在程序发布及安装后运行时，程序设计时确定的绝对路径可能并不存在。而采用相对路径，可以做到文件路径生成的自适应。

灵活应用“创建路径”与“拆分路径”函数可以生成文件操作函数所需要的路径。图4.4所示为各种路径的创建与拆分。特别要注意的是，虽然字符串与路径是两种不同的类型，但在“创建路径”函数的输入端可以接收字符串数据。

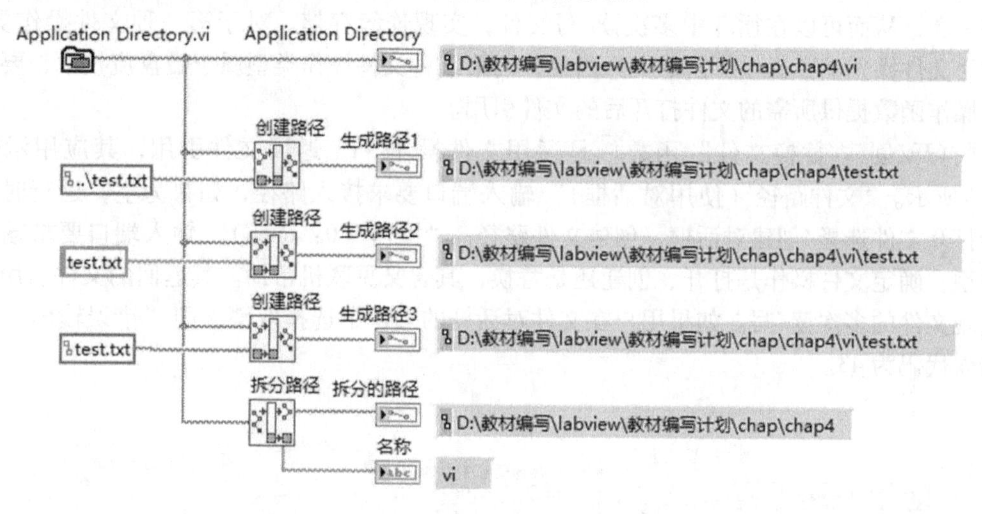

图4.4　创建与拆分路径

为了生成基于相对路径的访问文件的完整文件路径，常常使用“当前VI路径”函数。根据表4.1，为生成访问文件的完整路径，需要区分开发环境与运行环境。图4.5所示为在开发环境下需要分别使用一次“拆分路径”与“创建路径”函数，而在运行环境下需要使用两次“拆分路径”函数。

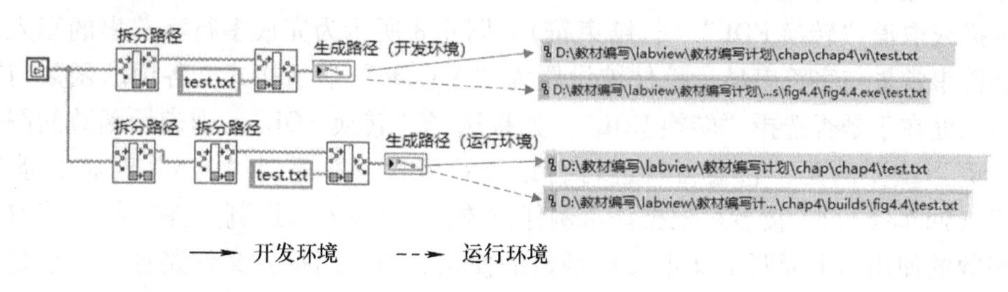

图4.5　自适应相对路径生成

操作技巧与编程要点：

相对路径采用“..\”，表示当前目录的上一级目录。“.\”表示当前目录，但可以省略，直接用文件名。在路径输入控件与路径常量VI中输入带有“.\”的路径时，该符号会自动消失。

链4-1　文件路径

4.1.2　文本文件与二进制文件的基本操作

文件操作的基本步骤包括打开文件、读写文件和关闭文件。“文件

I/O”函数选板上的常用文本文件与二进制文件函数 VI 如图 4.6 所示。由于文件的打开必须进行内部缓冲区的申请与维护，比较耗时，因此，可以把文件操作分为两种类型：第一种是一次性打开/读取/写入/关闭，即打开/创建文件，完成了文件读取或文件写入操作后就关闭文件，释放系统资源；第二种是整个文件操作过程中只打开文件一次，从而可以在循环中多次读/写文件，实现连续存储。对于第一种文件操作类型，常常为文件操作函数提供所需的文件路径，而第二种文件操作类型属于磁盘流技术，要求为文件操作函数提供所需的文件打开后的文件引用。

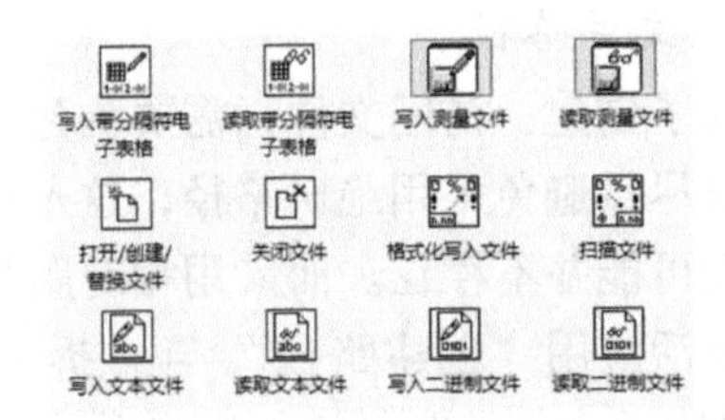

图 4.6　常用文本文件与二进制文件函数 VI

“打开/创建/替换文件”函数是通用文件操作 VI，返回文件引用，其应用示例如图 4.7所示。“文件路径（使用对话框）”输入端口要求接入路径，如果为空，运行时则自动会打开文件选择/创建对话框，创建文件路径。“操作（0：open）”输入端口要求输入枚举类型，确定文件操作是打开、创建还是替换，其含义见联机帮助。其返回的文件引用可用于实现文件的多次读/写。如果用户在文件对话框的操作中选择取消，则“错误输出”端口的错误代码为 43。

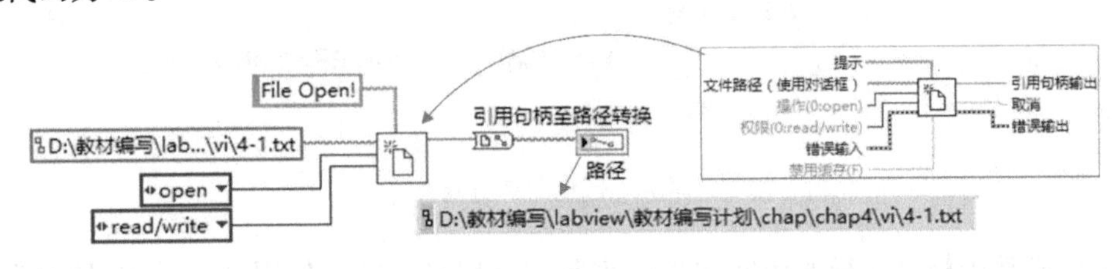

图 4.7　“打开/创建/替换文件”函数的示例

如果“写入文本文件”与“读取文本文件”函数接入文件路径，则将执行一次性文件操作，即执行完读取或写入操作后将关闭文件。通过这两个文本文件操作函数的右键弹出菜单可以选择或取消“转换 EOL”（行结束符）。图 4.8 所示为完成多行字符串的写入与读取示例。字符串常量与字符串显示控件被设置为“\ Code”显示格式。各读取函数与写入函数的不同之处在于是否选择“转换 EOL”。如果选择“转换 EOL”，则表示函数的图标会发生变化，更为重要的是，它会自动进行行结束符转换，即遇到“\ n”时将自动转换为“\ r\ n”（回车换行）。读者可根据该示例仔细体会。“写入二进制文件”与“读取二进制文件”函数的使用与上面两个文本文件函数的使用类似，当接入文件路径时，也是执行一次性读/写操作。图 4.9 所示是这两个文件读写函数的端口说明。二进制文件读/写函数包括“字节顺序”输入端口，需输入枚举类型数据，包括 3 个值：0:big - endian，network order（默认值），表示最高有效字节占据最低的内存地址；1:native，host order，表示使用主机的字节顺序格式；2:little - endian，表示最低有效字节占据最低的内存地址。需要注意的是，读取二进制文件需要指定数据类型，并且指定读取的字节数量。

如果要实现基于磁盘流技术的多次文件读/写，需要首先打开/创建文件，指定文件读/写起始位置。常常采用循环结构，完成多次文件读/写，最后关闭文件。如图 4.10 所示，通过“打开/创建/替换文件”函数返回文件引用，之后在 While 循环体中把引用接入“写入

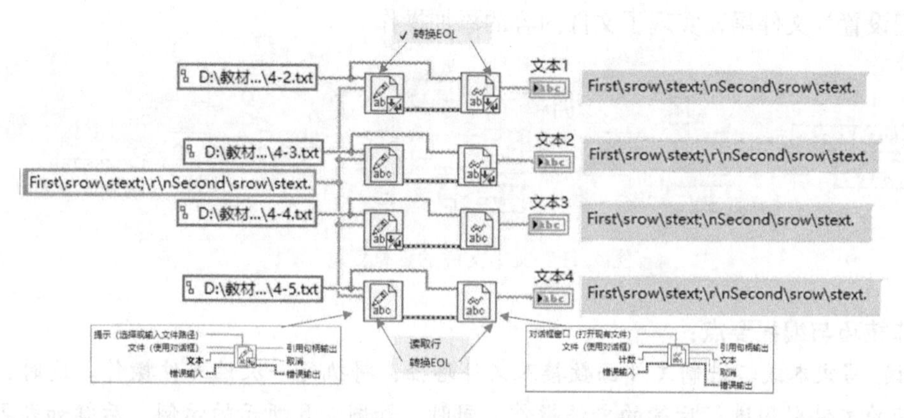

图 4.8 多行字符串的写入与读取示例

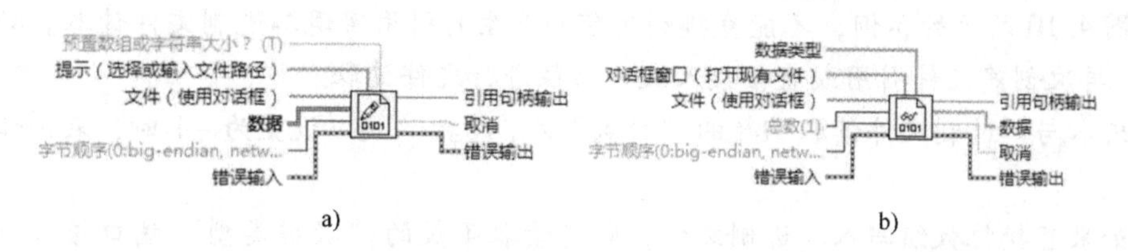

图 4.9 “写入二进制文件”与“读取二进制文件”函数的端口说明

a）“写入二进制文件”函数的端口说明 b）“读取二进制文件”函数的端口说明

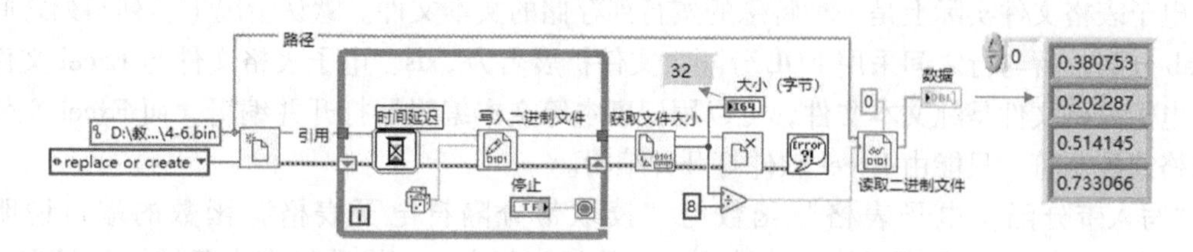

图 4.10 磁盘流写入与一次性读取二进制文件

二进制文件”函数，每次循环都写入一个双精度浮点数（DBL）随机数值。退出循环后，根据“获取文件大小”函数（位于“文件 I/O”→“高级文件函数”选板）返回的字节数，计算 DBL 数据长度（数量），并接入“读取二进制文件”函数。值得注意的是，这里采用路径接入文件读取函数，实现一次性二进制文件读取。

图 4.10 所示的二进制文件读取只是完成了文件全部内容的一次性读写。实际上，也可以实现文件任意位置的内容读写，即随机读取。文件的随机读取，需要明确文件位置指针的概念。位置指针是 C 语言中的术语，LabVIEW 中对应的术语是位置标记。一般情况下，文件打开时，文件位置标记位于文件的起始位置。因此，通过设置文件位置标记，可以实现文件随机读写。特别是，当文件位置标记位于文件末尾时，可以实现文件内容的添加操作。除此之外，要实现添加操作，还要求文件以“open”方式打开。图 4.11 是文本文件的随机读写示例。其中，文件位置标记采用“设置文件位置”函数设置，其输入端口包括“偏移量（字节）”以及“自（0：起始）”（枚举类型：start：0、end：1 和 current：2）。观察图 4.11 可知，第一次文件位置标记设置为 4，然后读取两个字节，结果为“56”；第二次文件

位置标记设置为文件尾，实现了文件内容的添加操作。

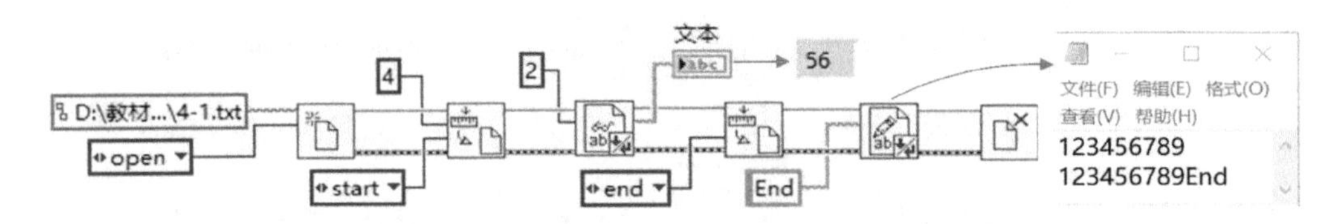

图 4.11　文本文件的随机读写示例

操作技巧与编程要点：

● 读/写文本或二进制文件函数接入文件路径，将执行一次性文件操作。这时，不能利用其返回的文件引用进行后续的文件操作。同时，如图 4.8 所示的示例，后续如果再次用该文件路径读取文本文件，文件读取结果将与预期结果不一致。

● 图 4.10 所示的示例，不能直接利用前面产生的引用实现二进制文件读取。必须关闭文件后，再次创建文件引用或直接接入文件路径进行文件读取。

● 文本与二进制文件读取函数的“计数”/“总数”端口设置为 -1 时，表示读取整个文件内容。

● 如果直接把数组写入二进制文件，则其读取函数的“数据类型”端口接入该数值类型常量或变量，采用“读取二进制文件”函数实现一次性读取整个数组。

4.1.3　读写电子表格文件

电子表格文件实际上是一种特殊的按行列存储的文本文件。默认情况下，列与列之间采用 Tab 分隔，行与行之间采用 EOL 分隔，文件扩展名为 . xls。电子表格文件与 Excel 文件不同。电子表格文件是纯文本文件，可以用记事本等文本编辑器打开并编辑，而 Excel 文件有特殊格式控制符，只能由 Excel 软件打开并编辑。

“写入带分隔符电子表格”函数与“读取带分隔符电子表格”函数的端口说明如图 4.12所示。写入函数可以接入一维或二维数组，其中，一维数组在内部转换为只有一行的二维数组。输入数组元素的数据为双精度浮点数（DBL）、有符号整数、字符串，在内部均自动转换为字符串数组。“格式（%.3f）”接入端口的格式控制字符串控制转换文本格式。读/写函数都有分隔符设置端口，默认是分隔符（\t）。“添加至文件？（新文件：F）”端口接入 False 值（默认），表示输入数据替换文件中的原有数据；如果为 True 值，则表示新数据添加到文件末尾。如果“文件路径（空时为对话框）”端口为空，则自动启动文件对话框。读取函数的端口与写入函数类似，读者可以查阅函数帮助。值得注意的是，电子表格读写函数本身包含了文件打开、读/写、关闭 3 个基本流程，因此不适合连续存储与频繁操作等场合。

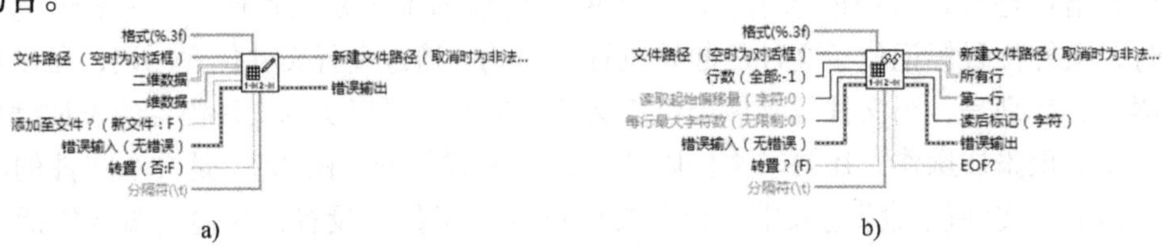

图 4.12　电子表格文件读写函数

a）“写入带分隔符电子表格”函数端口说明　b）“读取带分隔符电子表格”函数端口说明

图 4.13 所示的是表格控件（字符串数组）、二维数组（DBL 数组）、一维数组（DBL 数组）写入电子表格文件，以及按双精度类型读取电子表格文件的操作。

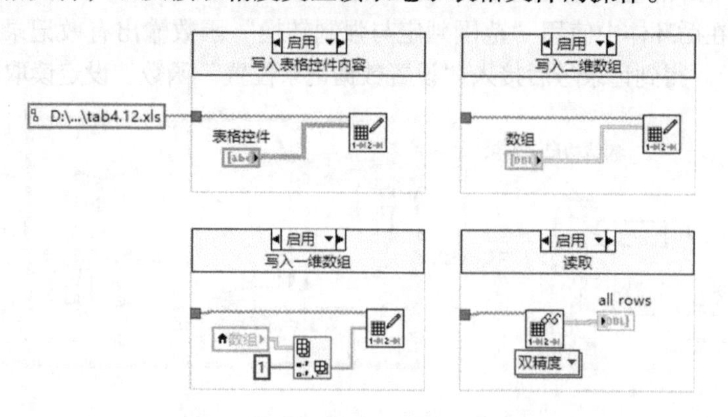

图 4.13　电子表格文件读/写操作

4.1.4　数据记录文件操作

数据记录文件是一种具有特定格式的二进制文件，是 LabVIEW 特有的一种二进制文件。前面介绍的二进制文件函数能够实现以字节为单位的数据的读/写操作，但由于数据存储类型的不确定性，这种通用访问方式增加了很多数据解析的不确定性。为此，LabVIEW 提供了针对数据块的二进制文件读/写操作函数，如图 4.14 所示（位于“函数”→“文件 I/O”→“高级文件函数”→“数据记录”选板）。一个记录就是一个完整的数据块。这些数据记录文件读/写函数以记录为单位进行读/写定位，从而方便了数据的读/写与解析。一般使用 LabVIEW 簇结构类型数据对应记录数据。图 4.15 所示是数据记录文件连续写入的示例。这里，文件存储的记录块是预置的簇结构，该簇结构包括时间标识类型元素、整型通道号、一维双精度数组以及备注字符串。保存的文件会记录 100 条信号簇结构记录信息。值得注意的是，这里的“打开/创建/替换数据记录文件”函数与前面的所用的不同，示程中的函数是针对记录文件的“打开/创建/替换数据记录文件”函数。

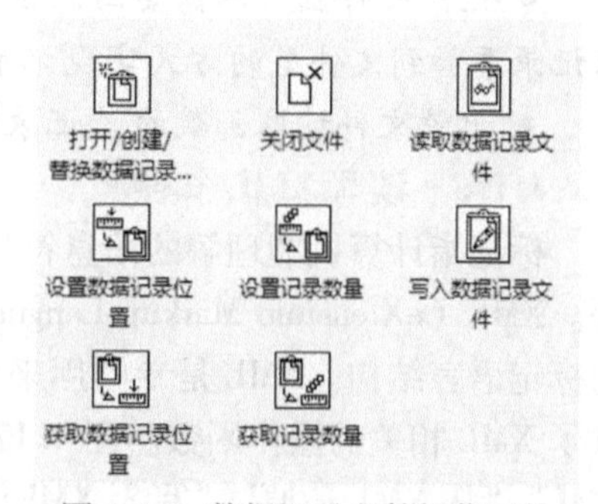

图 4.14　数据记录文件操作函数

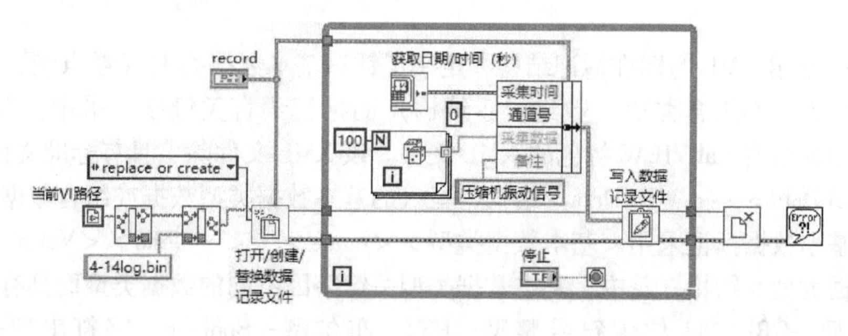

图 4.15　数据记录文件连续写入的示例

图4.16所示是随机读取记录文件的示例。其中，“打开/创建/替换数据记录文件”函数接入了簇结构记录常量，说明文件的记录结构。使用“获取记录数量”函数返回记录文件的记录数量，并在循环体中使用“范围判定与强制转换”函数输出有效记录号（记录文件的记录号从0开始）。得到记录号后接入“设置数据记录位置”函数，设定读取记录位置。

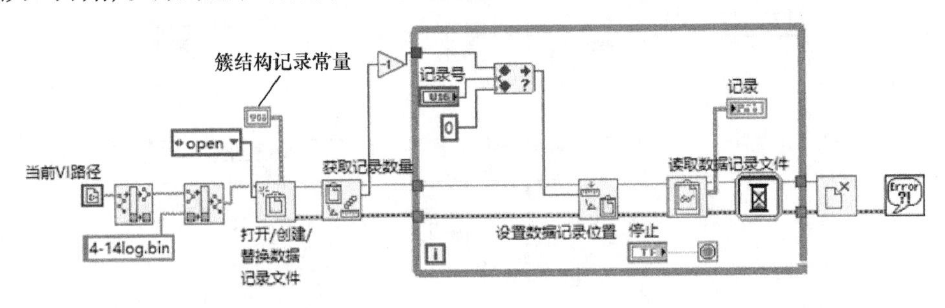

图4.16　随机读取记录文件的示例

操作技巧与编程要点：

- 记录文件函数不需要写入位置标记，打开文件时会自动定位到文件尾。因此，只能以记录添加到文件尾的方式实现记录写入文件，但可以实现随机读取。
- 记录文件读取函数的“记录偏移量”接入“-1”，表示读取全部记录数据。

4.1.5　读写XML文件

标记指计算机能理解的信息符号，通过标记，计算机之间可以处理包含各种信息的文件等。XML（eXtensible Markup Language，可扩展标记语言）与HTML不同，虽然它们有类似的标记语言结构。XML是专门用来传输和存储数据的，其焦点是数据的内容。LabVIEW提供了XML相关的操作函数。图4.17所示是LabVIEW模式的XML函数，主要包括“平化至XML”“从XML还原”“写入XML文件”“读取XML文件”等函数。

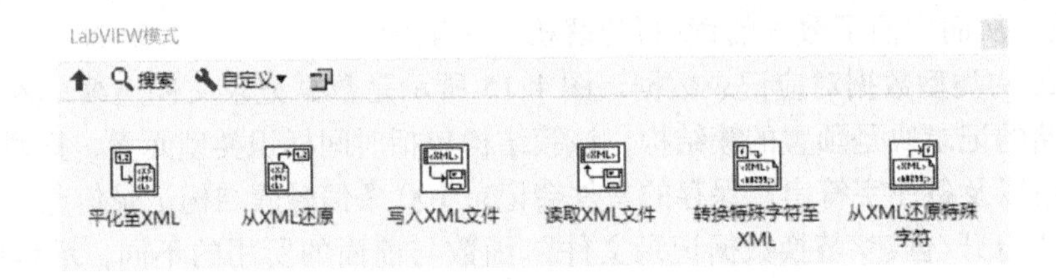

图4.17　XML函数

LabVIEW采用XML的标准标记结构，定义了针对基本数据类型（浮点型、整型、布尔型、字符串型等）和组合类型（数组、簇结构）的标记语言关键字。采用“写入XML文件”函数将生成带有LabVIEW特色的XML文件。该XML文件除了具有标准文件头标记外，主要包括<LVData>…<\LVData>结构，写入的基本数据类型数据或组合数据标记包含在该结构内。基本数据标记采用<基本数据类型><name>…<\name><Val>…<\Val><\基本数据类型>结构，其中，基本数据类型关键字因不同的数据类型而具有不同的关键字：双精度型—DBL、32位无符号整型—U32、布尔型—Boolean、字符串型—String、路径—Path等。组合类型标记包括数组与簇的XML标记结构，示例如图4.18所示。数组标记要用到关键字Array，并且要通过属性关键字Dimsize指定数组大小。簇结构类型标记要用到

关键字 Cluster，需要通过属性关键字 NumElts 指定簇元素数量。

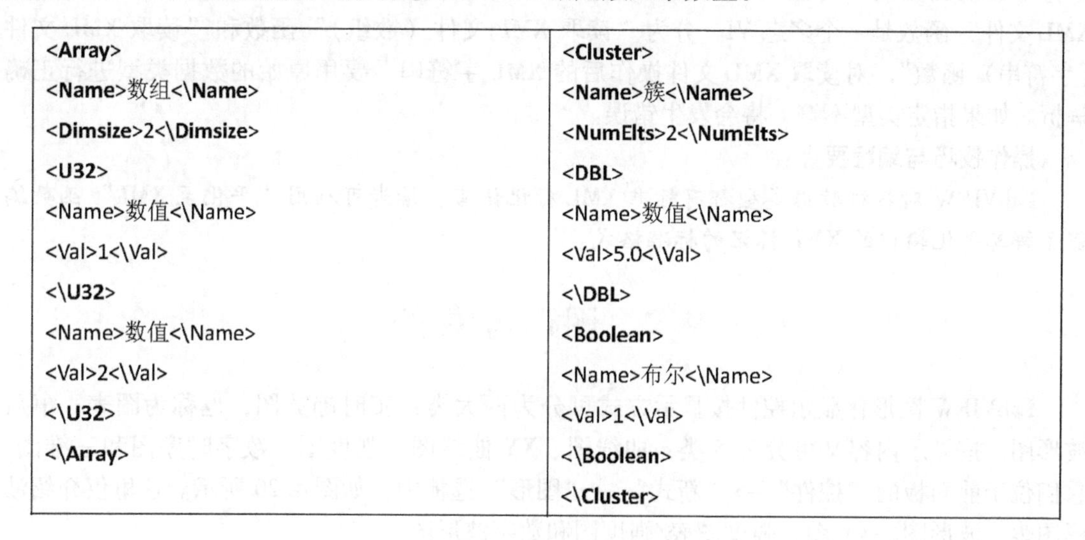

<Array>	**<Cluster>**
<Name>数组**<\Name>**	**<Name>**簇**<\Name>**
<Dimsize>2**<\Dimsize>**	**<NumElts>**2**<\NumElts>**
<U32>	**<DBL>**
<Name>数值<\Name>	<Name>数值<\Name>
<Val>1<\Val>	<Val>5.0<\Val>
<\U32>	**<\DBL>**
<Name>数值<\Name>	**<Boolean>**
<Val>2<\Val>	<Name>布尔<\Name>
<\U32>	<Val>1<\Val>
<\Array>	**<\Boolean>**
	<\Cluster>

图 4.18　数组与簇的 XML 标记结构示例

图 4.19 所示为一个 XML 文件的读写示例。该示例演示了含嵌套组合结构的簇与二维数组数据打包写入 XML 文件，并读取 XML 文件，解析、还原了原始的簇与二维数组数据。程序中使用“平化至 XML”函数完成含一维数组的簇以及二维数组的平化，生成相应的 XML。XML 表达方式与前述相同，这里需要补充的是：二维数组的 XML 平化与一维数组平化的差别在于通过两次使用 XML 关键字 Dimsize 指定各维大小；时间 XML 标记较为特殊，采用嵌套簇标记表达。所生成的簇、二维数组平化 XML 字符串使用字符串连接函数或创建

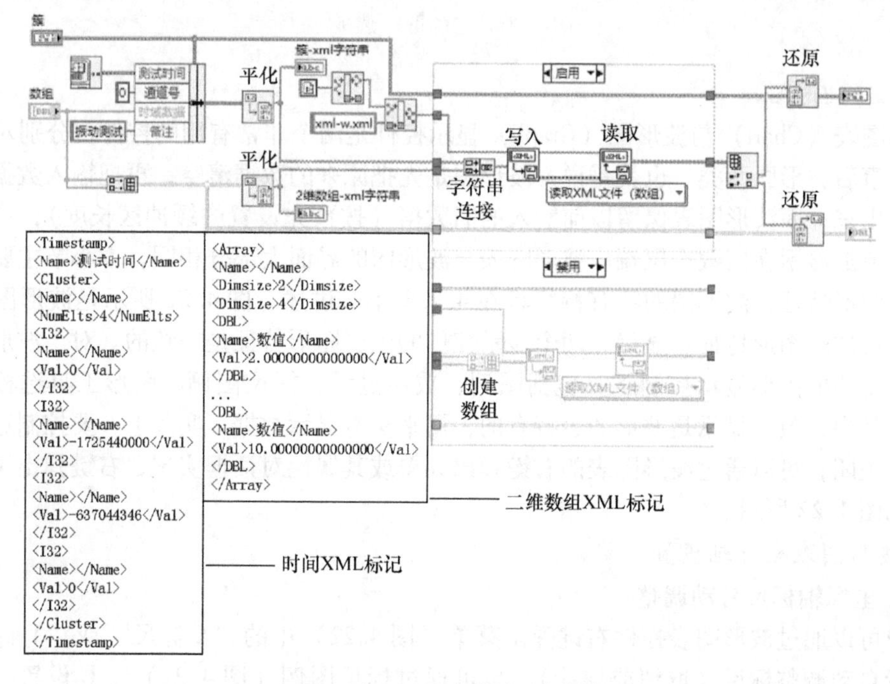

图 4.19　XML 文件读/写示例

字符串数组函数后，再接入“写入 XML 文件”函数，完成写 XML 文件操作。而“读取 XML 文件”函数是一个多态 VI，分为“读取 XML 文件（数组）”函数和“读取 XML 文件（字符串）函数”。对读取 XML 文件操作后的 XML 字符串，要用原始的数据类型进行正确解析。如果指定类型不符，将会发生错误。

操作技巧与编程要点：

LabVIEW 对各种数据类型都有标准 XML 标记语言，读者可利用“平化至 XML”函数编程了解其平化输出的 XML 标记的标准格式。

4.2 图形与图表

LabVIEW 图形化显示控件按显示方式可分为两大类：实时趋势图，也称为图表；事后波形图。按显示内容又可分为 5 类：曲线图、XY 曲线图、强度图、数字时序图和三维图。它们位于前面板的“控件”→“新式”→“图形”选板中，如图 4.20 所示。这里仅介绍波形图表、波形图、XY 图、强度图表/强度图和数字波形图。

图 4.20 “图形”选板

4.2.1 波形图表

波形图表（Chart）与波形图（Graph）显示控件是两个非常有用的控件，分别对应实时趋势图与事后波形图两类。也就是说，波形图是先把原来的数据清空，再把输入数据一次性全部显示出来；而波形图表保留以前输入的旧数据（按预先设置的缓冲区长度），将实时输入的数据追加显示在旧数据尾端。波形图表与波形图的界面大部分相同，本小节主要讲述波形图表的图形特征，波形图的特有特征将在 4.2.2 小节讲述。图 4.21 所示是波形图表与波形图显示控件的图形特征。显然，两个显示控件的主要图形特征是一致的。对于波形图表显示控件，主要的图形显示控制工具包括图例、数字显示、标尺图例、图形工具选板以及 X 滚动条。其中，数字显示是波形图表特有的，用来实时显示数据。实际上，要控制这些工具的显示与关闭，可以通过波形图表的右键弹出菜单或其属性对话框实现，右键弹出菜单与工具说明如图 4.22 所示。

1. 波形图表坐标轴设置

（1）坐标轴标尺自动调整

用户可以通过波形图表控件右键弹出菜单（图 4.22）中的“X 标尺”或“Y 标尺”菜单项设置自动调整标尺（取消或使能），也可通过标尺图例（图 4.22）工具设置。对应的方法是“坐标轴锁定开关”锁定时，表示设置该轴自动标尺使能。这时，相邻自动标尺调

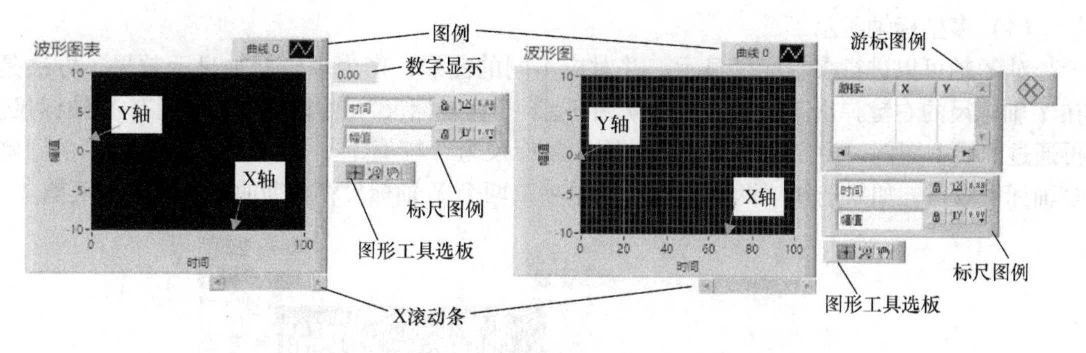

图 4.21　波形图表与波形图显示控件的图形特征

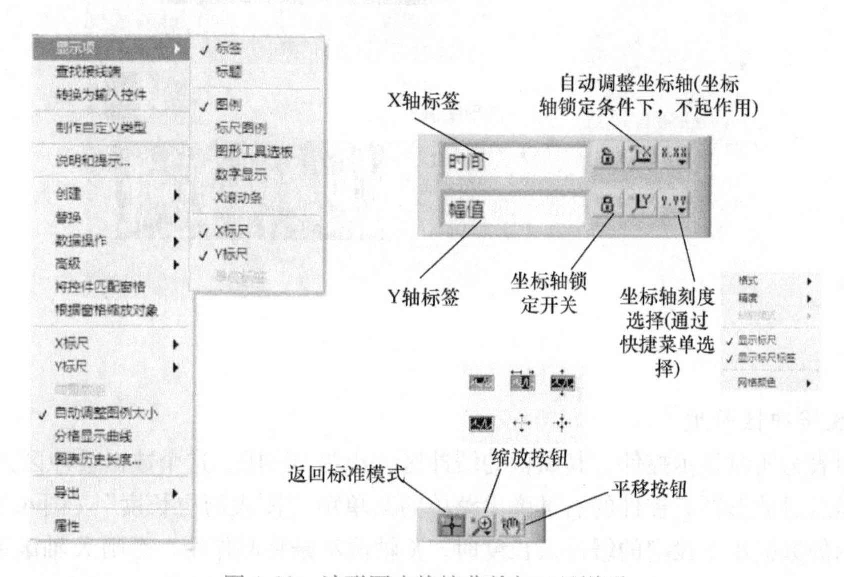

图 4.22　波形图表快捷菜单与工具说明

整按钮锁定。“坐标轴锁定开关”未锁定时，可以单击自动标尺调整按钮单次使能自动标尺。值得注意的是，“自动调整坐标轴”按钮的左上角指示灯为绿色时，表示该轴自动标尺使能。当然，也可通过波形图表控件的属性对话框设置相关属性（这里省略）。

（2）坐标轴缩放

针对实际采集的物理信号，坐标轴缩放的目的是按实际物理单位显示或消除其直流偏置。实现方法是在波形图表控件的属性对话框的“标尺”选项卡进行相关设置。波形图表的图形工具选板中的“缩放”按钮（图 4.22）可以进行显示数据区的放大与缩小，便于对数据细节进行观察分析。

（3）坐标轴刻度样式设置

坐标轴刻度样式可以通过波形图表的右键弹出菜单或各轴标尺的右键弹出菜单中的“样式”菜单项图形子菜单选择，如图 4.23 所示。也可通过波形图表控件的属性对话框的“标尺”选项卡进行相关设置。

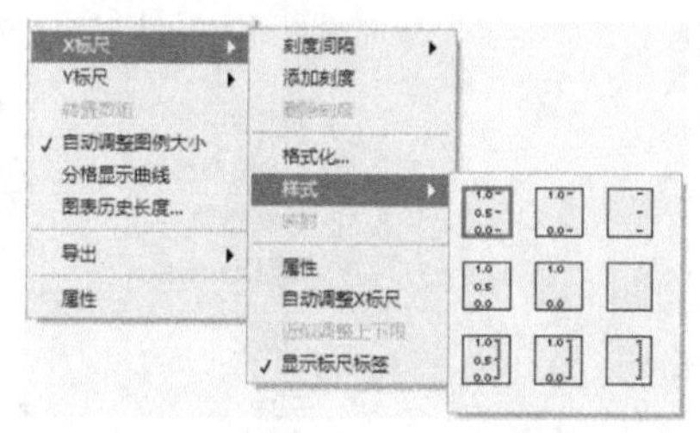
图 4.23　标尺刻度样式

（4）多坐标轴显示

对Y轴可以进行多轴标尺显示，并对应不同的曲线，产生多坐标轴显示效果。方法是在Y轴标尺的右键弹出菜单（图4.24）中选择“复制标尺”菜单项，复制现有Y轴标尺。再通过曲线1图例，设定红色曲线对应的Y轴标尺为“幅值2”，将产生图4.24所示的同侧多轴标尺效果。如果选择“两侧交换”菜单项，两个Y轴标尺将分列曲线显示区的两侧。

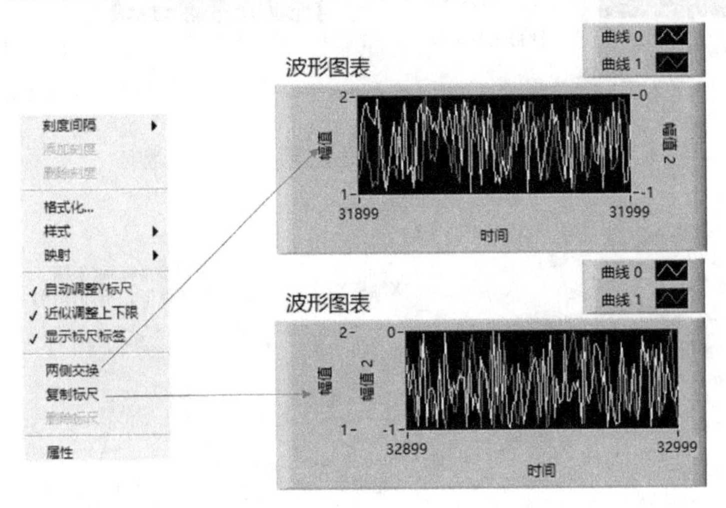

图4.24 多坐标轴显示

2. 更改缓冲区长度

波形图表为实时显示控件，其默认的缓冲区大小为1024B。这个数据缓冲区大小可以调整，方法是通过波形图表控件的右键弹出菜单的菜单项“图表历史长度”（图4.22）设定。当实际显示的数据小于设定的缓冲区长度时，X轴滚动条将起作用，否则X轴滚动体禁用。

3. 刷新模式

刷新模式是波形图表显示控件特有的功能。如图4.25所示，可以通过其右键弹出菜单“高级”→“刷新模式”下的子图形菜单项选择，也可以通过其属性对话框的“外观”选项卡设置。波形图表控件的刷新模式有以下三种。

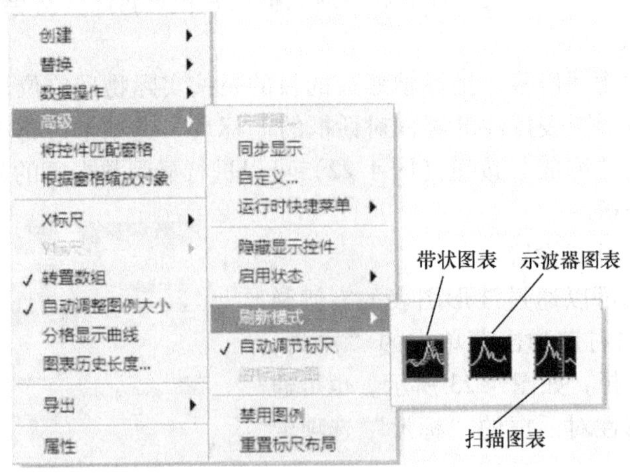

图4.25 刷新模式选择

1）带状图表。其显示效果类似纸带式图表记录仪的运行效果。波形曲线从左到右逐次显示，当显示数据到达图表最右端时，先前数据依次左移，新数据添加到最右边。

2）示波器图表。显示效果类似于显示刷新。数据填满显示窗口时清屏刷新，然后从左边重新开始绘制。

3）扫描图表。与示波器图表模式类似，在数据填满窗口时不清屏，而是在左边出现一条垂直扫描线并以之为分界线，将原有数据推移清除。

图 4.26 所示是一个分格显示多曲线示例。该程序的设计要求是分别产生 1 ~2 与 -1 ~0 之间的随机数，按 50ms 的时间间隔采样 1000 个数据点，并同时实时显示在波形图表上。这里采用两种数据组织方案。一种是把每次循环产生的数据域内的随机数创建成只有一个元素的一维数组，再创建成二维数组。在循环体内，生成的二维数组转置后输入波形图表控件。另一种是采用更简单的方案，直接把域内随机数打包成簇，再输入波形图表控件。为了形成分格显示多曲线的效果，需要在波形图表的右键弹出菜单中选择“分格显示曲线”菜单项，控件将自动根据连接多条曲线的数据分格显示。或者通过其属性对话框的“外观”选项卡设置分格显示以及显示曲线数量。

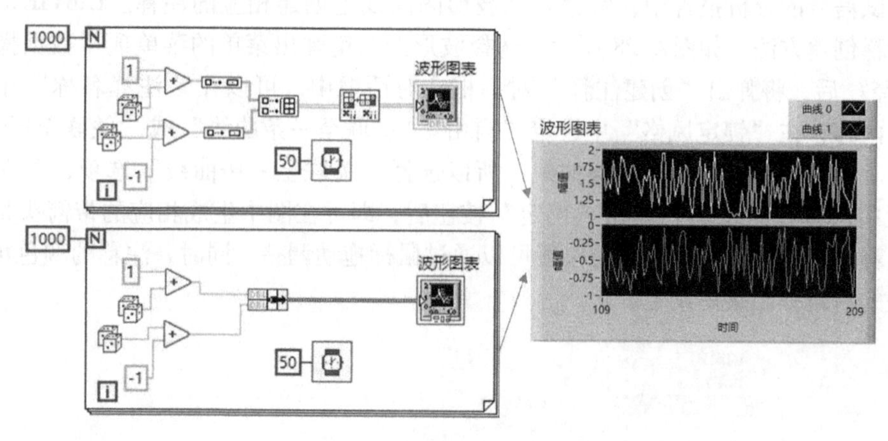

图 4.26　分格显示多曲线示例

操作技巧与编程要点：

当波形图表没有接入正确格式的多条曲线数据时，虽然设置了分格显示，但其仍然只有一个显示分格。只有接入了正确格式的多条曲线数据，才会自动分格显示。

链 4-2　波形图表

4.2.2　波形图

由于波形图的图形控制特征与波形图表的大部分相似，所以对相同或相似的部分就不重复叙述，本小节仅阐述不同的图形工具特征。

1. *游标图例*

这里采用 NXG 风格波形图显示控件。图 4.27 所示的波形图显示的是带噪声的 4025Hz 正弦波的功率谱曲线图。波形图常用于事后的信号显示、分析等。为此，需要使用数据查看工具。游标是 LabVIEW 提供的一种可设置的灵活的曲线查看工具。在打开的游标图例工具上右击，弹出其快捷菜单，选择“创建游标”菜单项，将会出现 3 个可选项：自由、单曲线、多曲线。这里因为只有一条曲线，因而分别创建了自由、单曲线两种游标。自由游标与显示曲线没有关联，可以用鼠标自由拖动。游标图例中的单曲线游标（游标0）下有对应的曲线名称（曲线0），其只能沿该曲线移动。游标图例中游标右侧的X、Y值对应的是当前游标的X轴、Y轴坐标数值。游标图例中的游标对应的右键弹出菜单可以设置游标的颜色、关联曲线等，读者可以自行练习。

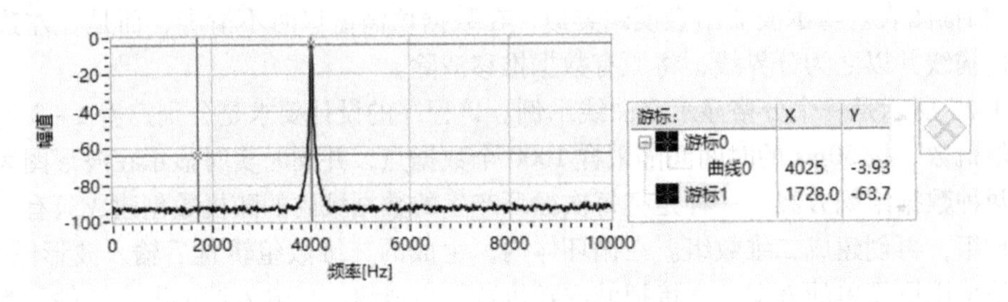

图 4.27　带噪声的4025Hz正弦波功率谱曲线图

2. 创建注释

在测试信号的分析报告中，常常要在波形图曲线上创建相应的注释。LabVIEW提供了相应的注释创建方法。如图4.28所示，选择波形图右键弹出菜单的菜单项“数据操作”→“创建注释”后，将弹出“创建注释”对话框。对话框中，可以在“注释名称”中输入需要注释的内容，在“锁定风格”中设定“自由”“关联至一条曲线”或“关联至所有曲线”选项之一。这里的图形中只有一条曲线，所以选择“关联至一条曲线”选项，并在“锁定曲线”栏中选择“曲线0”。单击“确定”按钮后，即可在图中生成相应的带箭头指引线的注释。注释文本位置及箭头顶端的位置可以通过鼠标拖动调整。同时，注释的颜色可以通过注释相关的右键弹出菜单设定。

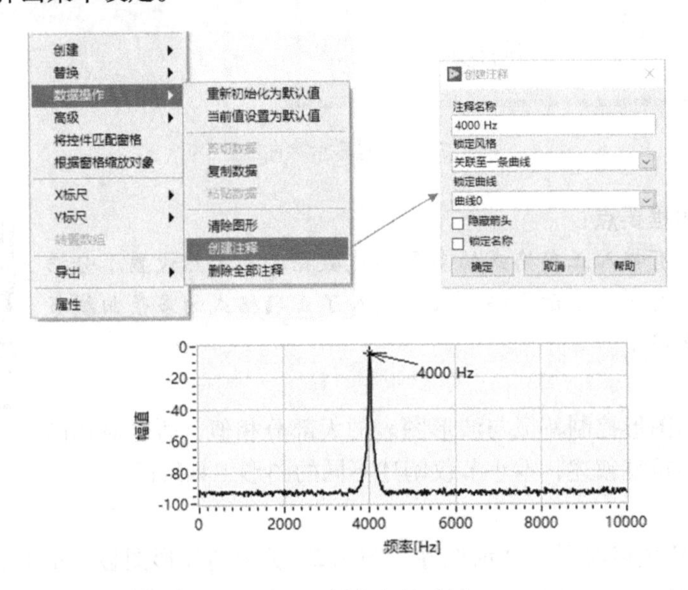

图 4.28　创建注释示例

下面列举几个使用波形图的示例。

（1）相同数据长度多条曲线的显示

波形图控件除了可以显示单条曲线外也可以显示多条曲线。这里先介绍在相同数据长度情况下如何用波形图控件显示多条曲线。波形图控件可以接收数值数组、波形、簇输入3种数据类型，为显示多条相同长度（相同的数据点）的曲线，一般会采用二维数组、簇以及合并的动态信号等方式实现。图4.29所示是多种方式实现相同数据长度的多条曲线波形图显示的示例。图4.29中，上面的两条曲线对应的是簇、二维数组输入的例子。簇数据的X0对应的是两条曲线的共同起始时间，dt对应的是数据点间的事件间隔。图4.29中最下面的曲线图对应的是波形数组以及波形合并信号输入的例子，两者显示结果一样。值得注意的是，最下面的曲线图对应的两条曲线数据长度相同，但由于采样频率或数据点时间间隔不同，因此两条曲线并不与上两图一样首尾对齐。

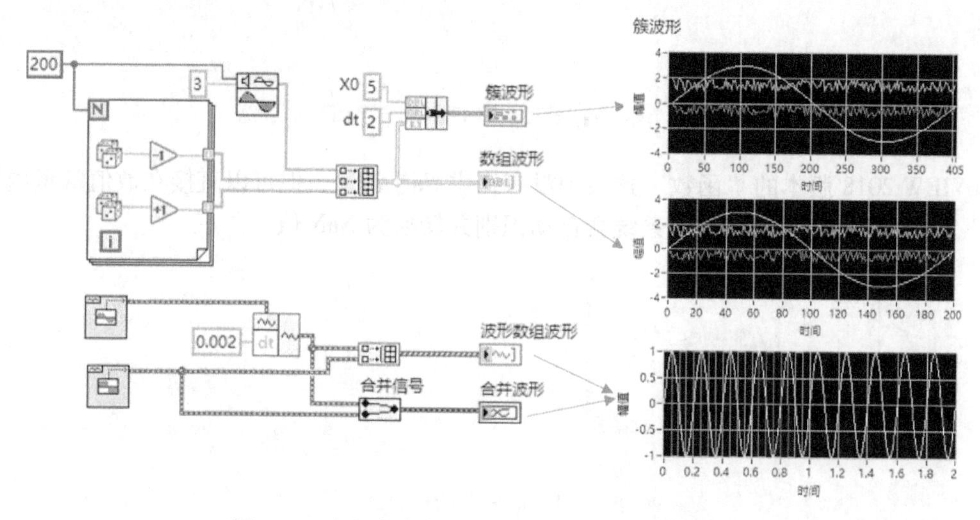

图4.29　相同数据长度的多条曲线波形图显示示例

（2）不同数据长度多条曲线的显示

当各通道采集的信号长度不同时，采用组织多条曲线数据显示的方式所产生的显示效果可能不同。图4.30所示就是不同数据长度在波形图上显示多条曲线的示例。第一种方式是，当采用二维数组方式组织数据时，生成的二维数组必须长度一致。由于LabVIEW的“创建数据”函数默认的处理方式是对数据短的曲线空数据部分补零，由此产生的显示效果是将数据末补零。第二种方式是采用簇“捆绑”函数把一维数组创建成数组簇，由此创建成的一维簇数组的显示效果如图4.30中间的曲线图。第三种方式是采用簇结构分布设置曲线的起始时间、时间间隔生成新的曲线簇，其显示的效果如图4.30所示最下面的波形图。显然，这种显示效果是图4.30中的“波形图2”以及图4.29中的“波形数组波形”与“合并波形”显示效果的一般形式。

（3）间断曲线的显示

为了在一条连续数据点中间不显示部分数据，简单地采用上面的方法无法实现。如图4.31所示，生成400个数据点构成正弦曲线数据，数据点的相位间隔是0.01π。为了不显示所有数据值小于0的数据点，使用NaN值（NaN）替换该部分数据。NaN是Not a Number的缩写，表示它不是一个数值。如果波形图数据点的值是NaN，则在波形图上不绘制该点。

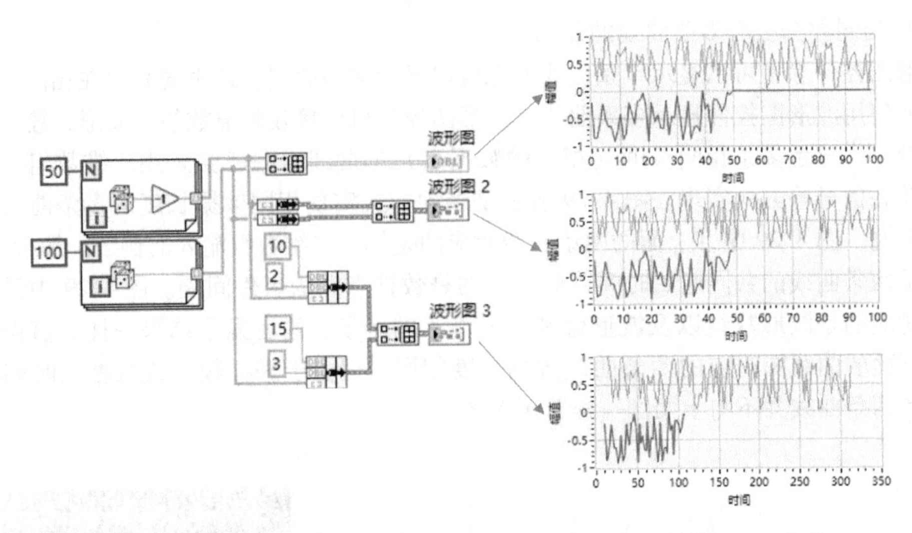

图 4.30　不同数据长度的多条曲线波形图显示示例

在 LabVIEW 2018 版本的“函数”选板中没有提供 NaN 常量，但可以直接在数值常量内输入“nan”字符（大小写不敏感），系统会自动识别并转换为 NaN 值。

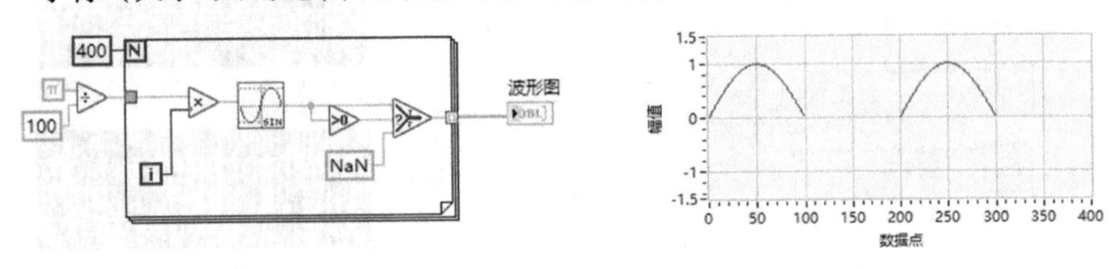

图 4.31　间断曲线的显示

操作技巧与编程要点：

● 只有当鼠标指针位于箭头顶端且变为十字线时，右键才会弹出对应的注释快捷菜单。

● 图 4.30 中数组簇的创建，不能采用“函数”→“簇、类与变体”函数选板中的“创建簇数组”函数（▬+▭）。

链 4-3　波形图

4.2.3　XY 图

XY 图显示控件可以用来绘制非均匀采样得到的数据曲线，以坐标图的方式绘制。这一点与前述的波形图/波形图表不同，因为它们是用来绘制均匀采样得到的数据曲线的。除此之外，XY 图的图形显示控制工具与波形图一样。XY 图可以选择数据平面，包括 Nyquist 平面、Nichols 平面、S 平面和 Z 平面。方法是在 XY 图的右键弹出菜单的“可选平面”子菜单项中选择，“可选平面”子菜单项如图 4.32 所示。图 4.32 给出了同一数学模型的 Nyquist 图与对数幅相图（Nichols 图）。这两个图是分别选择了“Nyquist”和“Nichols”菜单项，并取消选择“显示 Cartesian 网格”菜单项得到的。

下面给出两个使用 XY 图的示例。

图 4.33 所示是利用 XY 图画出的传递函数 $G = 1 + j\omega T$ 的对数幅相图（Nichols 图）。其中，采用复数操作函数以及“以 10 为底的对数”函数，并把幅值（分贝表示）数组与相位

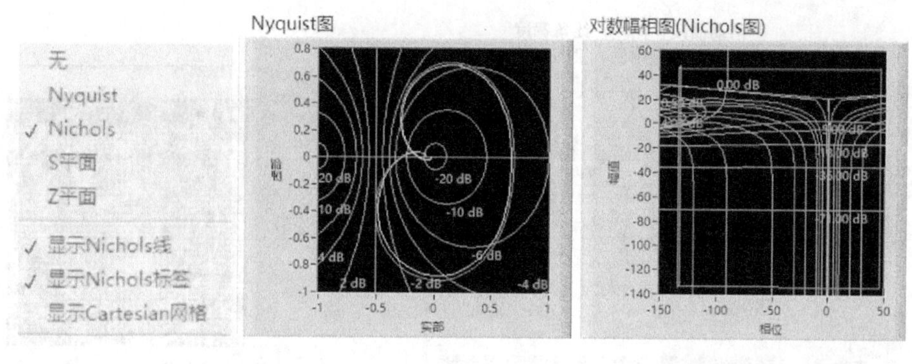

图 4.32　XY 图的“可选平面”子菜单项与 Nyquist 图和对数幅相图（Nichols 图）

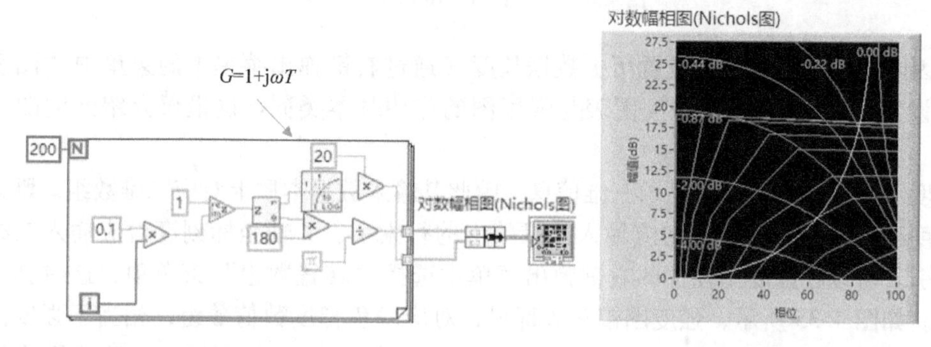

图 4.33　使用 XY 图的示例（一）

（度为单位）数组合并，创建为二维数组，输入 XY 图控件端口，并选择了 XY 图的 Nichols 平面，关闭了 Cartesian 网格。

图 4.34 所示是演示使用 XY 图显示多个同心圆的示例。这里使用“信号处理”→“信号生成”函数选板中的“斜坡信号”函数指定其首端值为 0、末端值为 2π。输出的斜坡信号对应的是圆的一周相位点数据。For 循环变量 i 对应的是圆半径。每个圆的复数坐标点数组用“簇捆绑”函数打包成数组簇。循环输出隧道索引使能，这样接入 XY 图端口即可显示各同心圆曲线。更进一步，程序利用了 XY 图的属性节点深度修改各曲线特性。这里修改了多个属性：“活动曲线”（ActPlot）、“曲线．线条宽度”（Plot. LineWidth）为循环变量 i；“曲线．曲线颜色”（Plot. Color）为设定的颜色常量值。在 For 循环外，创建了颜色常量为数组元素的一维常量数组（颜色常量位于“函数”→“编程”→“对话框与用户界面”函数选板中的“颜色和常量”中）。同时为了保证显示的绘图区域为正方形，通过 XY 属性节点的“绘图区域．大小”（PlotAreaSize）指定了相同的长度值与宽度值。

操作技巧与编程要点：

- 在 XY 图中可以输入二维数组、复数数组、点簇数组、一维数组簇、复数数组簇等数据。
- XY 图有丰富的属性，可以利用其属性节点扩展 XY 图的显示风格。

4.2.4　强度图表与强度图

强度图表和强度图的关系与波形图表和波形图的关系类似，即强度图表也用于实时刷新

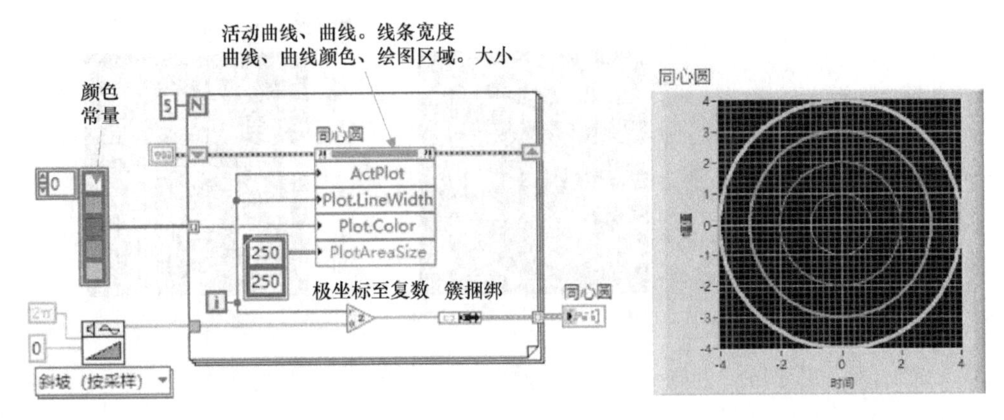

图 4.34　使用 XY 图的示例（二）

显示。因此，强度图表可以设置历史数据长度（通过右键弹出菜单中的菜单项“图表历史长度”设置）。除此之外，强度图表与强度图的作用基本类同。这里仅介绍强度图的操作特征。

强度图可以用二维平面显示三维信息，因此其输入数据本质上对应二维数组。默认情况下，强度图的 X 轴坐标刻度对应输入二维数组的行索引，Y 轴坐标刻度对应输入二维数组的列索引。可以在强度图控件的右键弹出菜单中选择“转置数组”菜单项，这时会实现行列互换。如图 4.35 所示，强度图带有 Z 标尺，对应颜色梯度数值数组，相当于强度图控件的属性“色码表”。色码表是一个一维颜色数组，长度为 256。也就是说，强度图支持最多显示 256 种不同颜色的图片。读者可以自行根据本章的练习题编写用强度图显示 JPEG 图片的程序。

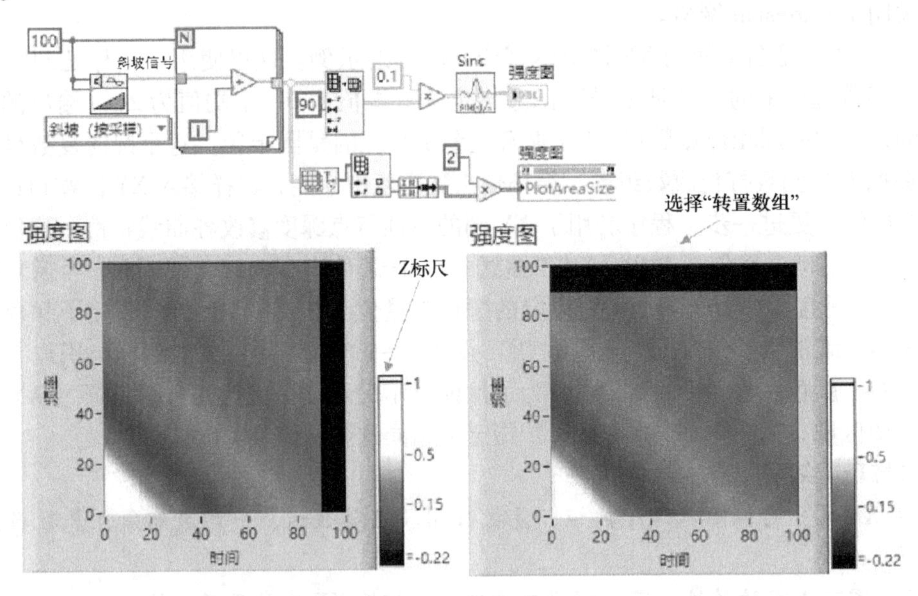

图 4.35　强度图示例

图 4.35 所示的程序利用“斜坡信号”函数生成“Sinc”函数所需的相位信息。For 循

环生成了100＊100的二维相位信息数据，并截取了90行的数据。因此，强度图将显示长方形的Sinc图像。显然，从显示的图像很容易得出二维数组的行列与坐标轴的映射关系。同时，取消或使能“转置数组”将实现图像旋转90°。

4.2.5　数字波形图

数字数据、数字波形数据以及数字波形图的关系与信号（数值数组）、波形数据以及波形图间的关系可以认为是等同的。如图4.36所示，数字波形类型与波形类型数据的区别实际上是数字波形数据结构中的Y元素从双精度浮点型数组（橙色）替换为数字数据类型（绿色）。而数字数据类型实际上相当于二维布尔数组。布尔数组、电子表格字符串、二进制数据与数字数据（或称为数字表格）的关系如图4.37所示，相关转换函数位于“函数”→“编程”→“波形”→“数字波形”→“数字转换”选板。显然，数字数据的每一行都对应一组数字信号，列表示采集信号的次数或通道号。因此，数字数据（或数字表格）与逻辑信号测量有密切关系。

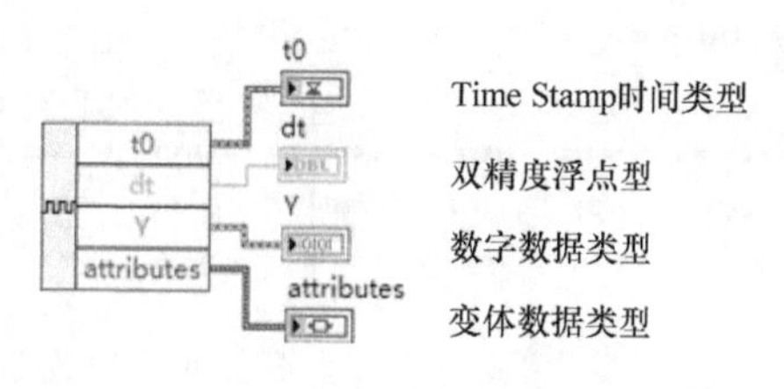

图4.36　数字波形

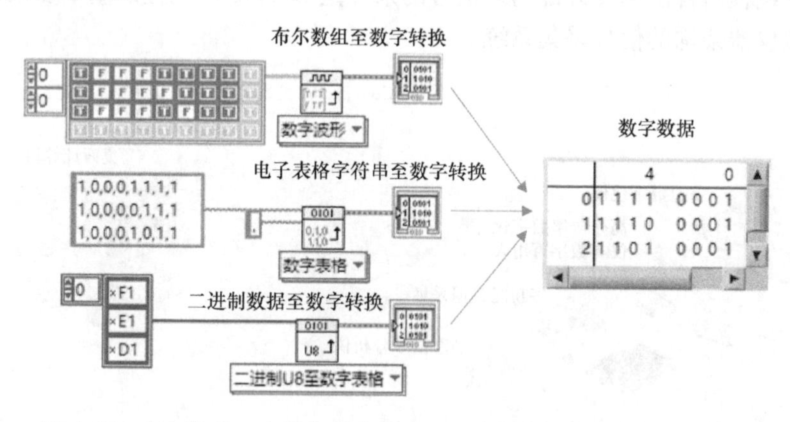

图4.37　布尔数组、电子表格字符串、二进制数据与数字数据的关系

图4.38所示程序利用“数字波形发生器”函数生成数字波形，接入数字波形图并显示。“数字波形发生器”输入参数：采样数为“56”、信号数为“8”以及采样频率为“1000”。信号数“8”对应数字波形图的纵坐标以及坐标的图例，实际上对应的是逻辑测试点。

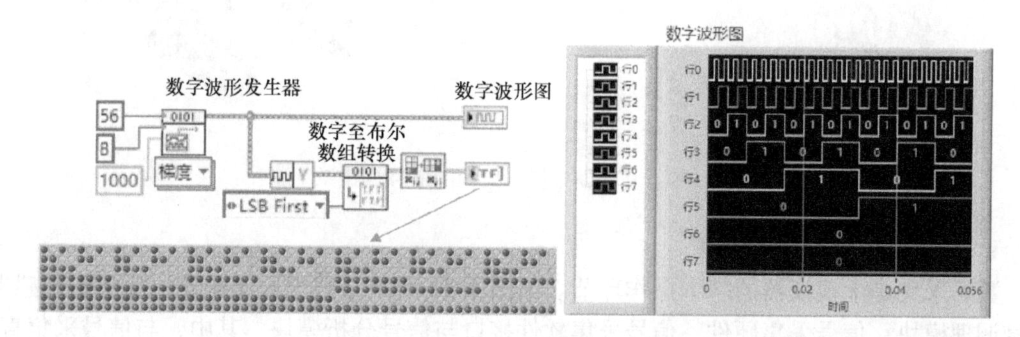

图4.38　数字波形与数字波形图

操作技巧与编程要点：

- 数字波形的操作涉及数字电路技术，读者可根据需要自学数字波形相关函数（“数字波形”选板如图 4.39 所示）。

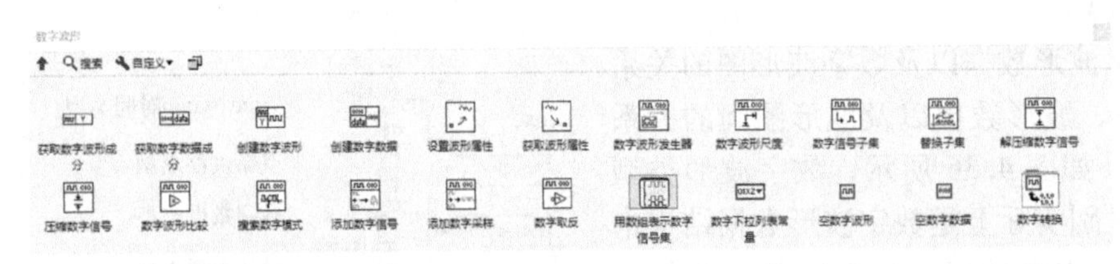

图 4.39 “数字波形”选板

链 4-4 数字波形图

4.3 信号采集

LabVIEW 不仅仅是一种与其他高级语言类似的通用编程语言，同时也是一种直接面向硬件与应用的编程语言。掌握外部物理信号的采集是 LabVIEW 编程的基本要求。图 4.40 所示是基于虚拟仪器架构的信号采集系统。

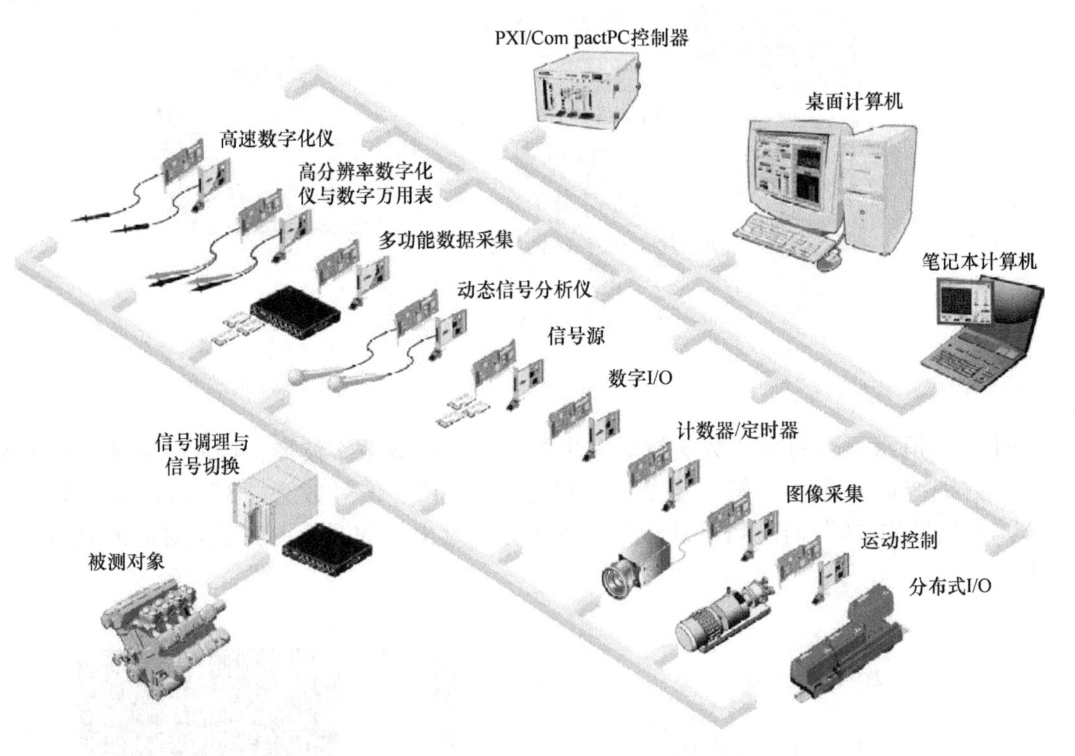

图 4.40 基于虚拟仪器架构的信号采集系统

4.3.1 数据采样基本原理

数据采集是虚拟仪器的基本操作环节。如图 4.41 所示，数据采集系统一般包括传感器、信号调理模块、信号采集硬件、信号采集软件接口与信号分析模块。其中，与信号采集直接

相关的是图4.41中双点画线框内的模块，包括硬件与软件部分。硬件部分主要涉及信号调理模块与信号采集硬件，软件部分主要涉及模拟信号、数字信号等的采集操作函数，即DAQmx驱动的相关信号采集操作函数。DAQmx驱动的相关数据采集操作函数将在4.3.2小节介绍。这里主要介绍与信号采集相关的基本理论。

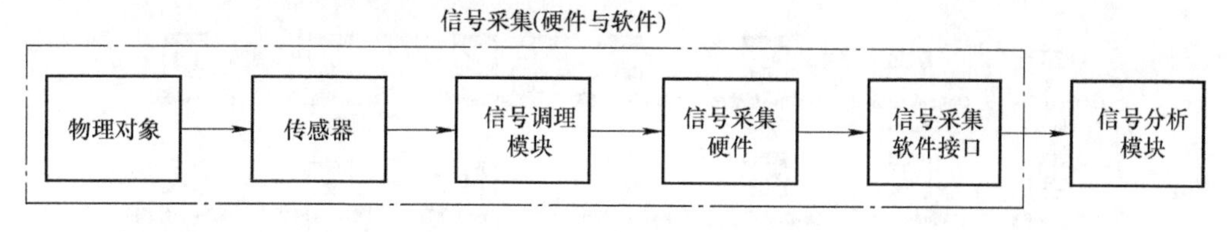

图4.41 信号采集系统的构成

不同的传感器其工作原理、输出信号的电气特性不同。为此，为了保证通用的信号采集硬件能够完成不同传感器信号的正确采集，需要在传感器与信号采集硬件之间安排信号调理模块。信号调理模块主要完成信号放大、衰减、滤波与平均、隔离、激励、线性化等功能，以实现与信号采集硬件匹配的低阻信号的输出，其主要功能特性见表4.2。

表4.2 信号调理功能特性

调理功能	特性
放大	为避免传输过程中引入噪声而淹没传感器输出模拟信号，必须在靠近传感器输出端对输出信号进行放大
衰减	为避免输入信号超过信号采集硬件的输入幅值范围，必须对输入信号进行衰减
滤波与平均	通过选择性地进行频带滤波，可以抑制不需要的干扰信号，如低通滤波，以及采用软件平均的方式抑制随机信号噪声
隔离	采用光感应器件、磁感应器件对输入信号进行隔离，以保证变换后的信号、电源、地之间是绝对独立的
激励	对一些特殊传感器（如应变计、RTD（热阻温度探头）、ICP压电加速度传感器等）进行外部电压或电流激励
线性化	传感器输出特性曲线常常是非线性的，为此，要对其输出信号进行线性化校正处理

信号采集的核心任务是信号数字化采样。其中，采样参数的设定必须遵循奈奎斯特采样定律，即要求信号采样频率必须是被分析信号最高频率的两倍以上。但是，基于奈奎斯特采样定律仅能还原出简谐信号。采样频率一般取原始信号最高频率的2.56~4倍。由于工程上的信号不是简单的简谐信号，而是复杂的多频率的周期或非周期信号，为了保证重建信号不失真，采样频率至少为原始信号最高频率的5~10倍。

另外，信号采样前必须进行抗混叠滤波，保证信号的最高频率与设定的采样频率满足奈奎斯特采样定律的要求。同时，要求采样频率远大于原始信号频率，称为过采样。过采样可以压缩基带内的量化噪声，降低对输入端模拟滤波器的要求。有些采集板卡在原始采样信号中添加“高频扰动”（伪随机噪声），以达到过采样，从而提高分辨率的效果。

4.3.2 数据采集操作

随着LabVIEW数据采集驱动技术从Traditional DAQ到DAQmx的发展，相关函数的使用便捷性越来越好。图4.42所示是DAQmx驱动18.6版本的数据采集相关函数（位于“测量

I/O”→“DAQmx－数据采集”选板）。其中，许多函数采用了独特的“多态”特性VI，使得人们可以用同样的函数VI集进行编程（模拟输入、模拟输出、数字I/O和计数器）。

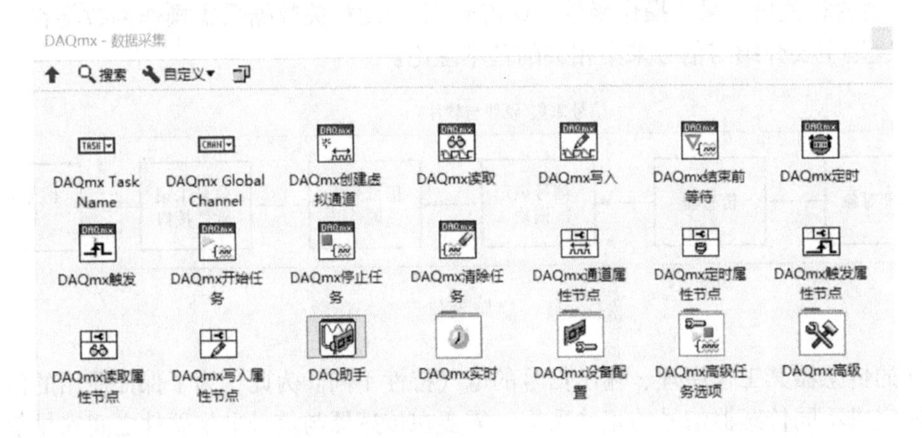

图4.42　DAQmx数据采集函数

1. NI－DAQmx虚拟通道与NI－DAQmx任务

NI－DAQmx虚拟通道包括DAQ设备上的一个物理通道和多条物理通道的配置信息，如输入范围、物理量单位、灵敏度、灵敏度单位等。NI－DAQmx任务是虚拟通道、定时/触发信息以及其他与采集或生成相关的属性的组合。

“DAQmx创建虚拟通道”函数是一个多态VI，可以方便地进行各种物理量传感通道的参数设置。图4.43所示是“DAQmx创建虚拟通道”函数配置为电压/加速度测量通道的接口说明。不同的传感类型通道，所需参数有所不同。该函数创建的是基于已创建的NI－DAQmx任务的虚拟通道，因此，该函数的输出是NI－DAQmx任务引用。该函数的部分参数说明如下。

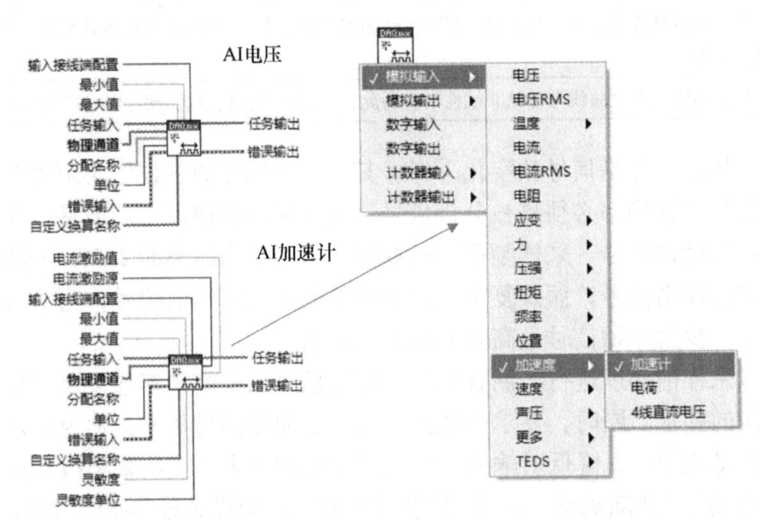

图4.43　“DAQmx创建虚拟通道”函数配置为电压/加速度测量通道的接口说明

1）输入接线端配置：为枚举类型，其枚举元素包括默认、RSE（参考地单端）、NRSE

（无参考地单端）、差分、伪差分。

2）最小值、最大值：按通道物理单位指定输入范围。

3）物理通道：为DAQmx物理通道类型，系统必须连接上NI相关采集板卡或配置好仿真采集板卡，才可选择相应通道，如Dev2/ai0（Dev2/ai0）。

4）分配名称：指定虚拟通道名字符串。

5）单位：通道物理单位，为枚举类型，如加速度通道，该枚举类型为“g”“m/s^2”“in/s^2”“来自定义换算”4种。

6）灵敏度：电压通道没有该端口，为双精度浮点类型。

7）灵敏度单位：电压通道没有该端口，对于加速度通道，其枚举类型为mV/g、V/g。

2. 触发与定时操作

创建NI-DAQmx任务的虚拟通道后，还需要设置与采样任务相关的触发、定时特性。“DAQmx触发”函数及其多态菜单如图4.44所示。最常用的触发器是启动触发器（Start Trigger）和参考触发器（Reference Trigger）。通过启动触发器可以初始化启动一个信号采集或信号生成任务，然后通过参考触发器确定采样集的区域。这些触发器可以通过多态菜单配置成数字边沿、数字模式、模拟边沿、模拟多边沿触发，或者配置成模拟信号的窗口触发以及按时间触发。参考触发器没有按时间触发模式。不同的配置模式，触发函数的输入端口有些不同，常用的端口说明如下。

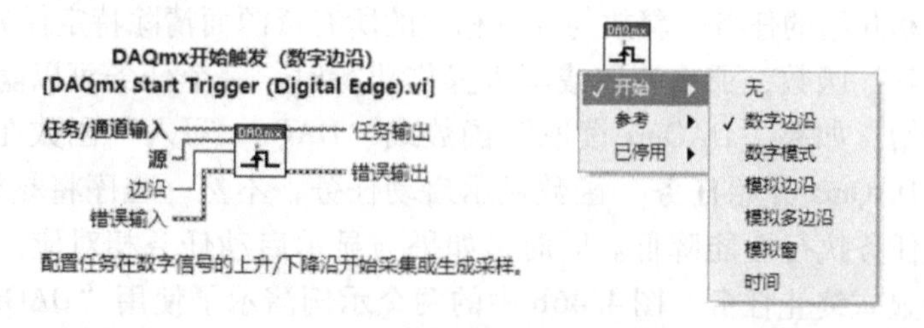

图4.44　“DAQmx触发”函数及其多态菜单

1）源：如果是数字触发模式，则该端口为DAQmx Terminal类型，其常量位于“DAQmx常量与属性节点”函数选板，用于指定采集硬件的触发端口。如果是模拟触发模式，则该端口为字符串类型，用于指定虚拟通道名称或接线端的名称。

2）边沿：存在于数字触发模式，枚举类型，枚举项包括上升、下降。

3）电平：存在于模拟触发模式，双精度浮点类型，用于指定触发的电平大小（通道物理单位）。

4）窗底部、窗顶部：存在于窗口触发模式，双精度浮点型，用于指定触发窗口电平范围。

“DAQmx定时”函数主要用于配置硬件的定时数据采集操作，是一个多态函数，类型包括DAQmx定时（采样时钟）、DAQmx定时（握手）、DAQmx定时（隐式）、DAQmx定时（使用波形）、DAQmx定时（检测更改）、DAQmx定时（流水线采样时钟）。这里仅介绍“DAQmx定时（采样时钟）”函数的使用，该函数及其多态菜单如图4.45所示。该函数用于设置采样时钟的源、频率，以及信号采集或生成的采样数量。该函数需要指定连线或有限采样模式、有限采样模式下的每通道采样数、采样速率等。其主要的端口说明如下。

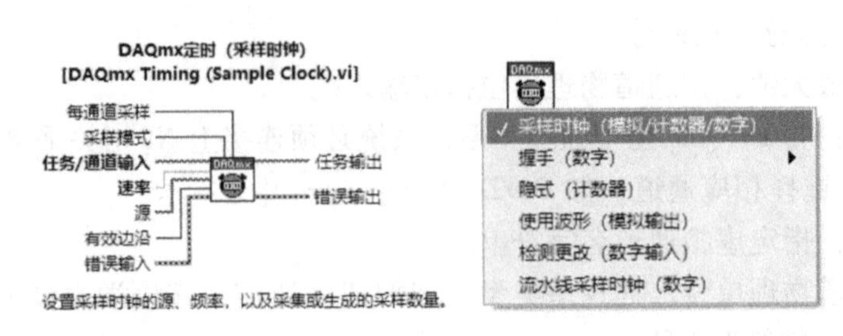

图 4.45 “DAQmx 定时（采样时钟）”函数及其多态菜单

1）每通道采样：I32 整型，默认值为 1000。

2）采样模式：枚举类型，枚举项包括有限采样、连线采样、硬件定时单点。

3）速率：以单个通道的每秒采样数为单位。如果使用外部源作为采样时钟，应将该输入设置为时钟的最大预期速率。

4）有效边沿：枚举类型，枚举项包括上升、下降，指定在采样时钟脉冲的上升/下降沿采集时钟及生成采样。

3. 开始、停止、清除采样任务

“DAQmx 开始任务”“DAQmx 停止任务”和“DAQmx 清除任务”函数端口说明如图 4.46a所示，其作用分别是显式地将一个任务转换至运行状态、终止以显式 DAQmx 开始的任务或隐式自动开始的任务、释放与任务相关的所有资源而清除特定任务。如果没有使用“DAQmx 开始任务”函数，那么读取或写入操作执行时，一个任务可以隐式地被转换至运行状态或自动开始。如果“DAQmx 读取”函数或“DAQmx 写入”函数在循环体内多次调用，则应使用“DAQmx 开始任务”函数显示启动任务，不然，程序将频繁隐式启动/停止任务，从而造成任务执行性能降低。同时，如果与显示启动任务相对应，应使用“DAQmx 停止任务”函数显式终止任务。图 4.46b 中的两个示例演示了使用“DAQmx 开始任务”函数与“DAQmx 清除任务”函数显式或隐式启动任务中的应用。

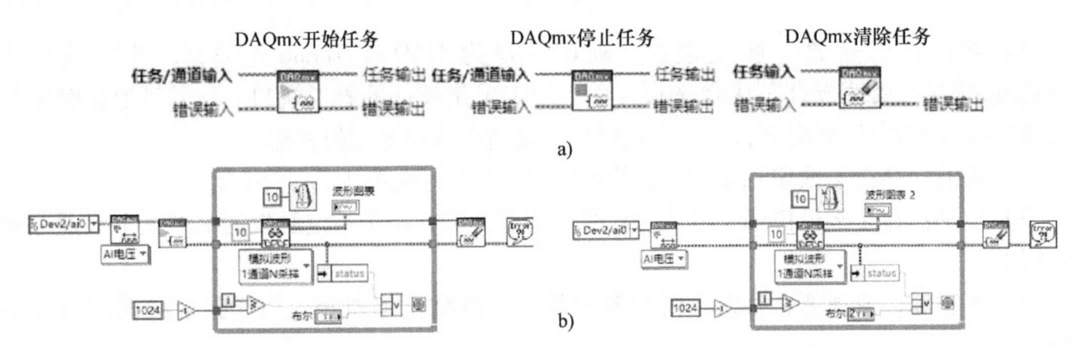

图 4.46 开始、停止、清除采样任务函数及部分函数的应用

a）“DAQmx 开始任务”函数、“DAQmx 停止任务”函数、“DAQmx 清除任务”函数端口说明

b）“DAQmx 开始任务”函数与“DAQmx 清除任务”函数的应用

4. 读取与写入

“DAQmx 读取”函数与“DAQmx 写入”函数都是多态函数，如图 4.47 所示。两个函数的作用分别是从特定采样任务中读取采样或写入指定的生成任务中。有限采集时，如果每通

道采样数指定为 -1，则系统按任务设定的采样数进行采集。连线采集时，如果每通道采样数指定为 -1，则系统读取保存在缓冲区的所有采样数据。

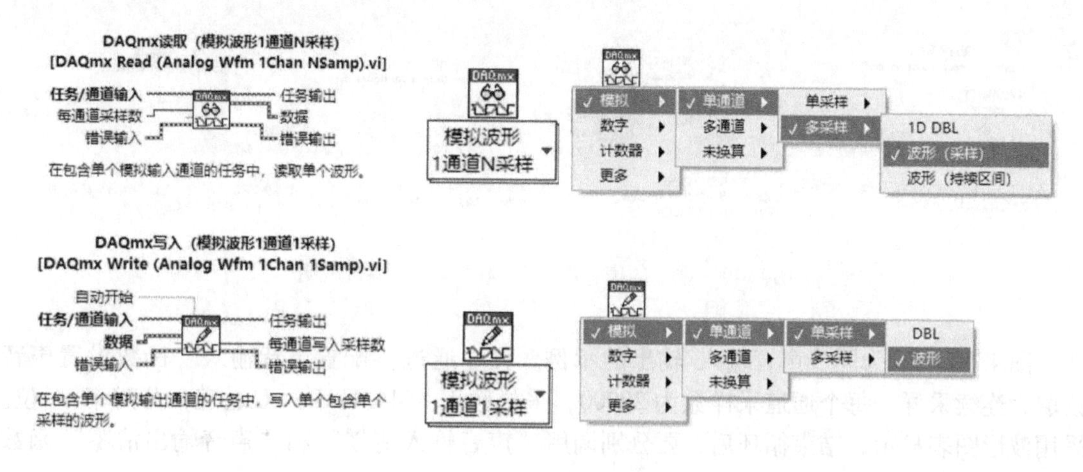

图 4.47　“DAQmx 读取”函数与“DAQmx 写入”函数

4.3.3　基于声卡与虚拟数据采集卡的数据采集

1. 基于声卡的数据采集

声卡作为通用计算机的基本接口，可以用来进行信号采集与生成。主流声卡是 16 位的，也有 12 位的声卡，其采样率最高可达 96kHz。声卡适于采集声频范围内的信号（20Hz ~ 20kHz）。可以通过声卡的 Mic 和 Line In 两种输入接口输入信号，前者的输入信号电压范围为 0.02 ~ 0.2V，后者的输入信号电压超过 1.5V。按常规配置好声卡后，即可用 LabVIEW 的声音函数操作了。

图 4.48 所示是 LabVIEW 提供的声音操作函数，包括输入、输出与文件三类操作函数。这里仅就输入与输出中的主要函数进行介绍，并进行综合应用举例。

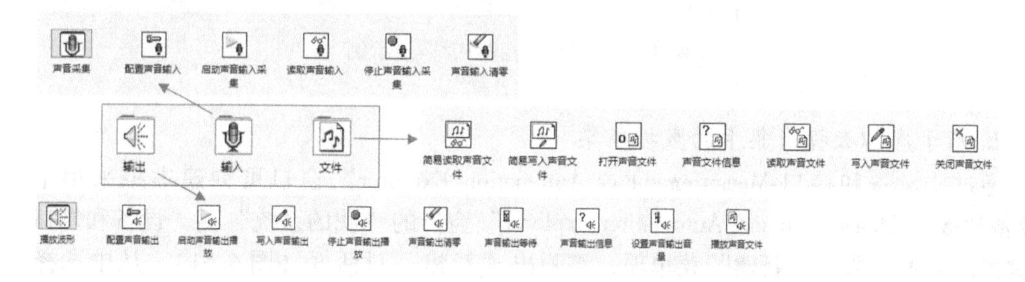

图 4.48　声音操作函数

图 4.49 中给出了主要的声音配置与读写函数的端口说明。其中，“配置声音输入”函数配置声音采集通道的采样模式、每通道采样数等，可采集数据并发送数据到缓存。“配置声音输出”函数配置采样模式、每通道采样数等，可完成配置声音输出。“读取声音输入”函数从内部缓冲区读取声音数据，输出数据为波形数据类型（波形数据可以为 DBL、SGL、I32、I16、U8 数组）。“写入声音输出”函数把声音数据写入内部声道缓冲区，输入数据可

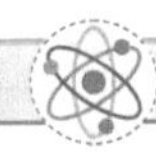

以为波形数组（每个元素对应一个通道数据，声音数据可以是 DBL、SGL 数组等）、波形数据，也可以直接接入浮点型数组，但会进行强制类型转换。

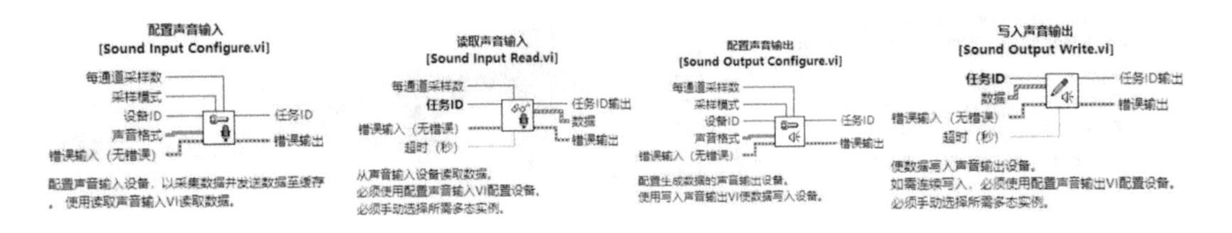

图 4.49　主要的声音配置与读写函数的端口说明

图 4.50 所示为同步声音输入/输出的示例。程序通过“配置声音输入”函数设置声音读取为连续采样，每个通道采样数为 20000，采样频率为 44.1kHz，双通道，分辨率 16 位。采用波形图表显示，结束循环后，要分别调用“声音输入清零”和“声音输出清零”函数清除采样任务。

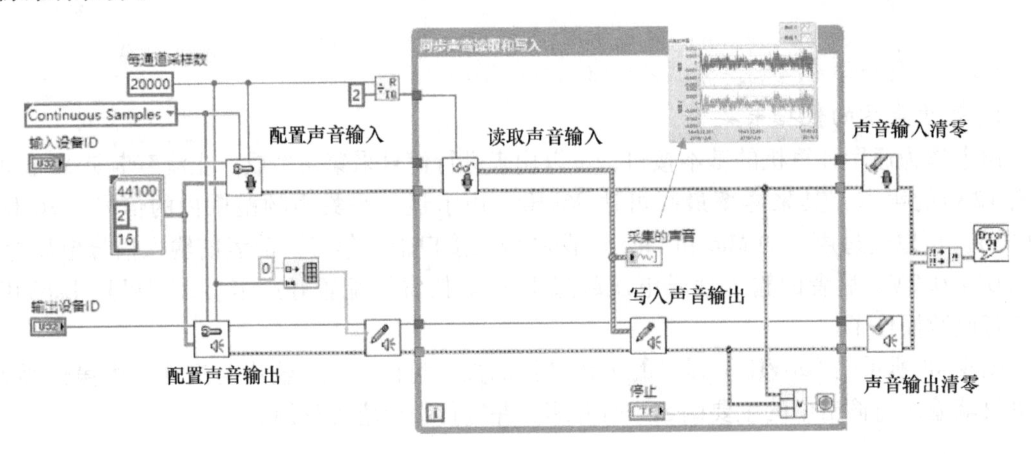

图 4.50　同步声音输入/输出示例

2. 基于虚拟数据采集卡的数据采集

通过“设备和接口-Measurement & Automation Explorer”窗口可创建虚拟采集卡。在“设备和接口-Measurement & Automation Explorer”窗口的“我的系统”→“设备和接口”的右键弹出菜单中选择“新建”菜单项，将弹出“新建”对话框（图 4.51），从中选择“仿真 NI-DAQmx 设备或模块化仪器”，单击“完成”按钮。在弹出的对话框“创建 NI-DAQmx 仿真设备”中选择“M 系列 DAQ”中的 NI PCI-6220 采集卡，确定后“设备和接口-Measurement & Automation Explorer”窗口中的“设备和接口”项下增加了仿真硬件 NI PCI-6220，并分配了设备名为“Dev2”。之后，就可以使用大部分与硬件相关的 NI-DAQmx 函数。图 4.46所示的信号采集的示例就是用了这个仿真的数据采集卡。显然，可以通过这种方式模拟大部分 NI 硬件，使用户在购买硬件前学习相关仪器的使用与配置方法，降低了用户学习的硬件门槛。

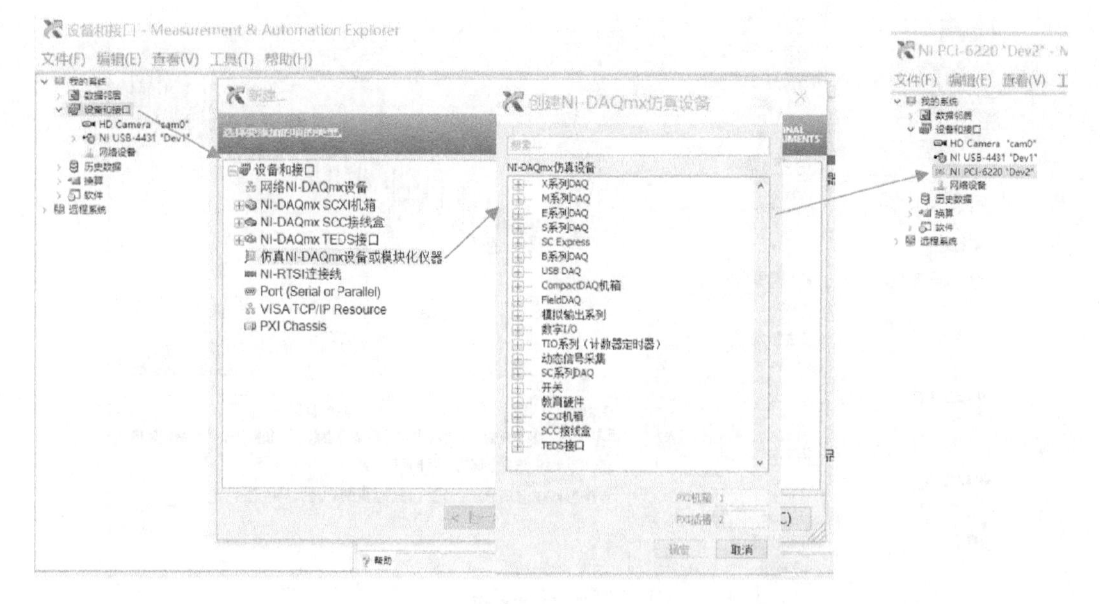

图 4.51　创建虚拟采集卡

4.4　综 合 实 例

本综合实例完成一个基于 ICP 型压电加速度传感器的振动信号采集系统，并完成振动型号时域信号的显示、数据记录。测试系统包括一个单轴 ICP 型压电加速度传感器、NI USB 4431动态信号采集模块以及笔记本计算机。选择的加速度传感器的参数如下。

型号：PCB 353B33。

灵敏度：100mV/g［10.17mV/（m/s^2）］。

测量范围：±50g（±491m/s^2pk）。

分辨率（1～10000Hz）：0.0005g rms。

频率范围：1～4000Hz。

USB 4431 是 NI 公司的 USB 动态信号采集模块，有 4 个同步模拟输入和 1 个模拟输出，其 AI0～AI3 支持 IEPE 激励，所需激励电流可以是 0 或 2.1mA；最大输入允许电压：±60V（正极性端）和 10V（负极性端）。按照 4.3.3 小节介绍的虚拟采集卡的创建方法，创建仿真的 USB 4431 模块，系统确定的设备号为 Dev3。

这里根据设计需求考虑了 5 个程序模块：通道设置、定时设置、触发设置、记录设置以及采集数据。这 5 个程序模块实际上具有顺序执行关系，可以采用数据依赖的方法保证程序的顺序执行。但考虑到程序框图较大，不易平铺展示，所以，采用叠层顺序结构。由于采用仿真模块无法验证触发功能，程序只能采用非触发方式运行，所以没有列出触发功能框图。参数设置界面与设计完成的程序框图分别如图 4.52 和图 4.53 所示。

1. 通道设置

通道设置采用多态“创建虚拟通道”函数，模式选择“AI 加速计”，其输入端口对应图 4.52 所示界面中区域①的多个输入控件。为了保证程序的正常运行，各参数必须按照传

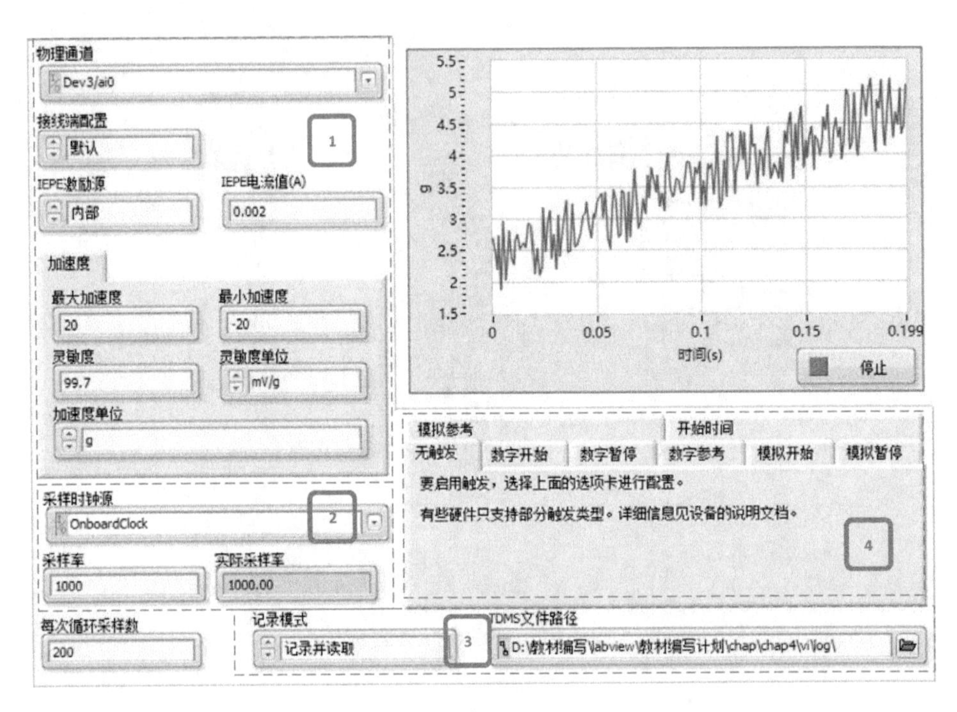

图 4.52　参数设置界面

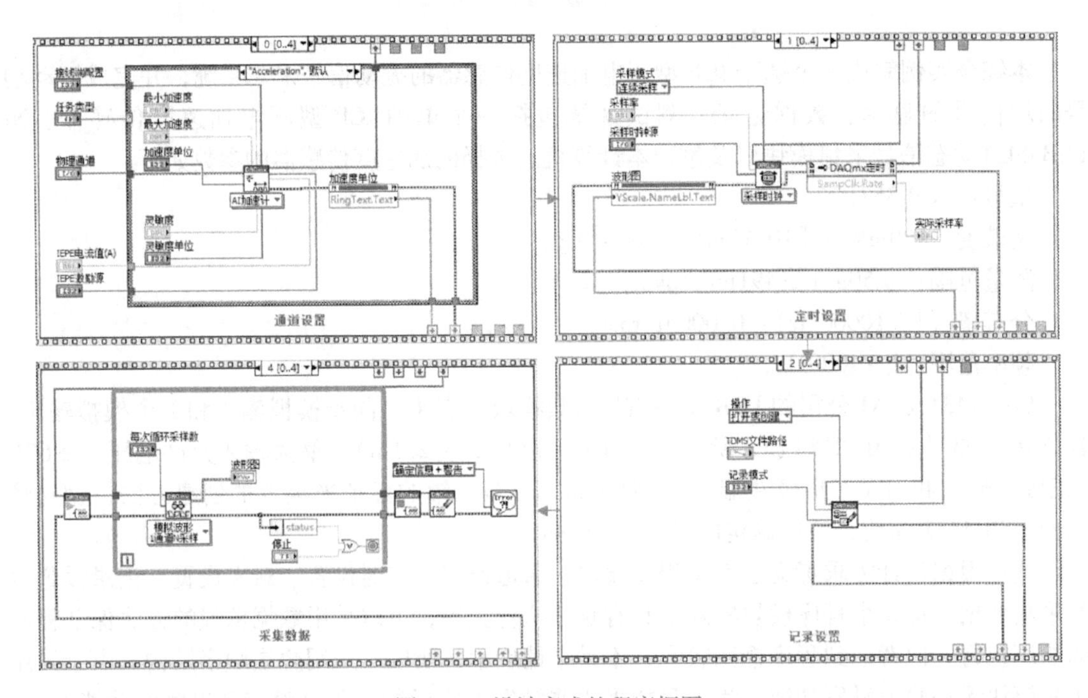

图 4.53　设计完成的程序框图

感器的特性参数及实际的测试工况设置，如 IEPE 电流值必须按传感器的特性设置为 0.002。这里使用了输入控件“加速度单位”（下拉列表类型控件）的属性节点，提取属性“RingText. Text”来修改波形显示控件的 Y 坐标文本。

2. 定时设置

定时设置采用多态“DAQmx 定时”函数，模式选择“采样时钟”，其输入端口对应图 4.52 所示界面中区域②的多个输入控件与常量。采用“OnboardClock”（板载时钟）以及“连续测量”模式。同时，采用“DAQmx 定时”函数（）（位于“测量 I/O”→“DAQmx - 数据采集”选板），选择“定时.速率”。该函数节点返回实际的采样速率。

3. 触发设置

对于触发设置，采用条件结构调用不同触发模式下的配置，都调用多态“DAQmx 触发”函数，在其对应的界面中采用 Tab 控件组织不同模式下的参数设置，对应图 4.52 所示界面中的区域④。该模块可实现所有触发模式，包括“无触发”“数字开始”“模拟开始”“数字参考”“数字暂停”“模拟暂停”模式。由于这里采用的是仿真硬件，只能选择“无触发”模式，即采用直通连线，不执行任何代码。读者如果有硬件条件，可自行连线实现这几种模式的触发。

4. 记录设置

记录设置采用“DAQmx 配置记录”函数（位于图 4.54 所示的函数选板），其对应输入控件的界面为图 4.52 中的区域③。输入控件包括记录模式（下拉列表控件类型）控件和 TDMS 文件路径控件。TDMS（Technical Data Management System，技术数据管理系统）数据管理技术是 LabVIEW 引入的数据流技术，可以实现快速存储、查询以及采集数据。TDMS 采用文件、通道组和通道 3 层结构，实际上是一个小型的关系数据库。一个完整的 TDMS 数据库包括两个文件，文件扩展名分别为 .tdm 和 .tdx。.tdm 文件记录的是文件的作者、通道组名称等属性信息，而 .tdx 文件是二进制数据文件。程序中的“DAQmx 配置记录”函数定义了采集任务中的记录特征，隐藏了文件的相关操作（如打开、读写、关闭等），使用非常方便。

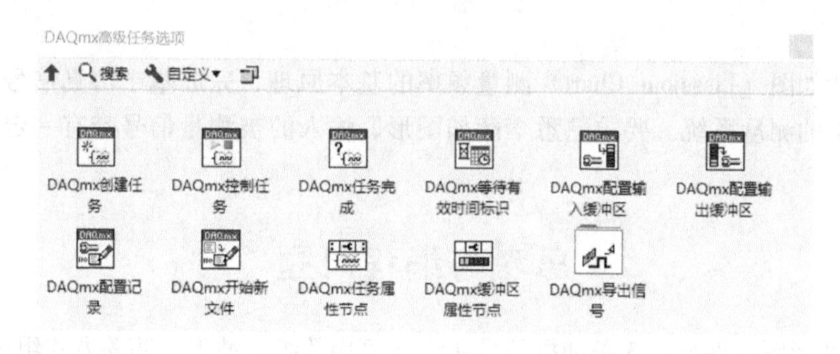

图 4.54　DAQmx 高级任务函数选板

5. 采样数据

采样数据模块采用显示采集启动、采集终止、采集清理函数，在循环体内调用多态“DAQmx 读取”函数，设置模式为“模拟波形 1 通道 N 采样”。数据采集结果输出给波形图（采用 LabVIEW NXG 风格）。

操作技巧与编程要点：

TDMS 文件以二进制方式存储数据，其存取速度可达 600MB/s。图 4.55 所示是 TDMS 文件操作的函数选板（位置为“编程”→“文件 I/O”→“TDMS”选板）。读者可以自行完善该采集例程，实现对保存的TDMS文件的打开与读取。

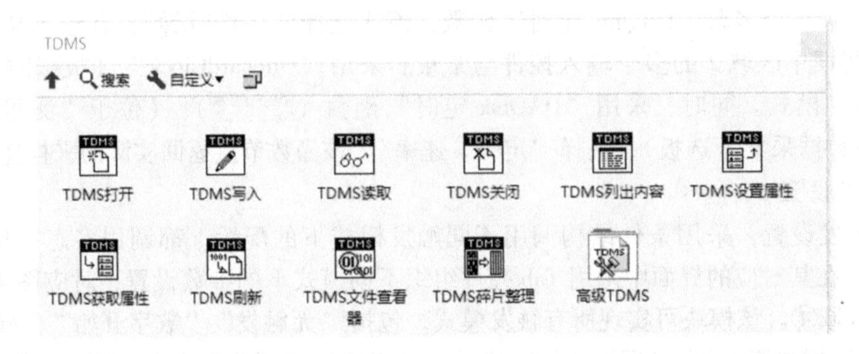

图4.55 “TDMS”选板

本章小结

本章主要讲述LabVIEW中与输入和输出相关的常用技术，包括文件、图形/图表与信号采集技术。所以，本章除了涉及软件外，还涉及硬件相关的技术。对文件、图形/图表部分的知识点阐述，以示例为导向，便于读者自然而快速地掌握相关知识，而不是传统手册式知识点阐述。与硬件相关的内容涉及其他的知识（信号处理、采样硬件等），因此安排了采样基本原理的介绍，以软件提供的仿真硬件和声卡为硬件基础，展开基于数据采集示例的相关信号采集VI知识点阐述。

上机练习

根据李萨如图（Lissajous Chart）测量频率的基本原理，完成基于仿真信号或声卡硬件的简谐波频率的测量系统。要求熟悉李萨如图形、输入的被测量信号带有一定程度的随机噪声。

思考与编程习题

1. 采用波形图控件显示3条随机信号曲线（可用数组、波形、簇等方式组织数据），分别用红、绿、蓝3种颜色表示。3种信号的幅值范围分别为1~3、3~5、5~12。

2. 试参考图4.56（BMP图为256色图），用强度图显示JPG压缩图片（.jpg）。提示：JPG图须为256色，采用“读取JPG文件”函数、“还原像素图”函数及强度图属性节点。

3. 生成一路正弦波（输出为波形类型），提取其一维浮点型数组，并分别保存到文本文件和二进制文件中。

4. 创建仿真NI PCI-6220采集卡，编写一个两通道连续数据采集和数据查看程序。通道分别对应一个力传感器和一个加速度传感器，并采用TDMS完成采集数据的保存和查看。

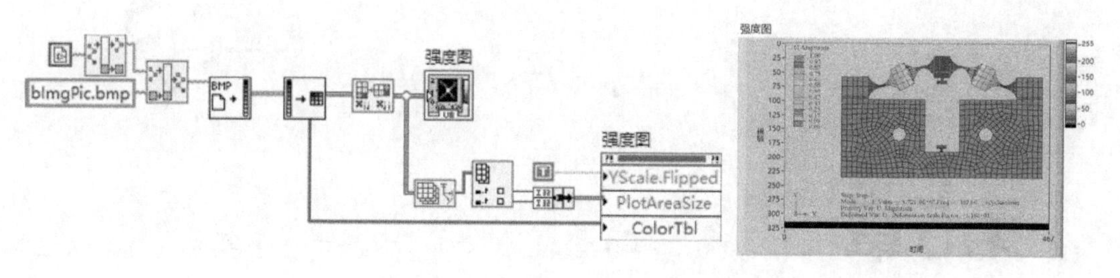

图 4.56　思考与编程习题 2 图

参考文献

[1] 陈树学，刘萱．LabVIEW 宝典［M］．2 版．北京：电子工业出版社，2017.

[2] SUMATHI S, SUREKHA P. LabVIEW Based Advanced Instrumentation Systems［M］. Berlin：Springer，2007.

[3] 张兰勇，孙健，孙晓云，等．LabVIEW 程序设计基础与提高［M］．北京：机械工业出版社，2012.

[4] 郝丽，赵伟．LabVIEW 虚拟仪器设计及应用：程序设计、数据采集、硬件控制与信号处理［M］．北京：清华大学出版社，2018.

第5章 程序调试技术与界面设计

为了提高程序设计效率与编写质量，程序员掌握必要的程序调试技术。要设计赏心悦目的程序界面，程序员需要掌握相关的界面设计技巧。与其他高级程序语言开发软件一样，LabVIEW 也提供了类似的调试工具和一些独特的调试方法。作为图形化开发语言，LabVIEW 提供了丰富的图形化界面设计要素。本章将详细介绍 LabVIEW 程序的调试、界面设计的方法与技巧。

5.1 调试技术

5.1.1 集成调试环境与错误列表

第 1 章已经简单提到了 LabVIEW 集成开发环境中包含的集成调试环境，这里将详细介绍。如图 5.1 所示，在前面板窗体与框图程序窗体的工具栏区域中都有调试工具按钮，包括“单次运行按钮”“连续运行按钮”“停止按钮”“暂停按钮”等。

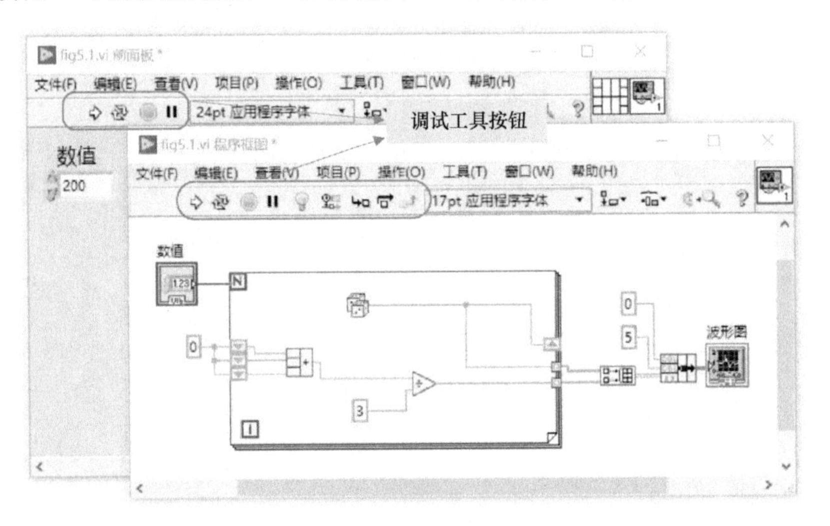

图 5.1 前面板窗体与框图程序窗体中的调试工具按钮

相对于其他高级语言，LabVIEW 对程序的语法错误提供了独特的在线查错方式。LabVIEW 是一种图形化数据流编程语言，其对应的语法错误常常表现为连线错误、函数端口未

连线等与 LabVIEW 语法规定直接相关的错误。有些错误可以直接在框图程序中显示出来，直接在程序图上提示错误连线。图 5.2 左下角的程序演示了两种连线错误，分别是：加法函数的两个输入端须连接数值型数据，而程序中为整型数据与字符串；For 循环框架通道输出两个一维数值数组，用“簇捆绑”函数捆绑成簇结构数据，但与波形图端口的连线出现错误。连线错误的外观表现是连线变为黑色虚线，并在虚线上显示两个箭头，箭头中间为“×”符号，表示数据转换出现错误。除了这类直接在框图程序上提示的错误外，有些比较隐晦，不直接显示在框图程序上，而是运行按钮中的箭头变为断开的箭头，如图 5.2 左上角的程序所示。图 5.2 左上角的程序实际上出现的是复合运算函数的一个端口没有输入数据的语法错误。错误在程序上没有显现，而是以运行箭头断开来提示。这时，可以使用鼠标单击该箭头断开的运行按钮，将弹出图 5.2 右边的“错误列表”对话框。

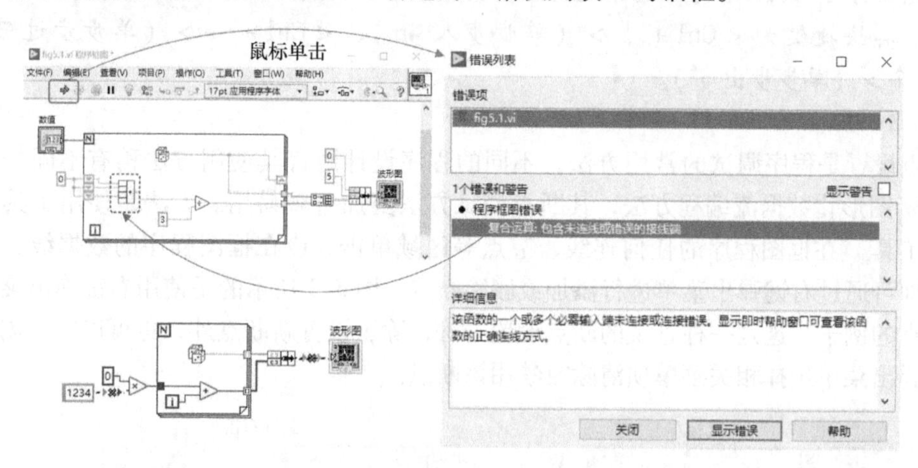

图 5.2　错误示例及“错误列表”对话框

通过错误列表查错，是 LabVIEW 程序调试常用的技巧。图 5.2 所示的“错误列表”对话框包括以下 3 个部分。

1）错误项：显示出错的 VI 程序。如果一个项目中有多个 VI 出错，将显示多个错误 VI。

2）错误和警告：将显示不同归属（程序框图错误和前面板错误）的错误源。图 5.2 所示的是程序框图中的复合运算函数错误，并指出了错误原因。

3）详细信息：将显示当前选中的错误源的详细信息。可以借助该信息进一步确定错误的原因与纠正方法。

操作技巧与编程要点：

- 不管框图程序有没有显示连线错误，只要有语法错误，运行按钮的箭头将断开。
- 双击“错误列表”对话框中的错误源，将直接聚焦到错误源（框图程序或前面板）区域。

5.1.2　高亮执行

LabVIEW 有一个特有的“慢动作”调试数据流调试手段——高亮执行。可以单击工具栏上的“高亮执行”按钮（→）切换为高亮运行模式，然后单击“程序运行”按钮（→），程序即慢速高亮执行。这时，框图程序中将慢速显示数据流动。高亮数据流动遵循 LabVIEW 数据流并行运行的特点。数据流将以数据圆点、颜色、线上数据的方式提示数据流动信息。这些信息将有助于观察程序执行的逻辑与结果，查找程序错误。如果要切换回正常运行模式，需要再次单击“高亮执行”按钮。这时，该按钮图标变为“灯灭”图标（ ）。

虽然高亮运行模式的引入使得程序调试更为直观，但是，不当使用高亮运行模式反而会造成运行结果异常，无法定位错误。对于一些实时的或对时间同步要求较高的程序，高亮运行模式的慢节拍会引起程序运行时序混乱。这时，应采用其他调试方式，避免采用高亮运行模式进行程序调试。

操作技巧与编程要点：

高亮执行可以放慢程序运行来进行程序调试，单步调试是另外的常见步进运行程序调试的方法，其快捷键为 <Ctrl + ↓>（单步步入 ）、<Ctrl + →>（单步步过 ）和 <Ctrl + ↑>（单步步出 ）。

5.1.3　断点

断点设置是程序调试的常用方法，不同的程序设计语言其使用方法稍有不同。借助于 LabVIEW 图形化数据流编程方法，其断点调试方法更加直观易用。方法是使用工具选板上的断点工具 在框图程序的任何连线、节点等区域单击；或在框图程序的数据线、节点处右击，即可通过右键弹出菜单进行添加或删除断点。图 5.3 所示的是使用右键弹出菜单方式设置断点的例子。这是一种直观的断点设置方法，除了设置新断点外，也可以在已创建断点的右键弹出菜单选择相关菜单项清除或禁用该断点。

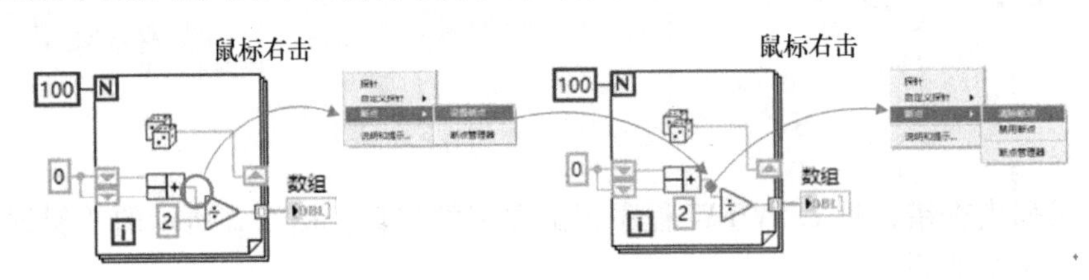

图 5.3　使用右键弹出菜单方式设置断点

框图程序中的断点可以与 VI 程序一起保存。因此，当主调程序的子 VI 中含有断点信息，主程序执行时，也会自动打开该子 VI，并停止在子 VI 的断点处。

当程序中设置了多个断点时，断点的逐个清除/禁用等操作将会很烦琐。更方便的断点管理方法是通过断点管理器批量处理。断点管理器可以通过 VI 菜单“查看”→“断点管理器”菜单项启动，也可以通过断点的右键弹出菜单“断点”→“断点管理器”（图 5.3）启动。图 5.4 所示是打开的断点管理器。显然，通过断点管理器可以非常方便地对多个断点进行集中式的启用、禁用、清空操作。

LabVIEW 没有条件断点，LabVIEW 的断点功能仅仅使程序停止在断点处。程序当前状态的数据，需要利用探针或其他方式查看。类似条件断点的功能，可以采用 5.1.4 小节介绍的条件探针方式实现。

5.1.4　探针

探针的功能类似于 C 语言等高级程序语言调试环境中的 Watch（监测）窗口功能，用于监测或查看所监测变量的当前值。由于 LabVIEW 是基于数据流的图形化编程语言，程序数

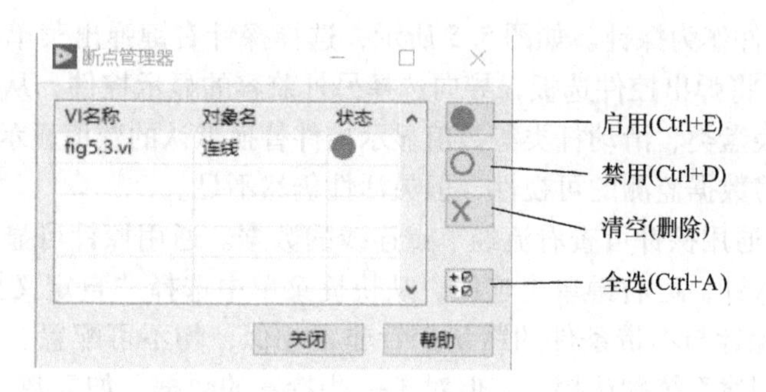

图 5.4 断点管理器

据的传递是通过节点间的连线进行的，因此，LabVIEW 探针探测的是流动在数据连线上的数据，而不是传统文本编程语言程序中的变量。

探针设置方法有两种：激活工具选板中的探针（鼠标图标变为 ），在需要监测的数据线上直接单击；或在需要监测的数据线上使用鼠标右击，在弹出的快捷菜单（图 5.5）中选择所需类型的探针菜单项。采用这两种方法都可以创建默认的探针（第二种方法选择“探针”菜单项）。默认探针是针对探测的数据类型自动选择的对应的默认控件。例如，如图 5.6 所示，传递数值型数据的连线默认探针是数值显示控件；传递错误簇数据的连线默认探针是簇显示控件（带条件设置）；传递文件引用数据的连线默认探针是十进制整型显示控件（显示的是文件引用句柄）；传递测量任务引用的连线默认探针是传统 DAQ 通道显示控件。

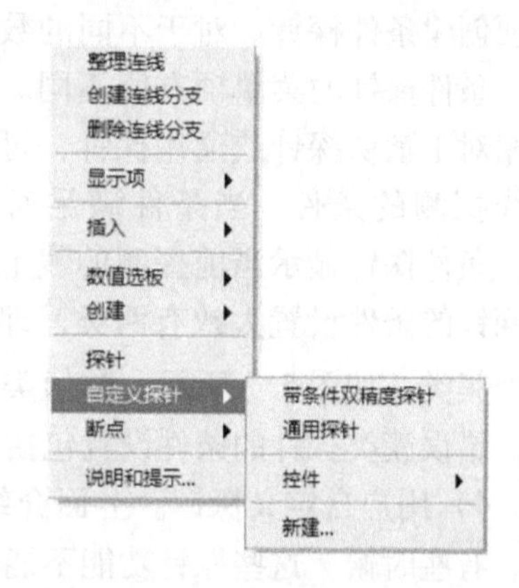

图 5.5 探针创建的快捷菜单

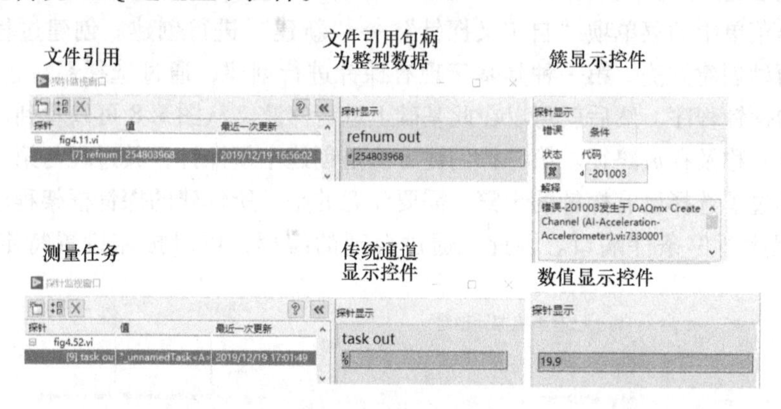

图 5.6 默认探针示例

显然，使用默认探针很方便，但有些时候使用默认探针并不能执行预期的数据监测。如文件引用数据的监测仅仅显示文件的引用句柄，不能显示文件名及其路径；数值数据的监测仅能使用标准数值显示控件。针对这些问题，LabVIEW 提供了自定义探针来扩展其灵活性。自定义探针类型包括：

1）选取其他控件作为探针。如图5.5所示，选择探针右键弹出菜单的菜单项“自定义探针”→“控件”，将弹出控件选板，导向选择另外兼容的显示控件，从而替换默认显示控件。例如，可用仪表盘类、滑动杆类等数值显示控件替换默认的数值显示控件。这种方式可以在一定程度上改善数据监测的可视性，但灵活性仍然不足。

2）通用探针。通用探针可查看流经节点连线的数据。通用探针可显示数据，但无法配置。如需使用通用探针，可右键单击连线，从快捷菜单中选择“自定义探针”→“通用探针”菜单项。通用探针与不带条件的默认探针非常相似，均不可配置。可根据任务数据线上的数据类型自动创建系统默认探针，但对于一些特殊的数据，如复数、测量任务句柄等，右键弹出菜单将不会显示“通用探针”菜单项。

3）条件探针。如图5.5所示，可以通过数据线右键弹出菜单的“自定义探针”菜单项创建条件探针。对于不同的数据类型连线，条件探针的菜单项有所不同。但条件探针相对于默认探针或通用探针，可以设置数据线探测的条件。当条件满足时，程序停止，条件探针显示当前探测的线上数据。条件探针的条件设置大致有两类，即数值类与错误簇类，如图5.7所示。数值类探针的条件设置包括等于、大于和小于，可通过勾选设置。错误簇类探针的条件设置包括错误、警告或代码，也可通过勾选设置。

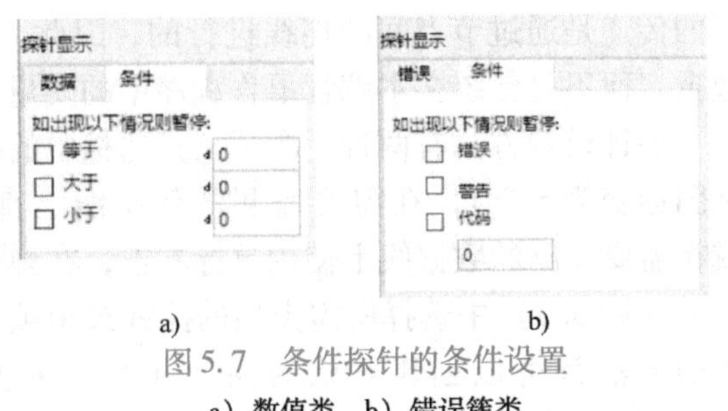

图5.7　条件探针的条件设置

a）数值类　b）错误簇类

4）用户自定义探针。上面介绍的默认探针和条件探针，是LabVIEW系统内建的探针VI。有些时候，这些探针功能不能达到人们预期的数据监测要求。例如，对于队列数据、文件信息等，直接用默认探针无法获取队列元素、文件名等，仅仅能获取队列、文件句柄。这时，可以通过创建用户自定义探针的方式，实现灵活的调试要求。如图5.5所示，可通过数据线右键弹出菜单中的菜单项“自定义探针”→“新建”进行创建。创建过程如图5.8所示，其中有两种创建方法。第一种是基于现有探针进行创建，通过选择系统已有的探针VI创建一个初始探针程序，然后就可以在此基础上进行修改。从图5.8可以看到，此种方法要指定新的探针名称及存放路径。第二种创建方法是创建全新探针，其过程与第一种方法基本类似，只是跳过了选择已有探针的步骤。需要注意的是，所创建的探针框架程序包括输入数据端口以及程序暂停条件端口。因此，通过合理的编程，可以按需设置特定条件的暂停程序。

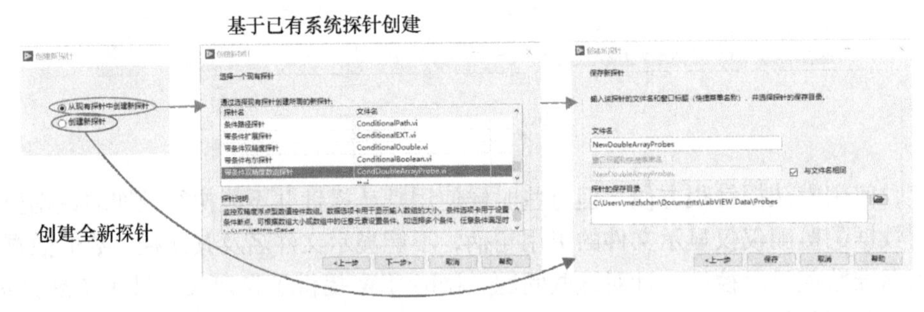

图5.8　用户自定义探针的创建

下面演示创建新的双精度数组探针的过程。程序循环后产生元素为0～10的双精度浮点数的一维随机数组。这里希望监测大于或等于5的数组元素占全体数组元素的比例，当其大于指定比例时暂停，并显示当前占比以及所有数组元素。由于系统自带的双精度数组不带这种暂停条件，因此需要重新创建探针。图5.9所示是依据图5.8的基于已有探针创建新探针的流程，创建的是全新双精度数组探针，其中主要替换了程序暂停条件部分的代码，所创建的新探针命名为NewDoubleArrayProbes.vi。然后，数据线右键弹出菜单会出现新探针的名称，如图5.10所示。人们可以直接选择该新探针进行程序调试与监测。显然，用户自定义探针可显著增强程序的调试功能。

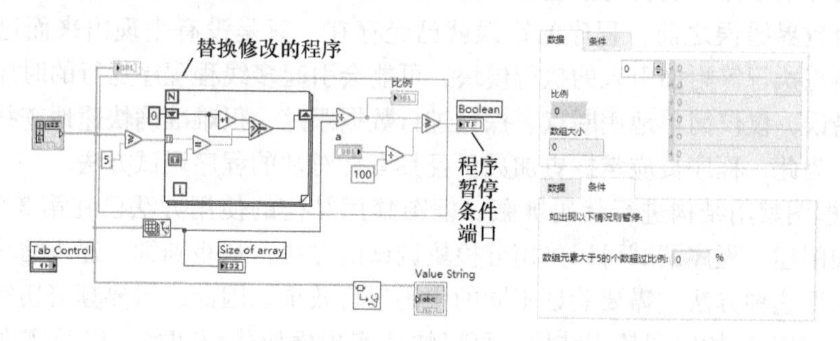

图5.9　基于已有探针创建的带条件双精度数组探针（程序与前面板）

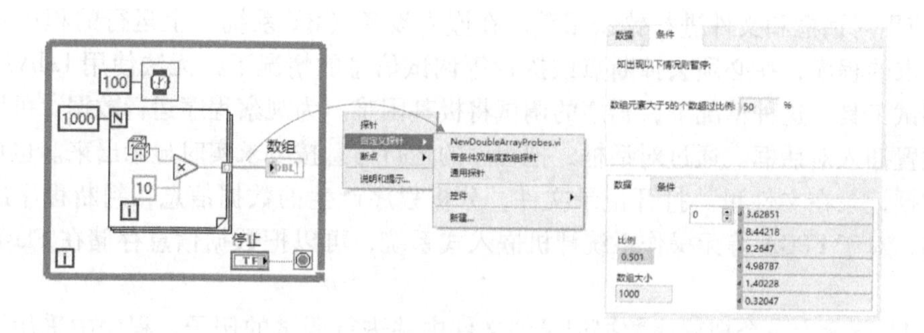

图5.10　使用用户自定义探针

链5-1　基本调试

链5-2　高亮执行－引起错误

链5-3　无高亮调试正常运行

操作技巧与编程要点：

- 右键弹出菜单中的条件探针类型会根据所监测的数据类型自动改变，如双精度数值数据对应的是“带条件双精度探针”、双精度数组数据对应的是“带条件双精度数组探针”、错误簇数据对应的是“带条件错误探针”。
- 自定义探针是按固定格式创建的VI，位于下面两个文件夹中。

1）安装路径\National Instruments\LabVIEW 2018\vi. lib_probes：其目录下放置的是系统内建的探针 VI。

2）安装路径\National Instruments\LabVIEW 2018\user. lib_probes：其目录下放置的是用户创建的探针 VI。

5.1.5 其他调试方法

程序调试的目的是查错，即寻找程序的问题所在。一般的程序错误可以用断点和探针工具进行数据跟踪与错误定位，但有些时候用这些调试工具很难定位到真正的错误源或错误原因，如取数组元素等操作发生的数组越界错误，真正的原因可能在程序的其他地方。而且往往在发生数组越界错误之前，程序的错误就已经存在，只是没有表现出来而已。例如，断点、探针、高亮执行等附加引入的执行模块，可能会引起多线程程序运行的时序错误。对于这类隐藏的错误，仅仅简单地用断点、探针进行数据跟踪，很难准确快速地查找到真正的程序错误所在。为此，程序员应掌握更加灵活且具有针对性的程序调试方法。

1）使用框图禁用结构进行代码屏蔽。框图禁用结构的使用方法已在第 3 章进行介绍，这里不再详细阐述。程序调试可以采用分模块调试的方法，从粗到细，逐步缩小程序错误源所在区域。采用这种方法，需要验证不同的代码运行效果。因此，需要频繁切换不同的代码模块。采用 LabVIEW 的框图禁用结构，可以快速实现模块代码切换，以及实现程序查错与调试。

2）使用对话框和文件进行错误跟踪。在嵌入设备（RT 系统）上运行的程序或对时序有严格要求的程序，在必须去掉断点或探针等调试信息的情况下，无法使用 LabVIEW 提供的所有调试工具。这种情况下，程序的调试将极其困难。为观察程序运行数据，可以在程序的恰当位置插入对话框。通过对话框，把程序的运行信息按要求实时显示出来。也可以把程序运行数据记录在文件里。打开记录文件，分析程序产生的数据信息，判断程序出错的原因。例如，对于 FPGA 等无操作系统裸机嵌入式系统，可以把数据信息存储在 Flash 存储介质中。

图 5.11 所示为一个把程序数据记录到文件中并进行调试的例子。程序中采用子程序来记录一维数组元素最大值与最小值。程序运行结束后，可以打开该文本文件，观察程序的运行结果。显然，这种方法可以比较灵活地监控程序的运行数据或其特征数据。

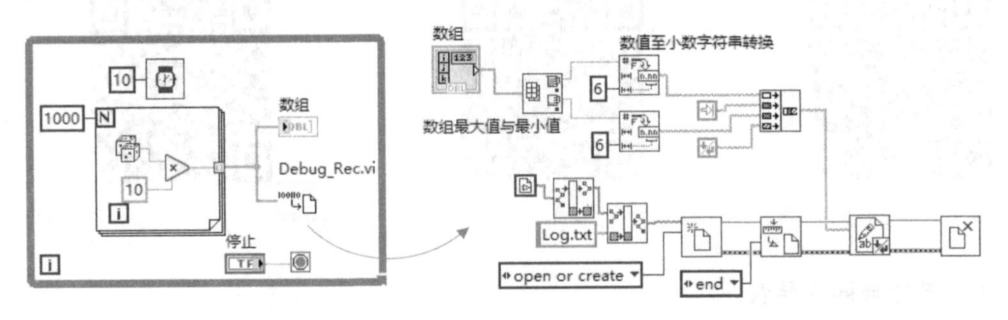

图 5.11　采用程序数据保存记录的调试方法

5.1.6 代码常见错误

编写高质量的框图程序是程序员追求的目标，这要求程序员具有细致、耐心的品质，同

时也要求具有丰富的编程经验。其中，掌握一些常见编程错误的解决方法，有利于加快程序调试与查错。本小节将介绍部分常见的 LabVIEW 框图程序错误及其处理方法。

1）数值溢出。数值溢出是一种隐性的错误，LabVIEW 调试环境无法指示其所编程序存在此种错误。这需要程序员具备一定的编程知识并掌握相关计算要求，以主动避免该类错误。图 5.12 所示为一个数值溢出错误的例子。乘法运算的两个输入数据为 I16 有符号整型，输出也是 I16 有符号整型。由于 I16 数据类型的表示范围为 -32766 ~ 32767，400 × 400 的结果将不是十进制 160000（十六进制表示为 27100），而是十进制 28928（十六进制表示为 7100）。因为两个字节的 I16 变量无法表示 160000，超过两个字节的数据将直接溢出，而输出低 2 字节的数据（十六进制为 7100），即 28928（十进制）。为了避免该类数值溢出错误，程序员应确保短数据计算的结果不超过其表示范围，并兼顾存储效率与避免数值溢出，正确选择相关数值类型。

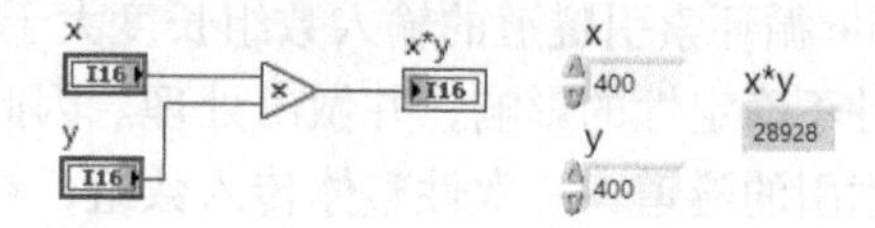

图 5.12 数值溢出（程序与前面板）

2）For 循环隧道不正确使用引起的错误。第 3 章已经详细讲述了 For 循环及其隧道的使用方法与注意事项。这里重点阐述如何避免 For 循环隧道错误使用而引起的程序错误。For 循环数据的传递要合理使用寄存器。一般情况下，一个数据传入 For 循环结构体又需要传出时，就需要使用移位寄存器，而尽量不使用不带索引的隧道。如图 5.13 所示，通过 For 循环结构实现文件连续写入操作。这时，因为循环迭代次数端口未接输入数据以及输入数组的循环隧道设置为"启用索引"，所以 For 循环体的循环次数将直接由输入数组的大小决定。程序的预期运行是按数组索引依次循环取出数组字符串数据并写入文本文件的。当数组不为空时，循环体中的写入文本文件 VI 至少运行一次。这时，循环体框架隧道的文件引用都将有数据，且保持一致，因此，程序将正常运行，不会发生错误。但当数组为空时，For 循环将一次也不执行。这时，如果文件引用循环体，那么输入与输出隧道均为一般数据隧道（图 5.13a），打开的文件引用将无法传递给输出隧道。这将引起关闭文件 VI 发生错误。解决的方法是把文件引用输入隧道改为移位寄存器（图 5.13b）。这是因为左/右移位寄存器对应的是依附于循环体的同一局部变量，因此，即使数组为空，For 循环一次也不执行，关闭文件 VI 的文件引用输入也会通过移位寄存器得到所打开文件的正确引用，正常关闭文件。

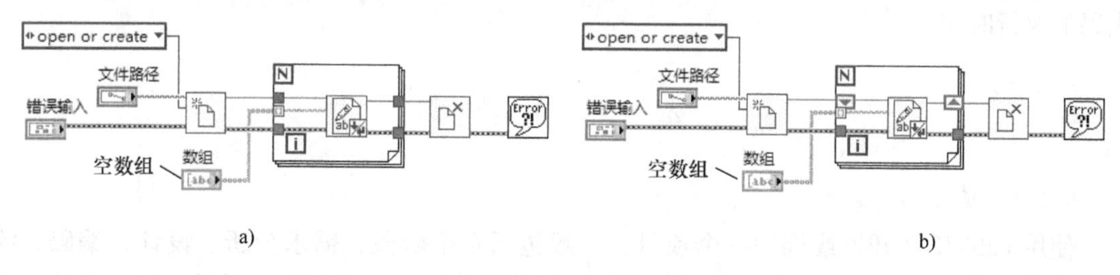

图 5.13 For 空数组输入循环隧道下的引用传递

a）框架隧道 b）移位寄存器

3）循环次数。我们知道，For 循环的循环次数由循环框架输入索引隧道的数组长度与循环次数端口输入值的最小值决定。如果发现程序的 For 循环迭代次数小于预期，甚至不执行循环体，就有可能是某个输入数组的长度比预期的要短。While 循环也可以使用带索引的隧道，但 While 循环的循环次数是由循环的停止条件决定的，而与索引隧道的输入数组长度无关。While 循环的这种循环机制决定了在 While 循环中使用索引隧道有一定风险。如果 While 循环索引隧道的输入数组长度大于或小于实际的迭代循环次数，就应考虑程序体中的这种不确定性的影响，并做出处理。因此，在 While 循环体中输入数组的正确方法是采用不带索引的隧道，一次性整体传入数组，在循环体中再索引访问数组元素。如果循环结构需要用带索引的隧道，那么使用 For 循环更为适宜。

4）移位寄存器初始化。第 3 章已经强调了循环体上的移位寄存器应该初始化。图 5.14 所示的程序中，循环体上使用了移位寄存器，并且没有初始化。循环体完成 1 ~ 10 整数数列的求和。按照等差数列求和公式

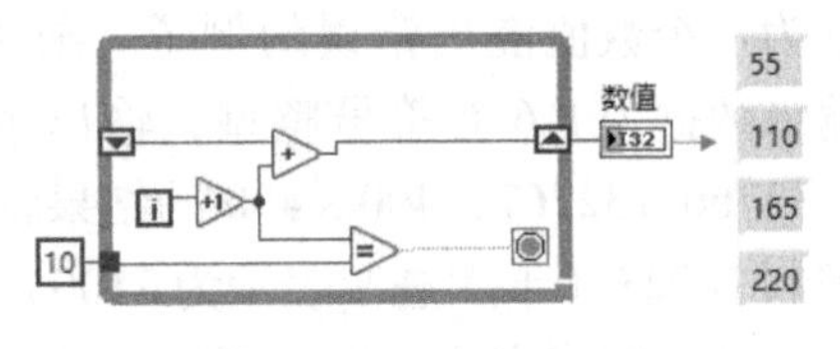

图 5.14　无初始化移位寄存器

$$S_n = na_1 + \frac{n(n-1)}{2}d$$

程序的计算结果应为 55。但根据图 5.14 所示的程序，每次运行结果都不一样。只有第一次的运行结果正确，这时因为移位寄存器的最后结果被保存下来，并不会因为程序运行结束而清掉。因此，一定要对移位寄存器进行初始化，确保程序运行结果的确定性。

5）簇元素的次序。第 2 章中关于簇结构的部分已讲述了簇元素的顺序调整与设置方法。在使用簇绑定/解绑函数以及簇变量赋值时，常因簇元素顺序不匹配而引起程序隐藏性错误。为了避免此类错误，应遵循以下编程原则：

✧ 对于簇控件、簇常量以及簇操作函数，均应使用同一簇类型定义。可以创建相同的簇常量，规范所有簇绑定操作。也可以创建簇自定义类型，用该类型创建所有需要的簇控件或常量。

✧ 使用按名称捆绑或解绑函数。

6）时序错误。LabVIEW 是多线程并行执行的语言，其与其他单线程执行语言不同，各功能模块或节点的运行顺序并不是先后关系。如果处理不好，会产生不希望发生的时序错误。如果要确保 LabVIEW 程序节点或模块按一定时序执行，可以利用错误簇数据连线的方式，从而按数据依赖关系保证程序的执行时序。另外，也可以采用顺序结构保证程序节点或代码的执行时序。

5.2　界面设计

5.2.1　界面设计概念

使用 LabVIEW 开发或维护一个项目，一般包括 6 个阶段：需求分析、设计、编码、测试、发布与维护。其中，设计阶段的工作包括用户界面设计、程序结构设计、接口设计、模块设计等。但用户界面设计与程序编码任务的相互关系常常被混淆，以至于造成最后完成的界面不友好，不方便用户使用。这是因为用户界面首先要根据需求分析与用户要求进行设计，然后才进行框图程序设计。如果反过来，把框图程序的设计作为程序设计的首要目标，那么最后的用户界面不得不配合框图程序进行调整。因此，界面设计在程序设计中是非常重要的。

良好的用户界面设计，应符合以下基本设计原则：

1）界面要素风格一致。不同的应用场合需要不同风格的控件。LabVIEW 提供了丰富的不同外观风格的控件，包括经典、新式、系统以及 NXG 等控件风格。经典风格是 LabVIEW 6.0 之前的版本使用的，该风格控件可以用于旧版程序的维护与修改。虽然现在的程序界面很少再使用经典风格控件，但可以用于设计透明控件。除了可以利用 LabVIEW 提供的不同风格的控件外，还可以使用风格一致的配色保持界面风格一致。如图 5.15 所示，利用颜色配置可以对界面控件的色彩进行风格一致性设计。柔和风格可以选择温和配色；工业应用风格可以选择系统配色。另外，也可以预先做好用户配色设置，便于特殊风格配色。

2）遵循软件操作习惯。对有些软件应用过程中长期形成的操作习惯，即使已经不合时宜或不符合美观等要求，也应该保留。如软件操作的一些快捷键：复制操作的快捷键为 <Ctrl + C>、粘贴操作的快捷键为 <Ctrl + V>。

3）尽可能模拟实物仪器功能/外观。LabVIEW 是一种虚拟仪器编程语言，其基本的内涵是软面板代替实际的仪器操作界面。因此，软面板应尽可能模拟实际仪器的操作界面与习惯。如果系统控件风格没有合适的，那么可以采用自定义控件的方式重新设计新外观的控件。当然，也可以发挥软面板设计的灵活性与优势，设计更加方便与宜人的操作界面。安装 NI ELVISmx 驱动（针对 NI ELVIS II、NI ELVIS II + 以及 myDAQ 学生数据采集设备）后，可以打开数字万用表，其界面如图 5.16 所示。其中，硬件设备选择的是仿真的 myDAQ 硬件。这种仪器界面风格虽然与常用的数字万用表不完全相同，但具有工业仪表的简单和宜人的特点。

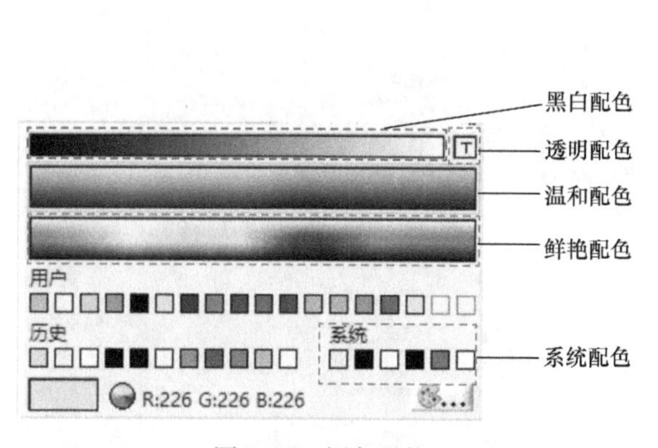

图 5.15　颜色风格

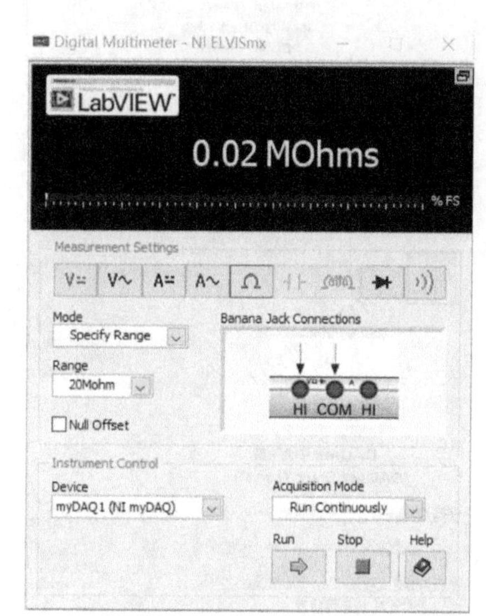

图 5.16　数字万用表界面

4）保持界面要素关联。界面要素，包括菜单、面板等，需要按要素间内在的关联关系分类排布。图 5.17 所示是 LabVIEW“查看”菜单的菜单项分类排布。从该“查单”菜单的分类排布可见，菜单分类布局有助于用户熟悉与选择相应的软件功能。对于软面板中控件的布局，也有类似的考虑。图 5.16 所示的数字万用表界面，各功能控件按钮排布在一起，设置与显示都采用了 LabVIEW 提供的修饰线框。

5）提供必要帮助与反馈信息。用户界面除了保持必要的专业性外，也要为新用户与新功能提供必要的帮助信息。这些提示性的帮助信息可以用各种方式体现，如软件用户手册、软件的即时帮助窗口、弹出式提示条、控件标题、选择按钮的说明文本等。首先，界面设计要求控件名称与提示文本简洁而有意义。操作者可根据简短的提示文本清楚控件的作用与功能。如图 5.18 所示，按钮的名称为“触发方式”，并设置按钮开关状态的提示文本分别为“下降沿”和“上升沿”。这样，用户根据按钮的提示文本可以很清楚怎么操作以及操作的后果。对于设计的节点 VI 或子 VI，编程人员应该很容易获得相关 VI 端口与功能的提示说明。图 5.19 所示为 LabVIEW 文件操作函数中的“DAQmx 开始任务”函数的即时帮助信息的创建。显然，可以通过 VI 的“VI 属性”对话框，定义即时帮助窗体所需的相关信息，包括“VI 说明”“帮助标识符”“帮助路径”等。读者可根据该 VI 或其他内建 VI 的属性案例学习如何设置相关 VI 的即时帮助信息。

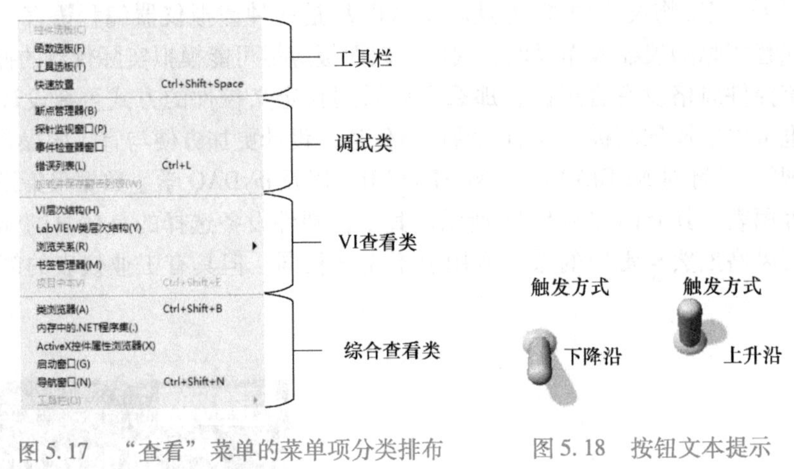

图 5.17 “查看”菜单的菜单项分类排布　　图 5.18 按钮文本提示

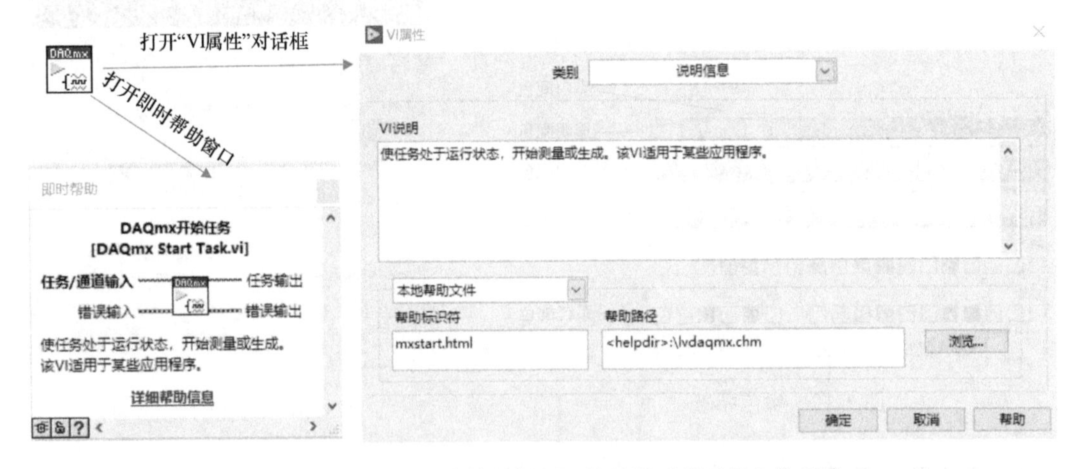

图 5.19 “DAQmx 开始任务”函数的即时帮助信息的创建

5.2.2 自定义控件/数据

虽然 LabVIEW 相比于其他高级语言提供了更加丰富的控件外观与功能，但仍不能满足用户对特殊界面控件外观的需求。因为简单地通过修改颜色等操作或通过控件属性节点来设

置控件外观与功能特性，还远远达不到自定义工控界面或仪表界面的特殊要求。这时，可以采用 LabVIEW 提供的自定义控件功能来创建新外观或特性的控件。

自定义控件或数据的创建需在面板上已有的一个控件上进行。LabVIEW 中用 . ctl 文件关联自定义控件，为此需要创建 . ctl 文件。有以下两种方式创建自定义控件：

1）选择菜单项“文件”→“新建”，在打开的对话框中选择“其他”下的“自定义控件”，将打开自定义控件创建选板，如图 5. 20 左图所示。当从控件选板中选择一个标准控件到自定义控件选板后，窗口工具栏上的工具按钮发生变化。如图 5. 20 中图所示，模式切换工具按钮有效。该模式切换按钮有两种工作状态，分别用于设定当前自定义控件的工作模式：编辑模式和自定义模式。如果按钮图标为🔧，表示当前状态为“编辑模式”；如果按钮图标为✎，表示当前状态为“自定义模式”。编辑模式下，可以像使用正常标准控件一样进行编辑与设置操作，如可以设置按钮控件的机械特性等。自定义模式下，可以修改控件的外观等。值得注意的是，打开的自定义控件窗体是没有对应的框图程序窗体的。

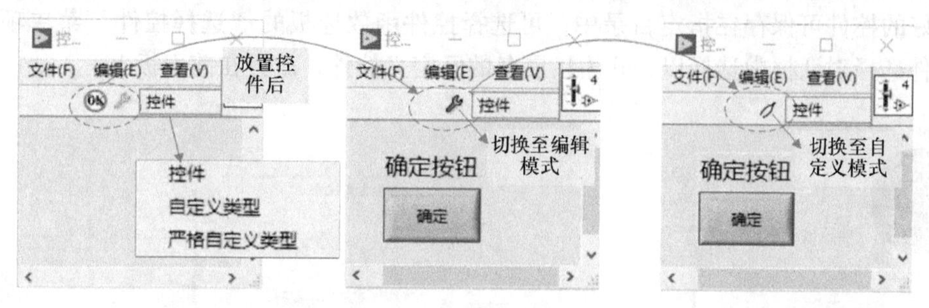

图 5. 20　自定义控件的创建

2）根据前面板上的控件直接打开自定义控件创建窗口，完成自定义控件的设计。这种方式有两种实现途径。如图 5. 21 所示，可以直接用前面板上控件右键弹出菜单的菜单项“高级→自定义”打开自定义控件窗口；也可以选择右键弹出菜单的菜单项“制作自定义类型”，然后选择菜单项“打开自定义类型”，就可以打开自定义控件窗口。在图 5. 21 中，需要从“自定义类型”设置为“控件”。这种方式与 1）中自定义控件创建方式不同的地方在于，1）中没有指定基础控件，要后期选择添加，而这种方式省掉了这一步骤。

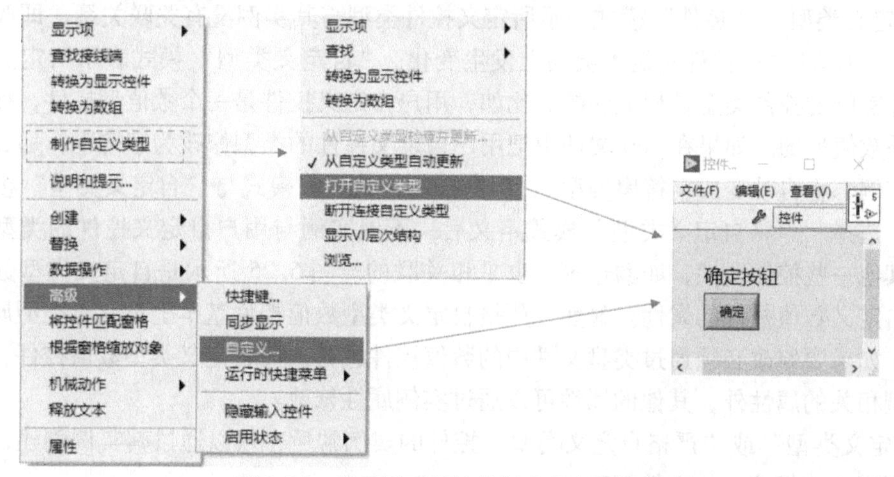

图 5. 21　基于前面板控件创建自定义控件

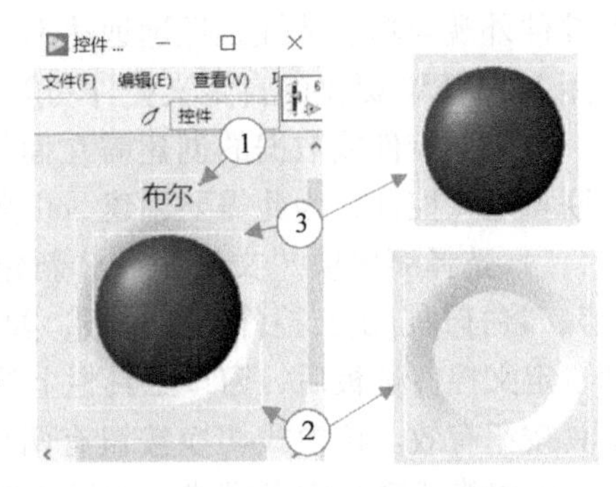

图 5.22　自定义控件分解

这里重点介绍自定义模式下自定控件的修改与设计。这里以指示灯控件为例，如图 5.22 所示，在自定义控件模式，控件分解为 3 个子构件，分别用白色细框框起。可以分别对这 3 个子构件进行配置与修改。为了便于说明，删除子构件 2，对子构件 3 进行一些修改。在自定义控件模式下，构件 3 的右键弹出菜单如图 5.23 所示，其菜单项“图片项”包括 4 个图片选项，分别表示指示灯 4 种不同的状态：假、真、真至假和假至真。首先选择不同的指示灯状态，然后通过选择右键弹出菜单的菜单项“从文件导入”导入对应状态的新图片，就可以修改指示灯外观。导入后的新指示灯外观如图 5.24 所示。值得注意的是，指示灯控件是不能设置机械特性的。已定义好的控件可保存在指定目录中，可选择控件函数选板的“选择控件”菜单项，在打开的文件选择对话框中选择以 . ctl 为扩展名的已定义控件，放置在前面板上。

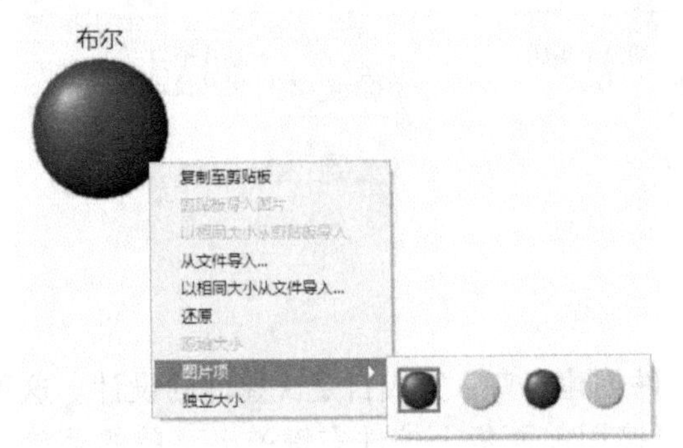

图 5.23　构件 3 的右键弹出菜单

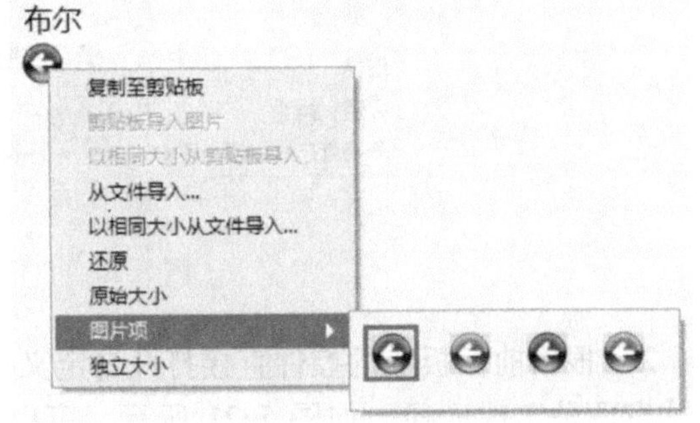

图 5.24　导入图片后的新指示灯外观

利用自定义数据模式可以实现数据类型的重新定义，增强程序设计的灵活性与便利性。这种特性常常用于枚举类型的定义。控件的自定义包含 3 种类型：“控件”“自定义类型”“严格自定义类型”。“控件”模式表示所定义控件类型与其实例没有关联关系，即改变该控件类型后，其 VI 中的控件实例不会马上发生变化。“自定义类型”模式表示所定义控件类型与控件实例的控件类型是相关联的。比如，用户自定义控件是一个数值型控件，那么实例控件也是数值型的。如果在 . ctl 文件中把用户自定义控件的类型修改为字符串，那么它已有的所有实例都将自动变成字符串类型。“严格自定义类型”模式与“自定义类型”模式的差异在于，选择“严格自定义类型”模式定义后，不但实例与用户自定义控件的类型是相关联的，其他一些控件属性，如颜色等，也是相关联的。图 5.25 所示是自定义类型数值控件与严格自定义数值控件的属性。显然，严格自定义类型数值控件基本上没有对类型属性的修改权限，如果要修改必须通过类型文件中的数值控件进行。而自定义类型数值控件，除了与数据类型相关的属性外，其他的属性可以通过实例属性修改。

“自定义类型”或“严格自定义类型”控件的实例常量，可以通过其实例创建，或直接在框图程序中选择该 . ctl 文件创建。

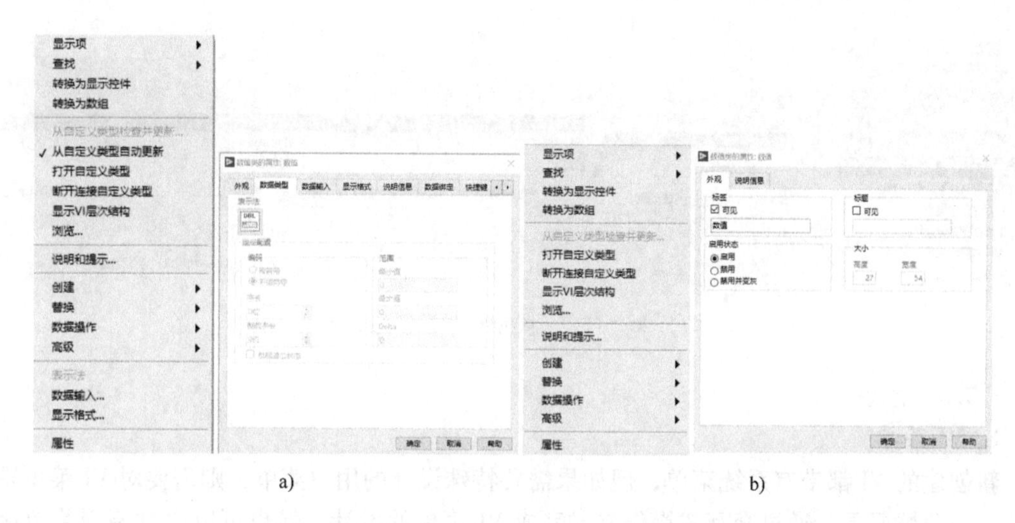

a)　　　　　　　　b)

图 5.25　自定义与严格自定义类型数值控件的属性

a）自定义类型数值控件的属性　b）严格自定义类型数值控件的属性

这里以已有的枚举控件为基础，创建自定义枚举类型控件。打开的自定义控件窗口，选择“自定义类型”模式，完成枚举元素的添加，并保存 . ctl 文件。在程序框图中，通过函数选板中的“选择 VI”选择该 . ctl 文件，即可在程序框图中创建自定义枚举类型常量，其左上角有黑色三角形标志，如。如果自定义枚举类型常量已设置为“从自定义类型自动更新”，则在修改了 . ctl 自定义枚举类型控件的元素时，所有实例（包括复制的实例）将自动更新。实际上，“严格自定义类型”模式的自定义枚举类型常量的枚举元素更新与“自定义类型”模式自定义枚举类型常量的表现一样。

链 5-4　自定义控件

链 5-5　自定义数据

操作技巧与编程要点：

● 如果按“自定义类型”模式设计并保存，对自定义类型的任何数据类型改动，将影响所使用该自定义类型的 VI。如果按“严格自定义类型”模式设计并保存，对严格自定义类型的任何数据类型和外观改动，都会影响使用该严格自定义类型的 VI 的前面板。

● 如果创建两个枚举类型 . ctl 控件的实例，并依据这两个实例创建对应的枚举常量，然后修改 . ctl 文件中的枚举类型元素。如果枚举常量已设置为“从自定义类型自动更新”（右键弹出菜单的菜单项），打开的 . ctl 文件保存并选择“应用改动”后，两个枚举常量内容将自动更新。但如果枚举常量取消了“从自定义类型自动更新”，打开的 . ctl 文件保存并选择“应用改动”后，枚举常量将不会自动更新且颜色变淡。如图 5.26 所示，选择右键弹出菜单的菜单项“从自定义类型检查并更新…”，在打开的对话框中确定需要更新的类型。

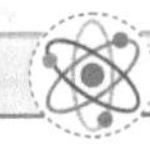

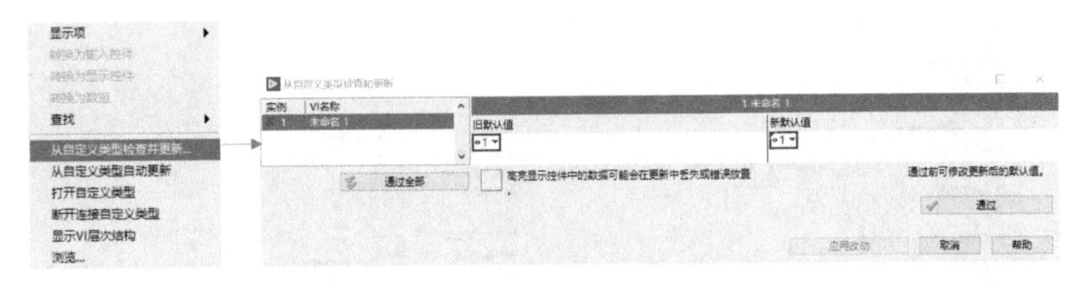

图 5.26　自定义类型枚举常量的更新

5.2.3　菜单

1. VI 菜单

新创建的 VI 都带有系统菜单，但如果需要特殊设计的用户菜单，则需要对 VI 菜单重新设计。一般情况下，通过交互式操作方式完成 VI 菜单的设计，但也可以通过调用菜单函数选板中的相关菜单设置函数在程序框图中动态配置。用户可以通过 VI 前面板窗体或程序框图窗体中的菜单项“编辑→运行时菜单”打开菜单编辑器，如图 5.27 所示。

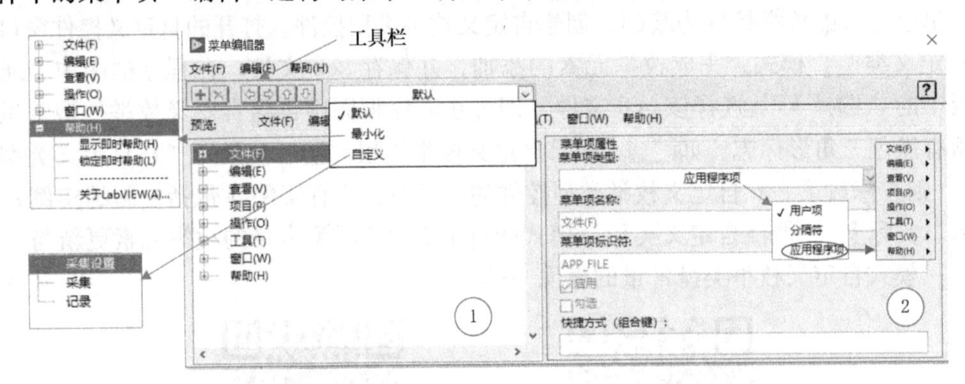

图 5.27　菜单编辑器

菜单编辑器提供了菜单设计的 3 种菜单类型：默认、最小化和自定义。如图 5.27 所示，可以通过菜单编辑器选择相应的菜单类型。“默认”类型菜单显示的是系统的标准菜单。“最小化”类型的菜单与“默认”类型菜单不同的是去掉了项目、工具等不常用的菜单项。如果要设计特殊的菜单界面，则需要采用“自定义”类型菜单。菜单编辑器的区域①（图 5.27）用来显示所创建的菜单项，采用工具栏中的相应工具按钮进行菜单项的新建、缩进等操作。菜单编辑器的区域②（图 5.27）为菜单项属性区域，可以设置菜单项的以下属性：

1）菜单项类型，包括用户项、分隔符和应用程序项。“用户项”类型用于用户新建菜单项，其对应的菜单功能需要用户在程序框图中调用相关的菜单函数通过编码实现。“分隔符”用于菜单项的分类显示管理。“应用程序项”用于选择系统自带的功能选项，对应的菜单项功能已定义好，不需要重新设计，只需要选择相应的菜单项就可以。

2）菜单项名称，用于显示创建菜单的名称。如果是“应用程序项”与“分隔符”类型，则该属性不需设置。

3）菜单项标识符，用于标识菜单项，使菜单项有唯一的标识符。默认情况下，菜单项标识符和菜单项名称相同。

4）启用，用于设置菜单项是否可用。

5）勾选，选中该复选框，则菜单的子菜单项前有复选标识。

6）快捷方式（组合键），用于设置菜单项相应的快捷键。

完成 VI 菜单创建后，应保存为以 .rtm 为扩展名的菜单文件，并确定 VI 运行时是否转换为所保存的用户菜单，对话框如图 5.28 所示。VI 打开并运行时，将显示用户创建的 VI 菜单，而不是默认的系统标准菜单。

图 5.28　菜单保存时的确认对话框

创建完菜单后，还必须在程序中添加响应菜单操作的程序代码。图 5.29 所示是菜单操作相关的函数，其选板位于“函数”→“对话框与用户界面”→“菜单”选板。图 5.30 所示是响应菜单操作的示例程序，其功能是选择菜单项后，将在所选择的菜单项前面显示勾选标识。在单击自定义菜单时，将产生一个“菜单选择(用户)”事件。该事件位于事件结构 <本 VI> 事件源中。然后，在事件结构的“菜单选择(用户)”事件框架中添加事件响应代码。图 5.30 所示的代码采用“获取菜单项信息”函数与“设置菜单项信息”函数的勾选状态进行互锁设置。

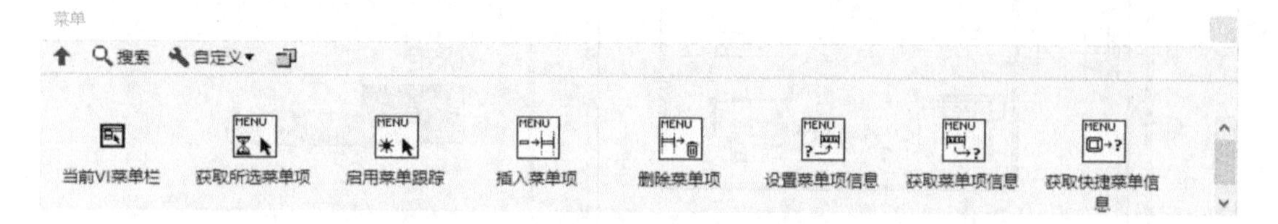

图 5.29　菜单操作相关函数

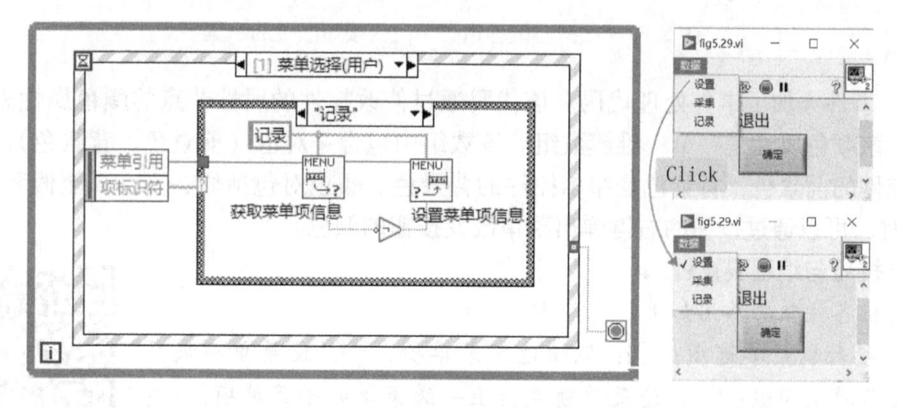

图 5.30　响应菜单操作的示例程序

2. 控件快捷菜单

控件的标准右键弹出菜单不一定能满足应用要求，这时就需要创建用户控件快捷菜单。如图 5.31 所示，选择控件右键弹出菜单的菜单项“高级”→“运行时快捷菜单”→“编辑”，打开其快捷菜单编辑器。其菜单类型包括“默认”与“自定义”模式，这与 VI 菜单类型基本一致，且创建方式与 VI 菜单一样，保存时也需要确认其运行时菜单转换。

图 5.32 所示为按钮右键弹出菜单改变按钮颜色的示例。右击按钮会产生“快捷菜单激活?”过滤事件和“快捷菜单选项（用户）”两种事件。在事件结构中对“快捷菜单选项

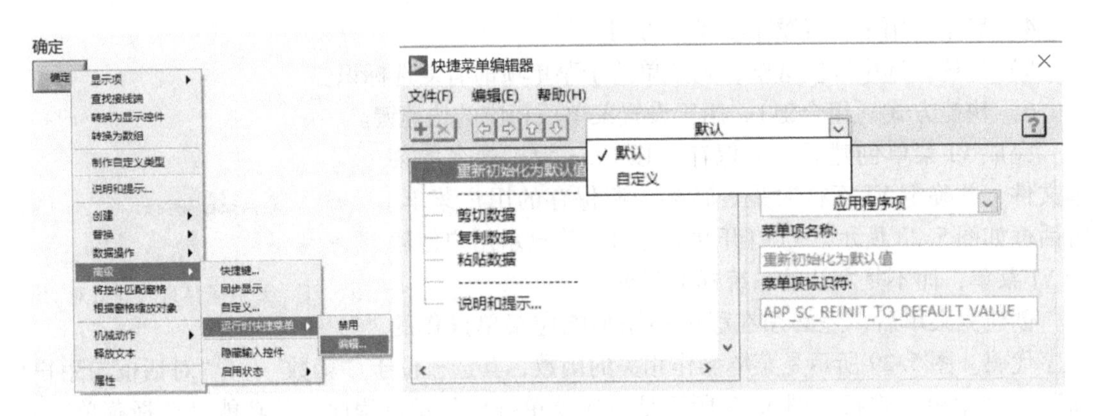

图 5.31　控件快捷菜单编辑器

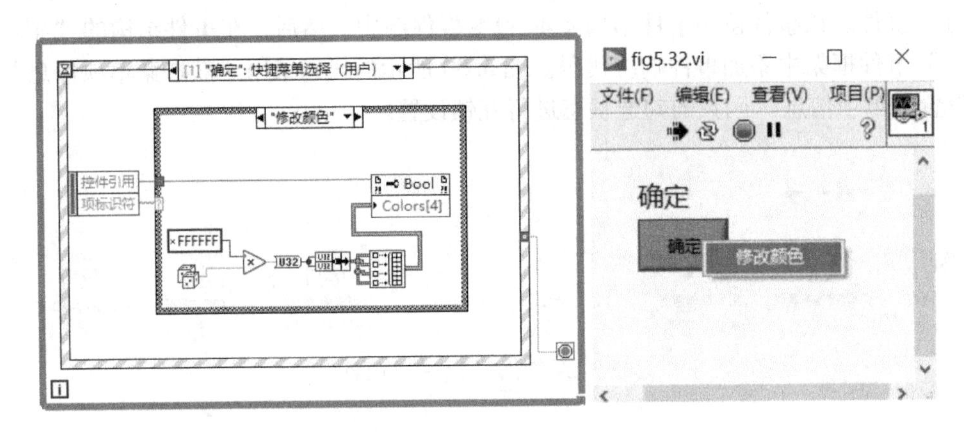

图 5.32　按钮右键弹出菜单改变按钮颜色的示例

（用户）”事件添加了事件处理代码。该代码通过修改控件的属性节点的颜色属性来修改控件颜色。该颜色属性是一个一维簇数组。该数组中包含 4 对值（前景色，背景色）。前景色是布尔控件的前景色，背景色是布尔控件的背景色。颜色对包括假、真、真至假和假至真。VI 运行时，可以通过按钮的右键弹出菜单改变按钮的颜色。

操作技巧与编程要点：

工具栏各按钮的作用如下。

链 5-6　运行时菜单

插入新菜单选项；删除选定菜单项；使菜单项恢复为与其父菜单项同级；使菜单项成为上一级菜单的子菜单项；上移选中菜单项及其子菜单项；下移选中菜单项及其子菜单项。

5.2.4　颜色与对象排列

除了框图端口、函数、子 VI 和连线外，LabVIEW 中的其余大部分对象，特别是前面板及其中的控件可以更改颜色。虚拟仪器或测控界面的颜色协调设计是界面设计的重要组成部分。

更改前面板及其中的控件对象颜色要用到工具面板上的“设置颜色”工具和“获取颜色”工具。着色工具面板中的两个方块用于显示当前的前景色和背景色。用鼠标单击着色工具面板中的前景色或背景色方块将调出调色板（图 5.15），即用鼠标选择相应的前

景色或背景色，在左下角预览窗口可即时显示颜色效果。

选择好前景色和背景色后，在工具处于“设置颜色”状态下，鼠标指针变为画笔形状。这时，直接单击对象或对象的某部分，即可完成着色。“获取颜色”工具可以用来同时获取某对象的前景色和背景色。在该工具状态下，使用鼠标单击需要获取颜色的对象，该对象的前景色和背景色当即显示在“设置颜色”面板的前景/背景方框内。这样可以复制某对象的颜色用于其他控件。

图 5.33 所示是 LabVIEW 提供的对象排布工具，可以用来对齐对象、分布对象、调整对象大小与对象排序。对齐对象工具（图 5.33a）包括上边缘对齐、水平中线对齐、下边缘对齐、左边缘对齐、竖直中线对齐、右边缘对齐子工具，均以最右方或最下方的控件为基准（图标中的绿色矩形），读者可根据其形象的图标理解各子工具的实际对齐效果。分布对象工具（图 5.33b）用于精确均匀地调整多个对象之间的间距，包括上边缘、竖直中线、下边缘、竖直间距、竖直压缩等分布方式，均以最下方或最右方的控件为基准（图标中的绿色矩形），读者可根据其形象的图标理解各子工具的实际对象分布效果。调整对象大小工具（图 5.33c）包括调至最大宽度、调至最大高度、调至最大宽度和高度、调至最小宽度、调至最小高度、调至最小宽度和高度、使用对话框精确指定宽度和高度 7 个子工具。利用“对象排序”下拉菜单中的相关菜单项（图 5.33d）可完成前面板控件的组合、取消组合、锁定等组合操作，以及向前移动、向后移动、移至前面、移至后面等前后移动操作。读者可以自行利用以上工具进行前面板控件的排布练习。

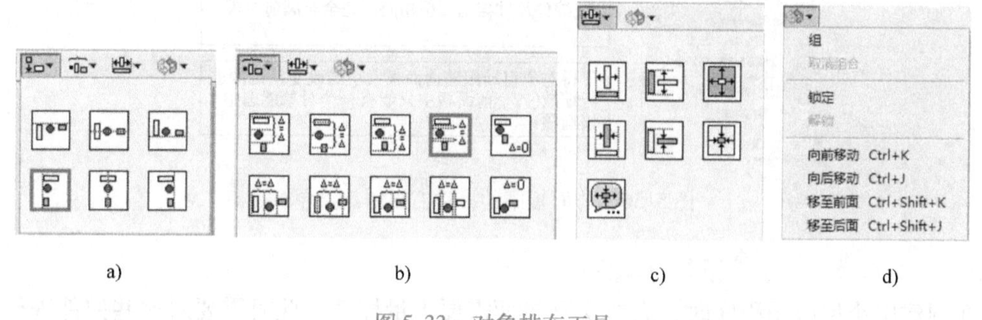

图 5.33　对象排布工具

a）对齐对象　b）分布对象　c）调整对象大小　d）对象排序

操作技巧与编程要点：

- 透明控件的设计：透明控件需要在经典风格控件的基础上，采用给控件对象涂透明色的方式实现。如图 5.34 所示，新式风格的字符串不能完全消除阴影，而经典风格可以消除所有结构，呈现透明控件的特性。

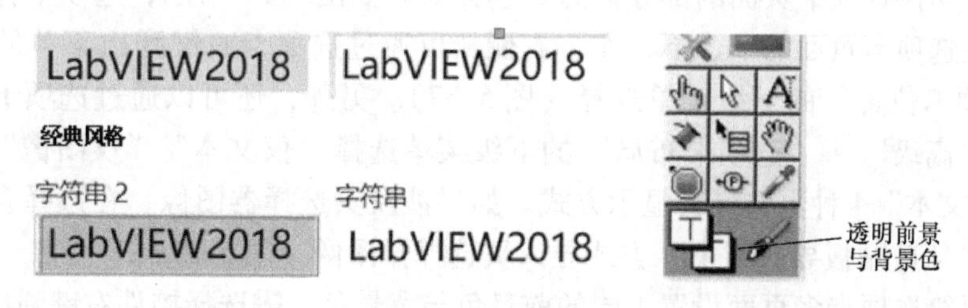

图 5.34　透明控件

● 通过控件的颜色属性设置颜色：LabVIEW 控件的颜色属性是一个具有 4 个元素的一维簇数组，分别表示控件假、真、假至真、真至假的前景/背景色。其颜色簇包含前景色与背景色，均为 U32 数据类型。图 5.35 是利用指示灯控件的颜色属性设置其相关颜色的示例。程序中使用了颜色盒常量（位于“编程”→“对话框与用户界面”函数选板）、簇绑定以及创建数组函数来构建相关的控件颜色参数。

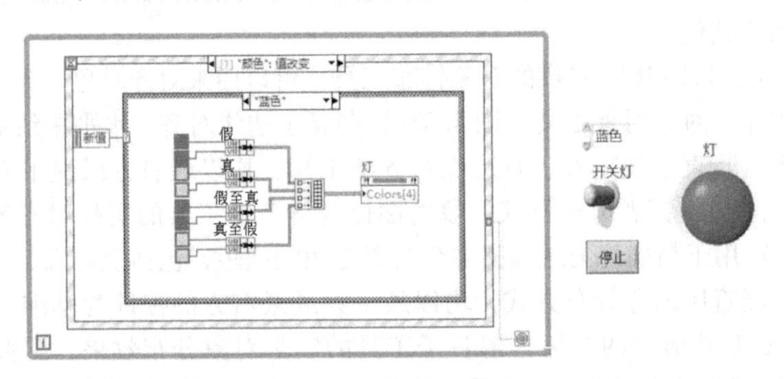

图 5.35　利用指示灯控件的颜色属性设置颜色

● 控件对象的右键弹出菜单可实现特殊控件大小调整功能：可使用“将控件匹配窗格”菜单项和“根据窗格缩放对象”菜单项。图 5.36 所示的是前面板中的控件右键弹出菜单。

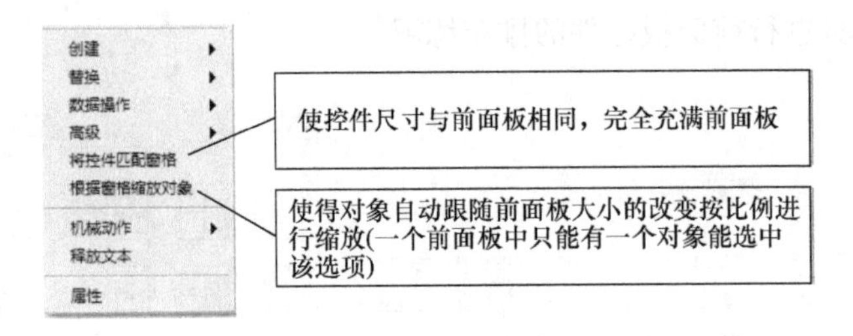

图 5.36　前面板中的控件右键弹出菜单

5.2.5　选项卡、子面板与分隔栏

在创建中小型应用程序时，人机交互界面需要大量控件，此时需要对这些控件进行合理分组。当控件数较多时，可能无法用前面板的可视区域容纳这些控件。在这种情况下，可以使用容器类控件对这些控件进行适当的分组。这里仅介绍常用的选项卡、子面板以及分隔栏等容器类控件。

1. 选项卡

选项卡由多个页面构成。每个页面都是独立元素，允许独立设置各种属性，如颜色等。选项卡中用于切换选项卡页面的部分称为页选择器。如图 5.37 所示，选项卡控件的页选择器可以设置在选项卡页面的上、下、左、右侧，可通过选项卡右键弹出菜单的菜单项“高级”→“选项卡位置”的下级菜单选择（图 5.37）。另外，还可以通过选项卡右键弹出菜单的菜单项“高级”→“选项卡布局”的下级菜单选择“仅文本”“仅图像”“文本 - 图像”“图像 - 文本”4 种页选择器显示方式。如果涉及页选择器图像，在选择含图像的显示方式后，按“从剪贴板导入图像”方式导入页选择器图像（图 5.37）。

如果需要给选项卡多页面设置不同的前景色与背景色，需选择控件右键弹出菜单的菜单

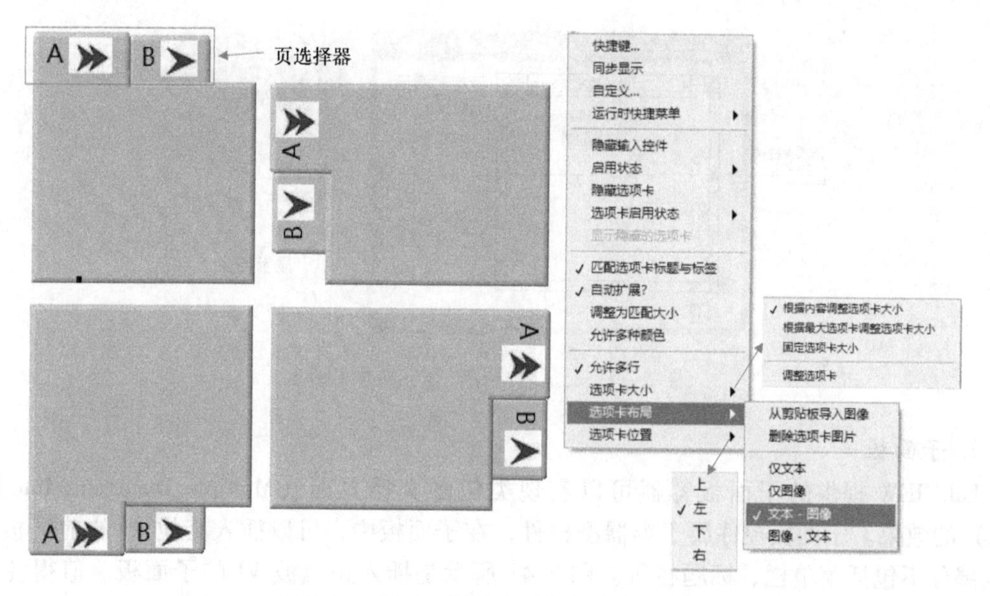

图 5.37　页选择器及选项卡右键弹出菜单

项“高级”→“允许多种颜色”（图 5.37），此时可按常规控件颜色的设置方法手动设置页面颜色，也可通过属性节点设置选项卡页面颜色。

选项卡公共控件的布置需要一定的技巧。首先在前面板创建所需的控件（作为页面公共控件），然后创建选项卡控件并拖动到该公共控件上。此时该公共控件不属于任何选项卡页面，且编辑状态下的公共控件会显示阴影，但在运行时该阴影会自动消失，如图 5.38 所示。

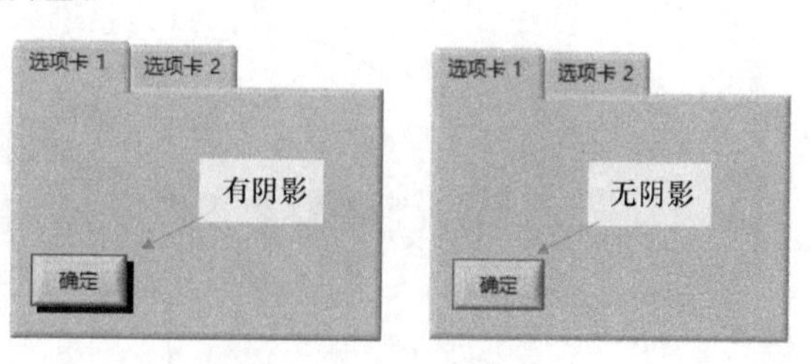

图 5.38　页面公共控件

操作技巧与编程要点：

- 通过属性节点设置选项卡属性。通过选项卡的属性节点的 Pages 属性（页面引用句柄数组）设置页面相关属性，如图 5.39 所示。在 For 循环中遍历选项卡控件的所有 Page 句柄，并通过引用属性节点，设置允许独立标签、前景色、页面标题。

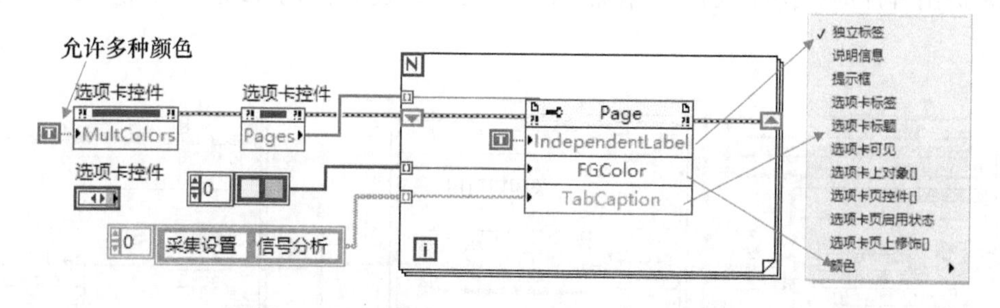

图 5.39　利用 Pages 属性设置选项卡页面属性

- 选项卡控件本质上是枚举类型，常与条件结构配合使用，且具有自回卷功能。图 5.40所示为选项卡多页面通过公共控件控制选项卡页面切换。

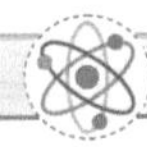

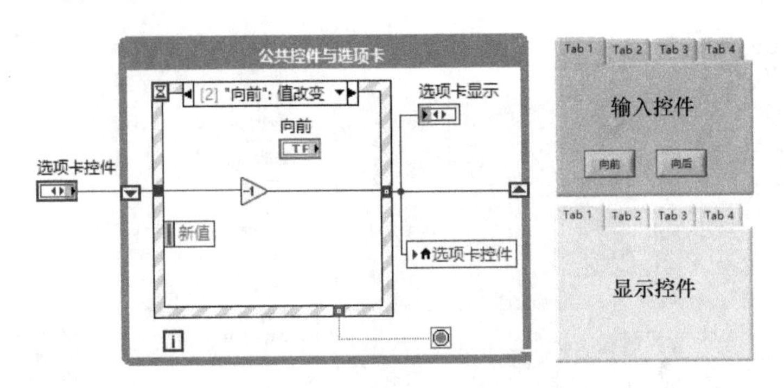

图 5.40　通过公共控件控制页面切换

2. 子面板

LabVIEW 提供的子面板容器可以实现类似多文档界面（Multiple Document Interface, MDI）的效果。子面板控件属于容器型控件，在子面板中，可以插入其他 VI 的前面板，但插入部分不包括菜单栏、标题栏等。图 5.41 所示是插入正弦波 VI 的子面板。值得注意的是：代码中插入 VI 时，必须保证不能打开其前面板；正弦波 VI 是一个死循环，其中止要通过主 VI 调用“中止方法”。

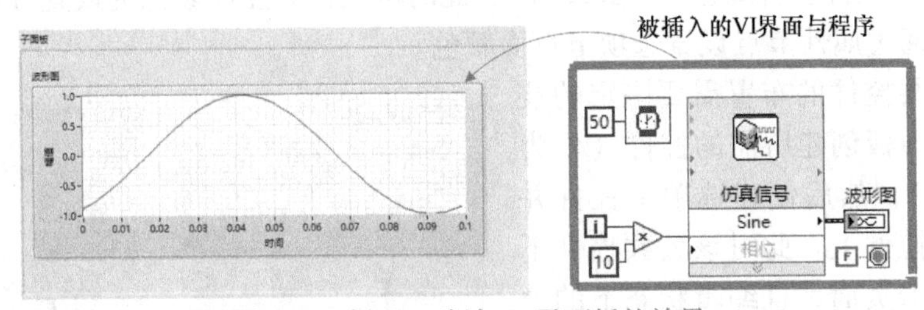

图 5.41　插入正弦波 VI 子面板的效果

图 5.42 所示是动态调用插入子面板的示例。子面板本身只有“插入 VI”和“删除 VI”两个方法。调用“插入 VI”方法后，插入 VI 的前面板将加载到子面板中，一直到主 VI 退出或使用“删除 VI”方法，才能卸载子面板中的 VI。子面板动态插入 VI 编程一般包括两个步骤：一是打开 VI 并引用、运行（设置为不等待运行结束），生成动态插入 VI 引用数组；二是通过子面板调用节点，使用“删除 VI”和“插入 VI”方法从子面板卸载或插入 VI。当要退出程序时，除了使用“删除 VI”方法外，还要使用 VI 的“中止 VI”方法中止 VI 执行。

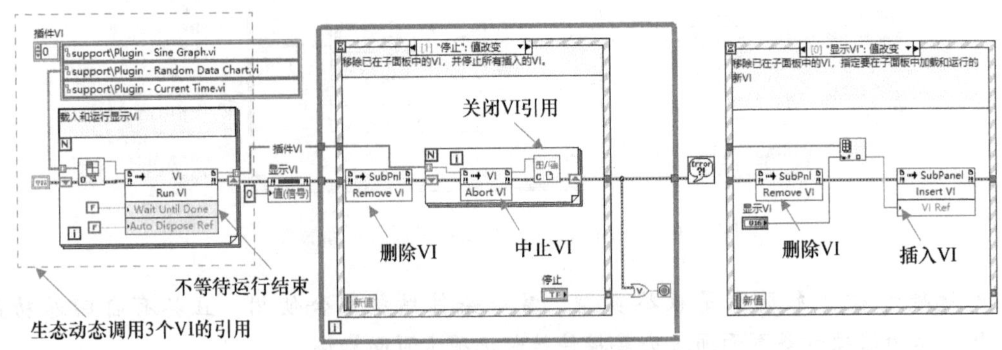

图 5.42　动态调用插入子面板的示例

操作技巧与编程要点：

除了子面板动态插入 VI 外，也可以异步调用 VI 插入面板（主要用于不需要显示插入 VI 前面板的情况）。异步插入要求调用的子 VI 具有相同的类型，即具有相同的连线板或接口。图 5.43 所示是以异步调用 VI 的方式生成 VI 引用的示例。生成引用后，从子面板中插入、删除 VI 的方法与动态调用 VI 时插入子面板的方法相同。其中，对严格 VI 类型的确定，通过在图 5.43 所示的右键弹出菜单的“选择 VI 服务器类”→“浏览”选择需插入的 VI 文件。

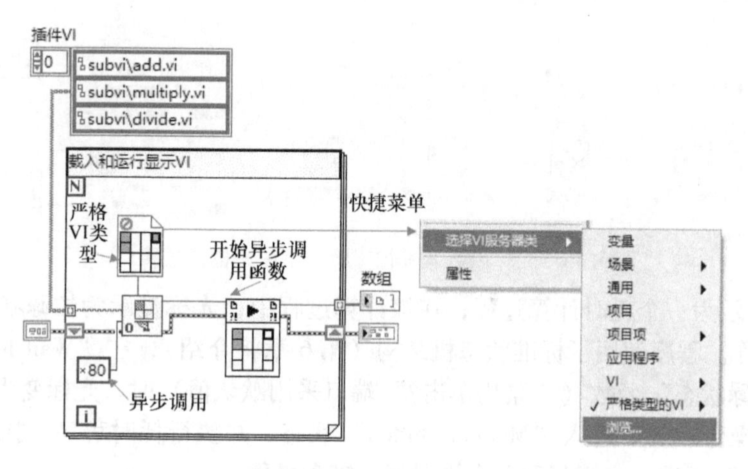

图 5.43　以异步调用 VI 的方式生成 VI 引用的示例

3. 分隔栏

通过分隔栏（位于“容器”子面板区域）可以把前面板分成多个窗格，而窗格具有前面板的特性。可以分别对各窗格设置属性，如前景色、背景色等。前面板是其上所有控件的容器，包括窗格与分隔栏。如图 5.44 所示，用一个水平分隔栏和竖直分隔栏把前面板分隔成 3 个窗格，各窗格分别放置了相应的控件。在程序框图中可以通过前面板引用，获取窗格引用数组和分隔栏引用数组（图 5.44 右下角）。但要注意的是，滚动条与分隔栏是不同的。滚动条隶属于窗格，有自己的右键弹出菜单（图 5.44 左下角）。合理地利用分隔栏可以设计独特的程序界面，如可用分隔栏独立分隔出工具栏区域和状态区域，可利用控件的“将控件匹配窗格”/“根据窗格缩放对象”属性，使控件随窗格的变化而自适应变化等。

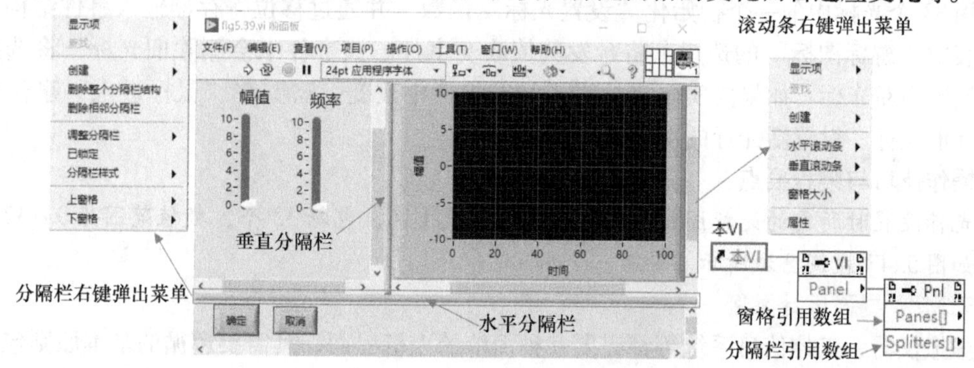

图 5.44　分隔栏与多个窗格

5.2.6 光标工具

应用程序界面的不同部分（控件或面板等）可能需要不同的光标，表示系统所处的状态。比如，反映后台程序运行时，可以设置光标为忙碌光标，以提醒用户等待。同时，设置忙碌光标后，应禁止用户对交互界面进行操作，等待后台操作完成后，系统再取消忙碌状态。为了完成这些类似的功能，LabVIEW 提供了 5 个光标函数（位于“函数”→“编程”→“对话框与用户界面”→“光标”选板）。图 5.45 所示为光标函数及其忙碌状态下的光标函数接口。

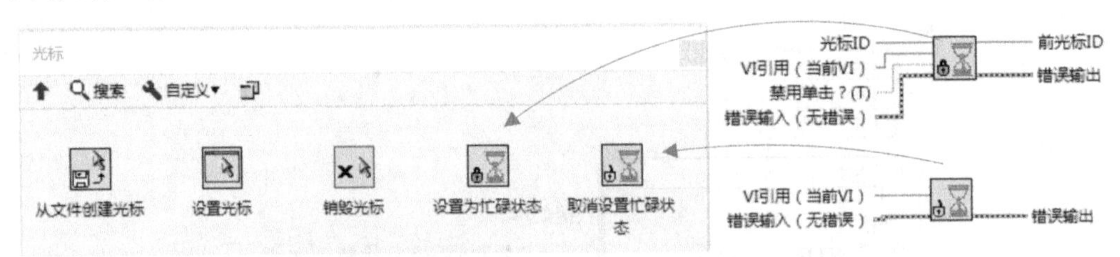

图 5.45 光标函数及其忙碌状态下的光标函数接口

图 5.46 所示为一个耗时计算过程，在该计算过程中，光标显示为忙碌状态，此时禁止鼠标、键盘操作。程序使用了标准状态机结构（第 6 章将介绍），在“Wait for Event”状态调用“设置忙碌状态”函数（“禁用单击?”端口采用默认值）时，光标变为忙碌光标，禁止鼠标、键盘操作。之后进入“Monitor Button”状态，并执行耗时程序。执行完后，调用“取消忙碌状态”函数，光标复原并允许鼠标、键盘操作。

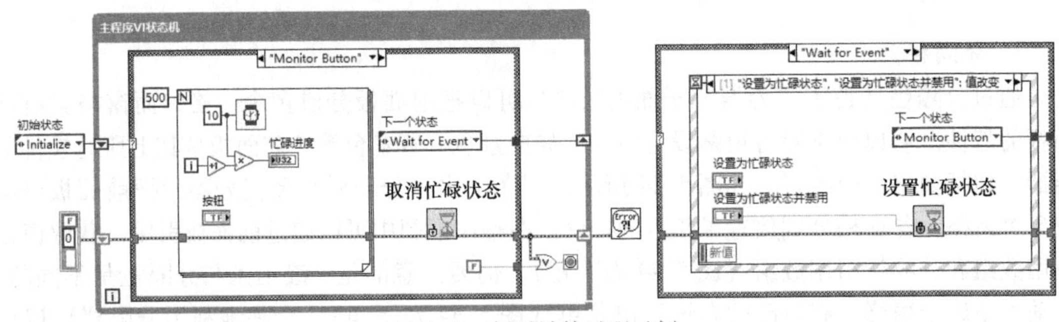

图 5.46 耗时计算过程示例

图 5.47 所示是设置光标的示例。“设置光标”函数可设置用于整个 VI 的光标。在程序中使用 33 个光标中的一个初始化“设置光标”函数，并通过移位寄存器输入事件结构。光标列表中“游标图标”的选择，将触发其值改变事件。该事件中会删除旧光标，将选择的光标设置为新光标。如果要实现光标进入特定控件中改变，需要在“鼠标进入”事件中实现删除旧光标、设置新光标的功能。

操作技巧与编程要点：

光标设置时所需的光标图标参数的数据类型是 U16，包括 33 个，数值范围为 0～32，其图案如图 5.47 左侧区域所示。

5.2.7 界面设计案例

虚拟仪器、工控信息系统等都需要一种简洁的人机界面，其需要遵循的基本原则包括少即是多、风格统一、考虑用户需求等。图 5.48a 所示为一种风格统一且简洁的界面。界面上

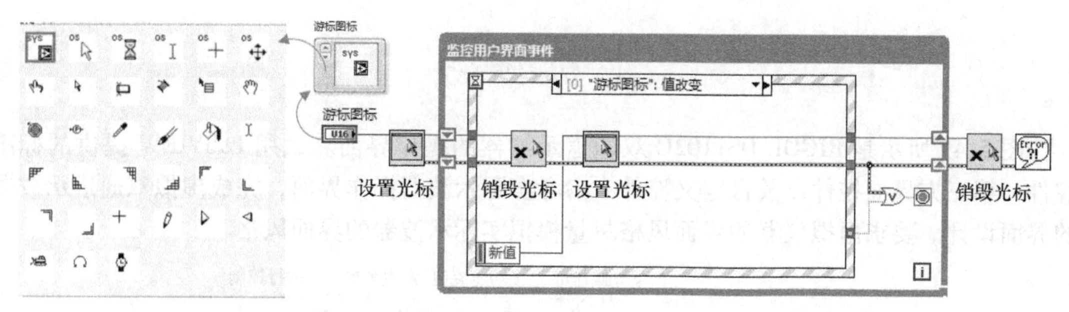

图 5.47 设置光标的示例

的控件没有采用 LabVIEW 自带的控件，而是使用了 LabVIEW 第三方免费的自定义控件。其中，仪表盘控件采用了透明 PNG 图片制作。该界面整体风格一致、清爽。图 5.48b 所示为一种典型的测控系统界面，其采用分隔栏把前面板分隔为 4 个区域。最上面的区域用一个图片作为测量系统的标题，突出说明这是一个 3 自由度直升机控制系统。左下区域显示的是控制系统硬件模块构成以及互连关系。该部分采用实物照片以及连线表示图片控制系统构成。右侧的主体区域采用选项卡控件组织界面控件。其中，“PID Config”选项卡中采用了形象化的控制系统图作为背景。相应的控制参数，如 PID 参数，则以标准的数值控件分类布置。因此，该控制参数输入页面的设计非常形象。右下区域是自定义工具控件所在区域。所有按钮控件均采用重新设计的自定义按钮控件。显然，这种测量界面是值得我们在同类型测控界面设计时借鉴学习的。

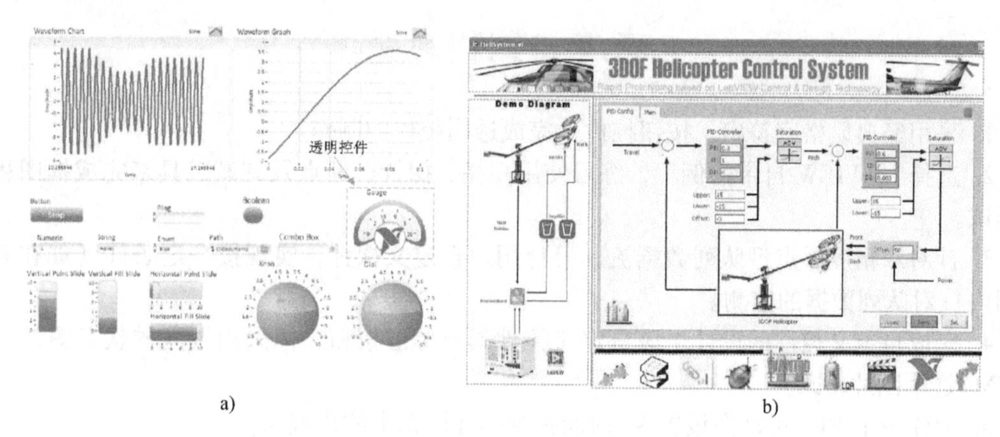

图 5.48 采用自定义控件设计的界面

a）风格统一且简洁的界面 b）典型的测控系统界面

本 章 小 结

本章首先介绍了 LabVIEW 的程序调试技术，包括集成环境提供的调试工具、断点、高亮执行、探针及其他调试技巧。通过示例介绍调试技术，并同时展示某些编程技巧。然后本章介绍了界面设计概念、自定义控件/数据、菜单、颜色与对象排列、选项卡、子面板与分隔栏、光标工具等。最后通过测量与控制界面案例展示了界面设计的技巧与设计界准则。

上 机 练 习

图 5.49 所示是 RIGOL DS1102C 双通道示波器的操作界面。试用 LabVIEW 提供的标准控件、第三方界面控件以及自定义控件，参考实际示波器操作界面，完成虚拟双通道示波器的界面设计。要求虚拟仪器的界面风格尽量模拟实际示波器的界面风格。

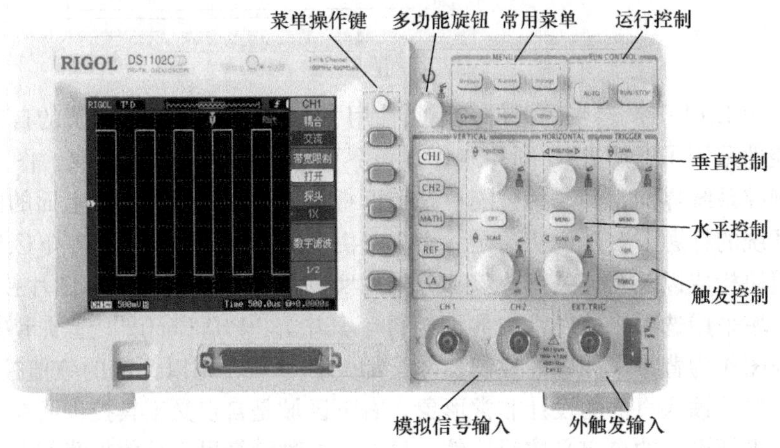

图 5.49　RIGOL DS1102C 双通道示波器的操作界面

思考与编程习题

1. 采用经典风格字符串、按钮控件，完成透明控件的制作。

2. 选择 LabVIEW 自带的例程，练习使用高亮、探针、断点及调试工具来完成框图程序的调试。

3. 针对双精度浮点型队列数据流，设计用户自定义探针，实现按一定条件（如在某一范围内）对队列数据的监测。

4. 完成自定义控件的设计，该自定义控件具有标准按钮，但采用不同的状态图片（采用 PNG 透明图片格式）。

5. 创建一个 VI，可动态设置 VI 前面板窗体在屏幕中的位置与大小。

参 考 文 献

[1] 阮奇桢. 我和 LabVIEW：一个 NI 工程师的十年编程经验 [M]. 北京：北京航空航天大学出版社，2009.

[2] 张兰勇，孙健，孙晓云，等. LabVIEW 程序设计基础与提高 [M]. 北京：机械工业出版社，2012.

[3] JOHNSON G W，JENNINGS R. LabVIEW Graphical Programming [M]. 4th ed. New York：McGraw - Hill, 2006.

[4] 上海恩艾仪器有限公司. UI INTEREST GROUP [EB/OL]. [2020 - 08 - 17]. https：//forums. ni. com/t5/UI - Interest - Group/ct - p/7019？profile. language = zh - CN.

第6章 程序设计模式

在掌握了 LabVIEW 程序控制基本结构（第 3 章）的基础上，程序员需要进一步学习 LabVIEW 常用的程序设计模式。基本程序控制结构不能很好地完成中大型程序的系统架构设计。这时，需要熟练掌握 LabVIEW 程序设计语言，通过将这些基本程序控制结构组合，构建基于不同程序控制模式的程序框架，从而编写和分析中大型复杂程序。

6.1 程序的错误处理

当程序达到一定规模时，就必须考虑程序运行时的错误处理机制。程序设计必须考虑可能出现的潜在问题，力争避免或减少各类错误，还必须采取必要的预防措施。这种预防措施就是错误处理机制。LabVIEW 一般采用布尔型条件结构来处理错误数据流，由此成为 LabVIEW 的基本错误处理机制。其中，错误簇是管理程序错误的基本数据结构，包括布尔类型数据、数值型数据和字符串数据，分别表示是否有错误、错误代码和错误信息。

6.1.1 不可预期错误

不可预期错误也称为“异常”，指无法提前预料某函数是否会返回错误结果或无法预料产生的错误代码。程序运行出现不可预期错误，很可能是程序运行出现死锁、崩溃等严重后果。处理这种异常的简单方法是采用条件结构把后续程序框图全部包围在里面，从而可以在异常出现时忽略后续的所有代码并终止程序运行。图 6.1 所示是采用错误簇条件结构进行异常处理的示例。

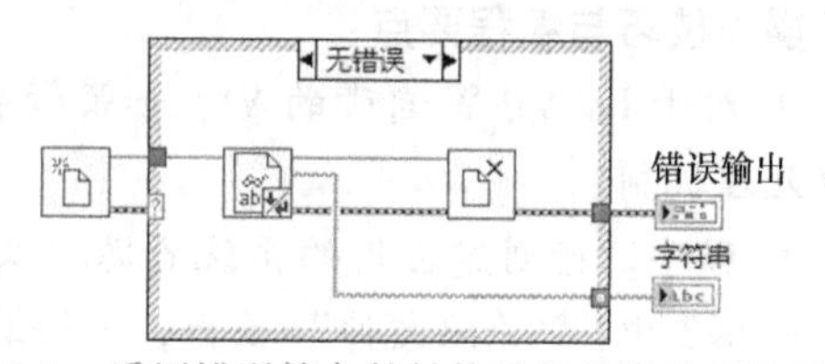

图 6.1 采用错误簇条件结构进行异常处理的示例

但是这种简单的处理方式不是标准化与模块化的错误处理方式。更好的方法是在 VI 底层实现错误簇条件结构的异常处理机制。这样，人们只需按正常编程思维进行数据连线就可以了，因为子 VI 已经考虑了必要的错误处理。只要前面的一个子 VI 输出错误，后面的子 VI 就会跳过该 VI 的执行代码，直到错误簇数据流传递到最后。针对这种标准化的错误处理机制，LabVIEW 提供了相应的模板框架——“带错误簇处理的子 VI”，如图 6.2a 所示。图 6.2b所示的框图程序显示了 LabVIEW “DAQmx 读取” 函数的内部框架代码。显然，它含有一个带错误簇处理的框架。当输入错误簇的布尔数据为 False 时，将跳过读取程序的执行过程，直接把输入错误簇传出。

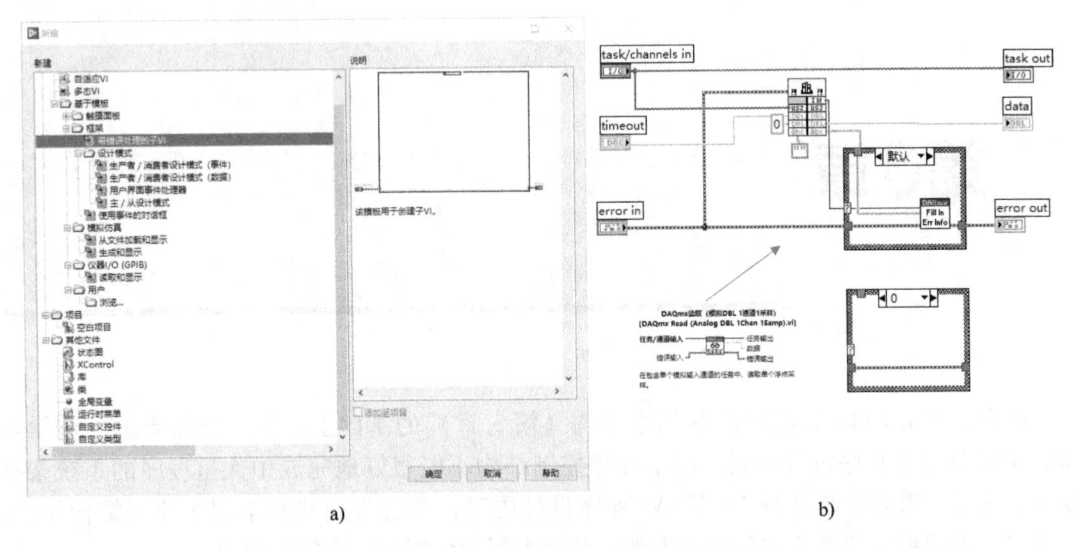

图 6.2　带错误簇处理的子 VI 模板框架及示例

a）模板框架　b）示例

如果程序设计用的子 VI 已经遵循这种标准的带错误簇的错误处理框架，就可以按常规编程连线一样操作。图 6.3 所示是一个打开、读取文本文件的示例。程序中采用了 LabVIEW 的标准文件操作 VI，这些 VI 带有标准错误簇处理框架。因此，只需简单地把输入/输出错误簇端口相连即可。

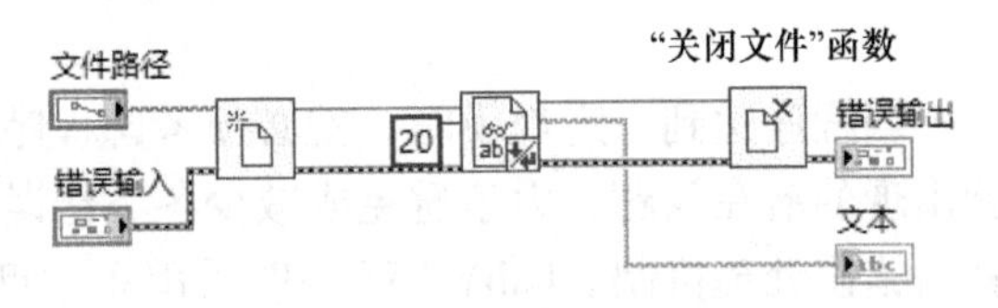

图 6.3　带标准错误簇处理框架的编程示例

操作技巧与编程要点：

- 对于 LabVIEW 自带的 VI，如果带有错误簇输入/输出端口，则含有这种带错误簇的错误处理机制。
- 程序运行创建占用的系统资源（文件引用等），不论程序是否错误或异常，都应关闭。图 6.3 中，"关闭文件" 函数，不论其输入端口的错误簇是否是错误状态，均会执行关闭文件引用句柄指向资源的代码。

6.1.2　可预期错误

可预期错误指程序员在其编程时已经清楚程序或函数会出现哪些错误，并需要编写相应的错误处理代码。

在"打开文件"对话框中按下 Cancel 按钮，"打开文件"函数返回错误代码为"43"的错误。但是当这个错误不应影响后续函数的正常运行时，可以屏蔽该错误。图 6.4 所示的可预期错误处理示例，采用条件结构，并在结构内判断该错误是否为

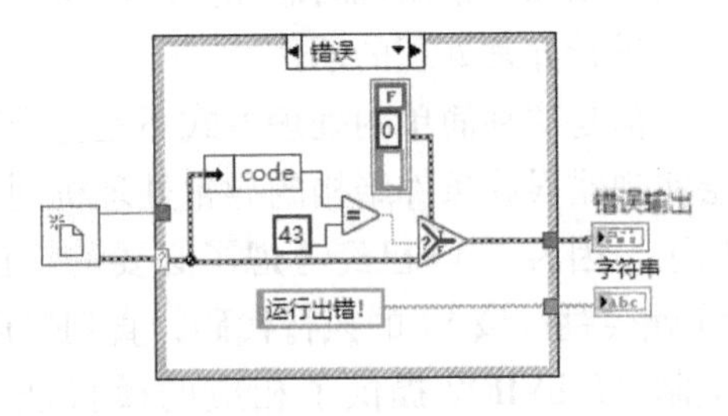

图 6.4　可预期错误处理示例

按下 Cancel 按钮。如果是按下 Cancel 按钮产生的错误，则重置错误簇数据。这样，后续带有错误簇标准错误处理机制的 VI 将可以正常运行。

6.1.3　自定义错误

LabVIEW 内部定义了丰富的错误代码。这些错误代码的确切含义可以通过 LabVIEW 的查询工具查询。通过选择菜单项“帮助”→“解释错误”，打开图 6.5 所示的“解释错误”对话框。图 6.5 中显示了查询错误代码“50”，显示错误的可能原因为“范围外信息”。

当 LabVIEW 内部错误代码与解释无法说明程序错误时，程序员也可以按错误簇类型自定义错误。可靠地完成这种自定义错误的方法是采用“错误代码至错误簇转换”VI，只需提供新的错误代码（整型）和错误信息（字符串），就可以输出一个标准类型的错误簇数据。图 6.6 所示是自定义数值超界对应的错误簇数据示例。

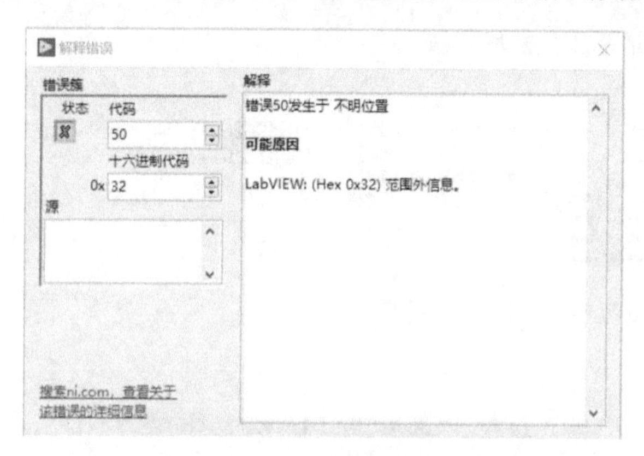

图 6.5　“解释错误”对话框

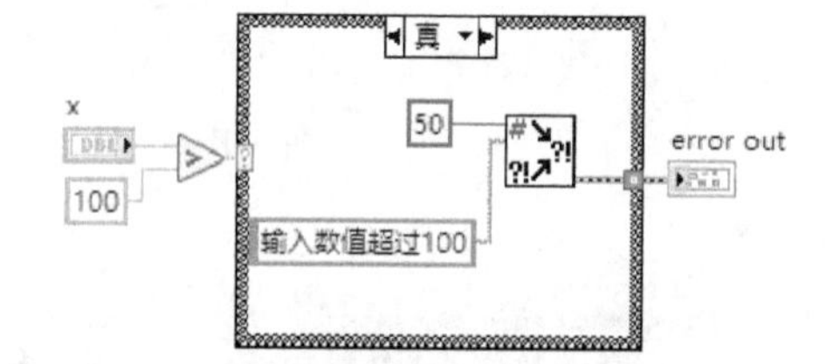

图 6.6　自定义错误簇数据示例

操作技巧与编程要点：

- LabVIEW 的附加工具，如高级信号分析工具、振动与噪声工具都有各自的特殊错误代码，但这些代码不能用图 6.5 所示的“解释错误”对话框查询。
- LabVIEW 开放给用户自定义的代码取值为 5000 ~ 9999 和 −8999 ~ −8000 之间的整数。

6.1.4　错误信息处理

错误簇数据的处理意味着错误信息的处理。默认情况下，当错误簇数据传递到末端（即程序中某个函数或子 VI 的错误簇输出端口）时，没有与其他模块连接，且错误簇数据有错误信息，则系统将自动弹出一个错误信息提示对话框。如图 6.3 所示，如果“关闭文件”函数的错误簇输出端口没有连接，当文件打开错误时，程序执行到最后将会弹出错误信息对话框。这是 LabVIEW 的自动错误处理机制。这个自动错误处理机制可以通过“VI 属性”对话框设置为是否禁止，如图 6.7 所示。另外，也可以通过“简易错误处理器”函数（位于“编程”→“对话框与用户界面”）在程序中控制。如图 6.8 所示，在“关闭文件”函数的后面通过错误簇连线连接“简易错误处理器”函数。通过该函数的输入参数的设置，可以实现是否打开错误信息对话框、对话框类型等。

利用第 3 章介绍的“条件禁用结构”可实现调试状态下启用错误处理以及发布状态下禁用错误处理。如图 6.9 所示，在项目的右键弹出菜单中选择“属性”菜单项，通过“项

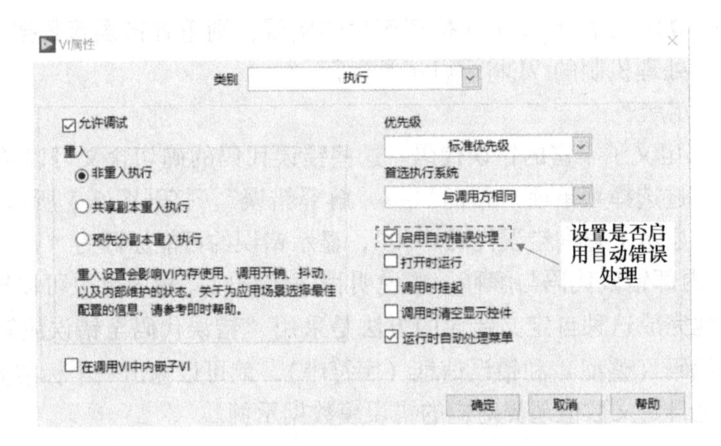

图 6.7　设置是否启用自动错误处理

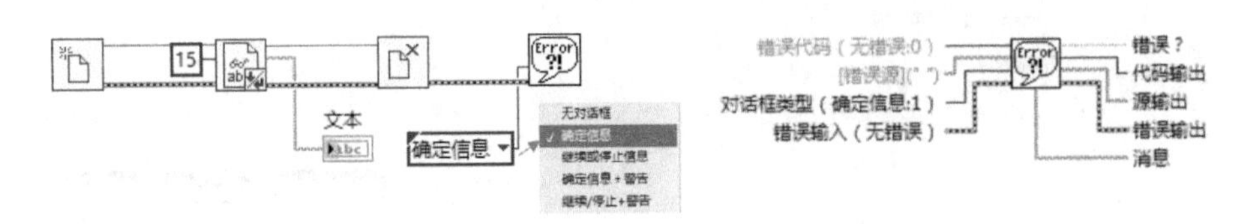

图 6.8　简易错误处理器（示例及其 VI 接口）

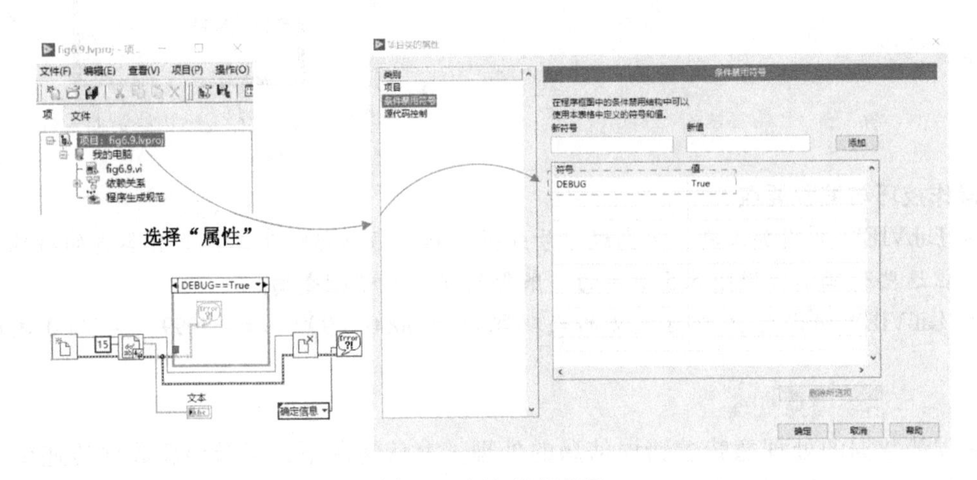

图 6.9　添加符号常量

目类的属性”对话框添加符号常量 DEBUG，其值为 True。相应的程序代码在需要控制错误处理的区域加上条件禁用结构。当程序发布时，可修改 DEBUG 为 False。程序运行时，将不会显示错误处理信息。

如果程序中不是串行的错误簇数据流，而是并行的错误簇数据流，就必然存在错误簇数据流的交汇。这时，就必须考虑多个错误簇数据流的合并处理。LabVIEW 提供了一个“合并错误”VI，其返回的是所有输入错误簇数据流中的第一个含有错误信息的错误簇数据。如图 6.10 所示，由于 For 循环体中的文本文件读取 VI 函数不管文件打开或文件读取是否有错，都要执行读取任务，因而错误簇数据流通过框架隧道传递错误簇数据，而且输出隧

道设置为索引使能。为进行程序错误处理，程序使用了合并错误簇 VI 来合并错误簇数据流。

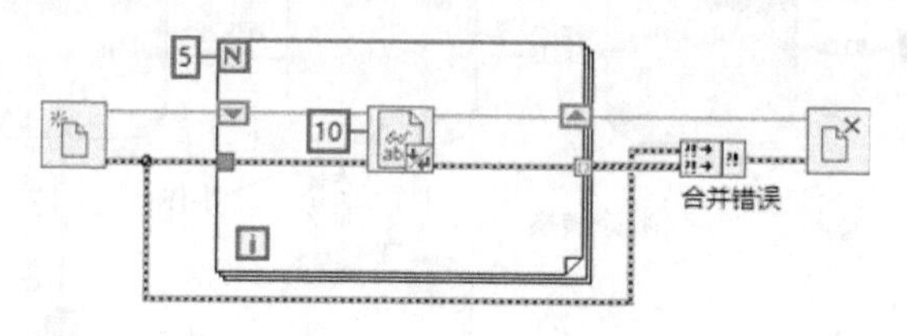

图 6.10　错误簇合并

操作技巧与编程要点：

“简易错误处理器”是对“通用错误处理器”VI的进一步封装，可以用“通用错误处理器”VI 实现图 6.6 所示的自定义错误簇数据的功能，也可以实现图 6.4 所示的可预期错误处理的功能。利用“通用错误处理器”VI 的“异常操作”端口［0：无异常（默认）；1：取消匹配错误；2：设置匹配错误］控制异常的处理方式。

6.2　常用程序设计模式

要确定程序的设计框架，首先要根据程序设计问题选择合适的程序设计模式。由于 LabVIEW 本身特有的数据流图形化编程特点，使得其程序设计模式多种多样。下面将介绍适合 LabVIEW 特点的常用程序设计模式及其设计框架。

6.2.1　状态机概念与标准状态机

1. 状态机的概念

状态机包括有限状态机和无限状态机，实际测控应用及其他大多数场合均使用有限状态机。状态机包括状态（State）、状态转换（State Transition）、事件（Event）和动作（Action）4 个要件。

状态：是指当前所处的状态。程序员需要合理归纳系统状态，形成恰当的状态序列。对常规测试应用来说，一般会设置一个“等待”状态。“等待”状态用于等待人机交互或其他外部事件等，并根据事件进入另一个状态。因此，正确的状态设计与分析能确保程序的可读性与健壮性。

状态转换：条件满足后，状态机从一个状态转换为另一个状态，也可称为“次态”。“次态”是相对于“现态”而言的，“次态”一旦被激活，就转换成新的“现态”。

事件：可被状态机接收并处理的事件输入，可能导致状态变动。

动作：条件满足后执行的动作，动作执行完毕后可以迁移到新的状态，也可以保持原状态。动作不是必需的，当条件满足后，也可以不执行任何动作而直接迁移到新状态。

图 6.11 所示是一个测试状态机的示例（用 LabVIEW 状态机工具绘制）。它包括“初始化”“等待”“测试”“退出”4 个状态，并有 6 个状态转换次态。显然，“初始化”状态用于测试系统的初始化，“等待”状态用于启动与终止测试触发等待，“测试”状态用于执行测试过程，“退出”状态用于清理、释放系统资源等。

2. 标准状态机

为了实现与图 6.11 类似的状态机，可以利用 LabVIEW 的基本控制结构——While 循环、

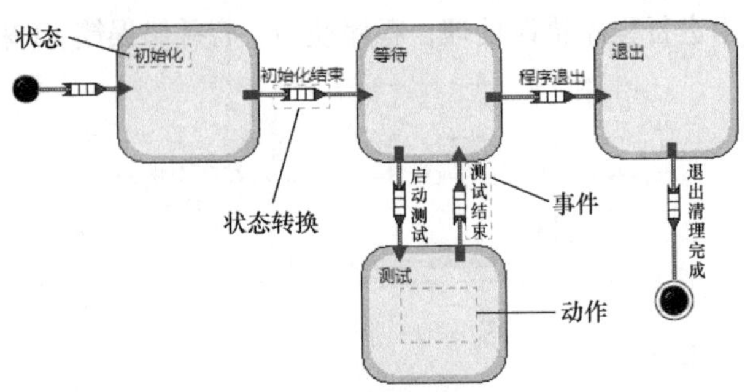

图 6.11　测试状态机示例

条件结构以及事件结构（第 3 章）构建。图 6.12 所示是创建的简单状态机结构框架。这个框架是 LabVIEW 自带的状态机框架，创建方法是：在“创建项目”窗口（图 1.11）中选择“简单状态机”，依序操作即可创建一个项目程序。通过单击图 1.11 中“简单状态机”的“更多信息”项，可以查看该框架对应的状态机图及其他说明。这里根据状态机的 4 个要件对应说明该框架的构成。

图 6.12 中，通过 While 循环和内嵌的条件结构构成了状态机框架的主体结构。状态机的状态采用严格自定义枚举类型常量（创建方法见第 5 章 5.2.2 小节）。严格自定义类型可保证当增加、删除、修改状态变量时，程序中所有的状态枚举常量都会更新。按照规划的状态机，确定了 5 个状态：Initialize、Wait for Event、User State 1、User State 2 和 Exit。框架中有 3 组移位寄存器：状态移位寄存器、错误簇移位寄存器和状态机数据移位寄存器。状态移位寄存器用于当前状态切换。错误簇移位寄存器用于状态机的异常处理，当状态机有错误时，将跳过其他状态的执行而退出状态机。状态机数据移位寄存器用于记录、共享状态机数据，其输入是严格自定义簇类型，可通过修改类型定义来修改数据域构成。下面分析该框架与状态机 4 个要件的关联关系。显然，状态机状态与内嵌条件结构的分支对应。事件由用户定义，用于确定状态的切换。动作指由用户添加相应的代码到各条件分支。状态转换在该框架里没有体现，实际上是忽略了。

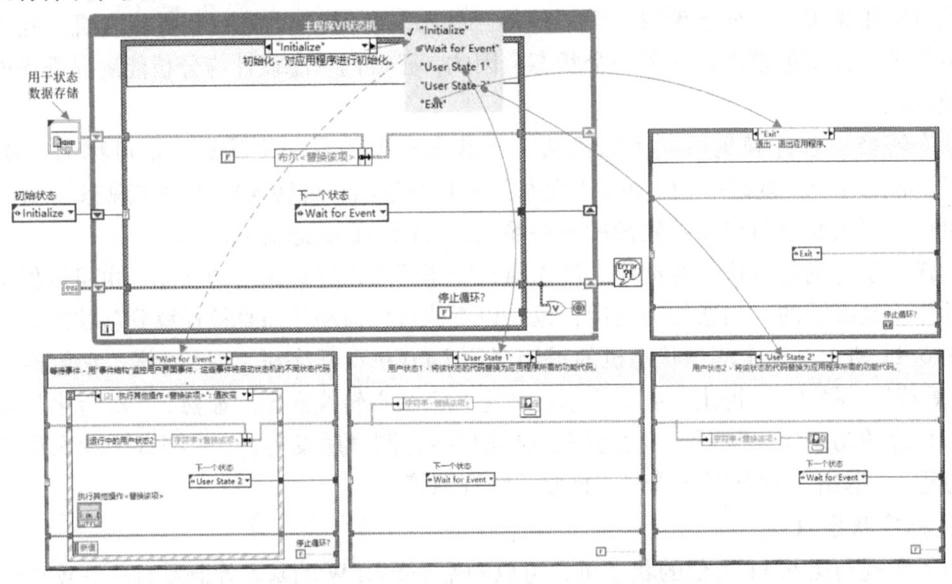

图 6.12　简单状态机框架

对简单状态机采用更简单的控制结构并进行简化，可得到标准状态机结构，如图 6.13 所示。如果状态机仅仅是动作序列的变换，则图 6.13 中状态机框架的 Wait for Event 状态可以去掉，状态机即变为能够自动执行状态转换的动作机。

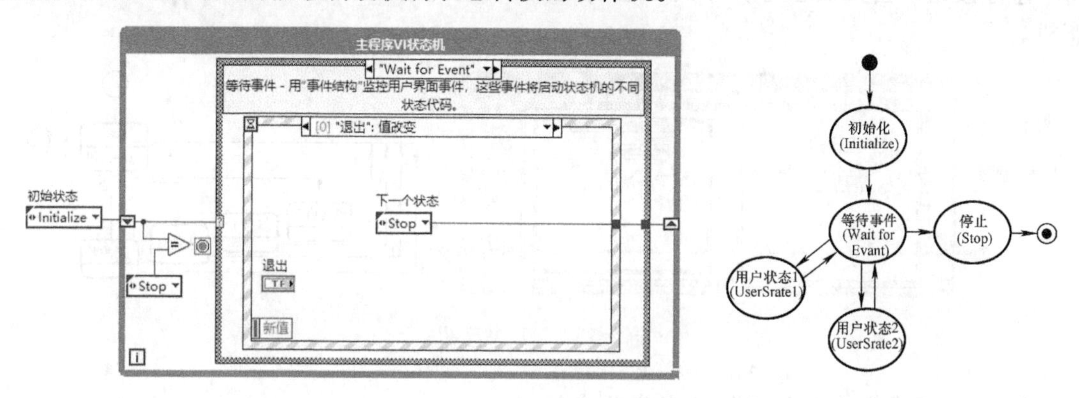

图 6.13　标准状态机结构

6.2.2　状态机设计模式

除了以上的标准状态机设计模式外，使用 LabVIEW 也可以实现其他类型的状态机。实际上，状态机设计是一种不依赖于设计平台的程序设计思维，可以有多种 LabVIEW 实现方法，因此很难进行分类叙述。

1. 带有空闲查询公共状态的状态机

空闲查询公共状态类似于图 6.13 中标准状态机中的等待状态，各用户状态执行完后都要返回等待状态。这里采用适时插入空闲查询状态实现这种公共状态的方法。假定状态机要通过空闲查询状态确定下一个用户状态，这就要求状态机最终的状态序列是：空闲态→用户态 1→空闲态→用户态 2→…→空闲态→用户态 n。图 6.14 所示是带空闲查询公共状态的状态机。其要点是移位寄存器左侧深度为 2，应确保每次切换状态要插入一个空闲态，保证每次用户态下动作完成后返回空闲态。在空闲态下，可以使用轮询的方式查询状态机外部输入。这种工作方式与 PLC 的工作模式类似。

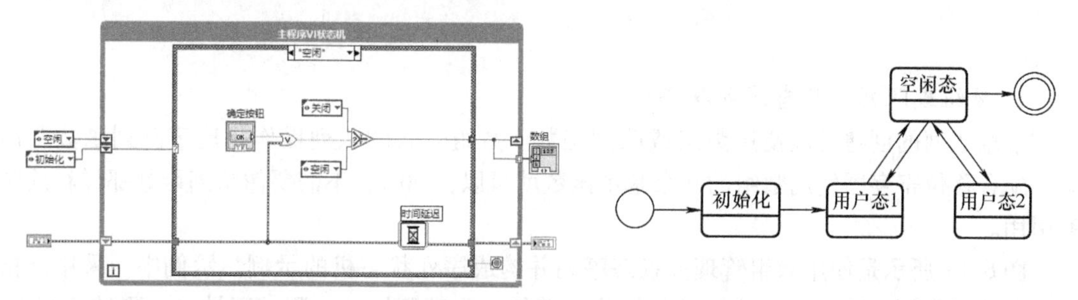

图 6.14　带空闲查询公共状态的状态机

2. 带有公共状态的顺序状态机

实现顺序结构的序列动作的状态机称为顺序状态机。相比于堆叠式或平铺式顺序结构，顺序状态机采用循环扫描方式，可以中断和跳转。顺序状态机的状态转换一般有两种方式：一是保持原状态不变，二是转换到下一个状态。而且有些时候，要实现程序的实时/近实时急停，需要把急停状态与工作状态绑定在一起。在这种情况下，可以把急停状态当作公共状态，实现一种带有公共状态的顺序状态机。如图 6.15 所示，采用平铺式顺序结构把“等待－急停按钮”公共状态与各序列状态绑定在一起，从而实现了带有公共状态的顺序状态机。

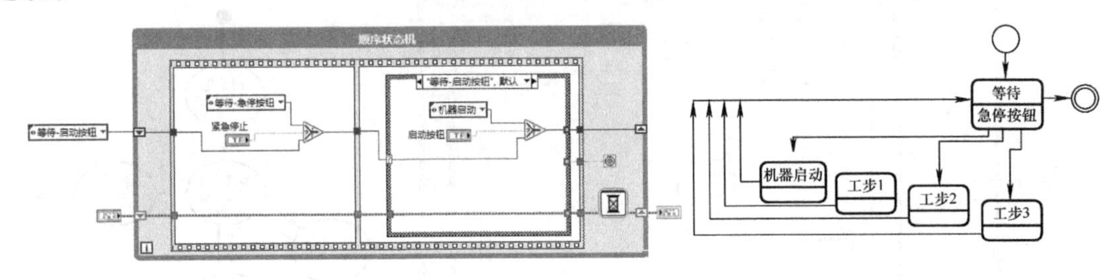

图 6.15　顺序状态机

3. 可处理多个公共状态的流水线状态机

图 6.16 所示的是把 4 个状态（“等待－错误处理”“等待－急停按钮”“检查－退出按钮”和“等待－启动按钮”）作为公共状态，同时把“机器启动”“工步 1”“工步 2”和“工步 3”作为顺序执行的状态。显然，这个改进的顺序状态机采用移位寄存器左侧扩展实现多个公共状态。4 个公共状态的严格自定义类型枚举常量连接移位寄存器左侧端口。利用移位寄存器存储多个状态，可以实现多公共状态的多次调用。每次调用公共状态后，当前状态存入移位寄存器，准备下一次调用。这种工作方式通常称为流水线作业方式。

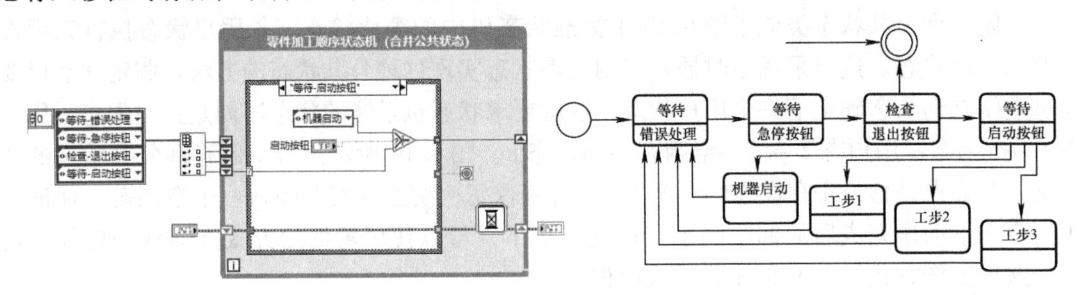

图 6.16　带有多个公共状态的流水线状态机

4. 数组或队列多状态序列状态机

消息队列的创建可以使用数组或队列函数。数组方式的队列操作相比于队列函数要简单，配合移位寄存器使用数组的几个基本函数就可以，同时，不需要像队列函数那样释放队列引用。

图 6.17 所示是使用数组管理多状态序列并构成序列状态机的示例。示例中，采用严格自定义枚举类型创建了 7 个状态：初始化、等待、测试区域 A、测试区域 B、测试区域 C、测试区域 D、退出，并采用数组常量构建多状态序列。状态序列中，当前状态为数组索引为 0 的元素对应的状态，采用“删除数组元素”函数删除索引并返回索引为 0 的元素，即可依序弹出当前状态及更新状态序列。在“等待”状态构建按钮布尔值一维数组，采用数组查找方式确定所选择的测试任务。根据不同的测试任务，采用状态数组常量构建测试任务序列。最后通过“创建数组”函数更新状态序列。

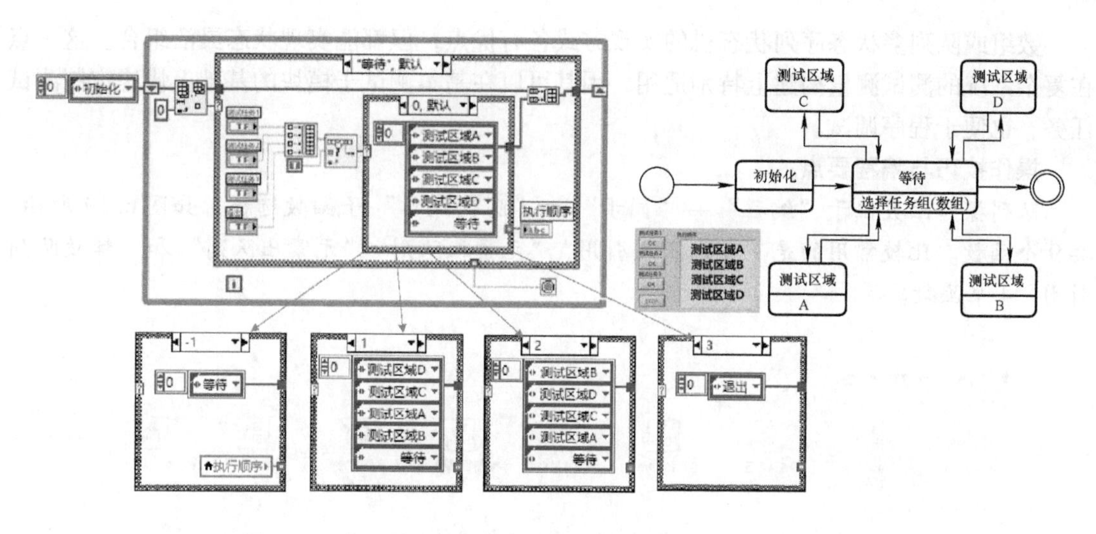

图 6.17　使用数组管理多状态序列并构成序列状态机的示例

另一种实现方式是使用队列函数，队列多状态序列状态机如图 6.18 所示。图 6.18 所示的程序功能与图 6.17 中的相同，只是队列要组织多个序列状态。队列操作时主要使用了 4 个队列操作函数："获取队列引用"、"元素入队列"、"元素出队列"和"释放队列引用"。状态队列管理采用这些队列操作函数完成状态队列创建、状态弹出与添加：将任意一个严格自定义枚举类型状态常量输入"获取队列引用"函数来创建队列并获得队列引用；用"初始化"枚举状态初始化队列（调用"元素入队列"函数）；通过在 While 循环体与条件结构之间调用"元素出队列"函数弹出队列首元素（状态）作为当前状态机的工作状态；在"等待"状态，根据查询确认的测试任务，采用状态数组常量构建测试任务序列；通过 For 循环的索引使能通道把状态序列从测试任务状态数组逐一压入状态队列（调用"元素入队列"函数）；状态机工作结束后，通过数据流依赖关系调用"释放队列引用"函数来释放占用资源。

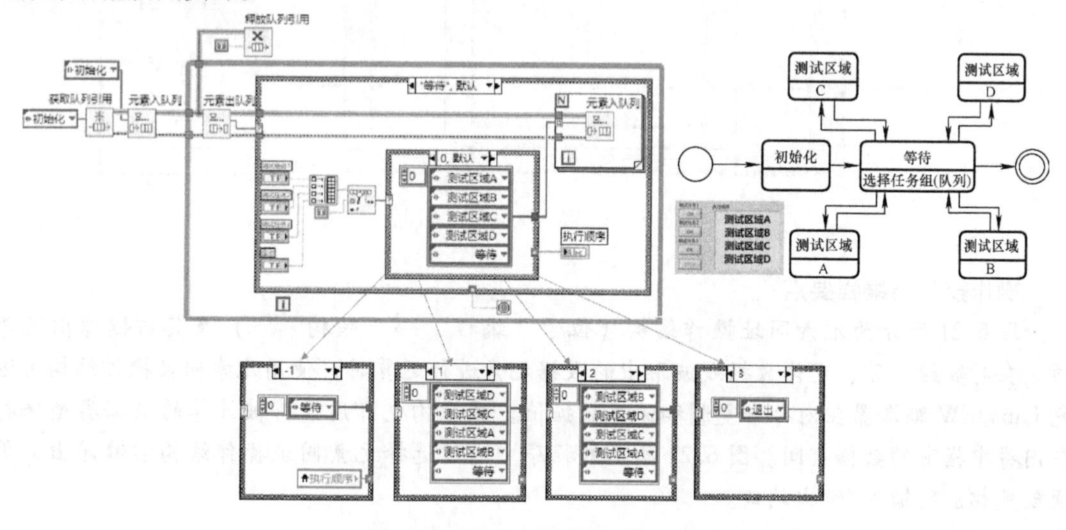

图 6.18　队列多状态序列状态机

数组或队列多状态序列状态机的实现方式各有优点，但都能实现状态灵活组合。这一点在复杂系统的测试测量构建上特别适用，因其可以在基本测试子模块的基础上快速定制测试任务，也便于程序调试。

操作技巧与编程要点：

队列操作函数位于“编程”→“同步”→“队列操作”子函数选板，如图6.19所示，共9个函数。比较常用的是“获取队列引用”“元素入队列”“元素出队列”和“释放队列引用”4个函数。

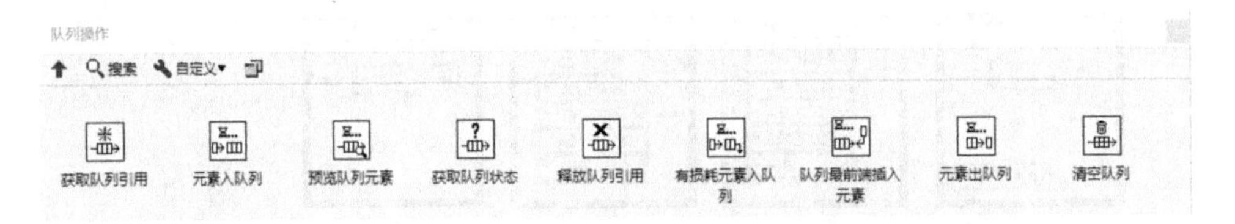

图6.19　队列操作函数

5. 具有进入、运行与离开状态的状态机

前面介绍的状态机只包括状态、事件、动作3个要件，次态或状态转换部分实际上也可以嵌入到主状态内部。如图6.20所示，“通电”与“主轴启动”两个公共状态均嵌入了3个次态：“进入状态”“运行状态”和“离开状态”。其中，“进入状态”和“离开状态”都是瞬时状态，“运行状态”是相对长期的状态。通过引入次态，可以进一步细化或模块化状态的动作过程。

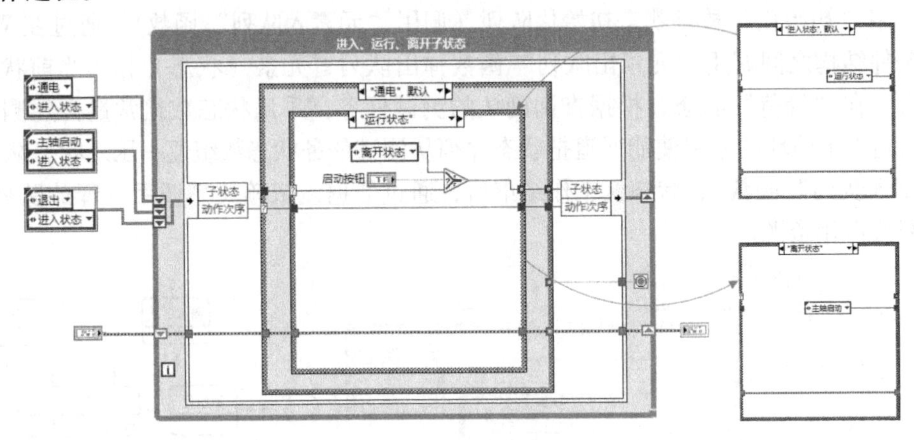

图6.20　嵌入次态的状态机

操作技巧与编程要点：

图6.21所示为元素同址操作结构（位于“编程”→“结构”下）及其右键弹出菜单项。在对数组、簇、变体数据或波形中的数据元素进行运算时，使用元素同址操作结构可避免LabVIEW编译器在内存中复制和保存数据值。该结构也可用于将被计算的数据类型保存在内存中指定的数据空间。图6.21所示的程序中通过选择元素同址操作结构右键弹出菜单项创建相应的输入/输出端口。

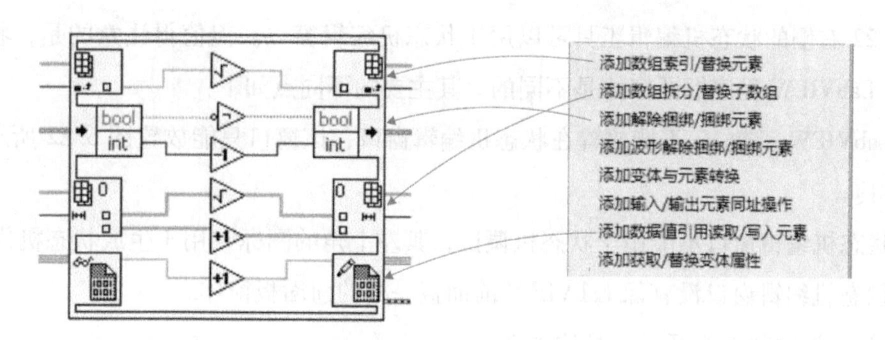

图 6.21　元素同址操作结构及其右键弹出菜单项

6.2.3　状态机工具

使用 LabVIEW 的状态机工具箱，可以以另一种独特的方式实现状态机编程。这要求安装状态机模块（LabVIEW 2018 Statechart Module）（安装完后，可以用多种方式创建状态机及其状态机程序）。相对于 LabVIEW 8.6 版本的状态机工具，LabVIEW 2018 版状态机的开发方法有较大变化。状态机模块的函数选板如图 6.22 所示。

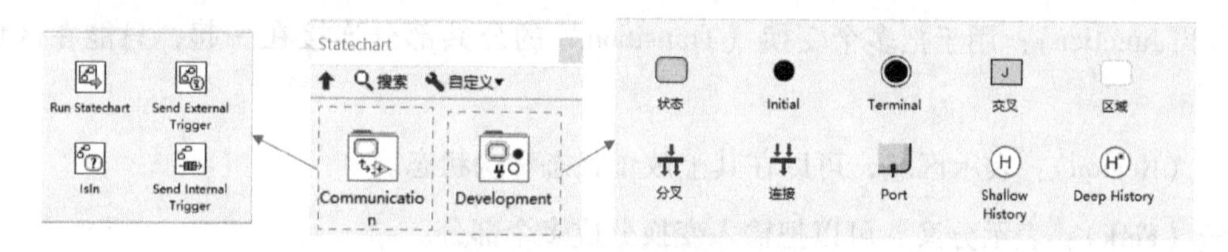

图 6.22　状态机模块函数选板

图 6.22 右侧的状态机编辑工具不能直接在框图程序上使用，必须在状态机编辑窗口中使用。程序员可创建状态机（方式：通过项目浏览器窗口，在右键弹出菜单中选择“新建→状态机”菜单项），其文件扩展名是 .lvsc，其目录下含有 6 个文件。其中，Diagram. vi 是状态机文件；Inputs. ctl 是状态机的严格自定义类型数据，一般用来表示状态机的输入；Outputs. ctl 是状态机的严格自定义类型数据，一般用来表示状态机的输出；StateData. ctl 是状态机的严格自定义类型数据，一般用来表示状态机的内部状态数据。双击项目浏览器中的 Diagram. vi 可以打开状态机编辑窗口，如图 6.23 右侧所示。

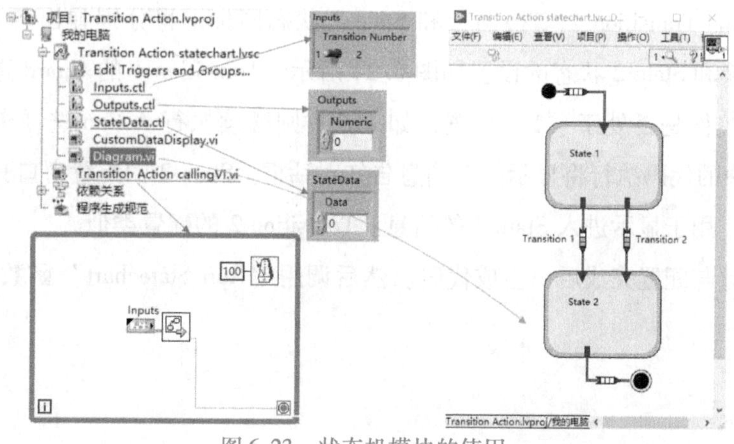

图 6.23　状态机模块的使用

图6.22右侧的状态机编辑工具可以用于状态机编辑窗口。但值得注意的是，状态机编辑窗口与LabVIEW程序框图窗体是不同的。其主要的不同点如下：

1）LabVIEW函数VI不能放置在状态机编辑窗口，该窗口只能放置图6.22所示的状态机编辑工具。

2）状态机编辑窗口不能用于状态机调试，其左上角的图标用于生成状态机代码。

3）状态机编辑窗口没有像LabVIEW前面板一样的前面板窗体。

下面简要说明状态机开发工具的含义。

(State)：表示状态，从工具选板中选择后，在状态机编辑窗口中变为，必须放置在一个区域里，并且至少包括一个输入变换（Transition）端口。

(Initial)：表示初始伪状态，用于进入一个区域前的起点，且状态机仅能有一个初始伪状态。

(Terminal)：表示终止封闭区域的执行，一个区域可以有多个终止伪状态。

(Junction)：用于把多个变换（Transition）的公共部分连接在一起，只能在区域中使用。

(Region)：表示区域，可以在其上放置状态和伪状态。

(Fork)：表示分叉，可以把输入变换分成多个部分。

(Join)：表示连接，可以把多个输入变换合并输出。

(Port)：表示状态变换时的离开状态或连接器的端口。

(Shallow History)：表示状态机可激活的最高层级子态的伪状态。

(Deep History)：表示状态机可激活的最低层级子态的伪状态。

首先按图6.23右侧的状态机进行图标放置、连线；按图6.23中的控件设计对应的严格自定义类型控件或数据。接下来定义状态机。该状态机用于演示两个状态之间转换的使用方法。如图6.23所示，状态机有两个状态State 1和State 2，两个变换Transition 1和Transition 2。双击状态机的Transition 1变换图标和State 2状态图标，将分别弹出各自的配置窗口，Transition 1变换和State 2状态的设置如图6.24所示。Transition 1的Guard选项卡中的代码用于判断输入控件是否处于“1”位置，如果是，则继续执行Action选项卡中的代码。而Action选项卡中的代码执行将显示一个信息告知对话框。State 2的配置窗口只配置Action选项卡中的代码，用于显示进入State 2的信息。Transition 2的配置类似。

状态机设计与配置完成后，生成代码。然后调用“Run Statechart”函数，并完成配置、运行或调试。

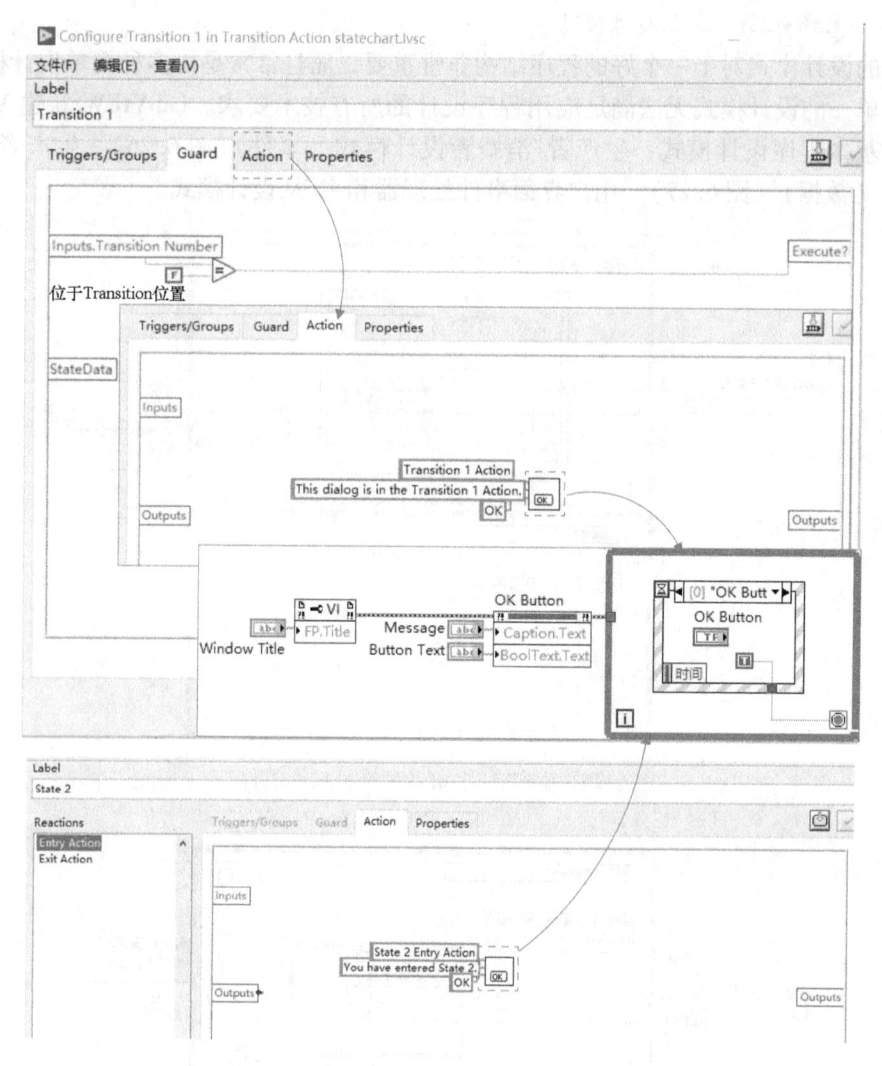

图 6.24 Transition 1 变换和 State 2 状态的设置

操作技巧与编程要点：

“Run Statechart”函数放置到框图程序窗体后，其图标如图 6.25 中的左侧图标所示。双击该图标，指定状态机文件路径后完成配置，接着其图标将发生变化（如图 6.25 中右侧的 3 个图标所示）。通过该图标的右键弹出菜单，还可以进行状态机调试等。

链 6-1 LabVIEW 状态图工具

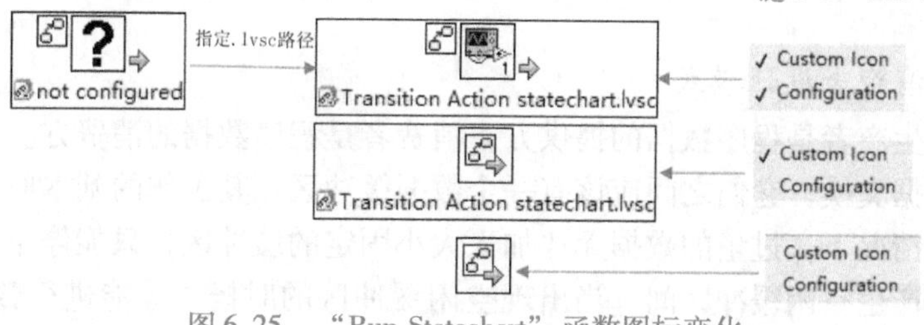

图 6.25 “Run Statechart”函数图标变化

6.2.4　LabVIEW 基本设计模式

程序的设计模式对于一个好的程序结构非常重要，而且常常是由多种简单设计模式组合而成的，单一的设计模式无法满足应用程序设计的所有技术要求。LabVIEW 新建 VI 包括 4 种内建的基本程序设计模式：生产者/消费者设计模式（事件）(图 6.26)、生产者/消费者设计模式（数据）(图 6.27)、用户界面事件处理器和主/从设计模式。

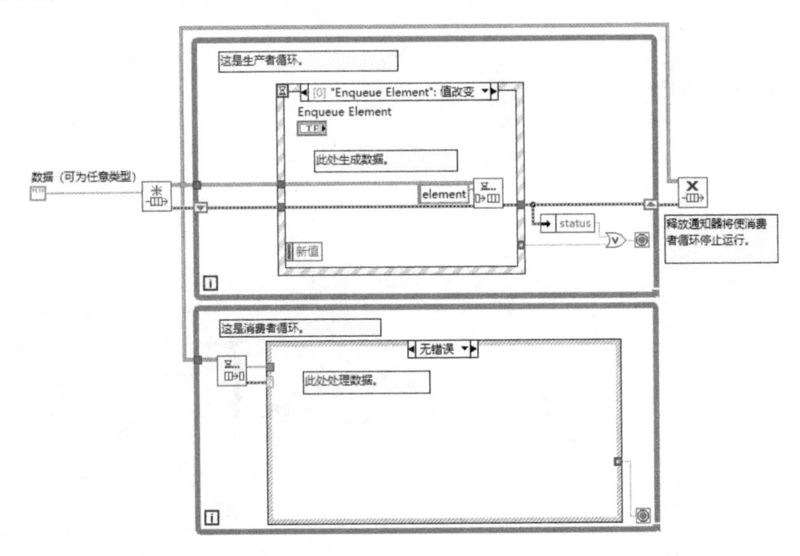

图 6.26　生产者/消费者设计模式（事件）

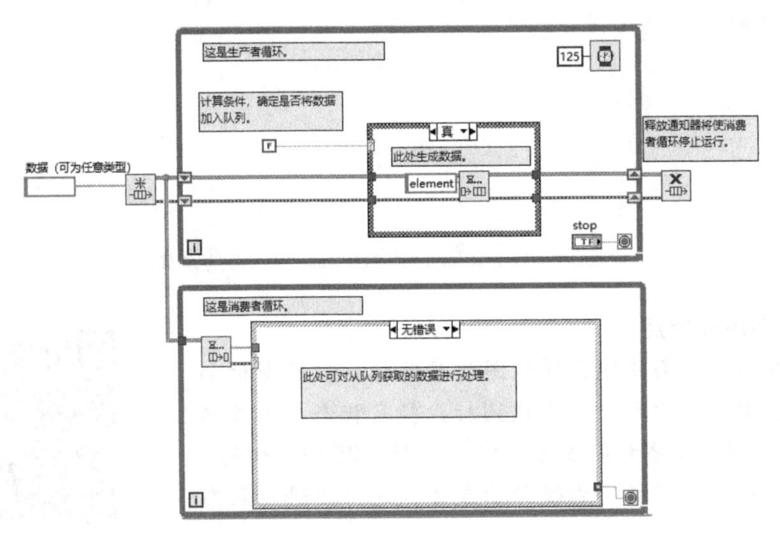

图 6.27　生产者/消费者设计模式（数据）

1. 生产者/消费者设计模式

顾名思义，生产者是程序数据的提供方，消费者是程序数据的消费方。为了确保生产者与消费者进行数据交换，它们之间应该有一个数据缓冲区。其工作的基本原理是，在生产过剩而消费不足的情况下，过量的数据无法加入大小固定的缓冲区，只能停止数据生产且不断地消耗数据，以产生空闲缓冲区间。当出现空闲缓冲区的时候，才能进行数据生产。反之，

当缓冲区中数据不足时，只能停止数据消费而进行数据生产，增加缓冲区中的数据才能进行数据消费。因此，生产者与消费者通过缓冲区实现了同步的协调工作。

图6.26、图6.27所示的生产者/消费者设计模式（事件）/（数据）即此种工作模式的程序体现。常常是多个生产者提供数据，一个消费者使用或处理数据。因为框架中每次消费数据均从队列中取出，如果是多个消费者，那么每个消费者使用的数据将不同。

在生产者/消费者设计模式（事件）中，生产者采用事件结构实现了一种不定期数据产生方式，而消费者结构采用的是包含元素出队列的While循环+条件结构（实现错误处理）。

在生产者/消费者设计模式（数据）中，生产者采用定期循环模式实现了一种定期数据产生方式，而消费者结构采用的是包含元素出队列的While循环+条件结构（实现错误处理）。

2. 用户界面事件处理器及其扩展应用

事件结构是LabVIEW实现界面交互操作响应的编程结果。事件结构与While循环结构组成了LabVIEW特殊的用于处理界面互操作的用户界面事件处理器设计模式，用户界面设计处理器如图6.28所示。很多多变的程序设计模式都利用该基本设计模式，如生产者/消费者设计模式（事件）的生产者采用了事件结构。

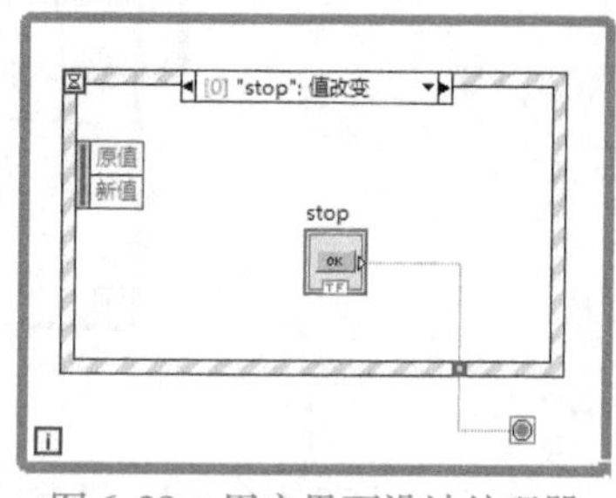

图6.28　用户界面设计处理器

这里以另一个独特的例子扩展应用用户界面事件处理器实现定时循环的同时启动与同时停止。如图6.29所示，在用户事件处理器的事件结构中，Stop按钮的“值改变”事件分支中使用了“定制结构停止”函数（位于“编程”→“结构”→“定时结构”函数选板）。这样在按下Stop按钮时，将可同时停止“定时任务A”和“定时任务B”两个定时循环。

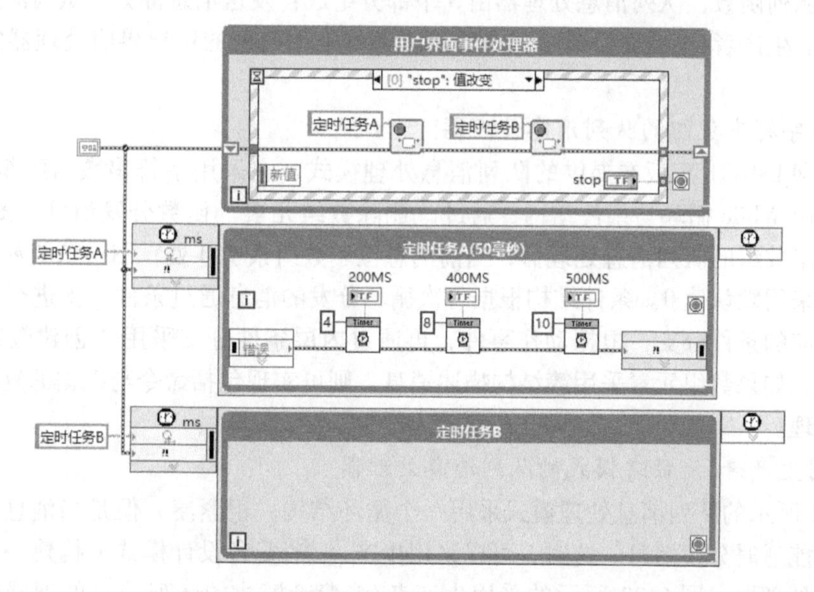

图6.29　用户界面事件处理器定时循环处理

3. 主/从设计模式

主/从设计模式包括一个主工作循环，一般为定时循环，同时包括一个或多个从工作循环。如图6.30所示，在主/从设计模式框架中，主工作循环通过通知器（相关函数位于“编程”→“同步”→“通知器操作”函数选板）发送通知，而所有从工作循环处于等待通知状态。此种工作模式，只有主方有权发布数据，从方只能被动响应。当主方销毁通知器时，所有从方从错误端口返回错误，结束从方任务。

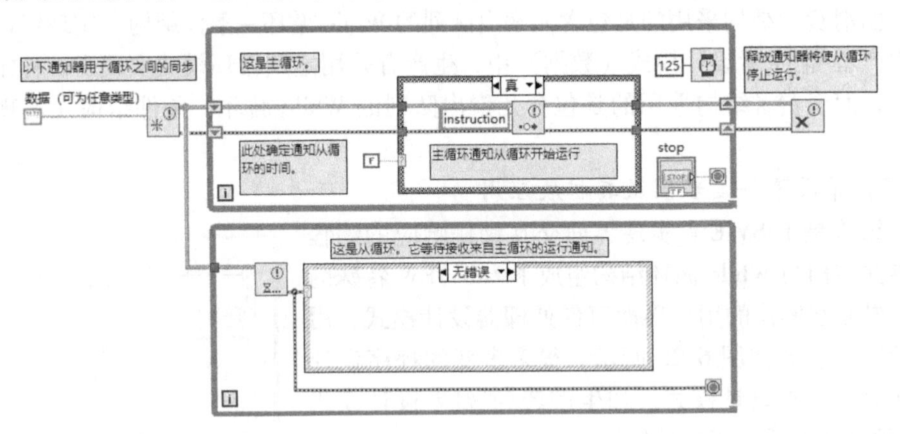

图6.30　主/从设计模式

6.2.5　队列消息处理器模式

前面介绍的状态机队列处理是一种固定顺序队列的实现方式，缺乏灵活性。队列消息处理器模式是一种通过建立消息队列缓冲区的方式，也称为“队列状态机模式”，但其并不局限于状态机模式。它既可用于顶层的主VI设计，也可用于子VI设计。建立消息队列的方式包括数组和队列函数，队列消息处理器由3个部分组成：发送消息部分、队列消息部分及消息处理部分。生产者/消费者设计模式中的消费者就采用典型的用户界面处理器实现消息队列生成。

1. 采用字符串数组的队列消息处理器

这是早期LabVIEW版本提供的队列消息处理模式，它采用字符串数组组织消息队列。整体框架采用While循环与条件结构，通过“删除数组元素”函数分发消息。图6.31所示为采用字符串数组的队列消息处理器，当前消息位于数组索引0处，图中该函数未指定索引参数，表示采用默认值0。条件结构根据每次循环分发的消息通过条件分支进行相应的消息处理。在相应的条件分支，根据动作事件，再通过内层条件分支采用“创建数组”函数更新消息队列。如果数组元素采用簇结构描述消息，则可实现包括命令与数据的复杂控制信息的分发及处理。

2. 采用生产者/消费者模式的队列消息处理器

图6.31所示的队列消息处理模式采用一个循环结构，很紧凑，但是当消息处理较为耗时时将会不能适时分发消息。这时，可以采用生产者/消费者设计模式来构建一种结构更好的队列消息处理器。图6.32所示的采用生产者/消费者模式的队列消息处理器借鉴了生产者/消费者设计模式的多While循环结构，把消息生成/发送与消息提取/处理分离到不同的While循环。这种处理方式确保了消息的即时发送与处理。这个框架的消息采用簇结构，簇

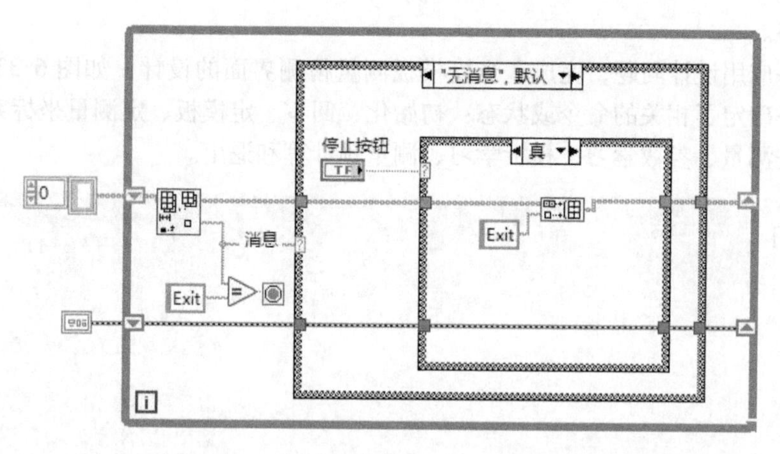

图 6.31　采用字符串数组的队列消息处理器

中的枚举类型数据表示命令，变体类型数据表示与命令相关的数据。

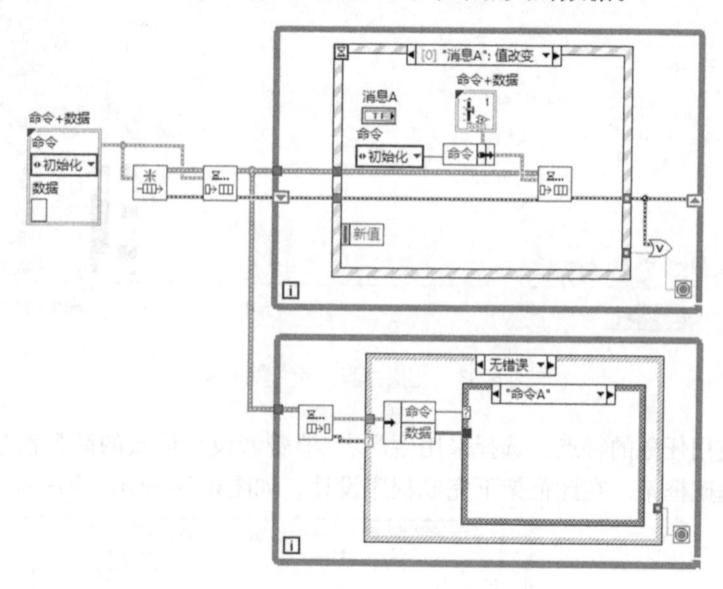

图 6.32　采用生产者/消费者模式的队列消息处理器

6.3　案例与设计模式处理

本节主要以一个实际案例讲述程序设计模式的确定及其对程序设计的重要性。应用问题描述如下：

光掩模板是用来在硅片上曝光/光刻集成电路导线图案的重要零件，其线宽的自动测量与检测是本程序的设计目标。线宽的测量采用与测量基准比对的方式实现。这里选择的测量基准采用具有纳米级精度的压电驱动微动平台的运动距离（由其运动指令控制）。同时，导线两个边缘的位置可进行图像处理提取（亚像素精度）。光掩模板的 DIE 图案是重复的，需要检测每个 DIE 里特定区域的导线线宽，为此需要采用宏动步进行定位与微动边缘定位的运动控制策略。

针对这一应用设计问题，完成了光掩模板测量检测界面的设计，如图 6.33 所示。根据测量检测任务确定了相关的命令或状态：初始化、回零、定模板、定测量坐标系、等待、宏步进、微步进测量、参数学习、模板学习、测量预计算和退出。

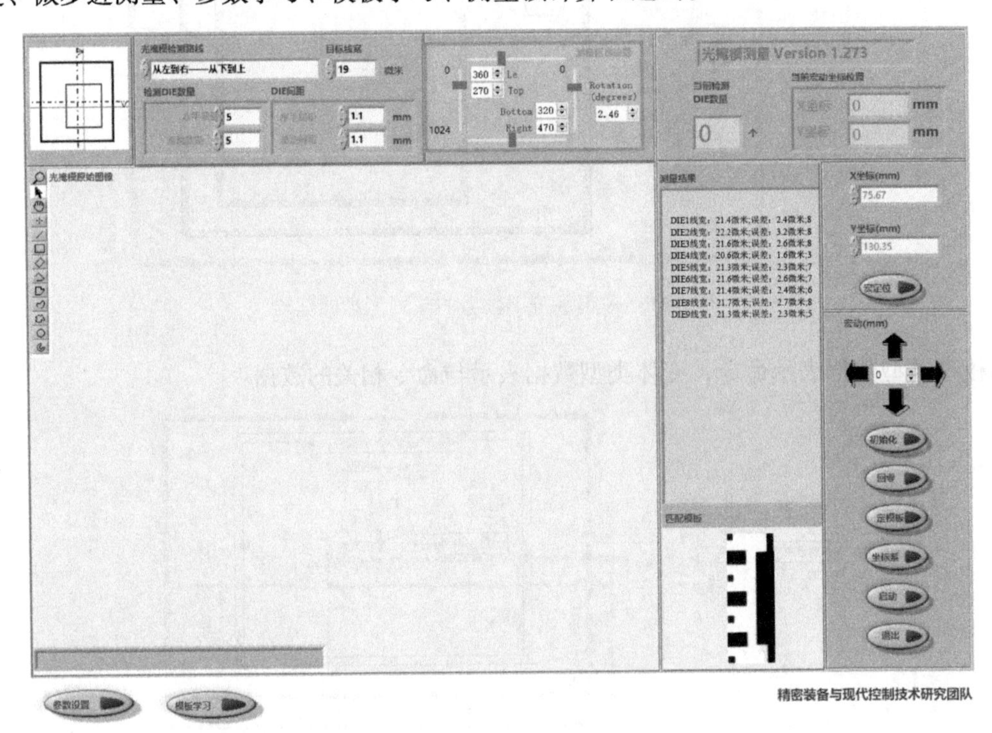

图 6.33　光掩模板测量检测界面

这里根据应用任务的特点，选择采用生产者/消费者设计模式的队列消息处理器结构作为整个程序的基础框架。在此框架下完成程序设计，如图 6.34 所示。第一个循环的循环体内

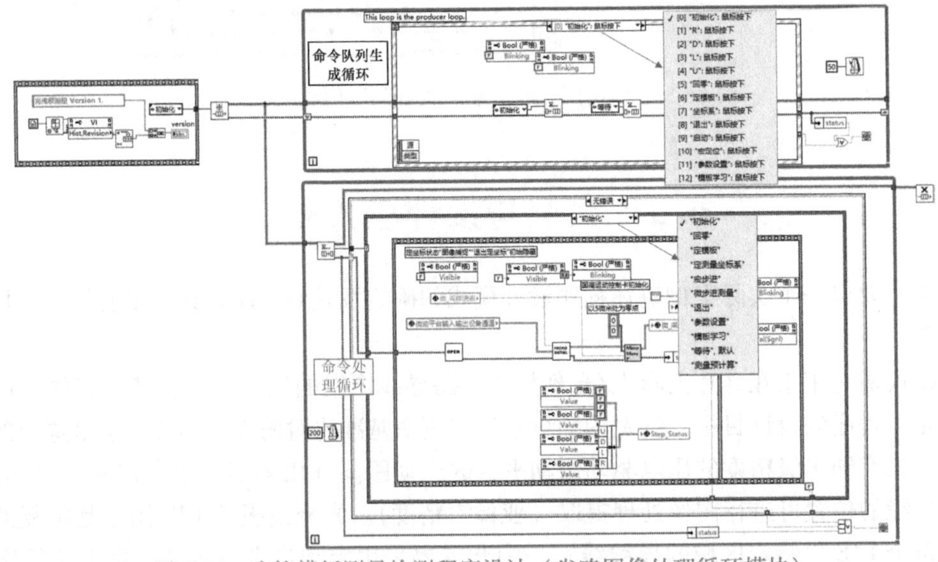

图 6.34　光掩模板测量检测程序设计（省略图像处理循环模块）

采用事件结构，通过队列操作完成相应界面操作对应的命令队列生成。第二个循环用于命令的处理。循环体内包括一个基于错误簇的错误处理结构和条件结构以处理各种命令。因此，通过该框架很好地把设计任务进行了分解。程序员可以专注于具体命令的实现上，减少程序逻辑错误产生的概率。为了便于理解，图 6.34 省略了图像处理循环模块。实际上，图像处理的主要任务是实现模板匹配与定位、导线轮廓边缘亚像素提取等。如果采用另一个 While 循环实现，则需要保证与命令处理循环的同步。

本 章 小 结

本章面向 LabVIEW 应用编程框架的实现与应用程序编程的需要，全面介绍了 LabVIEW 的程序错误处理结构模式、各种状态机设计模式、基本设计模式以及队列消息处理器模式，并用光掩模板线宽测量与检测应用的综合性案例展示 LabVIEW 程序设计模式的确定及程序设计的重要性。本章内容是学习与正确编写 LabVIEW 程序的重要知识点。

上 机 练 习

有限次测量也称定点测量，其按照指定的测量点数与采样时钟一次读取所有的测量值。有限次测量非常适合使用简单或标准状态机。这里假定已确定状态，即 Initialize、Wait for Event、Update UI、Configure、Acquire、Load Data、Save Data、Export Data、Clear Data、Analyze、Copy Graph 和 Exit，据此完成严格自定义类型枚举状态的创建，并采用简单状态机框架完成程序设计（可选择部分状态实现）。

思考与编程习题

1. 试归纳总结状态机设计模式，并比较各种实现框架的异同。

2. 通过对 LabVIEW 2018 状态机模块的拓展学习，完成图 6.35 所示的状态机设计与配置，并进行运行与调试练习。

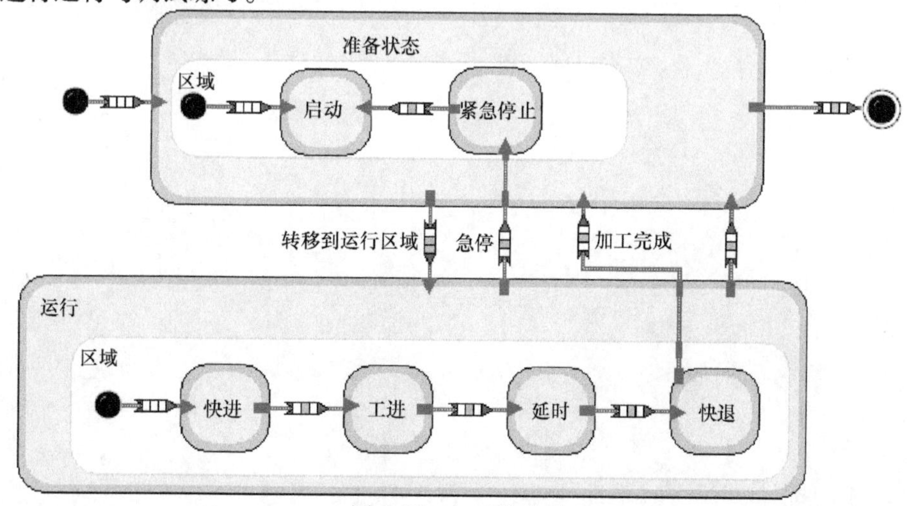

图 6.35　加工状态图

3. LabVIEW 提供的主/从设计框架采用通知类相关操作函数实现数据传递，如果采用全局变量实现主/从数据传递，但主循环没有发出数据，那么如何保证从循环的高效数据处理呢?

4. 根据自己参与的课外科研项目对程序设计问题进行分析，并选择恰当的设计模式，建立初步的程序框架。

参考文献

[1] BITTER R, MOHIUDDIN T, NAWROCKI M. LabVIEW Advanced Programming Techniques [M]. Boca Raton: CRC Press LLC, 2001.

[2] 汪建军，刘继光. LabVIEW 程序设计教程 [M]. 北京：电子工业出版社，2008.

[3] 阮奇桢. 我和 LabVIEW：一个 NI 工程师的十年编程经验 [M]. 北京：北京航空航天大学出版社，2009.

[4] 陈树学，刘萱. LabVIEW 宝典 [M]. 2 版. 北京：电子工业出版社，2017.

第7章 综合设计案例

在学习了 LabVIEW 图形化程序设计基础知识与编程技巧（第2~6章）后，本章将从 RS485 总线伺服驱动器的控制指令 VI 的编写以及基于状态机编程的洗车系统的实际设计案例出发，详细讲解实际问题的图形化程序设计方法与技巧。读者可以进一步融入已学的 LabVIEW 编程知识与技巧，培养实际的编程能力。

7.1 三洋伺服指令的串行通信

7.1.1 串行通信与操作方法

串口通信是广泛采用的通信接口，其包括 RS232（ANSI/EIA-232 标准）、RS422（EIA RS422-A 标准）和 RS485（EIA-485 标准），其接口如图 7.1 所示。RS422 与 RS485 都使用差分信号，而 RS232 使用非平衡参考地信号。因此，RS232 的传输距离在 15m 以内，而 RS485 可以远达 1200m。表 7.1 是 RS232、RS422 和 RS485 的技术参数汇总。

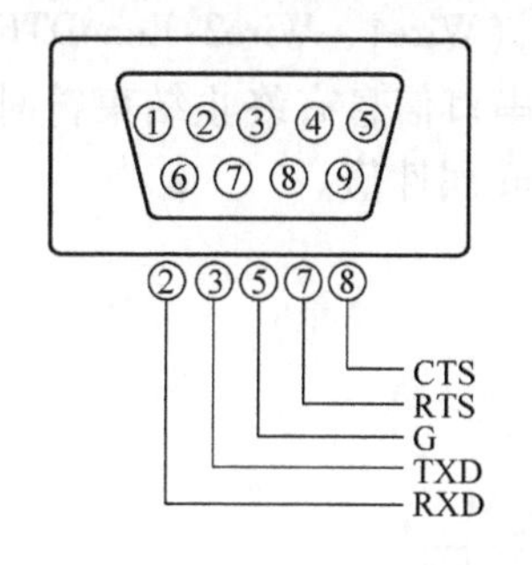

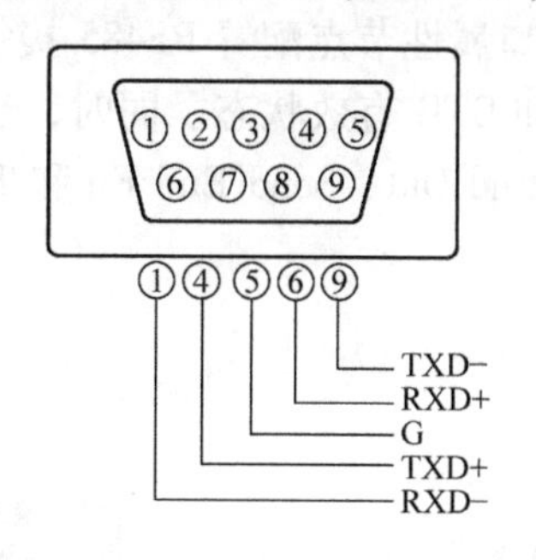

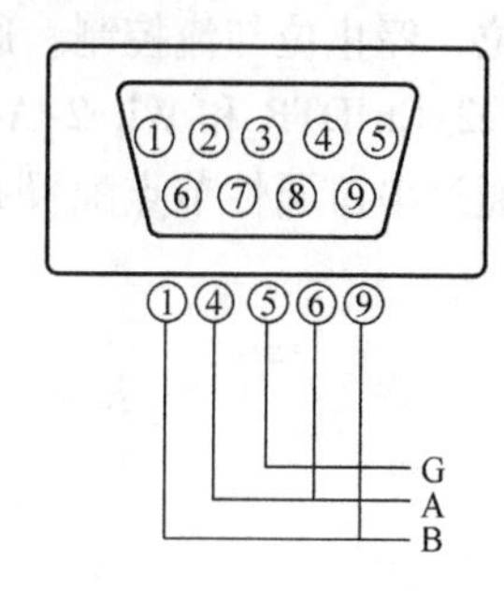

图 7.1　RS232、RS422 和 RS485 接口

表 7.1　RS232、RS422 和 RS485 的技术参数汇总

技术参数	RS232	RS422	RS485
工作模式	单端	差分	差分
发送/接收端数量	1Tx，1Rx	1Tx，10Rx	32Tx，32Rx
电缆长度（最大）	15m	1200m	1200m
传输率（最大）	20kbit/s	10Mbit/s	10Mbit/s

（续）

技术参数	RS232	RS422	RS485
Tx 载荷阻抗	3～7kΩ	100Ω	54Ω
Rx 输入灵敏度	±3V	±200mV	±200mV
Rx 输入电压范围	±15V	±7V	-7V～+12V
Rx 最大输入阻抗	3～7kΩ	4kΩ	≥12kΩ

串口通信前需要对波特率、数据位、停止位、奇偶校验位和流控制 5 个参数进行配置，且通信主从双方必须配置相同。串口通信参数的说明详见第 9 章。

LabVIEW 提供了串口通信函数（位于“数据通信”→“协议”→“串口”选板），如图 7.2 所示。

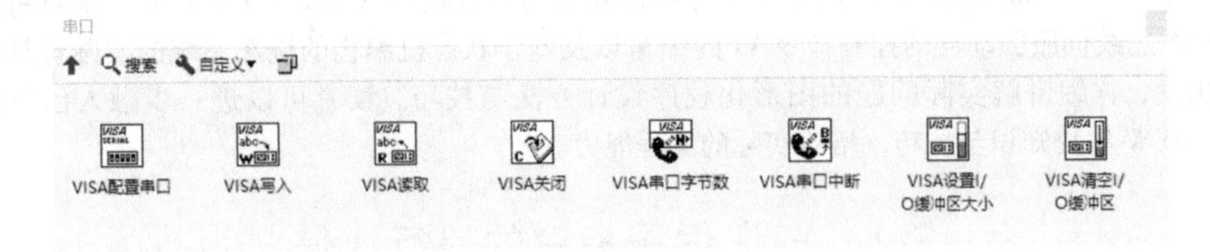

图 7.2　串口通信函数

图 7.3 所示是一个 RS485 通信的简单示例。程序中通过“VISA 配置串口 VI”配置串口。然后使用属性节点配置 RS 485 收发器模式和 DTR 状态。通过“VISA 写入”函数发送写入字符串，并使用“VISA 读取”函数读取响应，最后使用“VISA 关闭”函数关闭打开的串口资源。通过“VISA 配置串口”函数可以配置串口的波特率、数据位、奇偶校验位、停止位与流控制。通过串口属性节点配置 RS485 接线模式（Wire4、Wire2-EchoDTR、Wire2-CtrlDTR 和 Wire2-Auto）和 DTR 有效状态。同时，当写入串口信息有终止结束符时，可通过串口属性节点配置 ASRL End Out、Send End En 和 TermChar 属性值。

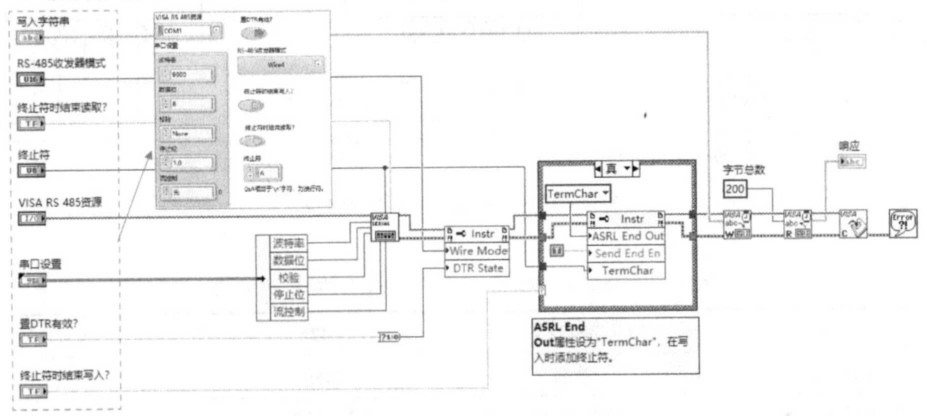

图 7.3　RS485 通信的简单示例

7.1.2　三洋直流 4 轴伺服驱动系统

SANYO DENKI 公司推出的三洋直流 4 轴伺服驱动器可通过 RS485（2 线半双工或 4 线

全双工）实现4个电动机的驱动控制，并且提供丰富的IO控制功能。可预先设定最大256个位置以及8个512线或256个16线预置程序，通过外部触发信号激活电动机运动。图7.4所示为三洋直流4轴伺服系统及其伺服驱动器的接线端口图。其从地址设定范围为0～FH，共16个可设地址，通过驱动器上的旋钮盘设定。RS485波特率可通过拨盘开关选定4种：9600、38400、115200和128000，其他串口通信参数如下。

- 数据位：8位。
- 奇偶校验位：偶。
- 停止位：1位。
- 从站数量：1～15。
- 数据格式：十六进制。
- 数据传送：LSB。

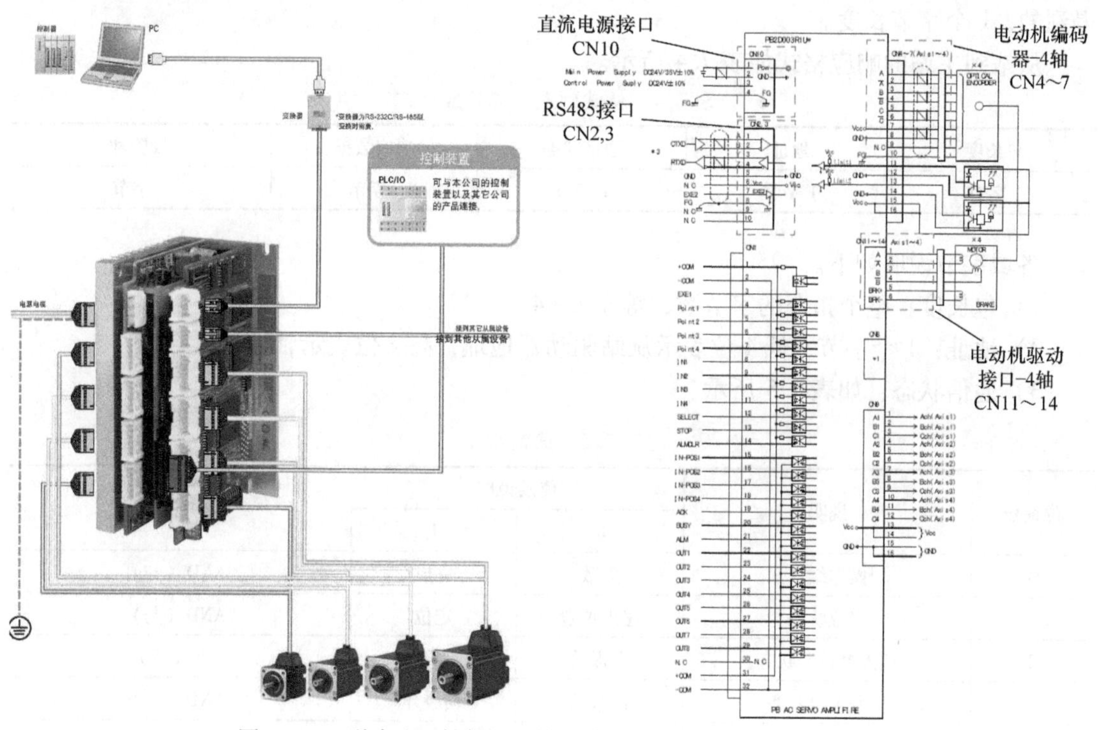

图7.4　三洋直流4轴伺服系统及其伺服驱动器的接线端口图

7.1.3　三洋伺服指令串行通信格式

1. 指令格式

串行通信需要按传送字符串传输，因此必须清楚其串行通信指令字节格式。主站到从站的指令格式如表7.2所示。

表7.2　主站到从站的指令格式

包长度	地址	指令代码	数据	校验和
1字节	1字节	1字节	n字节	1字节

各域字节说明如下。

1）包长度：整个指令的字节数，等于$n+4$。

2）地址：包含轴号与轴地址信息，1B 长度，其格式如表 7.3 所示。

表 7.3　地址域格式

bit7	bit6	bit5	bit4	bit3	bit2	bit1	bit0
轴 4	轴 3	轴 2	轴 1	驱动器地址			

在地址域中，高 4 位用来设定驱动器是否连接伺服电机，低 4 位用来指定驱动器地址，当低 4 位为 F 时，表示批指令。

3）指令代码：1 个字节，其中 0～1F 为系统指令，80 之后为 RD 指令。

4）数据：字节长度为 2 字节或 $2n$ 字节，具体长度根据不同指令要求而不同。Word 字格式为低字节在前，高字节在后。

5）校验和：校验和是除去指令字节信息中的检验位及字节后的所有字节数的低字节而得到的，1 个字节长度。

从站到主站的响应格式如表 7.4 所示。

表 7.4　从站到主站的响应格式

包长度	地址	通信状态	响应数据	校验和
1 字节	1 字节	1 字节	n 字节	1 字节

各域字节说明如下。

1）包长度：整个指令的字节数，等于 $n+4$。

2）地址：1 个字节，低 4 位表示从站驱动器地址，高 4 位表示轴选择。

3）通信状态：如表 7.5 所示。

表 7.5　通信状态

位编号	说明	值及说明		合并准则
		0	1	
0	操作结束	失败	完成	AND（与）
1	定位状态	超出位置	定位	AND（与）
2	放大器报警状态	无报警	报警	OR（或）
3	伺服上电状态	伺服关	伺服开	AND（与）
4	极限（软与硬界限）	无限位	有限位	OR（或）
5	指令错误	无错误	错误	—
6	停止控制状态	操作	停止	—
7	空	—	—	—

4）响应数据：至少 2 字节，具体根据指令要求而定。

5）校验和：除去指令字节信息中的检验和字节后的所有字节数的低字节，1 个字节长度。

2. 通信时序

为了后面编写指令 VI，需要明确 RS485 通信的时序图。这里仅列出半双工正常通信的时序图，如图 7.5 所示。

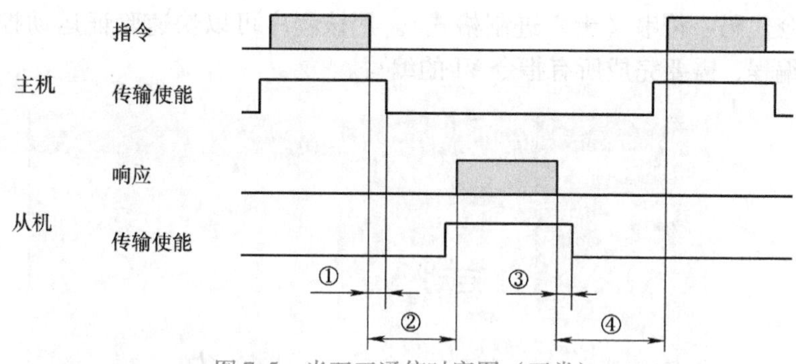

图 7.5 半双工通信时序图（正常）

图中标识的时间间隔说明如下。

① 为主站传输完成到主站 Transmission Enable 变为 OFF 的时间间隔 t_1，$t_1 \leqslant T_1$。

② 为主站传输完成到从站响应的时间间隔 t_2，$T_1 \leqslant t_2 \leqslant T_2$。

③ 为从站响应完成到从站 Transmission Enable 变为 OFF 的时间间隔 t_3，$t_3 \leqslant T_1$。

④ 为从站响应完成到主站下一次传输开始的时间间隔 t_4，$t_4 \geqslant T_1$。

T_1 可以设定为 $500\mu s \times 2^n$（$n = 0 \sim 7$），$T_2 = T_1 \times 2$，$T_3 = T_1 \times 4$。

3. 系统指令与运动指令

三洋伺服指令包括 System、Direct、Batch、Point/Program 和 RD 这 5 类指令。其中，System 类指令用于驱动器的数据存储/加载及参数设定，共 12 个指令。Direct 类指令是用于电动机运动控制的指令，共 32 个指令。Batch 类指令是用于 4 轴批处理运动控制指令。Point/Program 类指令是用于预存储点/程序的控制指令。RD 类指令是用于监测驱动器及各指令工作状态的读取指令。

这里仅介绍部分指令。

- 回参考位置指令（ORG. Mov3）。

指令代码：45（十六进制），数据域长度为 10 字节，用于指定相关的加减速度与速度参数。

- 绝对位置运动指令（ABS. Mov3）。

指令代码：44（十六进制），数据域长度为 10 字节，用于指定相关的速度与加减速度、绝对运动距离等。

- 相对位置运动指令（INC. Mov3）。

指令代码：42（十六进制），数据域长度为 10 字节，用于指定相关的速度与加减速度、相对运动距离等。

- JOG 运动指令（SCAN）。

指令代码：40（十六进制），数据域长度为 5 字节，用于指定相关的速度与加减速度指令。

- 放大器状态读指令（Status）。

指令代码：83（十六进制），数据域长度为 0 字节，返回数据域长度为 2 字节。

7.1.4 串行指令 VI

1. 指令测试程序

为了验证指令程序的正确性，编写指令测试程序，如图 7.6 所示。图 7.6 中给出了各代表性指令的指令代码字符串（十六进制格式）。用该程序可以快速验证运动控制的正确性。为了便于应用编程，需要完成所有指令 VI 的编写。

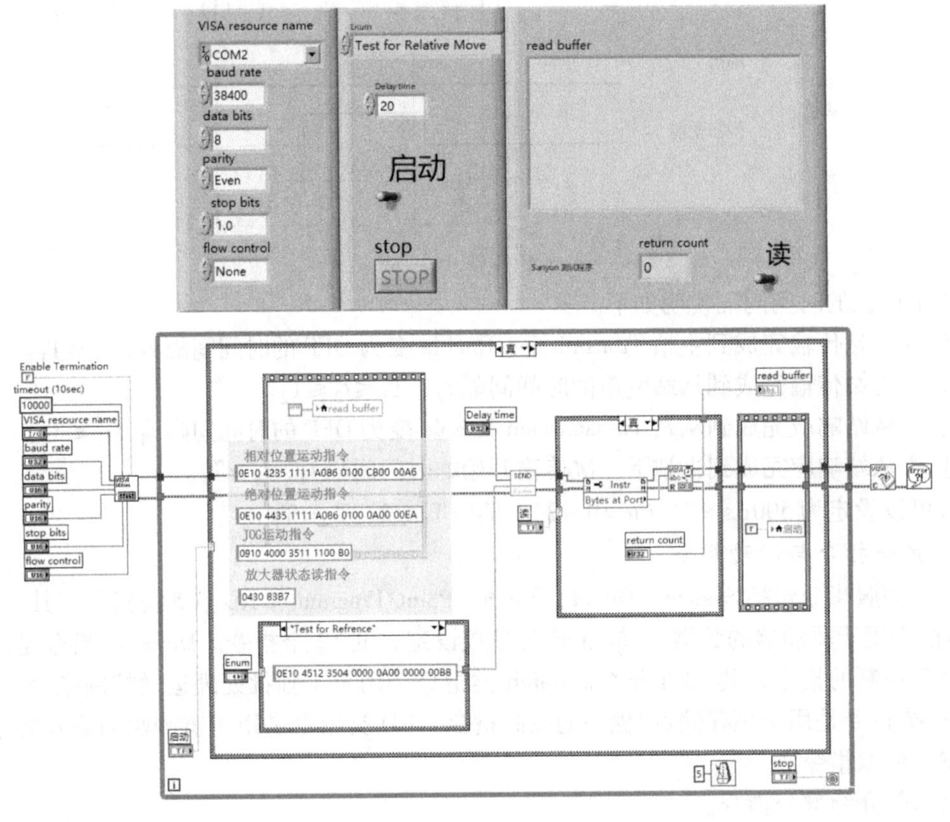

图 7.6　三洋伺服指令测试程序（前面板与框图程序）

2. 指令 VI

根据指令的输入/输出参数特点，设计了指令 VI 的图标与输入/输出端口，如图 7.7 所示。其中，Address 端口的数据结构如图 7.8 所示。

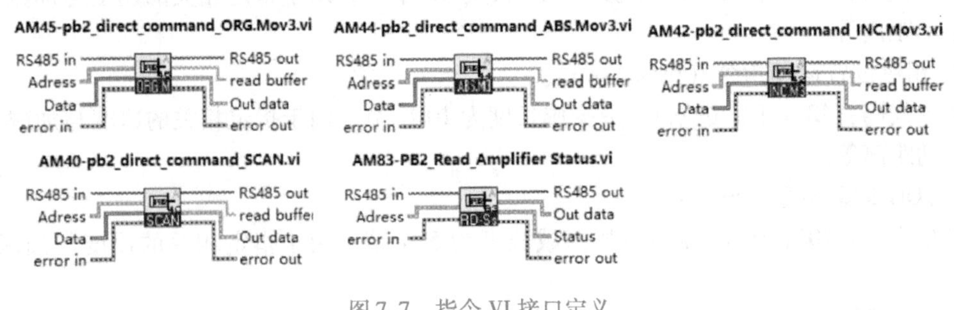

图 7.7　指令 VI 接口定义

显然，这些指令的输入/输出参数基本一致，主要的差异是 Data 端口对数据的要求不同。这里以绝对位置运动指令（ABS. Mov3）（AM44-pb2_direct_command_ABS. Mov3. vi）为例，讲述指令子 VI 的设计技巧。首先介绍输入参数 Address、Data 数据类型的确定。

Address 为 1 字节，且由轴选择与从站驱动器地址共同确定。为了便于 VI 的使用，Address 采用簇结构类型，包括 PB2 No. 轴号枚举类型变量和 Axis Sel. 轴选择簇变量（逻辑量）。为了在程序中自动生成 1 字节的字符串数据，子 VI 中需要实现数据的自动格式变换。为此，子 VI 中调用了另一个字节变换子 VI，其程序如图 7.9 所示。

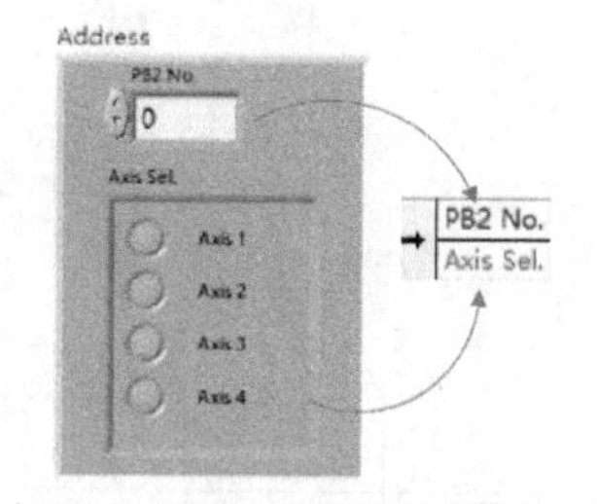

图 7.8 Address 端口的数据结构

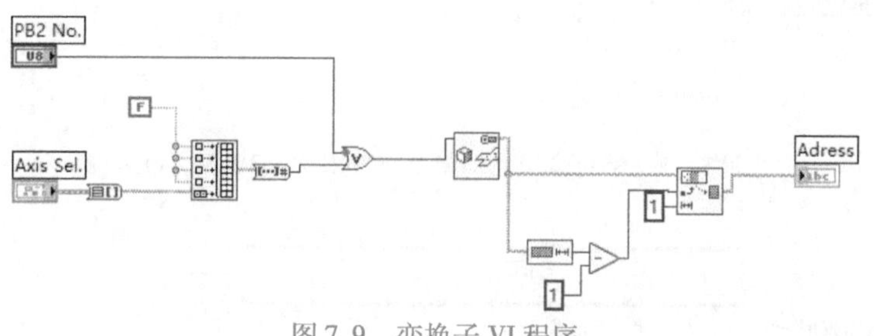

图 7.9 变换子 VI 程序

Data 为 10 字节，且遵循 LSB 字节顺序。为方便编程，Data 输入确定为簇结构类型，其结构元素包括 Speed（rpm）、acc（pm/ms）、dece（pm/ms）2、Abs. displacement（p）、HS. cur. lim、HS. M. Distance，分别代表速度（1 字节）、加速度（1 字节）、减速度（1 字节）、绝对位移（4 字节，字节顺序为低字节在前，高字节在后）、硬刹车电流极限（1 字节）、硬刹车滑动距离（2 字节，低字节在前，高字节在后）。程序需对输入的 U8、U16、U32 整型数据进行对应的字节变换（分别调用 1 字节变换、2 字节变换、4 字节变换子 VI），如图 7.10 所示。

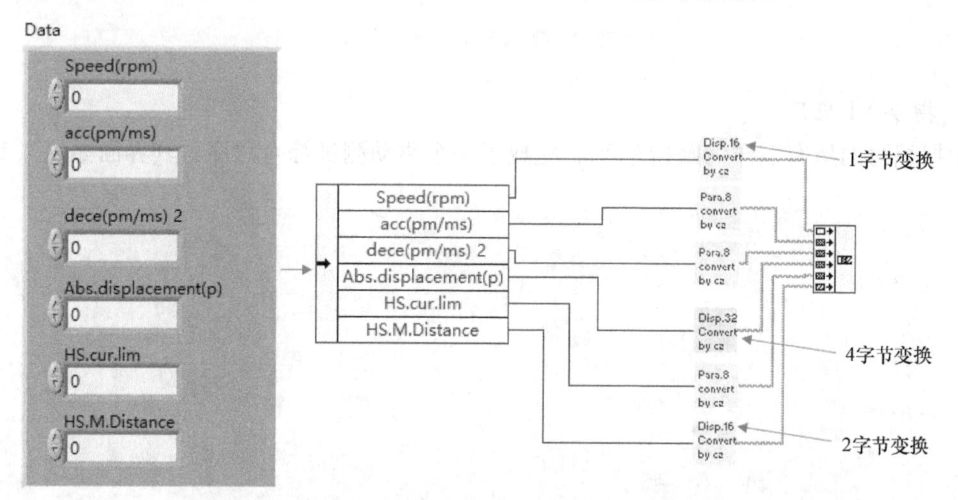

图 7.10 Data 数据的结构与字节数据变换

最后完成绝对位置运动指令（ABS. Mov3）函数输入/输出接口，并完成该指令子 VI 的编写，如图 7.11 所示。子 VI 按照指令说明，把指令以簇结构数据输入另一个 RS485 通信子 VI。该通信子 VI 完成指令的最终字节流数据的生成（包括合成指令代码 40H 及校验和生成），以及主站到从站的时序传输、状态读取的任务。该 RS485 通信子 VI 程序如图 7.12 所示。三洋伺服指令的其他指令 VI 的编写方法与该指令类型相似，就不一一讲述。

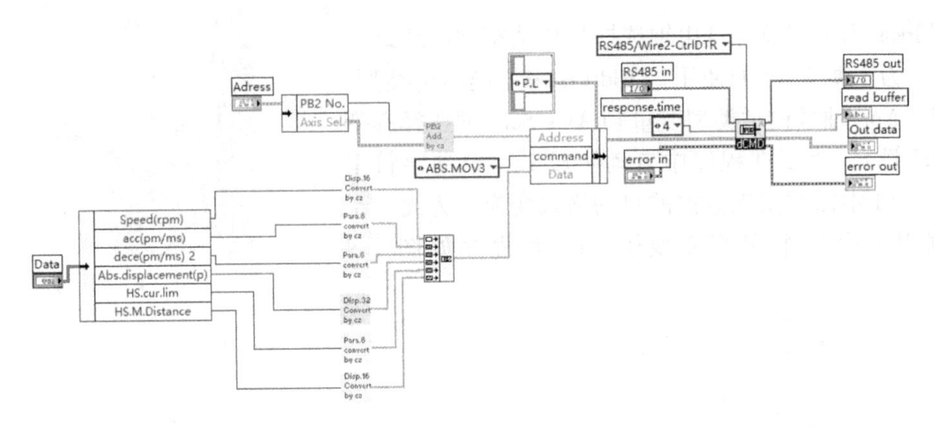

图 7.11　绝对位置运动指令（ABS. Mov3）VI 程序

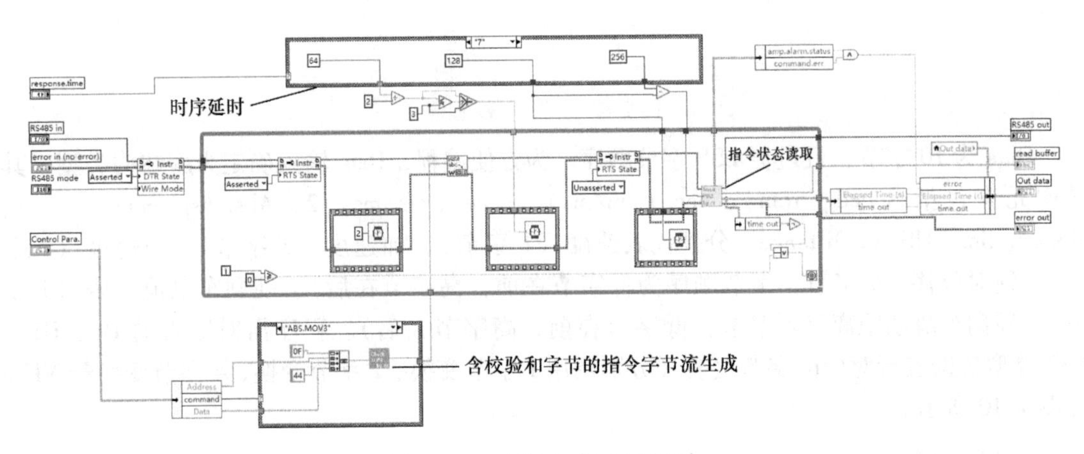

图 7.12　RS485 通信子 VI 程序

3. 指令 VI 应用

根据编写的所有三洋伺服指令 VI，完成了一个驱动测试综合程序，其界面如图 7.13 所

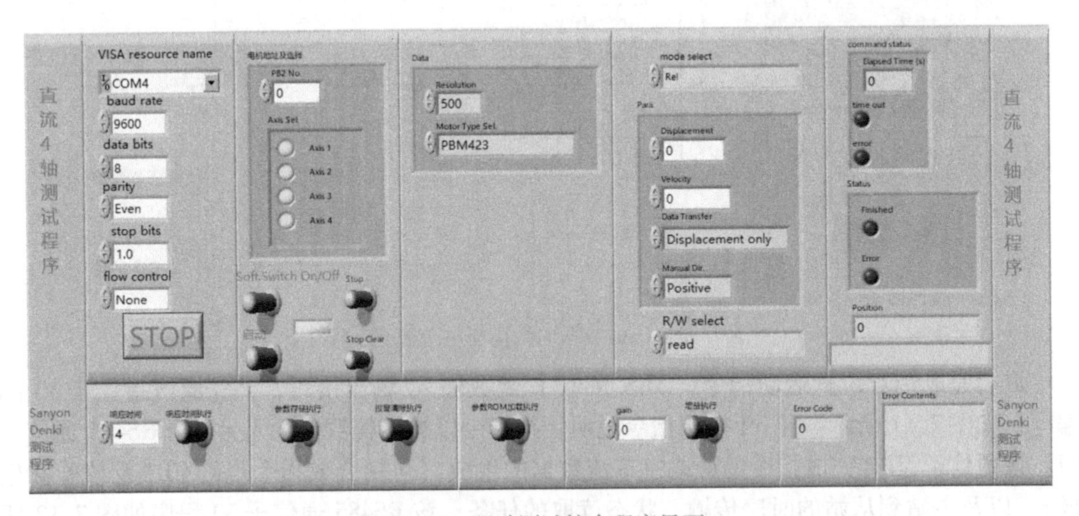

图 7.13　驱动测试综合程序界面

示。其中，为了更好地使用全套指令 VI，进一步编写了一个三洋伺服运动综合 VI，如图 7.14所示。图 7.14 中显示了两种相对位置运动的指令使用方法。

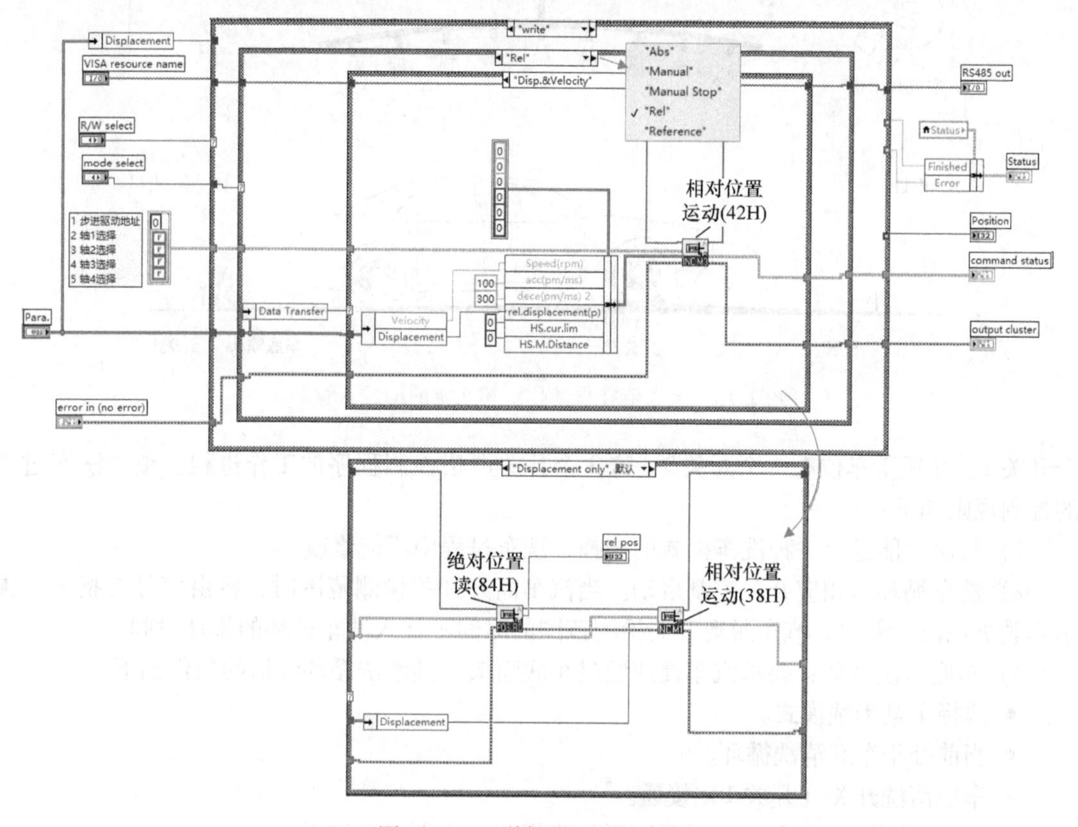

图 7.14　三洋伺服运动综合 VI

7.2　基于状态机编程的洗车系统

7.2.1　洗车系统功能与状态机描述

无人值守自动化洗车系统是一个典型的可用状态机描述的控制系统。为了详细地分析该系统，需要对其功能及状态机进行描述。

1. 功能描述

图 7.15 所示是无人值守自动化洗车系统的构成示意图。该系统仅通过喷水、风干完成洗车，不存在用刷子刷车的动作。整个洗车过程存在 5 个重要的洗车循环任务：冲洗车底（Under Body Wash）（10s）、喷洒泡沫（Soap Application）（5s）、高压水洗（Main High Pressure Wash）（5s）、清洁水洗（Clear Water Rinse）（5s）和车身风干（Air Dry）（10s）。可由车主选择两种洗车模式：豪华洗（Deluxe Wash）和经济洗（Economy Wash）。两种模式的循环任务配置如下：

豪华洗：冲洗车底→喷洒泡沫→高压水洗→清洁水洗→车身风干。

经济洗：喷洒泡沫→高压水洗→清洁水洗。

如图 7.15 所示，洗车区域的入口附近有一个开关 1 和车底喷头，在高压冲洗工位有一

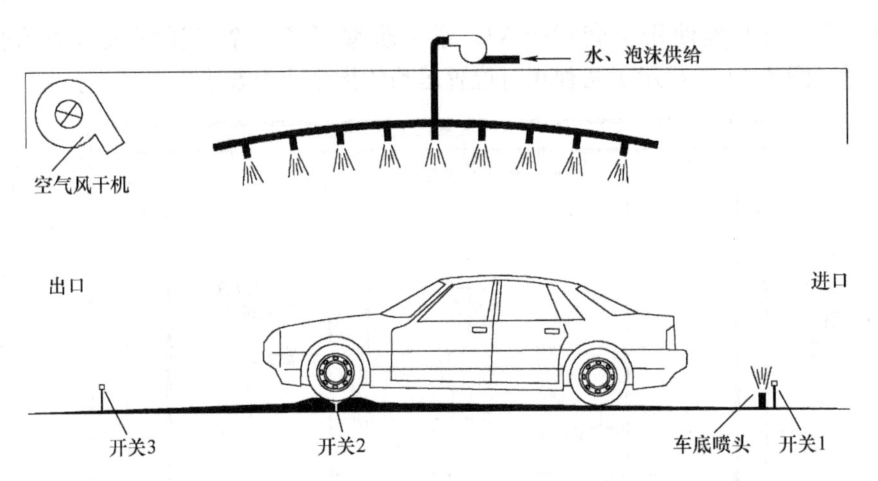

图7.15　无人值守自动化洗车系统的构成示意图

个开关2，在风干车位有一个开关3。这3个开关严格控制程序的工作进程。整个洗车过程的控制规则如下：

1）每次只能进行一种洗车模式的选择，洗车过程中不能修改。

2）洗车循环由相应开关控制启动。当汽车离开开关检测范围时，将由信号灯指示并提示驾驶员把汽车复位。汽车脱离开关检测范围的时间不计入洗车循环的累计时间。

3）车底清洗循环：要求汽车慢速经过车底喷头。其清洗循环激活的条件如下。

- 选择了豪华洗模式。
- 当前处于车底清洗循环。
- 车底清洗开关（开关1）接通。

该清洗循环将持续10s，完成后，系统将提示进入下一清洗循环。

4）主洗循环：包括喷洒泡沫、高压水洗、清洁水洗3个循环。该主洗循环要求汽车始终驻留在主洗循环位置（开关2接通）。主洗循环的3个子循环各自持续5s。如果汽车驶离主洗循环开关位置，系统将立即暂停清洗并提示汽车复位。同样，汽车脱离主洗循环开关检测范围的时间不计入洗车循环的累计时间。该清洗循环完成后，系统将提示进入下一清洗循环。

5）风干循环：通过位于出口附近的固定风干机吹干车身，要求汽车慢速通过风干口。其风干循环激活的条件如下。

- 选择了豪华洗模式。
- 当前处于车身风干循环。
- 风干位置开关接通（开关3）。

如果汽车驶离风干开关探测位置，系统将立即暂停清洗并提示汽车复位。同样，汽车脱离风干开关检测范围的时间不计入洗车风干的累计时间。该循环完成后，系统将允许下一辆汽车的清洗请求。

6）汽车必须在100ms内对急停信号与开关状态变化做出响应。其中，急停信号应终止程序运行。

2. 状态机描述

根据上述的洗车系统的功能描述，绘制图7.16所示的基于状态机实现的控制状态图。

显然，从状态起始端口开始有两个并行的分支。一个分支用于洗车控制的状态变化进程，另一个分支用于系统急停、错误任务，保证系统的可靠终止。

由于各清洗子循环的激活条件由开关信号、当前循环状态、持续时间决定，图7.16中的状态变换并不能完全反映这些细节。因此，确定状态机的主状态为Initialize、Wait、Lock Selector、Cycle、Unlock Selector和Shutdown，同时确定主状态Cycle的子状态为Underbody Wash、Soap Application、Main Wash、Rinse和Air Dry。在Wait主状态确定洗车状态序列（包括子状态序列）并处理切换Shutdown状态。为了保证100ms内响应错误与急停信息，各子VI均采用LabVIEW错误处理模式，确保快速进入Shutdown状态处理。

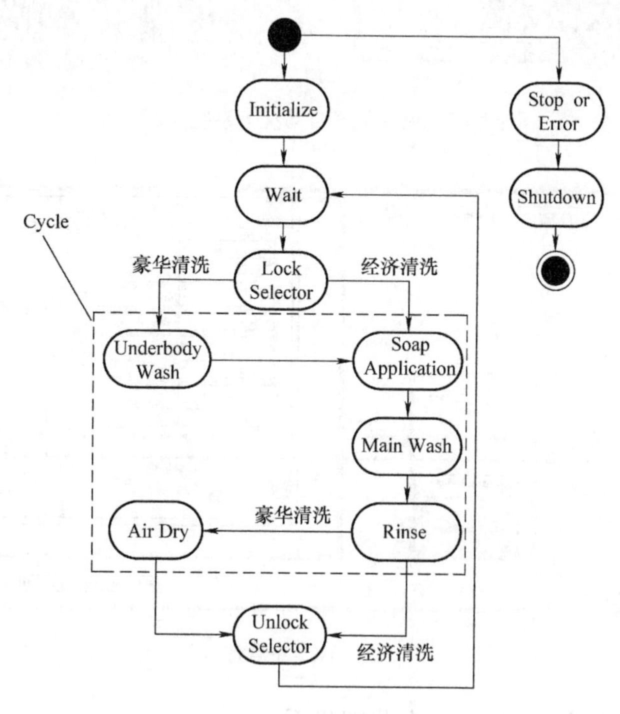

图7.16　自动洗车控制状态图

7.2.2　基于状态机的洗车系统实现

依照图7.16所示的控制状态图与功能描述，这里设计了无人值守自动洗车系统的控制界面，如图7.17所示。界面上的Car Wash Simulation Switches用来模拟图7.15中的3个车位置控制开关。界面中设置了6个指示灯，分别用来指示洗车当前循环即冲洗车底（Under Body Wash）、喷洒泡沫（Soap Application）、高压水洗（Main High Pressure Wash）、清洁水洗（Clear Water Rinse）和车身风干（Air Dry），以及指示汽车脱离当前清洗位置的指示灯Vehicle Out of Position。

图7.18所示是对应的主程序。如图7.19所示，程序中采用含定义状态的簇结构作为状态机数据，该簇结构包括3个数据元素：主状态、子状态以及子状态持续时间。状态机主状态采用严格自定义枚举类型，并定义为Initialize、Wait、Lock Selector、Cycle、Unlock Selector和Shutdown。子状态为状态Cycle的子状态，为字符串数据类型，可以定义为Underbody、Soap、Main Wash、Rinse和Air Dry。子状态持续时间为双精度浮点型数据。为了实现图

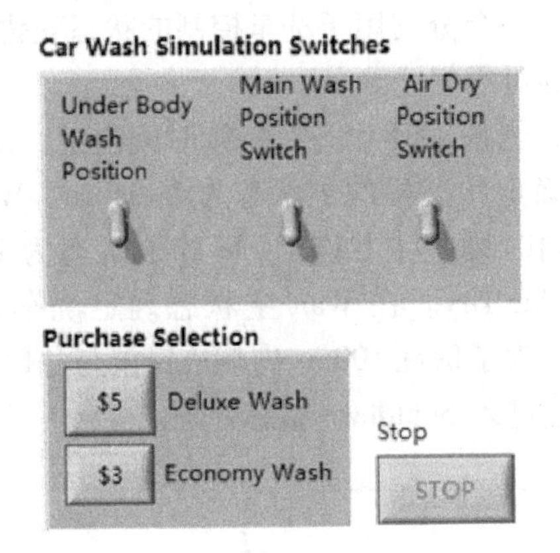

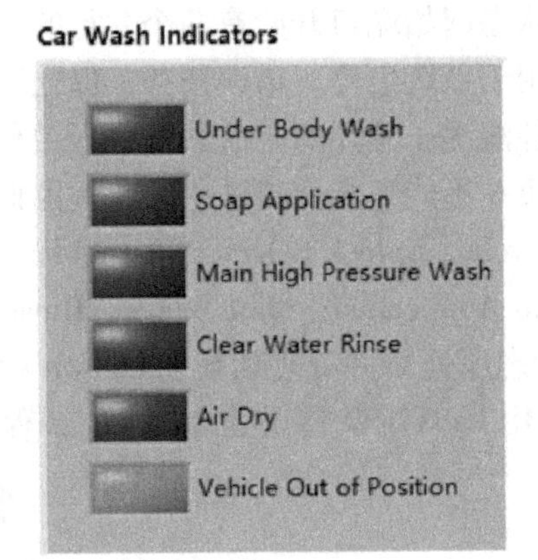

图 7.17　无人值守自动洗车系统控制界面

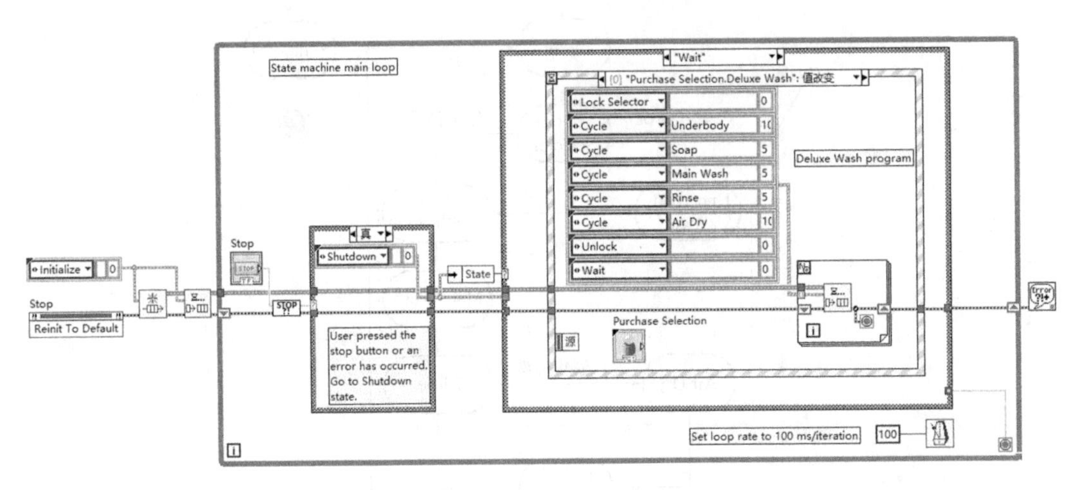

图 7.18　主程序

7.16 中起始端点的并行分支控制，在状态机循环结构内及状态机条件结构外，放置一错误簇条件结构。通过该错误处理结构的错误处理，保证可以在 100ms 时间内进入 Shutdown 主状态。主程序状态机采用队列信息处理的模式实现。

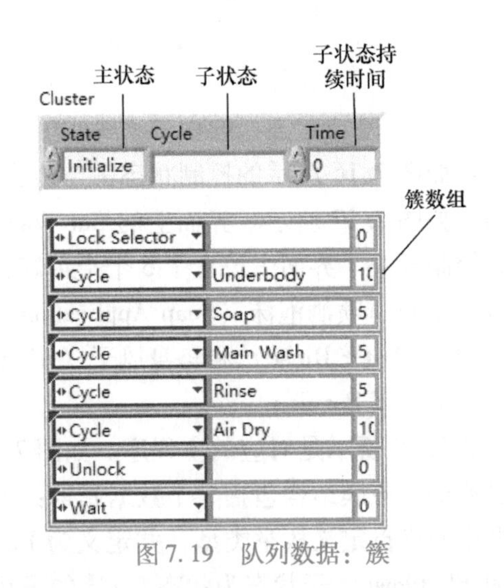

图 7.19　队列数据：簇

各状态的处理介绍如下：

1）Initialize 主状态。如图 7.20 所示，该状态处理分支，调用“元素入队列”函数把状态“Wait”与“Unlock Selector”依序压入队列。同时，对界面控件“Switches”和“Indicators”初始化为默认值（使用控件右键弹出菜单中的“创建”→“调用节点”→“重新初始化为默认值”菜单项创建控件调用节点；或者通过“调用节点”函数 App 方法 的右键弹出菜单的菜单

项“链接至”选择控件，再选择函数“方法”为“重新初始化为默认值”)。

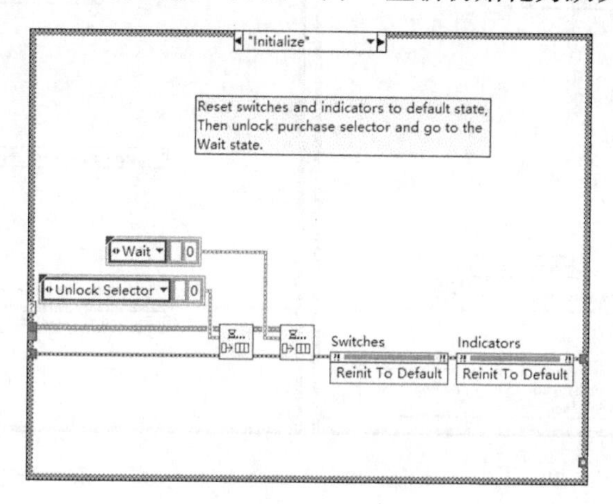

图 7.20 Initialize 主状态

2）Wait 主状态。如图 7.18 及图 7.21 所示的条件分支，采用事件结构处理 Wait 主状态下的事件。该结构处理的事件包括 3 种：Purchase Selection. Deluxe Wash、Purchase Selection. Economy Wash 和 Stop 的值改变事件。Purchase Selection. Deluxe Wash、Purchase Selection. Economy Wash 的值改变事件分支都包含对队列簇元素的 For 循环索引提取与元素入队列操作。For 循环打开了循环终止端口，用于进行及时的错误簇处理。

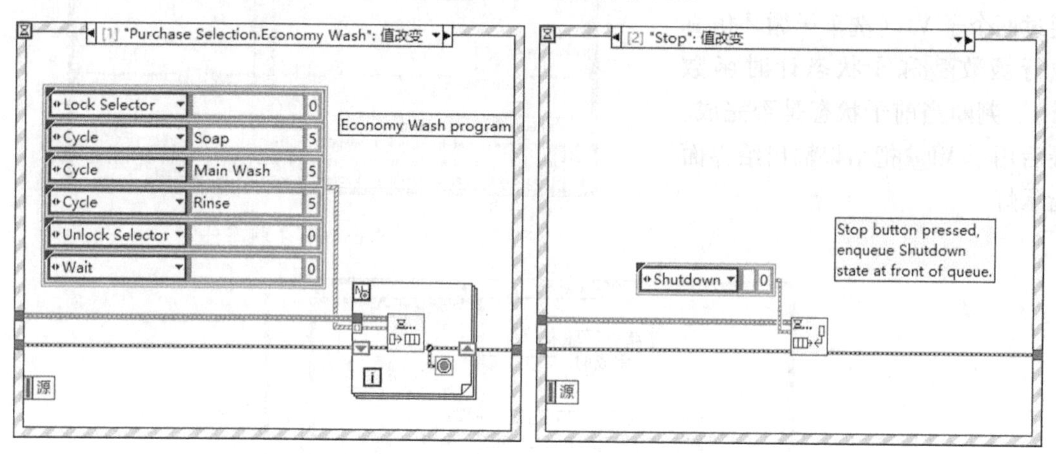

图 7.21 Wait 主状态中的事件结构分支

3）Lock Selector 和 Unlock Selector 主状态。如图 7.22 所示，Lock Selector 状态分支屏蔽 Purchase Selection 模式选择操作，同时调用子 VI 重置清洗循环计时器。如图 7.22 所示，Unlock Selector 状态分支使能 Purchase Selection 控件操作，并将其设置为默认值。

4）Shutdown 主状态。如图 7.23 所示，Shutdown 主状态分支关闭状态信息队列，使能 Purchase Selection 控件操作，并将界面控件均设置为默认值。

5）Cycle 主状态。如图 7.24 所示，通过调用 Car Wash Cycle Cluster 子 VI 及其输入参数（状态信息队列引用、开关信息），完成 Cycle 主状态下子状态的循环运行。若当前子状态清洗循环未完成，将通过调用“队列最前端插入元素”函数把当前子状态队列信息压

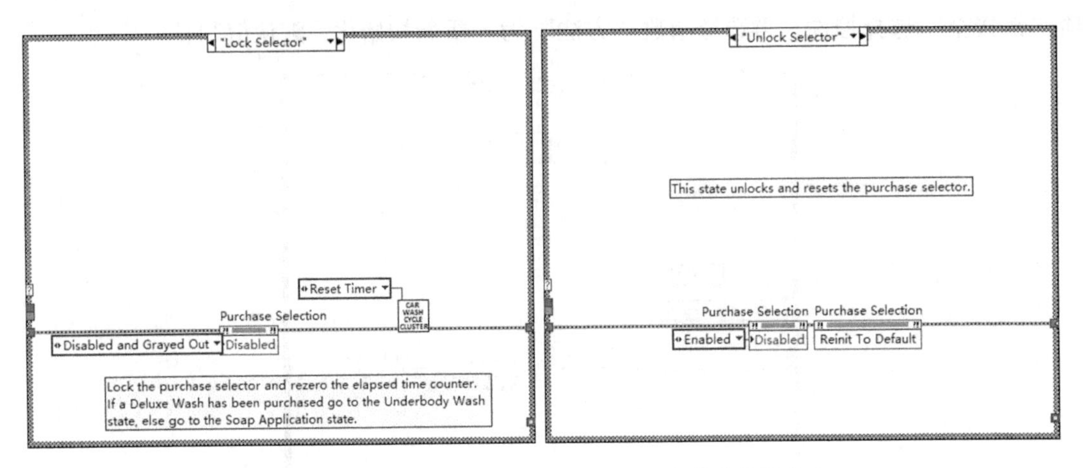

图 7.22　Lock Selector 和 Unlock Selector 主状态条件分支

入队列信息首部。这样将保持当前子状态的运行，直到其完成为止。图 7.25 所示是 Car Wash Cycle Cluster 子 VI 的框图程序。其主要功能是根据 Switches 开关的当前状态以及子状态运行计时，通过两个子 VI（洗车子循环仿真执行函数和子状态计时函数），判断当前子状态是否完成。最后用子 VI把结果输出给界面指示灯。

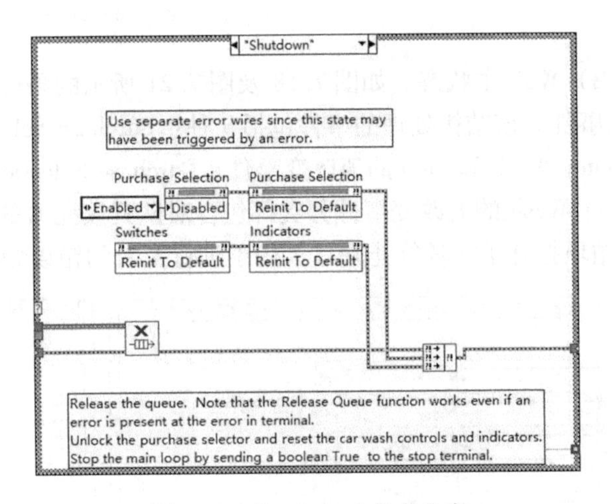

图 7.23　Shutdown 主状态分支

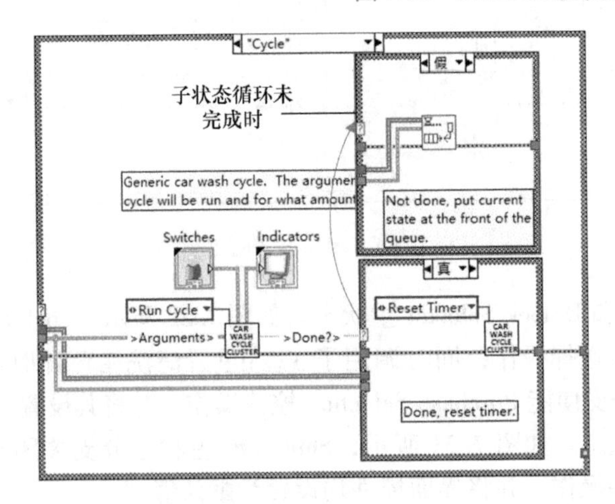

图 7.24　Cycle 主状态分支

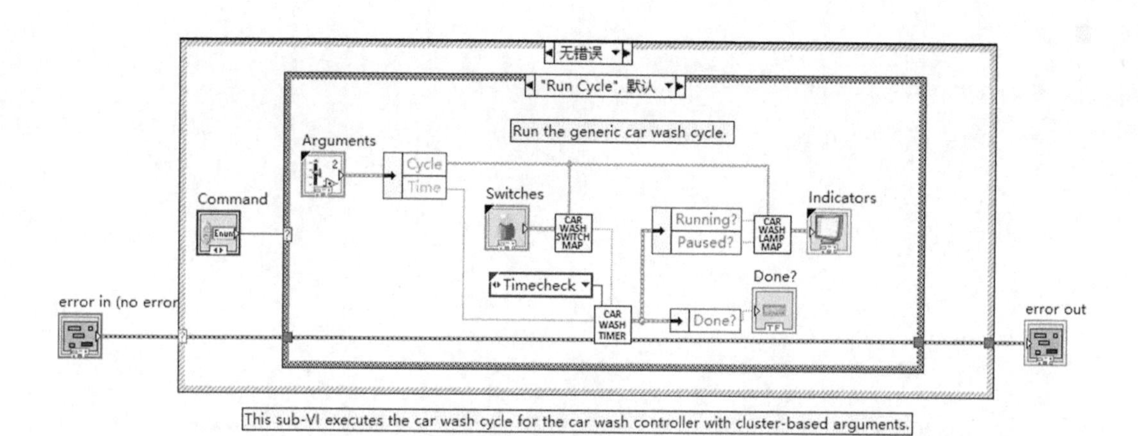

图 7.25 Car Wash Cycle Cluster 子 VI 框图程序

本章小结

本章通过两部分展示典型工程问题的设计方法与技巧。一部分是三洋伺服指令的串行通信，另一部分是基于状态机编程的洗车系统。通过这两部分，读者可以在串行通信、状态机编程的应用上有所认识与提高。

上机练习

在第 5 章上机练习所完成的示波器界面的基础上，分析示波器的功能，选择并确定示波器程序的主体程序架构，并以 NI 数据采集卡、硬件模块、NI 仿真数据采集卡或计算机声卡为模拟信号采集前端，完成虚拟示波器的设计与调试。

思考与编程习题

1. 试参考本章给出的三洋直流伺服驱动绝对位置运动指令（ABS. Mov3）子 VI 及指令手册，完成其他至少 5 个指令子 VI 的编写。

2. 试用状态图模块完成本章洗车控制系统的状态图设计，并完成相应的洗车控制程序。

参考文献

[1] BRESS T J. Effective LabVIEW Programming [M]. Austin: NTS Press, 2013.

[2] SANYO DENKI. CLOSED LOOP STEPPING SYSTEM PB R – type (PB4A002R30 *) Instruction Manual (RS485 + PIO) [EB/OL]. [2020 – 08 – 19]. https://db.sanyodenki.co.jp/downfile/products_e/sanmotion/manuals/sanmotion_pb.html.

[illegible]

本章通过[illegible]实例[illegible]设计[illegible]方法[illegible]。[illegible]

[illegible]

[illegible]结合[illegible]，[illegible]以 NI [illegible]，[illegible]

[illegible]

1. [illegible] ABB [illegible]。

2. [illegible]。

[1] TRAVIS J, KRING J. LabVIEW for Everyone[M]. [illegible]: NI Press, 2013.

[2] SANYO DENKI. CLOSED LOOP STEPPING SYSTEMS [illegible] Instruction Manual [illegible] [EB/OL]. [illegible] 2020 [illegible]. https://www.sanyodenki.co.jp/[illegible]_pb.html.

高级应用篇

第8章 Arduino与LabVIEW嵌入式编程

8.1 Arduino 基础与开发平台

8.1.1 Arduino 基础

Arduino 诞生于意大利的一所交互设计学院，设计之初的目标为开发一种快速制作原型的微控制器，并为没有电子和编程背景的学生提供便于使用的选项。经过多年发展，Arduino已成为开源电子平台的代表，其主要由 3 部分组成：硬件控制器板卡、基于 Processing/writing 的集成开发环境（Integrated Development Environment，IDE）和开源社区。由于淡化了微控制器底层硬件相关知识，并且拥有活跃的开源社区，Arduino 的出现极大地拉近了微控制器与非电子专业人员之间的距离，使得不同专业背景的科技爱好者可以快速上手，对自己熟悉的应用或者想法进行电控实现。自 2005 年第一款 Arduino 控制器被推出以来，在设计团队和开源社区应用需求的共同推动下，至今已有系列产品被推出，包括 UNO、DUE、LEONARD、MEGA2560、MINI、NANO 等数十种。

作为 Arduino 系列产品中的标准版，UNO 的价格相对便宜且拥有丰富的接口与功能，因此在实际中应用广泛。当前，Arduino UNO 的最新发行版本为 R3。本章也将选用 Arduino UNO R3 版本作为实物案例。图 8.1 所示为 Arduino 原厂 UNO R3 控制板及其主要硬件资源

图 8.1　Arduino UNO R3 控制板及其主要硬件资源分布

分布，表8.1列出了 Arduino UNO 板卡的主要技术参数。

表8.1 Arduino UNO 板卡的主要技术参数

主要技术参数	具体指标	备注信息
微控制器	ATmega328P	8位微控制器
工作电压	5V	可使用 USB 供电或外接电源
推荐输入电压	7~12V	无
极限输入电压	6~20V	无
数字 I/O 引脚	14个	编号为0~13
PMW 通道	6个	3、5、6、9、10、11号，可输出 8bit PWM 波
模拟输入通道	6个	编号 A0~A5
I/O 直流输出能力	20mA	无
3.3V 端口输出能力	50mA	无
Flash	32KB	引导程序占用0.5KB
SRAM	2KB	相当于计算机内存，断电后数据丢失
EPRROM	1KB	只读存储器，断电数据不丢失
时钟频率	16MHz	无
通信接口	UART、TWI、SPI	UART 为 ATmega328P 内置串口、A4 和 A5 可用于 TWI 通信、10~13 可用于 SPI 通信

8.1.2 Arduino 开发平台

为了使用 Arduino 开发板上面的各种硬件资源，必须首先搭建对应的软件开发平台，即安装 ArduinoIDE。ArduinoIDE 可在 Arduino 官网进行下载，本书成稿时的最新版本为1.8.12，如图8.2所示，对于 Windows 系统，当前有多种安装方式可供选择，通常选择非管理员权限安装版（图8.2）。下载完成后，对其进行解压缩，双击 arduino. exe 便可运行 IDE。连接 Arduino 微控制板到安装 IDE 的计算机后，可通过 IDE 软件为微控制板上传程序或与微控制板相互通信。

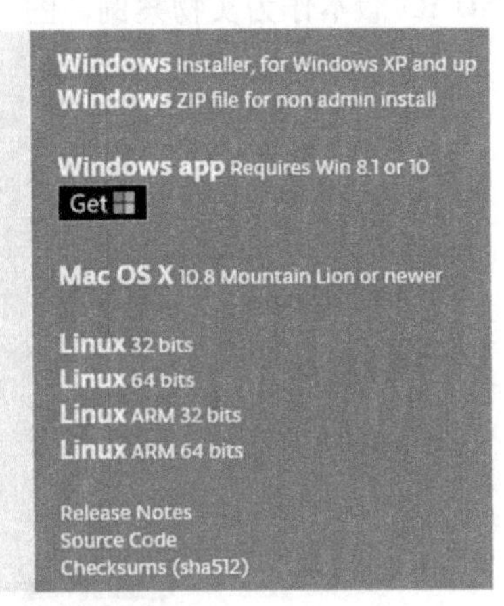

图8.2 ArduinoIDE 的安装方式界面

图 8.3a 展示了 ArduinoIDE 的启动界面。图 8.3b 所示为启动后的 IDE 软件初始界面，可分为 4 个区域，分别为菜单栏、工具栏、代码编辑区和状态区。其中，菜单栏包含 5 个菜单，依次为文件、编辑、项目、工具和帮助；工具栏包含 6 个按钮，依次为验证、上传、新建、打开、保存和串口监视器；状态区的主要作用为显示程序编译和上传过程中的相关信息，如程序存储空间等。

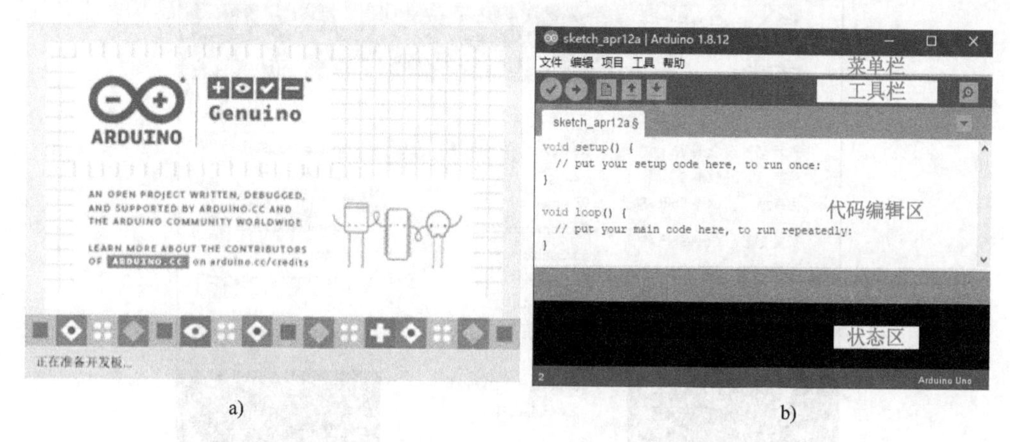

图 8.3 ArduinoIDE 启动界面及启动后的初始界面

a）启动界面 b）初始界面

为便于快速熟悉 IDE 软件，下面对软件中的常用功能做简单介绍。

（1）通用功能设置

选择“文件”→“首选项”菜单项（快捷键：<Ctrl+，>）进入“首选项”对话框，从中可对软件中的一些通用功能（如项目文件夹位置、字体大小和语言等）进行设置，如图 8.4 所示。

首选项
设置 网络
项目文件夹位置
C:\Users\Hans\Documents\Arduino 浏览
编辑器语言 System Default （需要重启 Arduino）
编辑器字体大小 12
界面缩放： ☑自动调整 100 % （需要重启 Arduino）
Theme: Default theme （需要重启 Arduino）
显示详细输出： ☐编译 ☐上传
编译器警告： 无
☐显示行号 ☐启用代码折叠
☑上传后验证代码 ☐使用外部编辑器
☑启动时检查更新 ☑当验证或上传时保存
☐Use accessibility features
附加开发板管理器网址：
在首选项中还有更多选项可以直接编辑
C:\Users\Hans\AppData\Local\Arduino15\preferences.txt
（只能在 Arduino 未运行时进行编辑）
好 取消

图 8.4 “首选项”对话框

(2) 内置应用示例

为了方便使用 Arduino 开发板上的硬件资源，安装后的 ArduinoIDE 中内置了很多应用示例，包括基础、数字、模拟、通信、控制、传感器、显示等示例，如图 8.5 所示。

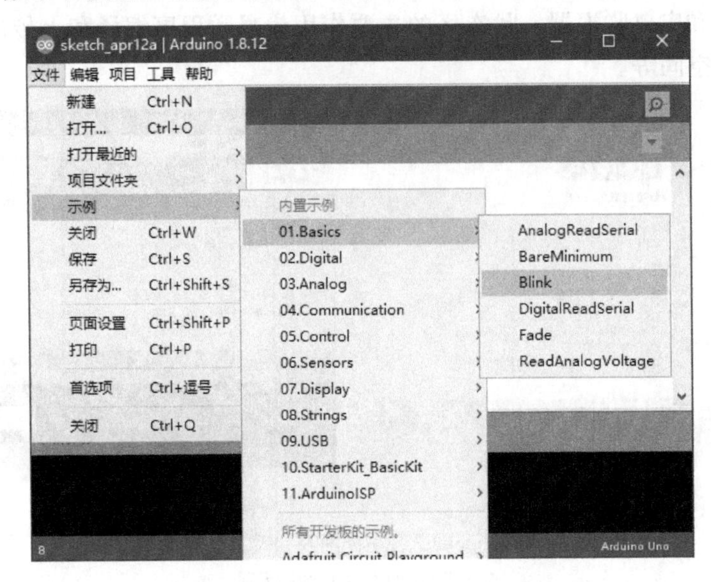

图 8.5 ArduinoIDE 中内置的应用示例

(3) 库添加与管理

为了使用 ArduinoIDE 实现控制板与其他外围硬件之间的交互（如传感器数据采集、电动机控制、数据处理等），控制板与外围硬件之间的底层交互代码必不可少。为了降低开发难度、提高开发效率，设置了很多开源库。在实际应用中，对于系统库之外的第三方库，开发者可通过图 8.6 所示的“管理库”菜单项和“添加 ZIP 库”菜单项进行管理和添加。选定某个添加的库之后，将在程序代码开头以#include < >的方式添加一个或多个库文件到项

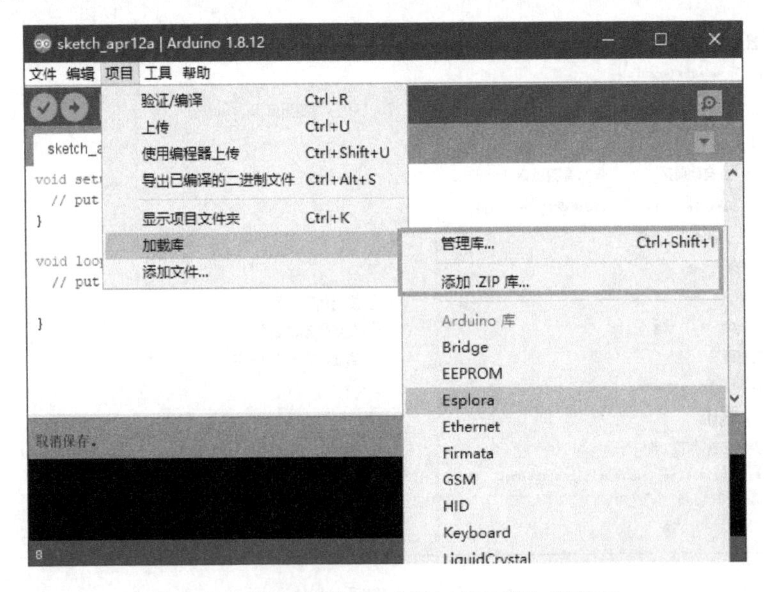

图 8.6 “管理库”与“添加 ZIP 库”菜单项

目中。需要指出的是，库将随着程序的上传而烧录到控制器之中，进而增加内存占用量。因此，对于代码中无须使用的库，需要及时删除对应的头文件包含语句。

（4）端口及开发板选择

选择“工具”→“端口”菜单项，可以观察当前计算机上所有的串口设备（包括真实和虚拟串口设备），如图 8.7a 所示。选择“工具”→“开发板”菜单项，可以选择相应的开发板版本，图 8.7b 列出了部分支持版本。选择开发板有两个作用：设定编译或上传程序时的参数（如 CPU 的速度和波特率），以及设定上传引导程序时的文件以及熔丝位。

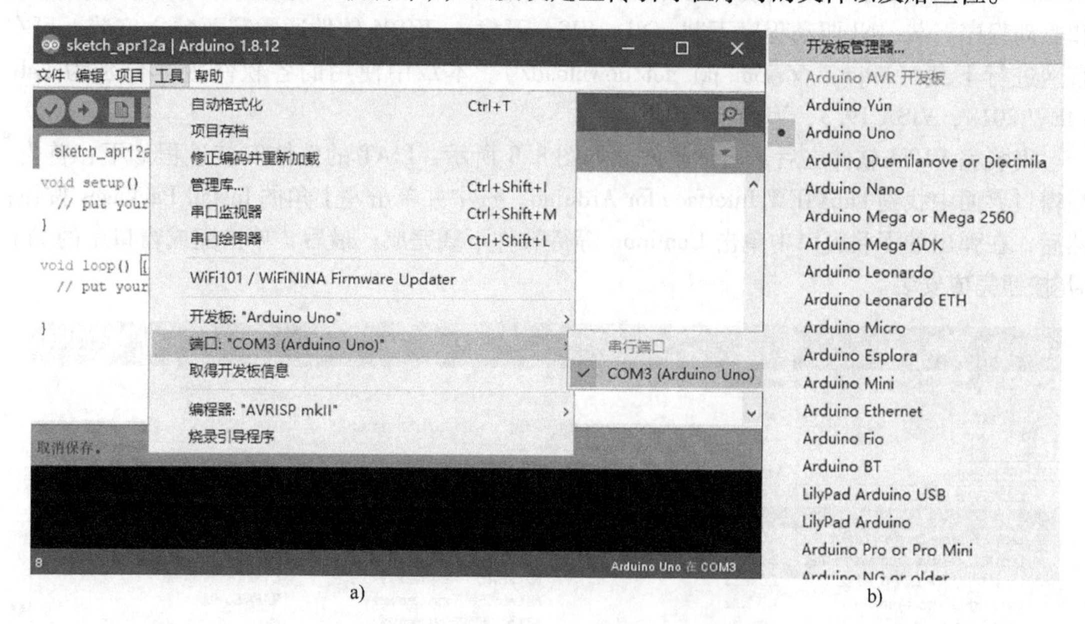

图 8.7 ArduinoIDE 中的“工具”→“端口”菜单项及部分开发板版本

a）“工具”→“端口”菜单项 b）部分开发板版本

（5）帮助

选择 IDE 软件中的“帮助”菜单，可以在未联网的情况下查询与 ArduinoIDE 相关的各类文档，主要包括入门（Getting Started）文档、IDE 环境简介、故障排除指南和 Arduino 编程语言语法定义等。这些文档对于快速了解 IDE 非常有帮助。

8.2 Arduino 与 LabVIEW 的通信与连接

8.2.1 基于工具包的快速通信与连接

1. 基于 LIAT（LabVIEW Interface for Arduino Toolkit）的快速通信

（1）LIAT 简述

LIAT 是美国国家仪器（National Instrumentation，NI）公司为 Arduino 开发板配套开发的工具包。通过 LIAT，开发者可以快速、便捷地实现 LabVIEW 软件与 Arduino 开发板之间的交互与信息传递。

理论上，LIAT 只需要 LabVIEW 编程，而不需要 Arduino 编程，因此适合熟悉 LabVIEW 编程而不懂 Arduino 编程的用户。然而，在 Arduino 的众多不同型号的开发板中，经过 LIAT

工具包官方测试，全面支持的型号只有 Arduino UNO 和 MEGA2560。对于其他型号的开发板，需要自行测试使用。此外，虽然 LIAT 中包含的库函数达到了一百多种，但对于实际应用来说数量仍然有限，因此其使用存在一定的局限性。

（2）LIAT 的安装

为了安装及使用 LIAT，计算机上需预装如下软件：LabVIEW、NI－VISA（虚拟仪器软件架构）和 NI－VIPackageManager（VIPM，软件管理工具）。其中，NI－VISA 可在安装 LabVIEW 软件时选择同时安装，也可以在 NI 官网单独下载安装（NI 官网→技术支持→软件和驱动程序下载→NI 驱动程序下载→NI－VISA 下载）；VIPM 软件通常需要独立安装，可在官网进行下载（https：//vipm. jki. net/download/）。本章中使用的各软件版本分别为 LabVIEW 2018、VISA 19. 5、VIPM 2019。

安装完 VIPM 软件之后，启动软件。如图 8. 8 所示，LIAT 的整体安装过程如下：首先，在窗口界面中找到 LabVIEW Interface for Arduino，选中并单击左上角的 Install Packages 按钮；然后，在弹出的下载窗口中单击 Continue 等待软件下载完成；最后，单击完成窗口中的 Finish 按钮完成安装。

图 8. 8　LIAT 工具的在线安装

值得指出的是，由于 LIAT 安装包较大，通过 VIPM 进行在线安装时常出现下载中断而导致安装失败。此时，可以选择离线安装的方式。离线安装步骤如下：首先，到 NI－LIAT 官网的下载页面（http：//www. ni. com/gate/gb/GB_EVALTLKTLVARDIO/US）下载 LIAT 工具包，如图 8. 9a 所示，单击 Download Toolkit from FTP 按钮；接着，在弹出页面中选择所需

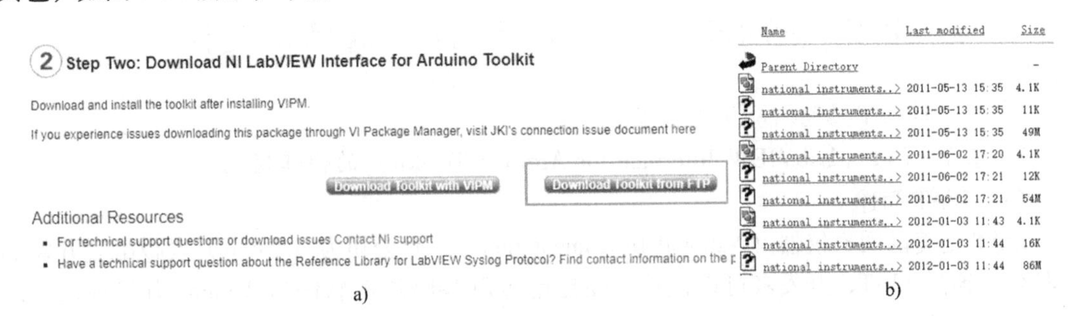

a)　　b)

图 8. 9　LIAT 工具包的独立下载与版本选择

a）单击 Download Toolkit from FTP 按钮　b）选择所需版本

版本进行下载，如图 8.9b 所示。每个版本的 LIAT 工具箱都包含 3 个文件，其中第一个为图标文件（大小为 4.1KB），第二个为工具箱对应的说明文档（大小为 12KB 左右），第三个是较大的文件，即为真正的工具包文件。截至本书成稿，当前 LIAT 工具包的最新版本对应的发布日期为 2012 年 8 月 29 日（对应的 LIAT 版本为 2.2.0.79）。可以发现，2012 年之后，NI 公司未对 LIAT 工具包进行更新。

下载得到 LIAT 工具包文件之后，使用 VIPM 软件进行打开。如图 8.10 所示，单击 Install 按钮（图 8.10a），经过一段时间的等待后单击 Finish 按钮即可完成安装（图 8.10b）。

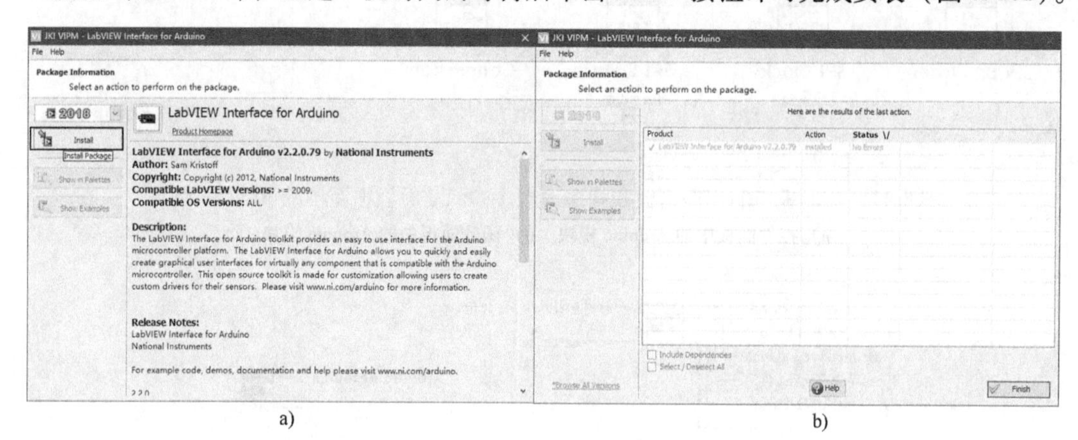

图 8.10　LIAT 工具包的离线安装

a）单击 Install 按钮　b）单击 Finish 按钮

完成 LIAT 工具包的安装之后，为了成功使用 LIAT，首先需要将 LIAT 函数库中提供的 Arduino 基础程序通过 ArduinoIDE 烧录进 Arduino 开发板中。以安装 LabVIEW 2018 为例，此程序的目录为 LabVIEW 安装根目录 \ LabVIEW 2018 \ vi.lib \ LabVIEW Interface for Arduino \ Firmware \ LVIFA_Base \ LVIFA_Base.ino。值得注意的是，LIAT 已经多年未更新，使用较新版本的 ArduinoIDE 对基础程序进行烧录后，LIAT 易出现仍无法正常使用的现象，这可能是由于版本兼容问题所致。为此，使用者可下载较旧版本的 IDE 并进行基础程序烧录。

（3）LIAT 内置函数库简介

安装好 LIAT 工具包之后，打开 LabVIEW 软件，可以发现前面板中的控件面板和程序面板中的函数面板均新增了 Arduino 模块，如图 8.11 所示。可以发现，控件面板中的 Arduino 模块主要包括 Analog Pin、Digital Pin、Pin Mode、Board Type 等 8 项（图 8.11a）。函数面板中的 Arduino 模块主要有 6 个节点（包），包括 Init、Close、Low Level、Sensors、Utility 和 Examples（图 8.11b）。其中，Init 和 Close 为独立函数节点，分别用于初始化连接和关闭连接，两者的具体函数节点接口如图 8.12 所示；Low Level 函数节点中包含多个子函数节点，如图 8.13 所示，子函数节点的主要功能是建立 Arduino 底层硬件（如数字 IO、PWM 和 Tone 等）与 LabVIEW 之间的相互连接关系；Sensors 函数节点中也包含了多个子函数节点，如图 8.14所示，子函数节点的主要功能是在 Low Level 函数的基础上建立传感器/执行器等外设与 LabVIEW 之间的连接关系。

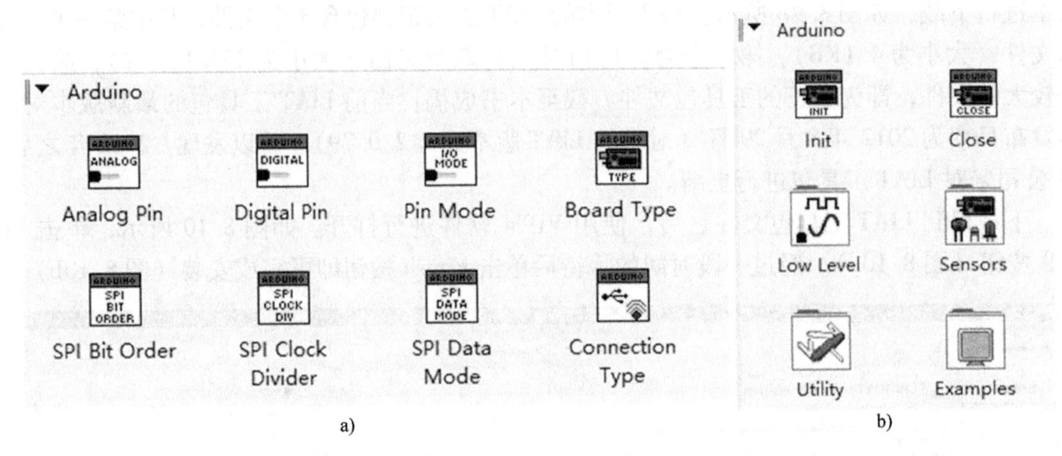

a) b)

图 8.11 前面板中的控件面板和程序面板中的函数面板中新增的 Arduino 模块

a）控件面板中的 Arduino 模块 b）函数面板中的 Arduino 模块

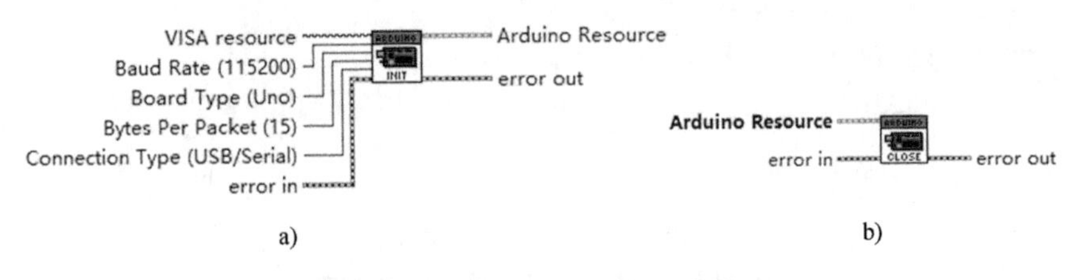

a) b)

图 8.12 Init 和 Close 函数节点接口

a）Init 函数节点接口 b）Close 函数节点接口

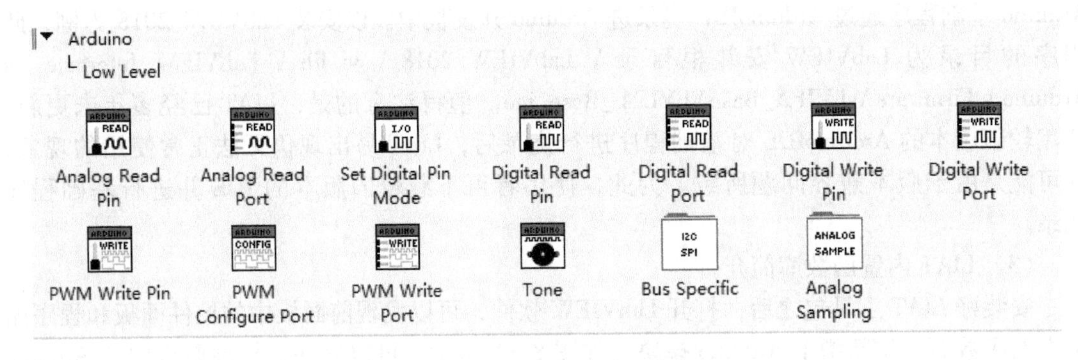

图 8.13 Low Level 的子函数节点

2. 基于 LINX 的快速通信

（1）LINX 简述

如前文所述，2012 年之后，NI 公司已经停止对 LIAT 进行更新。与之对应，来自于 LabVIEW MakerHub 开源社区的 LINX 于 2013 年左右被推出，用于取代 LIAT。总体上，LINX 与 LIAT 相似，LINX 提供了各类常用子程序，可实现与 Arduino、chipKIT 和 myRIO 等常见嵌入式平台的通信与数据交互。借助 LINX 与 LabVIEW 软件，开发者可以快速实现对常见微控制器的控制及数据采集。此外，LINX 为开源项目，有兴趣的开发者可以深入了解其工作原理并进行深度开发。显然，相比于 LIAT，LINX 工具包具有更高的兼容性与开放性。

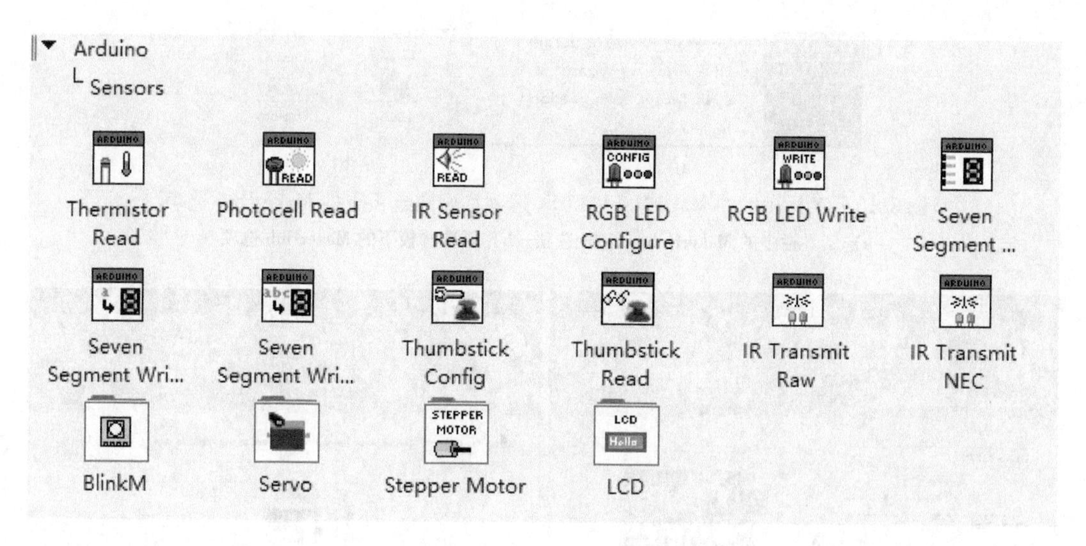

图 8.14 Sensors 的子函数节点

（2）LINX 的安装

与 LIAT 工具包的安装相似，LINX 的安装也分为在线安装和离线安装两种模式。如图 8.15所示，在线安装时需要在 VIPM 软件中找到 Digilent LINX 项目，然后单击左上角的 Install 按钮进行安装。对于离线安装，LINX 安装包可通过 NI 官方网站找到，以 Download from FTP 方式进行快速下载后，进一步使用 VIPM 对 LINX 进行安装。

JKI VI Package Manager

File Edit View Package Tools Window Help

2018 Not Installed

Name /\	Version	Repository	Company
Delta Robot Software	1.0.0.5	NI LabVIEW Tools Network	Acrome Robotics
DENSO Robot Library	2.0.2.69	NI LabVIEW Tools Network	DENSO Robotics
Denso Robotics Library	3.2.1.14	NI LabVIEW Tools Network	ImagingLab
Digilent LINX (Control Arduino, Raspb	3.0.1.192	NI LabVIEW Tools Network	Digilent
Digilent WaveForms VIs	1.0.3.26	NI LabVIEW Tools Network	Digilent inc
Distributed State Machines (DSM) Fra	0.0.0.28	NI LabVIEW Tools Network	Ovak Technologies
DMC GUI Suite	6.1.0.3	NI LabVIEW Tools Network	DMC

图 8.15 通过 VIPM 实现对 LINX 的在线安装

（3）LINX 内置函数库简介

完成 LINX 的安装后，LabVIEW 的软件界面工具栏中出现了 MakerHub→LINX 选项（图 8.16a），程序界面中的函数选板下也出现了 MakerHub 选项（图 8.16b）。需要指出的是，与 LIAT 工具包不同，安装后的 LINX 工具包并不包含控件面板，为了正常使用 LINX，需要首先使用图 8.16a 所示的 LINX Firmware Wizard 工具对 Arduino 开发板进行配置。图 8.17 所示为 LINX 工具包使用时的基础配置过程，具体如下：首先，选择硬件种类、板卡型号和上传固件的方式；接着，选择设备连接端口；然后，选择固件型号和类型；最后，完成初始化配置。

图 8.16　工具栏中的 MakerHub→LINX 选项和函数选板下的 MakerHub 选项
a）工具栏中的 MakerHub→LINX 选项　b）函数选板下的 MakerHub 选项

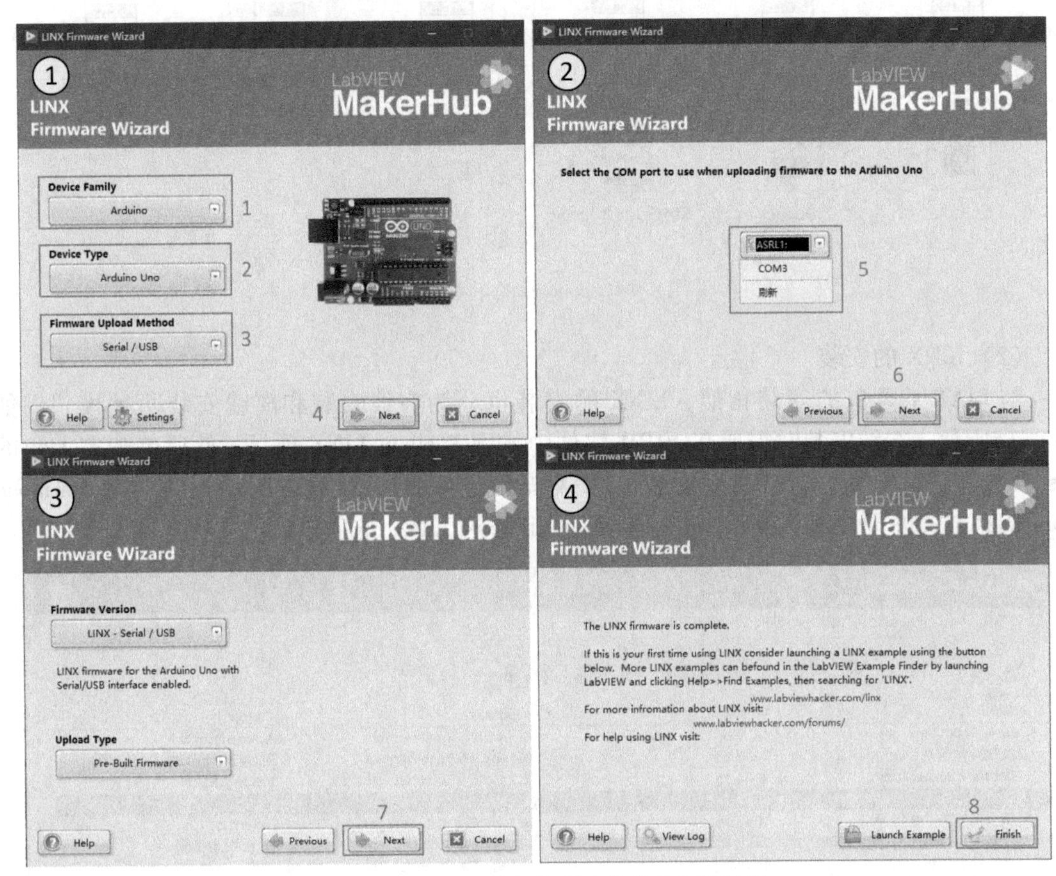

图 8.17　LINX 工具包使用时的基础配置过程

展开 MakerHub 函数选板下的 LINX 工具包，可以发现其内部包含 5 个子函数节点（包），如图 8.18所示。可以发现，LINX 工具包下的子函数节点与 LIAT 工具包相似，分别为 Open（初始化）、Close（关闭）、Peripherals（底层外围）、Sensors（传感模块）和 Utilities（其他工具）。图 8.19所示为 LINX 工具包中的 Open（图 8.19a）与 Close（图 8.19b）函数节点接口。可以发现，相对于 LIAT 工具包中的 Init 和 Close 函数，LINX 中的 Open 函数在输入参数上变得更加简单（对于串口参数的设置只有波特率），两种工具

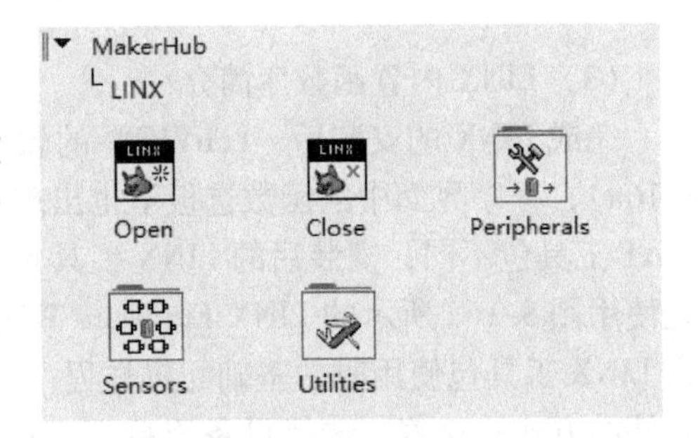

图 8.18　LINX 工具包中的子函数节点（包）

包中的 Close 函数的输入/输出参数一致。

8.2.2 基于 VISA 的串口通信与连接

除基于工具包的快速通信方式外，还可通过虚拟仪器软件架构（Virtual Instruments Software Architecture，VISA）实现 Arduino 开发板与 LabVIEW 之间的通信。VISA 是 NI 公司在 20 世纪 90 年代联合众多仪器公司共同开发的虚拟仪器软件通信架构，目的是实现不同种类硬件接口之间的快速通信。通过调用 VISA 下的子函数，开发者可以编写控制不同接口仪器的通用程序，即在 VISA 架构下建立具有不同接口仪器总线的连接，包括 GPIB、USB、串口等。

打开 LabVIEW 函数选板，选择“仪器 I/O”→“串口”选项，可以看到 LabVIEW 下基于 VISA 架构的串口通信函数库，如图 8.20 所示。可以发现，VISA 串口通信函数库包括 8 个函数，分别为 VISA 配置串口、VISA 关闭、VISA 写入、VISA 读取、VISA 串口中断、VISA 串口字节数和 VISA 设置 I/O 缓冲区大小等。其中，前两个分别对应串口通信的初始化与关闭，是程序中的必备模块；VISA 写入与读取函数负责完成数据交换；其他几个函数负责对串口中的其他参数进行设置和修改。

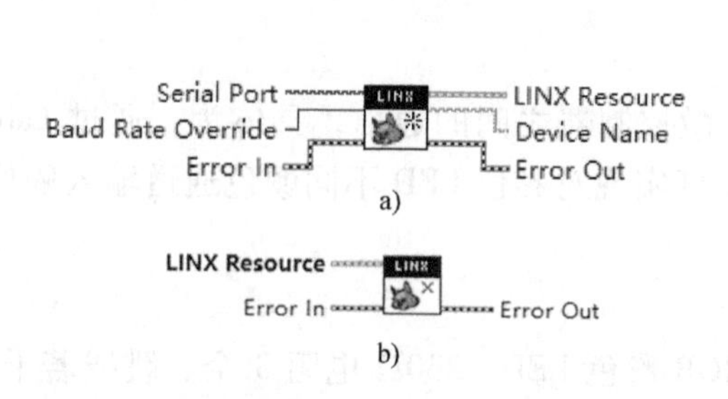

图 8.19 LINX 中的 Open 与 Close 函数节点接口
a) Open 函数节点接口 b) Close 函数节点接口

图 8.20 基于 VISA 架构的串口通信函数库

为便于读者查阅，图 8.21 和图 8.22 分别列出了 VISA 串口通信模块中的“VISA 配置串口”“VISA 关闭”“VISA 写入”和“VISA 读取”函数节点接口。关于 VISA 串口的更多具体使用方法，读者可通过 LabVIEW 自带的串口通信工程实例进行学习，其路径为 labview \ examples \ Instrument IO \ Serial \ Serial. lvproj。

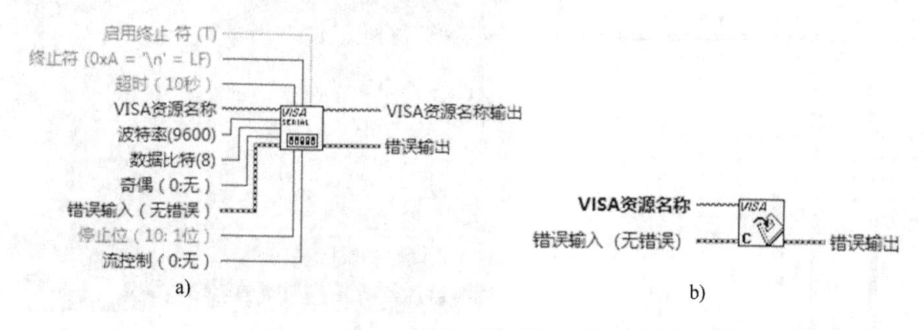

图 8.21 “VISA 配置串口”函数节点和“VISA 关闭”函数节点接口
a)“VISA 配置串口”函数节点接口 b)“VISA 关闭”函数节点接口

需要指出的是，采用 VISA 串口通信模块可以方便与 Arduino 开发板之间建立联系，但

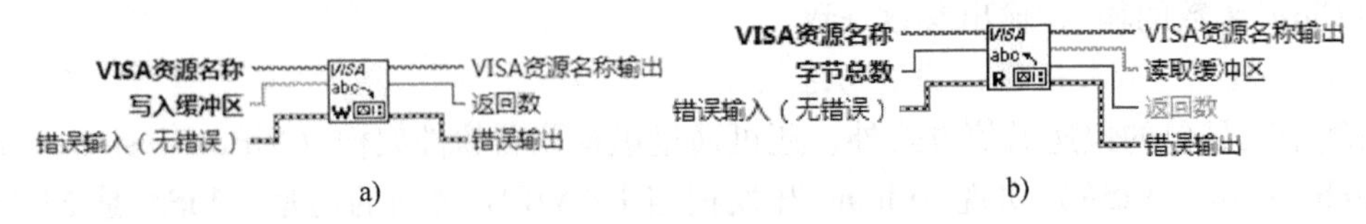

图 8.22 "VISA 写入"函数节点接口和"VISA 读取"函数节点接口
a)"VISA 写入"函数节点接口 b)"VISA 读取"函数节点接口

相对于 LIAT 或 LINX 工具包，基于 VISA 的通信方式需要开发者自行设计并编写与之配套的 Arduino 程序，并通过 ArduinoIDE 烧录到微控制器中。具体方法可参考 8.3 节中的实例。

8.3 Arduino 与 LabVIEW 通信实例

为了更好地理解不同方式下 Arduino 与 LabVIEW 之间的通信方法，下面通过实例予以展示。

8.3.1 基于 LIAT 的 RGB 彩色 LED 控制

1. 实例目的

利用 LIAT 工具包实现 LabVIEW 与 Arduino 微控制器之间的通信，具体为：通过 LabVIEW 控制面板上的 RGB（红、绿、蓝）三色滑杆实现对彩色 LED 不同颜色通道输入阈值的控制，进而实现 LED 不同色彩的发光。

2. 硬件连接

该实例所需硬件为 Arduino UNO 控制板、RGB 彩色 LED、330Ω 电阻 3 个、跳线若干。图 8.23 所示为本实例的硬件连接图，其中红、绿、蓝三色连接线分别对应彩色 LED 灯的 R、G、B 分量。注：彩色 LED 中封装了 3 个不同颜色的 LED，通过控制每个 LED 的亮度可以得到不同的输出颜色。

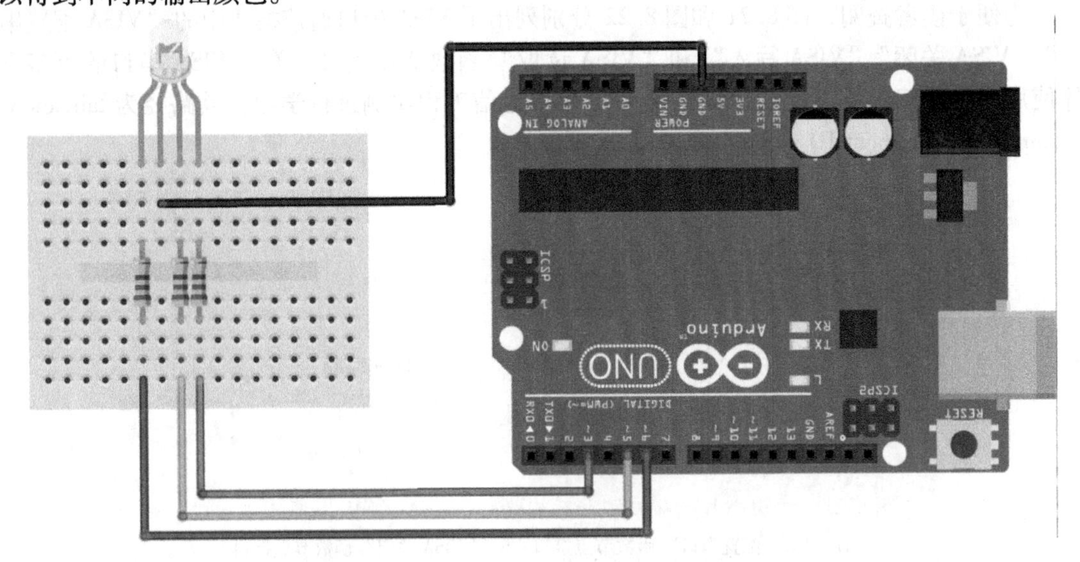

图 8.23 RGB 彩色 LED 控制实例的硬件连接图

3. LabVIEW 程序设计

本实例 LabVIEW 的程序框图如图 8.24 所示，控制面板如图 8.25 所示。该程序的主要流程解释如下。

1）通过 INIT 初始化 Arduino 与 LabVIEW 的连接（本实例中的 Init 函数输入参数均为默认值）。

2）通过封装的 CONFIG 函数依据硬件连接情况设置 PWM 端口号（6、5、3 分别对应红绿蓝）。

3）通过滑杆控件设置 RGB 分量值。

4）通过封装的 WRITE 函数上传 RGB 值到 Arduino – PWM 端口。

5）关闭连接。

6）错误处理。

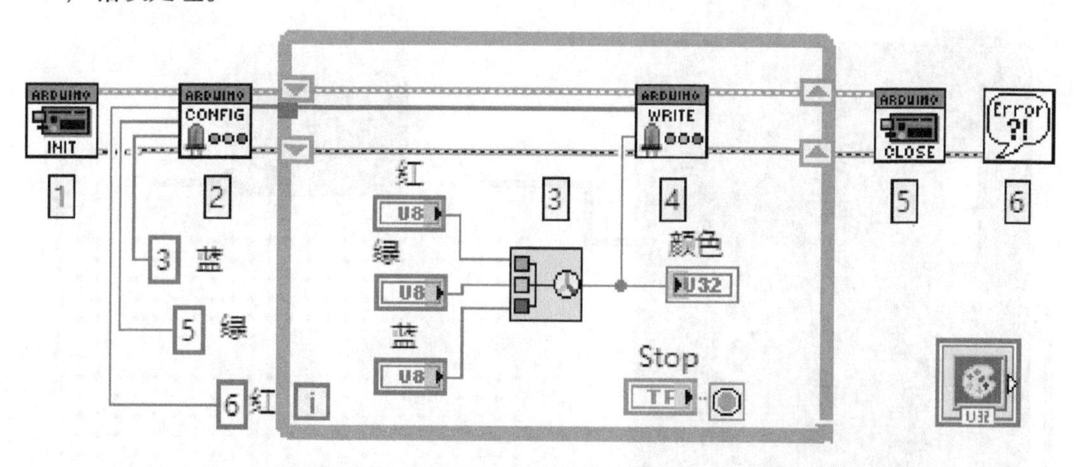

图 8.24　RGB 彩色 LED 控制的 LabVIEW 程序框图

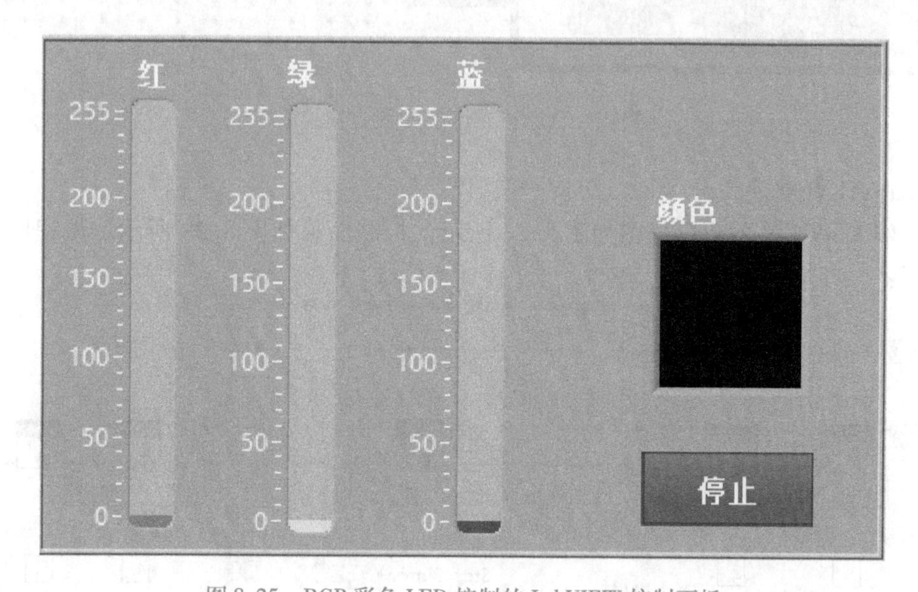

图 8.25　RGB 彩色 LED 控制的 LabVIEW 控制面板

8.3.2 基于 LINX 的舵机控制

1. 实例目的

利用 LINX 工具包实现 LabVIEW 与 Arduino 微控制器之间的通信，具体为：通过 LabVIEW 控制面板上的旋钮实现对舵机输出角度的控制。

2. 硬件连接

该实例所需硬件为 Arduino UNO 控制板、舵机、跳线若干。图 8.26 所示为本实例的硬件连接图，其中黄色线为信号线、红色为 5V 输入电压线、黑色为地线。注：舵机的控制通常需要一个耗时为 20ms 左右的时基脉冲，其中高电平部分一般为 0.5 ~2.5ms，该高电平脉冲的宽度将决定电动机转动的距离。例如，对于 180°的舵机，1.5ms 的脉冲输入可以使舵机转到 90°。

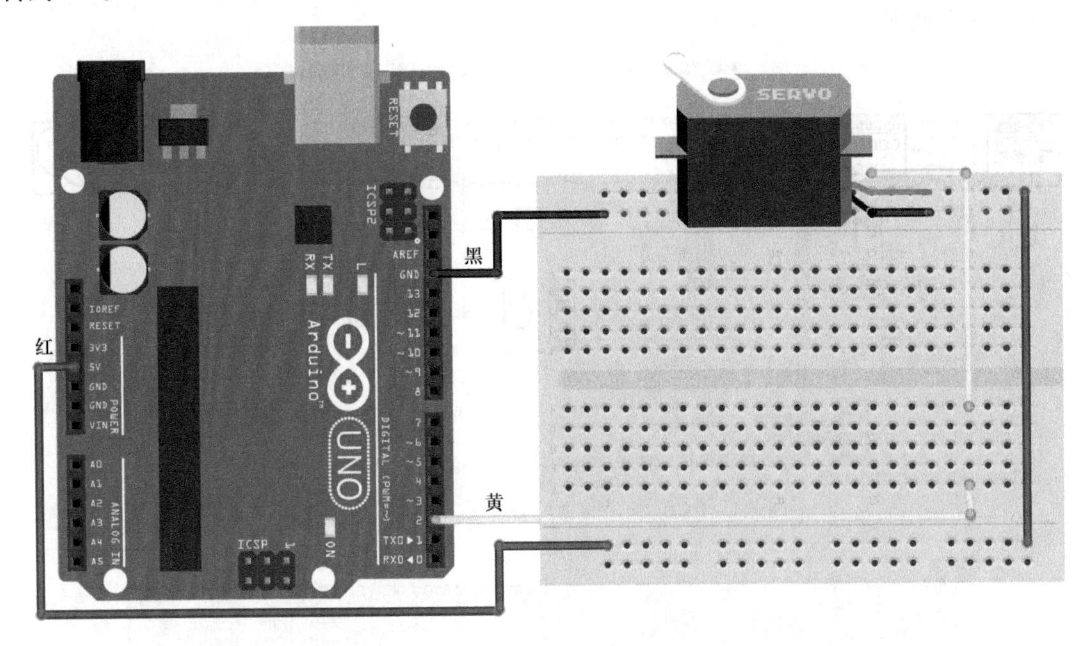

图 8.26 舵机控制实例的硬件连接图

3. LabVIEW 程序设计

本实例 LabVIEW 的程序框图如图 8.27 所示，控制面板如图 8.28 所示。该程序的主要流程如下：

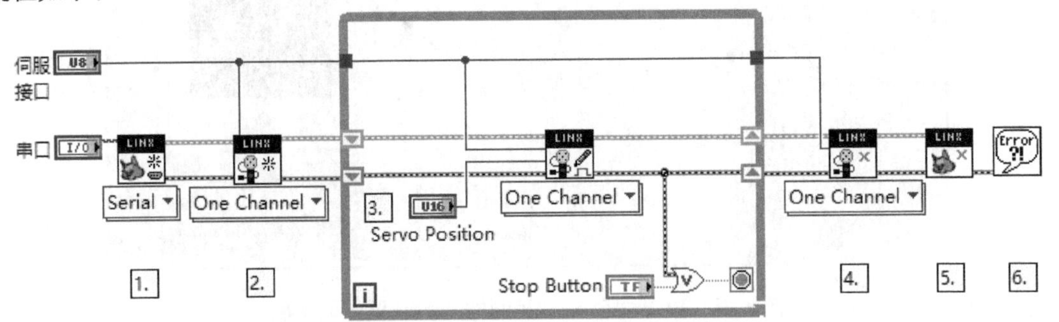

图 8.27 舵机控制实例的 LabVIEW 程序框图

1）通过 LINX 中的 Open 函数初始化连接。
2）定义具体伺服控制信号通道。
3）设置脉冲宽度以控制舵机输出角度。
4）关闭伺服通道。
5）关闭与 LINX 设备的连接。
6）错误处理。

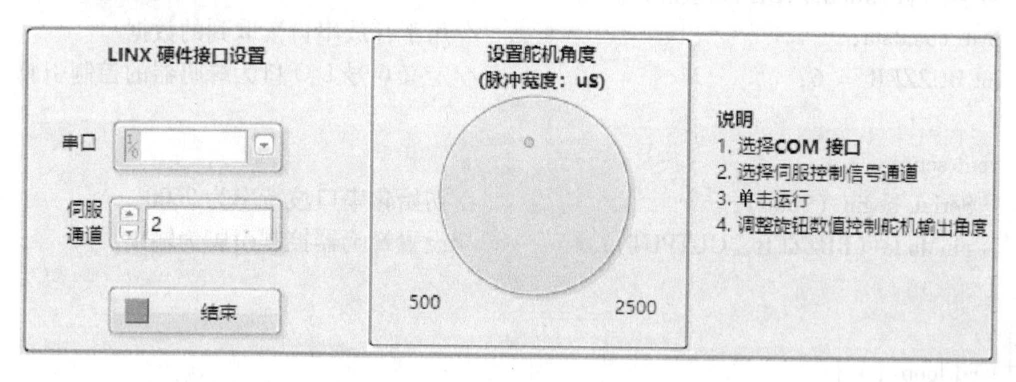

图 8.28　舵机控制实例的 LabVIEW 控制面板

8.3.3　基于 VISA 的无源蜂鸣器控制

1. 实例目的

利用 VISA 串口通信模块和 ArduinoIDE 实现 LabVIEW 与 Arduino 微控制器之间的通信，具体为：通过 LabVIEW 控制面板上的按钮实现对不同频率蜂鸣声的输出。

2. 硬件连接

该实例所需硬件为 Arduino UNO 控制板、无源蜂鸣器、跳线若干。图 8.29 所示为本实例的硬件连接示意图，其中红色为 5V 输入电压线、黑色为地线。注：无源蜂鸣器内部不带振荡源，必须用高频方波驱动。

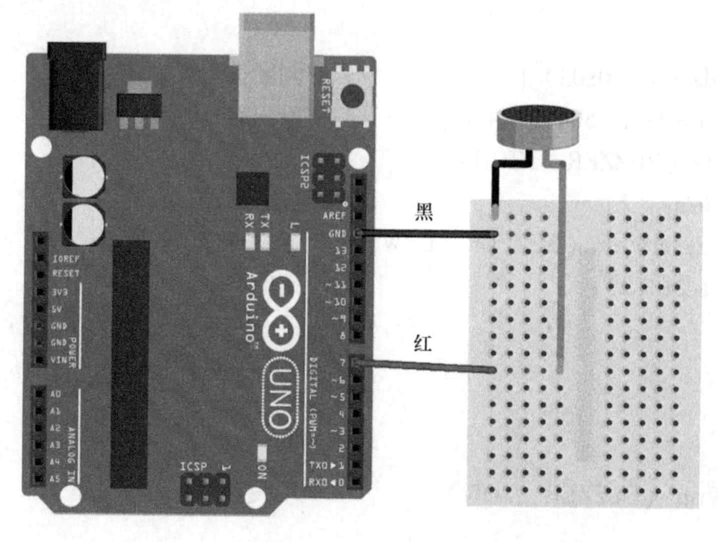

图 8.29　无源蜂鸣器控制实例硬件连接示意图

3. LabVIEW 及 Arduino 程序设计

本实例的具体程序流程：首先初始化串口通信和蜂鸣器对应的I/O引脚，然后进入主循环，测试是否有数据送到串口对应缓冲区。当有数据时，进一步判断数据大小，为“1”时输出高频蜂鸣声，为“2”时输出低频蜂鸣声。其中，不同频率的蜂鸣声通过设置蜂鸣器发声与不发声之间的时间间隔来实现。

本实例的 Arduino IDE 代码如下。

```
byte comdata;                                  //用于存放串口读取到的数据
int BUZZER = 6;                                //定义6号I/O口为蜂鸣器的控制引脚

void setup () {
  Serial.begin (9600);                         //初始化串口波特率为9600
  pinMode (BUZZER, OUTPUT);                    //设置蜂鸣器控制引脚为输出
}

void loop () {
  unsigned char i, j;                          //定义蜂鸣声中的循环次数变量
  if (Serial.available () >0) {
  comdata =Serial.read ();                     //用于存放串口读取到的数据
    if (comdata = =0x01) {                     //判断读取数据是否为1
    for (i =0; i <100; i + +) {                //输出较高频率的蜂鸣
  digitalWrite (BUZZER, HIGH);                 //发声音
          delay (1);                           //延时1ms
          digitalWrite (BUZZER, LOW);          //不发声音
          delay (1);                           //延时1ms
      }
    }
    if (comdata = =0x02) {                     //判断读取数据是否为2
       for (i =0; i <50; i + +) {              //输出较低频率的蜂鸣
   digitalWrite (BUZZER, HIGH);                //发声音
            delay (2);                         //延时2ms
            digitalWrite (BUZZER, LOW);        //不发声音
            delay (2);                         //延时2ms
       }
    }
  }
  else
    digitalWrite (BUZZER, LOW);                //不发声音
}
```

本实例 LabVIEW 的程序框图如图 8.30 所示，控制面板如图 8.31 所示。该程序的主要

流程如下：

1）通过 VISA 串口通信模块中的串口配置函数初始化连接。

2）进入 While 循环等待注册时间发生（对应为前面板的按钮被按下）。

3）根据注册事件的不同写不同数字到串口。

4）关闭串口。

5）错误处理。

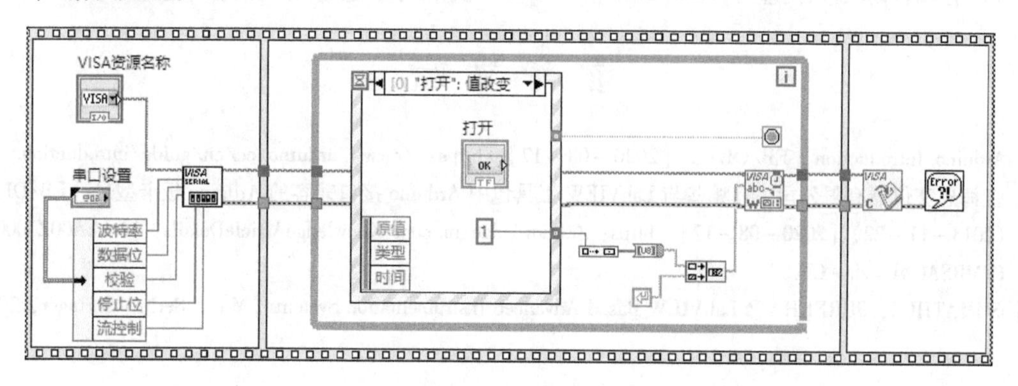

图 8.30　无源蜂鸣器控制实例的 LabVIEW 程序框图

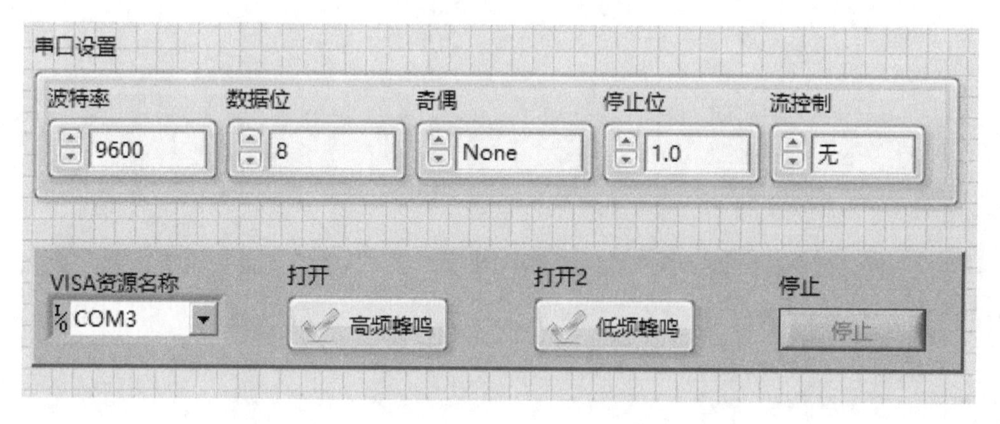

图 8.31　无源蜂鸣器控制实例的 LabVIEW 控制面板

本章小结

本章主要介绍 Arduino 基础及其开发平台、Arduino 与 LabVIEW 的通信与连接、Arduino 与 LabVIEW 通信实例。读者可以在了解 Arduino 的基础上，通过实际操作的方式进一步掌握和理解 Arduino 与 LabVIEW 之间的通信原理及方法。

上机练习

参考本章中的 LabVIEW 与 Arduino 通信实例，通过 3 种不同通信方式实现 LabVIEW 对 Arduino UNO 控制板上 13 号 I/O 口对应 LED 的控制。

思考与编程习题

1. Arduino 开发板与普通单片机的区别是什么?
2. 思考 Arduino 开发板与 LabVIEW 通信的原理。
3. 请编程练习如何基于 LabVIEW 和 Arduino 实现对步进电动机的控制。

参 考 文 献

[1] Arduino. Introduction [EB/OL]. [2020-08-17]. https: //www. arduino. cc/en/guide/introduction.

[2] 上海恩艾仪器有限公司. 有哪些与 LabVIEW 工具包中 Arduino 接口兼容的 Arduino 板卡型号 [EB/OL]. (2018-11-22) [2020-08-17]. https: //knowledge. ni. com/KnowledgeArticleDetails? id = kA00Z000000-P9MRSA0&l = zh-CN.

[3] SUMATHI S, SUREKHA P. LabVIEW Based Advanced Instrumentation Systems [M]. Berlin: Springer, 2007.

C 9 HAPTER

第9章

Modbus通信和DSC

LabVIEW 数据记录与监控（Data-logging and Supervisory Control，DSC）模块将图形化编程的优势扩展至监控和数据采集（SCADA）或多通道数据记录应用程序的开发领域。使用工具连接传统可编程逻辑控制器（PLC）与可编程自动化控制器（PAC），可将数据记录至数据库中、管理警报与事件以及创建人机界面（HMI）。DSC 系统中的仪器设备大量使用 Modbus。本章将叙述 LabVIEW 在 Modbus 通信技术与 DSC 方面的编程技术及应用。

9.1 基于串口与 TCP/IP 的 Modbus 通信

Modbus 是 Modicon 公司于 1979 年发布的一种用于 PLC 通信的串行通信协议。目前 Modbus 已经在工业控制领域得到广泛应用，并成为工业领域通信实质上的业界标准。编程者可以在 LabVIEW 上用简单的方式配置、实现 Modbus 通信，轻松完成与工业设备的通信任务。

9.1.1 串口通信

串口通信，即串行接口（Serial Port）通信的简称，指通信过程中信息只经过一条信号线，各个位逐次按时序发送。在计算机相关的领域里，串口通信可以称得上是无处不在、不可或缺的。下面将介绍一些与串口通信相关的概念。

1. 电气标准

串口通信的电气标准指信号线的数量、对应的功能以及电信号的形式。在进行串口通信前，检查通信对象之间的电气标准是否匹配是相当重要的。RS232 是一种基础的串口电气标准，RS422 与 RS485 是在其基础上发展出来的，目前这 3 个标准依然被大量用于工业设备和计算机的通信。

与 RS232 相关的接线最少只需要 3 条，分别是发送、接收和地线。由于是以非平衡参考地电平作为信号的传输，RS232 容易受到噪声干扰，所以使用 RS232 的串口设备要受到传输距离短的限制。

RS422 使用差分信号进行传输，因此它比 RS232 有更强的抗干扰能力和更长的传输距离。RS485 则是在 RS422 上进行了更进一步的发展，增加了相互通信设备的数量，同时增加了传输距离。

2. 串口通信参数

除了电气标准以外，进行串口通信的双方需要在传输的形式上达成一致。通信协议即是确保表达-理解过程的基础，而串口通信参数对保证成功通信起着重要作用。串口通信的内容以二进制数构成的帧为基础，如图9.1所示，一个帧通常包含起始位、数据位、校验位和终值位。串口通信的参数直接影响数据帧的形态，因此，通信双方的参数必须完全一致。

1）波特率：指每秒传送的位的个数。对没有进行时钟同步的异步串口通信而言，这是明确收发双方进行通信的步调的关键参数，因为波特率代表着信息中的每一位所占的时间长度。

2）数据位长度：数据位是串口通信的实际内容。在进行串口通信时，根据内容的多少可以调整数据位的长度。多数情况下，数据位的长度为7和8，分别对应标准ASCII码（0~127）和扩展ASCII码（0~255）。

3）奇偶校验：奇偶校验是抑制串口通信过程中噪声干扰的基础手段，其原理是检验数据位和校验位上1的个数的奇偶。奇偶校验通常分为奇校验、偶校验和无校验。

4）终止位：串口通信的每一帧信息都以终止位终结，这除了宣告该帧信息传输结束外，还给出足够的时间让通信双方对时间同步进行校正。终止位的长度可以设置为1、1.5或2。

5）流控制：在通信过程中，接收者可能没有足够的计算能力来及时处理发送者给出的信息，导致缓冲区溢出和数据丢失。针对这种情况，可以在通信中设置流控制。这样，可以对信息的发送过程进行控制，以免造成信息丢失。

串口通信的帧组成如图9.1所示。

图9.1　串口通信的帧组成

9.1.2　TCP/IP通信

TCP/IP指的是互联网协议套件中的传输控制协议（Transmission Control Protocol，TCP）和网际协议（Internet Protocol，IP）。TCP的作用是在进行数据传输前，创建两个传输点之间的可靠连接，保证传输数据无差错、不遗失；IP的作用是执行计算机间数据底层的传输任务，包括将数据打包成含有数据和报头等信息的数据报。LabVIEW提供了用于TCP通信的函数，其位于“函数”→“数据通信”→“协议”→“TCP”，如图9.2所示。

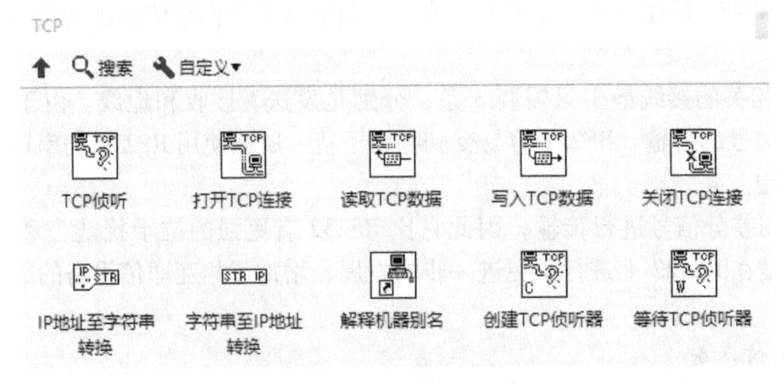

图9.2　TCP通信的函数

图 9.3 所示的是只具备基本监听和信息收发功能的 TCP 通信程序框图。该程序的客户端和服务器分别在两个不同的进程中，程序启动后由服务器程序向客户端程序发送字符串。

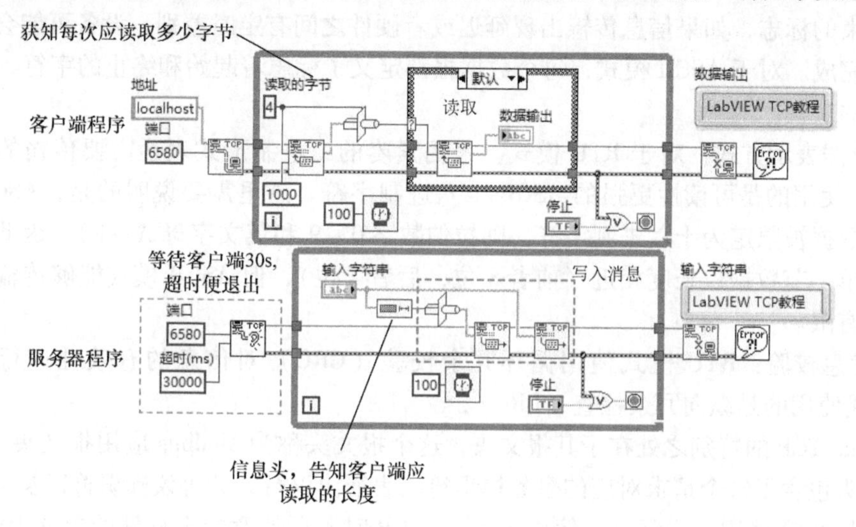

图 9.3 简单的 TCP 通信程序框图

图 9.3 所示的程序中，服务器程序先启动，“TCP 侦听”函数创建监听器，并按照设置的超时时间等待。监听器等待期间，客户端程序启动并根据设定的地址尝试建立 TCP 连接，这时监听器检测到以服务器 IP 为目标的连接，结束等待并开始执行 While 循环内容。循环开始后，服务器每隔 100ms 就会将“输入字符串”控件中的信息发送出去，而客户端每 100ms 会调用一次“读取 TCP 数据”函数进行接收。如果服务器暂时没有向客户端发送信息，“读取 TCP 数据”函数会先等待 1000ms，如果无超时，会继续进行接收。该程序功能简单，没有进行错误处理，所以当客户端或服务器的任意一方退出时，另一个必定会报错并终止运行。

操作技巧与编程要点：

- 尽管在客户端/服务器退出时另一个进程中的 VI 会报错，但这个错误不会对通信进程造成致命影响。实际使用时可以使用条件结构让程序自行处理错误，根据错误代码决定是否让程序终止运行。
- 因为使用“读取 TCP 数据”函数单次读取信息时，需要指定其读取的字符，所以应在 TCP 通信内容前加上应读的长度信息。这样，客户端可以先获知每个报文信息的长度，从而保持读取的灵活性。

9.1.3 Modbus 通信

Modbus 通信使用的是主站 - 从站式结构，采用请求 - 响应的工作方式。简单来说，整个通信的主要过程就是主站向从站发送请求、从站根据请求返回数据作为响应，因此每一个 Modbus 通信过程都由成对的设备完成。但是需要注意的是，从协议层面看，一个从站只能对应一个主站，所以 Modbus 通信网络往往是一个主站和多个从站的组合。

目前，实现 Modbus 通信的途径主要包括串口通信和 TCP/IP 通信，而串口通信实现又按照发送信息的类型分成了 Modbus RTU 和 Modbus ASCII 方法。

基于串口通信的这两种 Modbus 通信，在数据表示和协议的细节上稍微不同，具体主要体现在定界符、数据表示方式和信息校验3方面。

1）定界符：对于RTU模式，信息之间会用最少4ms的沉默时间（不通信）作为上一段信息结束的标志，如果信息传输出现延迟或者硬件之间有定时差别，设备可能会认为当前通信已经完成。对于ASCII模式，每个数据报都定义了标志着起始和终止的字符，而且是明确且唯一的。

2）数据表示方式：对于RTU模式，采用紧凑的二进制形式表达需要传输的数据，而ASCII模式使用的是可读性更强的ASCII十六进制字符。这里需要说明的是，ASCII模式能够接收的数据被限定为十六进制字符（阿拉伯数字0～9和英文字母A～F），因此，尽管两种方式的单字节数据位长度相近（前者8位，后者7位），但ASCII模式能够传输的命令或数据相对有限。

3）信息校验：RTU模式使用循环冗余校验（CRC）对信息的有效性进行检查，而ASCII模式使用的是纵向冗余检查（LRC）。

Modbus TCP的特别之处在于其报文头，这个报文头称为Modbus应用报文头（MBAP）。这个报文头包含了每个请求对应的事务标识符、表征协议行为的协议标识符以及确定转串行网络用的从站单元ID。实际上，使用Modbus TCP时不用特意指定从站的单元ID号，因为只使用IP地址就足够了。但是，由于Modbus协议的使用越来越广泛，它传递的信息往往会被转换，此时就必须在通信中使用从站单元ID。

从站内的寄存器总共有4种，分别是保持寄存器、输入寄存器、离散输入寄存器和线圈寄存器。主站通过Modbus通信可以访问这些寄存器。对于主站来说，保持寄存器存储的是可读写的模拟量，输入寄存器和离散输入寄存器存储的是只读的模拟量和布尔量，线圈寄存器存储的是可读写的布尔量。

尽管Modbus已经得到广泛应用，但这个通信协议本身依然存在着不少的局限性。最明显的就是能够用于Modbus通信的数据类型仍然相当有限，这是因为它本身就是被设计用来满足20世纪70—80年代时PLC通信需要的，而PLC能识别的类型有限。时至今日，尽管人们对Modbus的应用已经不再局限于PLC通信，但这些限制依然存在。除了通信数据类型的限制外，能够用于Modbus通信的设备也有限。因为Modbus通信的过程必须是连续的，这意味着通信的对象必须是具有缓冲功能的设备，以避免传输产生中断。

9.2 LabVIEW DSC模块

9.2.1 开放平台通信

开放平台通信（Open Platform Communications，OPC），是一种用于工业自动化的通信标准。OPC的目标是成为一个统一的数据访问标准，并成为Windows平台开发软件和硬件之间通信的桥梁。如果设备生产商遵循OPC标准，那么硬件驱动的开发将只需由硬件厂商或者OPC专门人员进行，而PC使用者只需要按照单一标准编程就可以完成与设备的通信。这意味着硬件生产商和软件开发者之间的重复工作量减少，设备和使用者之间的对接成本降低。

可以简单地说，OPC掌管了客户端（Client）、服务器（Server）和工业设备之间的连接，基于OPC的设备通信关系如图9.4所示。客户端指的就是对过程数据有需求的一方，

即上位计算机；服务器可以看作一个协议转换器，一方面它与设备之间使用为设备量身定做的专用协议进行通信，另一方面等待客户端发出请求并做出应答。如此一来，PC 使用者不必再专门为工业设备编写硬件驱动，硬件生产商也不必再为支持不同的客户端做重复工作。不仅如此，客户端与多个工业设备之间的通信问题也能轻松解决。

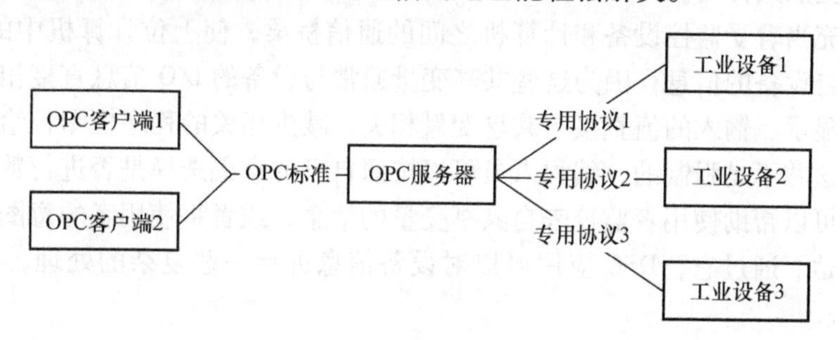

图 9.4　基于 OPC 的设备通信关系

9.2.2　LabVIEW DSC 模块 VI 与功能简介

数据记录和监控模块（Data-logging and Supervisory Control，DSC）是 NI 公司推出的用于计算机和工业设备通信的模块。图 9.5 所示是 DSC 模块的函数选板。图 9.6 所示是 DSC 模块的前面板控件选板。这个模块可以进一步拓展 LabVIEW 的图形编程环境，为连接 I/O 设备、LabVIEW 实时硬件模块和 OPC 设备提供便利，并能适应分布式测量、控制和监控系统的快速配置要求。此外，DSC 模块还加强了 LabVIEW 的共享变量功能，让共享变量的功能更加丰富，例如在共享变量中添加警报，限制用户读/写共享变量，通过编程的方式配置共享变量等。

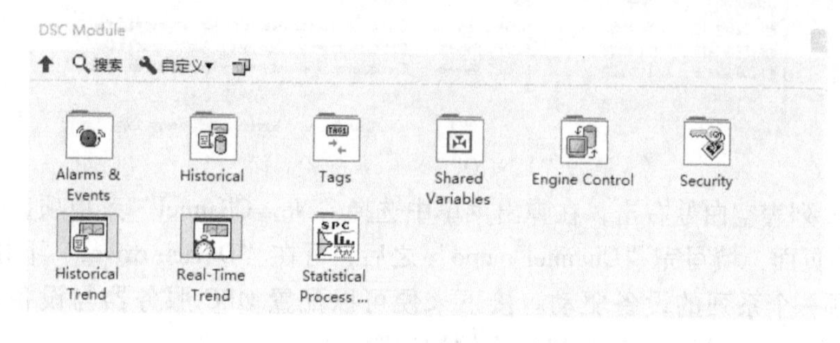

图 9.5　DSC 模块的函数选板

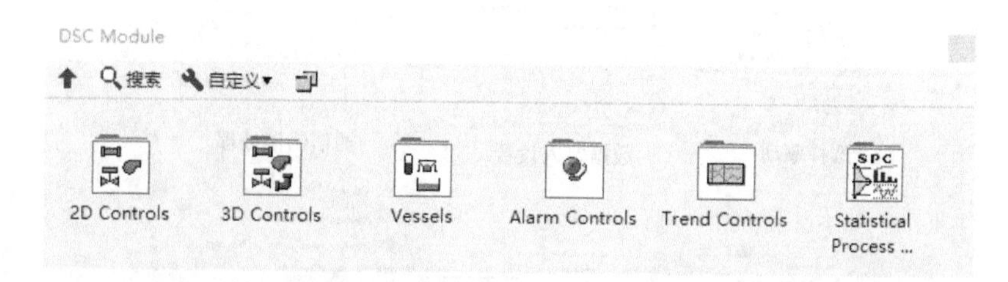

图 9.6　DSC 模块的前面板控件选板

一个完整的 DSC 应用应当包含 3 个部分：前面板、共享变量和监控程序。一些高级的

DSC应用甚至还包含系统配置程序，作为应用的另外一部分。

前面板的主要功能是让监控程序与使用者交互，将程序产生的信息反馈给使用者，在一定程度上充当用户界面。一个制作得比较好的前面板，可以将受监控的信息和流程图形化，使得监控工作更加人性化。

共享变量充当着受监控设备和计算机之间的通信桥梁，使上位计算机中的LabVIEW程序可以读取来自设备的信息，因为这些共享变量通常与设备的I/O信息直接相关。数据绑定功能使前面板显示、输入的值直接与共享变量相关，减少相关的程序框图，给编程人员带来便利。当然，这并不是强制的，编程人员可以按照自己的意愿选择是否进行数据绑定。

监控程序可以帮助使用者监控来自共享变量的信息，或者将使用者的意图以控制信号的形式向设备传达。通过它，DSC应用可以对设备信息进行一些复杂的处理，甚至是对生产流程做出干涉。

9.2.3 NI OPC服务器和共享变量绑定

安装LabVIEW DSC模块后，就可以使用包含在模块中的NI OPC Servers在PC上建立OPC服务器。NI OPC Servers的配置界面可以通过系统“开始”菜单→National Instruments→OPC Servers Configuration打开，如图9.7所示。

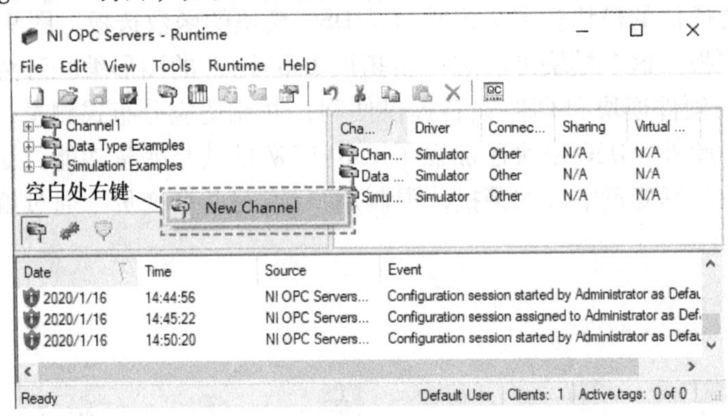

图9.7 NI OPC Servers配置界面

在Channel列表空白处右击，在弹出菜单中选择“New Channel”菜单项，可打开“New Channel”向导页面，填写完“Channel name”之后，可在“Device driver”下拉列表中选择Channel对应哪一个系列的设备驱动。接下来便可以配置OPC服务器与设备通信的参数。图9.8所示是以Mitsubishi FX系列PLC为例的配置过程。

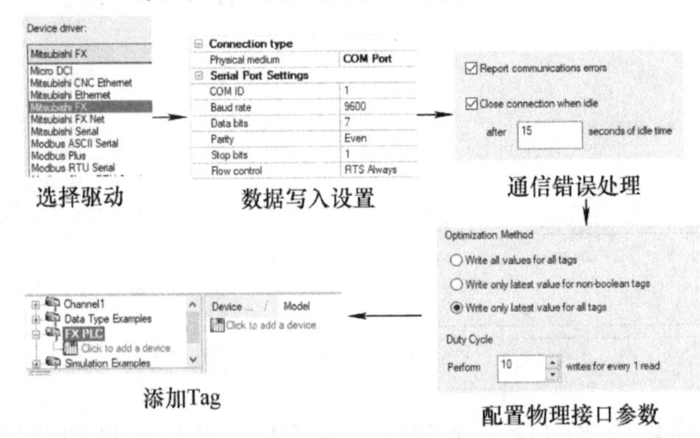

图9.8 以Mitsubishi FX系列PLC为例的OPC服务器添加设备的过程

Tag 指的是通信过程中客户端可以通过服务器读取的、来自硬件设备的信息，单击 Channel 列表中的“Click to add a device”适用的设备（即 FX 系列中有具体型号的 PLC）后，在 Tag 列表单击“Click to add a static tag”可新增 Tag。图 9.9 所示是 Tag 配置页面。

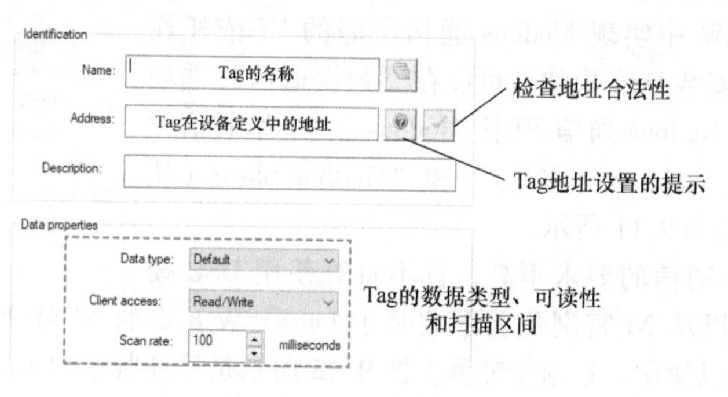

图 9.9 Tag 配置页面

NI OPC Servers 内部分设备可以被设置成模拟模式，以便进行仿真和学习。要完成这个设置，只需双击前面生成的 Channel，进入“Device Properties”页，勾选“Simulate Device”选项。除此之外，该软件还提供一个名称为“Simulation Examples”的 Channel，编程练习时可以直接使用这个 Channel 和里面的 Tag。

由于 Tag 是直接与设备内指定地址的数据相关的，因此 Tag 搭配上可进行数据绑定的共享变量即可构成 VI 和设备之间的连接。经过数据绑定后，共享变量可令人们编写的 VI 直接访问 Tag 内的数据。进行数据绑定前，通信 VI 所在的项目必须与 OPC 服务器建立联系，从而使共享变量定位到 OPC 服务器中的 Tag。建立联系的方式是在项目的库中添加一个 I/O 服务器，将其类型设置为 OPC 客户端，与指定设备的 OPC 服务器关联。图 9.10 所示是在项目中新建 I/O 服务器的流程。添加完成后，在同一个项目内添加共享变量，即可进行共享变量的数据绑定。绑定后的共享变量会按一定的时间间隔从 Tag 读取数据。考虑到实时性问题，在具体应用时需要注意设备内指定值、Tag、共享变量三者之间的刷新频率问题。

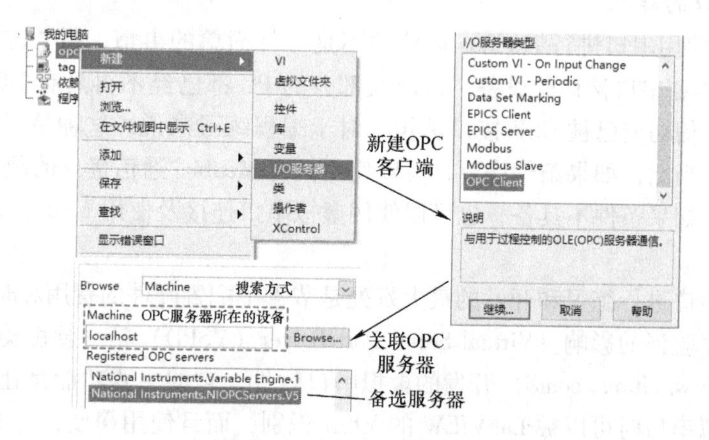

图 9.10 新建 I/O 服务器

9.3 LabVIEW 实现 Modbus 通信

9.3.1 LabVIEW Modbus 库

由于在 LabVIEW 中实现 Modbus 通信所需的 VI 依托在 DSC 模块中，所以安装 DSC 模块后可以在“数据通信”选项中找到它们。这些 Modbus 通信 VI 按 Modbus 主/从站通信类别，分为了“Modbus Master（主站）”和“Modbus Slave（从站）”两个部分，如图 9.11 所示。

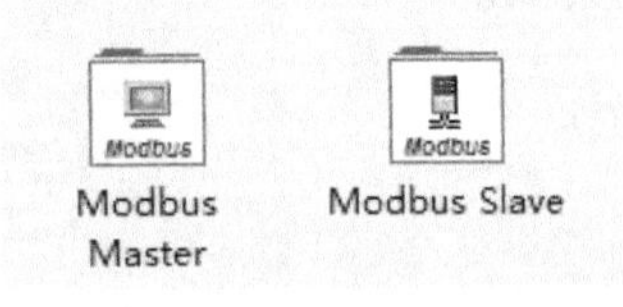

图 9.11 Modbus 程序框图选板

如果对 Modbus 通信的要求不高，且不打算使用 DSC 模块的其他功能，可以从 NI 官网免费下载基于 LabVIEW 8.6 的 NI Modbus 库，在新版本的 LabVIEW 中依然可以使用，且附带教程。图 9.12 所示是早期版本的 Modbus 函数选板。

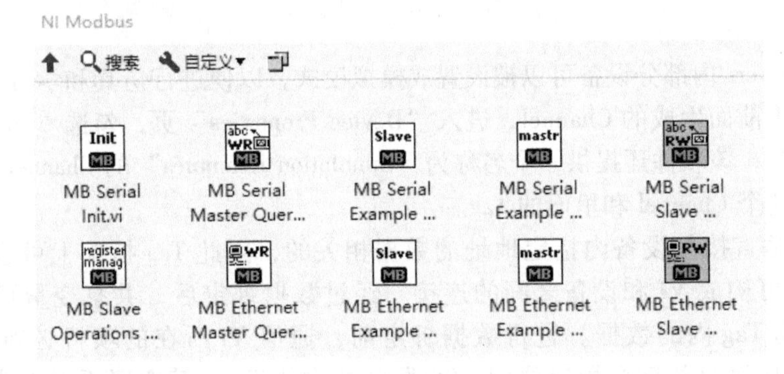

图 9.12 早期版本的 Modbus 函数选板

9.3.2 Modbus 仿真环境的搭建

Modbus 通信至少需要一主一从才能进行，所以为了方便验证 LabVIEW Modbus 程序，可以先在 PC 上建立 Modbus 仿真环境。

1. 虚拟串口的建立

要在 PC 上使用串口进行 Modbus 通信并不是一件简单的事情，需要准备一个同样具备 Modbus 通信功能和串口接口的设备。目前大部分的 PC 都已经不再具有 DB9 形式的串口接口，许多串口通信功能已被 USB 接口承担。对于编程练习来说，这种情况将使配置变得相当困难和费时。当然，如果条件许可，可以使用具有 Modbus 通信接口的硬件来构建 Modbus 编程学习环境。如果条件不具备，也可以使用虚拟串口连接及使用 Modbus 软件搭建 Modbus 通信仿真环境。

使用虚拟串口进行练习和开发的最大好处是节省了配置硬件的费用和时间，同时避免了硬件故障对程序验证的影响。Virtual Serial Port Driver（VSPD）是一款由美国 Eltima 软件公司（https://www.eltima.com/）开发的虚拟串口软件，它的主要功能是让用户创建虚拟串口对。这些虚拟串口对可以被 LabVIEW 的 VISA 识别，而且使用简便，对 PC 的操作系统影响小。VSPD 的工作界面如图 9.13 所示。对于简单的仿真任务来说，只需简单添加虚拟串口即可，不需要再进行其他配置。

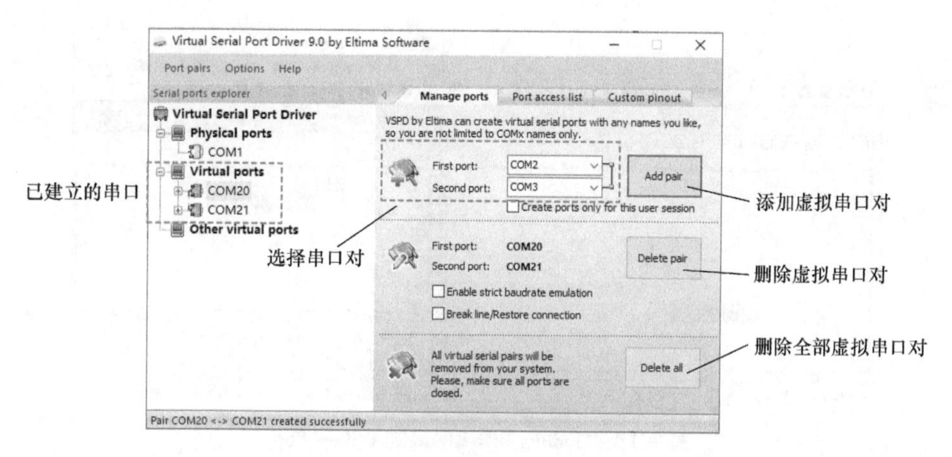

图 9.13 VSPD 的工作界面

VSPD 没有对串口号做出明显的限制，所以在创建用于仿真的虚拟接口时，应该尽可能选大的数字，避免与 PC 原有的物理接口冲突。虚拟串口添加完成后，可以在操作系统的“设备管理器”中查到，并且可在 LabVIEW 的“VISA 资源名称”控件中选择，如图 9.14 所示。

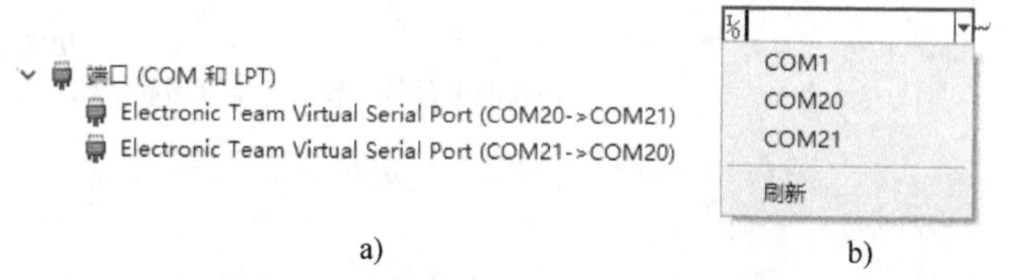

图 9.14 设备管理器中的串口列表和“VISA 资源名称”控件

a）设备管理器中的串口列表 b）“VISA 资源名称”控件

使用 TCP/IP 进行 Modbus 通信时所需要的硬件条件很容易满足，例如，在本机上同时建立主站和从站时使用“localhost”作为连接 IP 或是直接使用局域网内的两台计算机，因此不再另外做说明。

2. Modbus 仿真软件

一旦已经建立了 Modbus 通信所需要的虚拟接口，就可以为程序提供通信的“对象”了。由丹麦的 Witte Software 公司（https：//www. modbustools. com/）提供的 Modbus tools 系列软件可以在 PC 上建立 Modbus 通信的主站和从站，编写后的程序可以与用软件建立的主/从站通信，且很容易查看通信结果。

对于 Modbus tools 系列软件，只需安装其中的 Modbus Poll 和 Modbus Slave 即可，分别用于虚拟主站和从站的建立，软件界面如图 9.15 所示。建立主站和从站的过程是相似的：对主（从）站的读/写功能进行定义→配置串口连接或 TCP/IP 连接相关的参数→启动连接。

软件界面内的每个小窗口都只支持一种功能，因此如果需要同时进行多种功能的验证，就需要打开多个窗口，并且进行定义。图 9.16 所示是新建主站窗口并进行主站功能定义。主站的功能可以粗略分为读 4 种传感器、批量或逐个写入保持寄存器和线圈寄存器、修改窗口内寄存器的布局等。这些操作都可以通过 Setup→Read/Write Definition 菜单项完成。从站的功能定义如图 9.17 所示，与主站的功能定义是非常相似的。

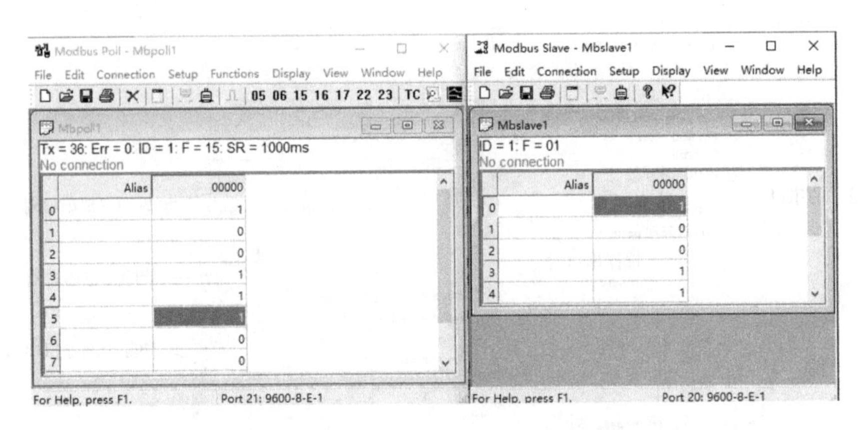

图 9.15　Modbus Poll 和 Modbus Slave 软件

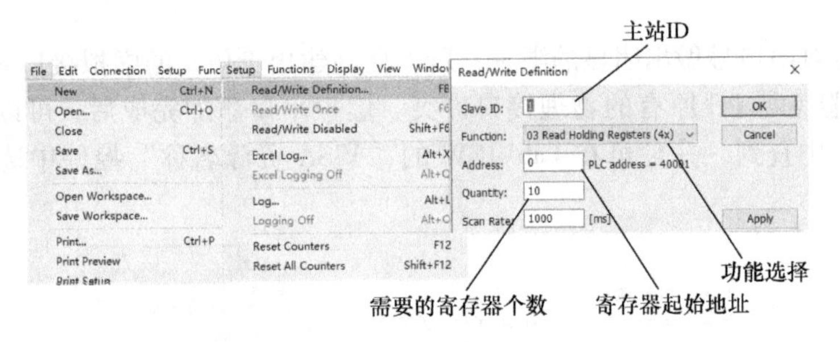

图 9.16　新建主站窗口并定义主站功能

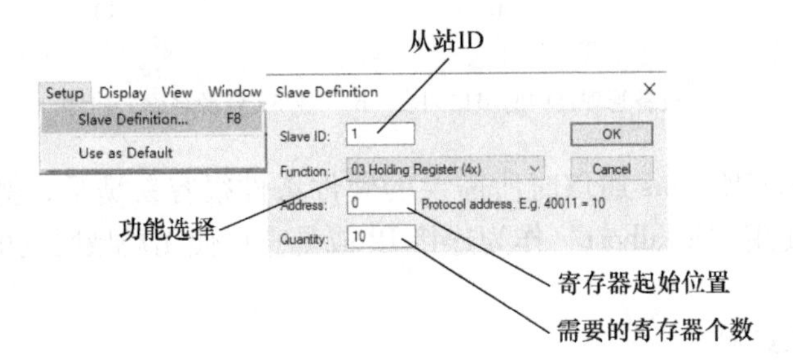

图 9.17　定义从站功能

定义完主从站的功能后，就可以先使用 Modbus 仿真软件和之前创建的虚拟串口进行测试，测试的功能是读取保持寄存器中的内容，功能号为 3，之所以为 3，是因为功能号在这个软件的定义中从 0 开始，一些工业设备（如 PLC）中的保持寄存器的功能号可能是 4，对应地址从 40001 开始的保持寄存器。为了避免通信出错，进行测试时需要确保主站和从站的串口参数设置相同，并先启动从站的连接。主站和从站的连接设置界面如图 9.18 所示，初学者只需设置串口号、波特率、数据位、奇偶校验等串口连接基础参数即可。

主站和从站的连接启动后，先查看 Modbus Poll 小窗口中 Err 这一项的数值。Err 代表通信过程中出现错误的次数。如果数值始终在增大，那么说明串口设置的参数不正确或者从站的连接没有启动，需要重新进行设置和连接。确保连接正常后，在 Modbus Slave 小窗口中通过双击更改表格第二列的数字，可以观察到 Modbus Poll 小窗口中对应行的数值也出现相应

的变化，效果如图 9.15 所示。

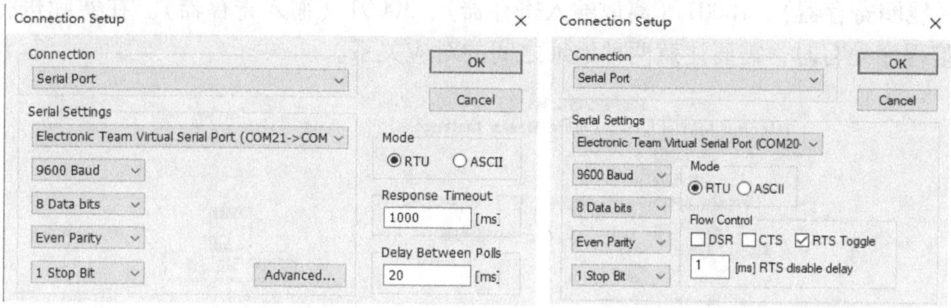

主站(Modbus Poll)连接设置　　　　从站(Modbus Slave)连接设置

图 9.18　主站和从站的连接设置界面

9.3.3　Modbus 通信编程实现

图 9.19 所示是 Modbus 主站函数选板。首先需要从“创建主设备实例”VI 开始进行说明。图 9.20 所示是“创建主设备实例”VI 的接口说明。这个多态 VI 的主要功能是对进行 Modbus 通信需要的一些参数进行配置，按照 Modbus 通信的形式分为两个实例。根据不同的实例，VI 的输入（即配置的参数）会有所不同。选择“新建串口主设备”时，需要配置的参数从上到下分别是串口的数据传输类型、通信单元 ID、设备对应的 VISA 资源名称、通信波特率、奇偶校验方式以及流控制方式。选择“新建 TCP 主设备”时，需要配置的参数是从站的 IP 地址和通信使用的通道号。这个 VI 调用完毕之后，就建立起了一个 Modbus 主站。

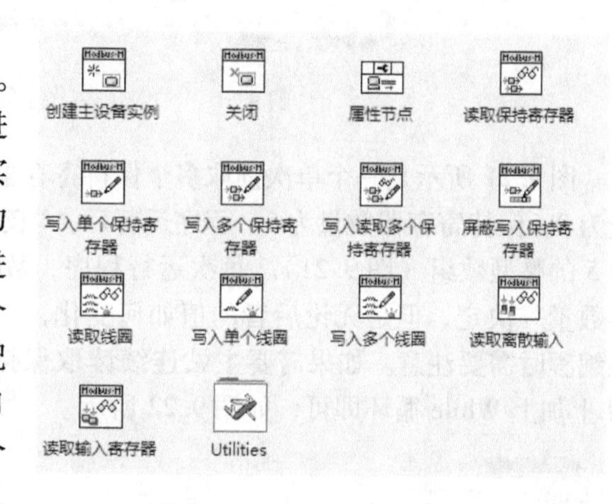

图 9.19　Modbus 主站函数选板

1. 分别读、写寄存器

读、写寄存器是 Modbus 通信中的基本操作，这是由 Modbus 为 PLC 通信而产生的事实所决定的。对于 LabVIEW Modbus 主站编程，4 种寄存器的区别在于寄存器是否只读及数据类型的不同，换言之，只要掌握其中一种寄存器的读、写，基本就已经可以实现 Modbus 主站的通信。保持寄存器接收整型数值的读、写，可以用于一些相对复杂的任务，例如电流等设备状态量的读取和设备参数的设置。由于保持寄存器可以承担较多的任务，所以以下内容将以保持寄存器的读、写为例展开。

在 LabVIEW 上建立主站以进行保持寄存器的读取相当简单，因为 Modbus 协议和串口通信的具体实现都已经被封装到 Modbus 通信模块的 VI 中。编程时，在建立主站后，调用“读取保持寄存器”VI，只需指定寄存器起始地址和保持寄存器的数量即可进行读取。读取到的数值以一维数组的形式输出。Modbus 通信中保持寄存器的地址在一些协议的描述中为 40001 ~ 50000，规定了读、写保持寄存器的起始地址以及读取的寄存器数量的最大值，这也符合 PLC 通信的要求。而无论是对于 LabVIEW 还是 Modbus Slave 软件，定义功能时指定的寄存器地址都是从 0 开始时，对应的是另一种描述的 40001，另外 3 种寄存器则分别为 00001（线圈寄存器）、10001（离散输入寄存器）、30001（输入寄存器）。在实际进行 Modbus 通信程序编写时，需要注意两种地址之间的对应关系。

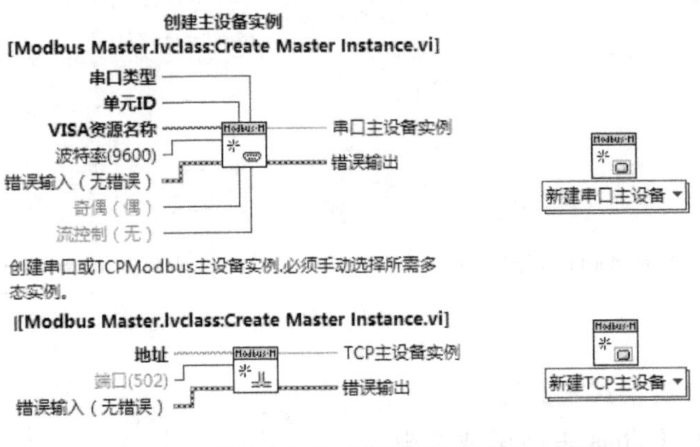

图 9.20　“创建主设备实例” VI 的接口说明

图 9.21 所示是一个单次读取多个保持寄存器值的程序框图。程序中设置的读取起始地址为 0，保持寄存器数量为 5。程序运行后，“读取保持寄存器” VI 返回的结果是一个长度为 5 的整型数组（图 9.21）。每次运行程序，数组“保持寄存器值”的长度由“保持寄存器数量”决定，但是无论后者的值如何变化，“读取保持寄存器” VI 的输出都是数组，这在编程时需要注意。如果需要主站连续读取保持寄存器的值，只要在“读取保持寄存器” VI 上加上 While 循环即可，如图 9.22 所示。

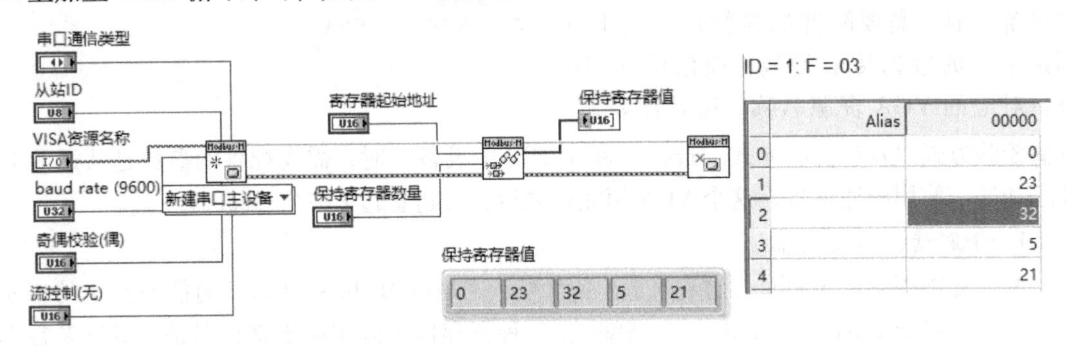

	Alias	00000
0		0
1		23
2		32
3		5
4		21

图 9.21　单次读取多个保持寄存器值的程序框图

“寄存器起始地址”和“保持寄存器数量”的值还受到从站设置的影响。如果主站程序读取的保持寄存器地址超出了从站的定义，那么数组“保持寄存器值”将会是一个空数组，且 LabVIEW 返回图 9.23 所示的错误。

进行写操作时，可以根据不同的需要，选择单次写入单个或多个保持寄存器。此时只需要调用“写入单个保持寄存器”或“写入多个保持寄存器” VI，分别输入单个整型数或一个确认长度的整型数组即可。实际工作时，设备不需要时刻不间断地进行写操作，只需要在参数发生变动时执行，那么读、写寄存器的操作都应该先经过判断。因此，在进行读、写操作时，可以在程序中加入对输入量的检查操作。

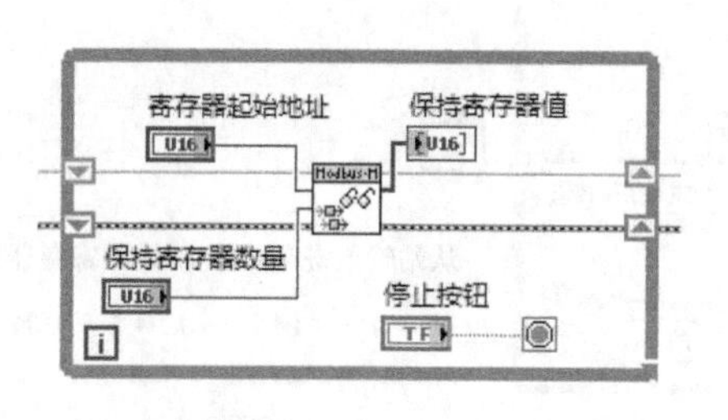

图 9.22 连续读取多个保持寄存器值的部分程序框图

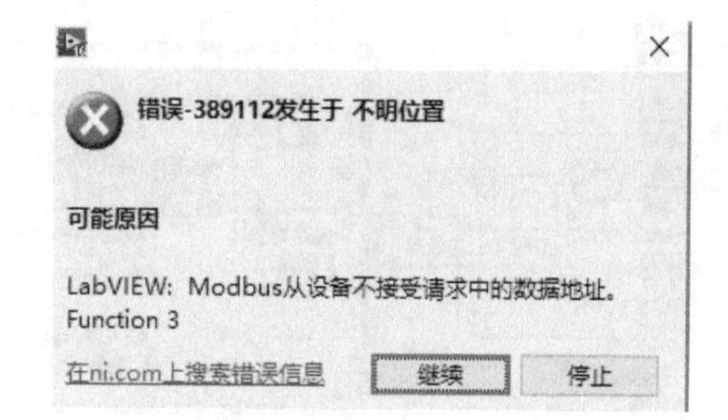

图 9.23 读写寄存器地址错误

图 9.24 所示为一个带简单判断功能的单保持寄存器写入的程序框图，可以判断“保持寄存器值”控件中的值是否出现变化。只有当值发生变化时，程序才会调用“写入单个保持寄存器”VI，写入指定的寄存器中。利用 Modbus Slave 中对保持寄存器值进行改写的功能，可以观察到在从站一端修改保持寄存器的值后，如果不对主站端的输入控件进行值修改，主站就不会进行写操作。但是，为了使主站在控件值不变时仍然保持写入功能，程序中设置了“强行输入?”的开关，只要该控件值为“TRUE”，程序就会无视对值变更的检测，直接进行写操作。

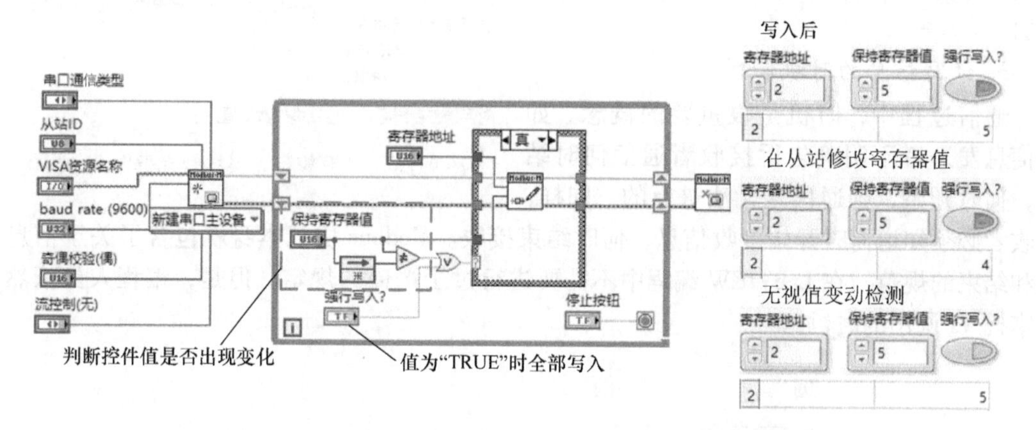

图 9.24 带简单判断功能的单保持寄存器写入的程序框图

以上的内容基本适用于其他 3 种寄存器，而区别只在于主站不支持对输入寄存器和离散输入寄存器的写操作。图 9.25 所示的程序用于同时对线圈寄存器和输入寄存器进行读操作，可以看出在编程方面基本没有变化，只是输出的数据类型不同。

2. 特殊的“屏蔽写入保持寄存器”

LabVIEW Modbus 模块除了可对寄存器读、写外，对保持寄存器还有一项特殊的功能，即具有“屏蔽写入保持寄存器”VI，具体接口如图 9.26 所示。该 VI 会对指定地址的保持寄存器实行一个多步的按位逻辑操作：

新值 =(旧值 ∧ AND 掩码) ∨ (OR 掩码 ∧ (非 AND 掩码))

虽然这个操作的表达式会比较复杂，但是用文字表述则非常简单：

- AND 掩码二进制数的某个位为 1 时，保持寄存器的对应位不产生任何变化。
- AND 掩码二进制数的某个位为 0 时，无视保持寄存器的原值，寄存器对应位的值变

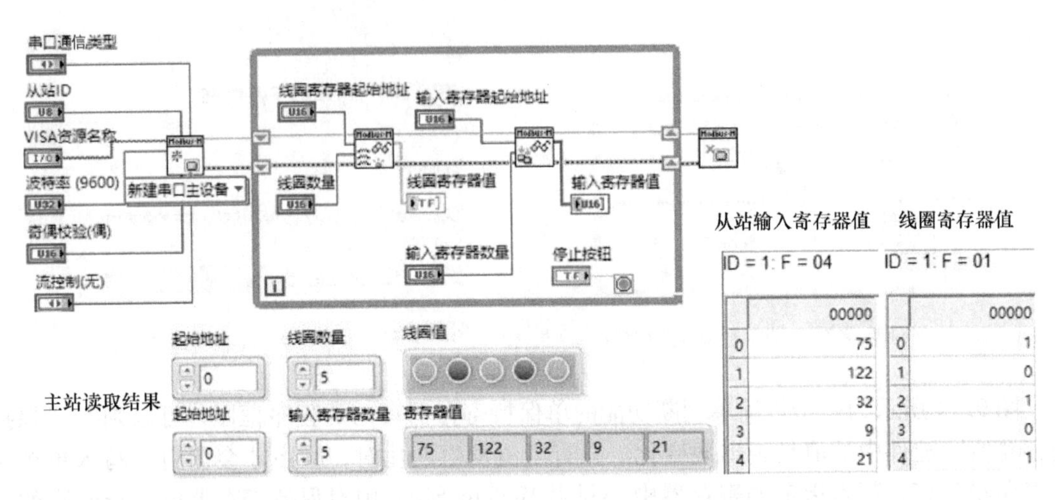

图 9.25　同时读取线圈寄存器和输入寄存器

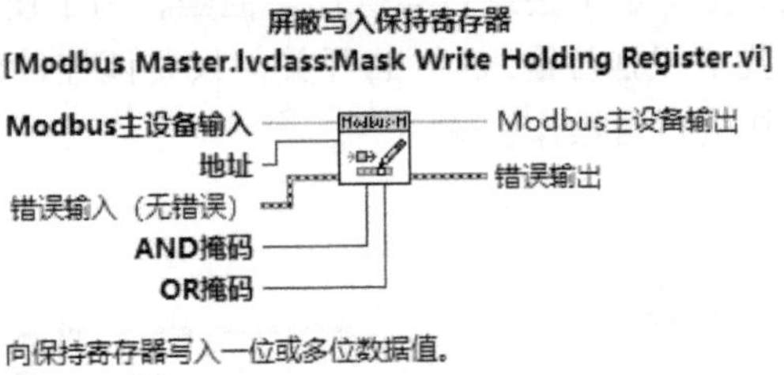

为 OR 掩码对应位的值。

示例如图 9.27 所示。使用这个 VI，人们可以对保持寄存器值的二进制数进行直接的赋值。

屏蔽写入保持寄存器
[Modbus Master.lvclass:Mask Write Holding Register.vi]

Modbus主设备输入
地址
错误输入（无错误）
AND掩码
OR掩码
Modbus主设备输出
错误输出

向保持寄存器写入一位或多位数据值。

图 9.26　“屏蔽写入保持寄存器”VI 接口

3. 读写信息的时机和模式

通信过程中，时机是很重要的概念。如果信息发送者不明确告诉接收者通信何时结束、何时开始，则通信是无法进行的。同样，接收者必须知道何时开始接收信息、何时结束接收。Modbus 协议本身就包含了关于信息开始和结束的规范，在 LabVIEW 编程中不需要进行过于严谨的规定。但是，编程人员依然需要掌握 VI 调用的时机。

项	值
保持寄存器	0, 0, 0, 1, 1, 0, 1, 0, 1, 1, 1, 1, 0, 0, 0, 0
AND掩码	1, 1, 1, 1, 0, 0, 1, 0, 1, 1, 1, 1, 1, 1, 1, 1
OR掩码	x, x, x, x, 0, 1, x, 1, x, x, x, x, x, x, x, x
更新的保持寄存器	0, 0, 0, 1, 0, 1, 1, 1, 1, 1, 1, 1, 0, 0, 0, 0

图 9.27　屏蔽写入保持寄存器的示例

由于 LabVIEW 基本上已经封装好读、写功能，所以使用 LabVIEW Modbus 进行编程时，对于时序的控制比较松，不需要用“收发双方完全一致”的目标去约束 VI 的调用。图 9.28 所示是一个使用 TCP/IP 实现的 Modbus 从站程序框图，这个程序具有读和写保持寄存器的功能，功能的启停取决于开关（布尔型控件）的值。Modbus Poll 充当主站，并与图 9.28 中的从站程序通信。从站程序启动后马上进行写操作，写入的值如图 9.29 所示。此时，Modbus Poll 的连接仍未启动。从站启动一段时间后，Modbus Poll 才启动连接并接收数据。通信

的结果如图 9.29 所示。从这个示例可以看出，LabVIEW 程序端作为从站时，主站对信息的接收不需要紧接着从站发送信息的时机。主站发、从站读则是同样的结果。

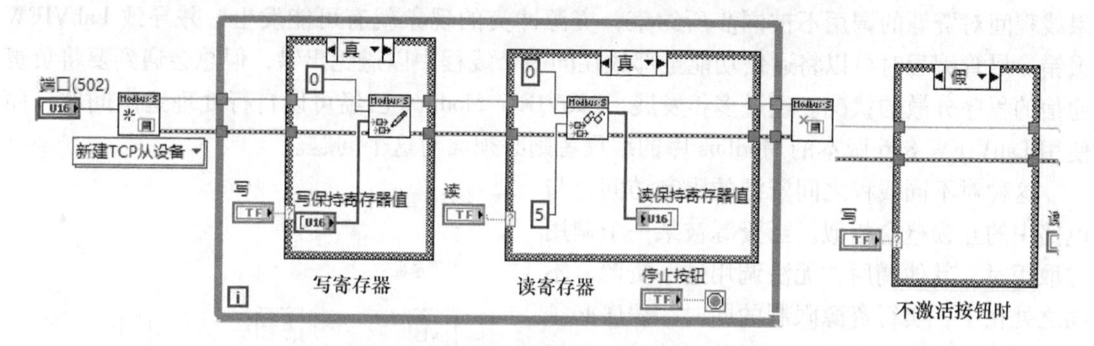

图 9.28　使用 TCP/IP 实现的 Modbus 从站程序框图

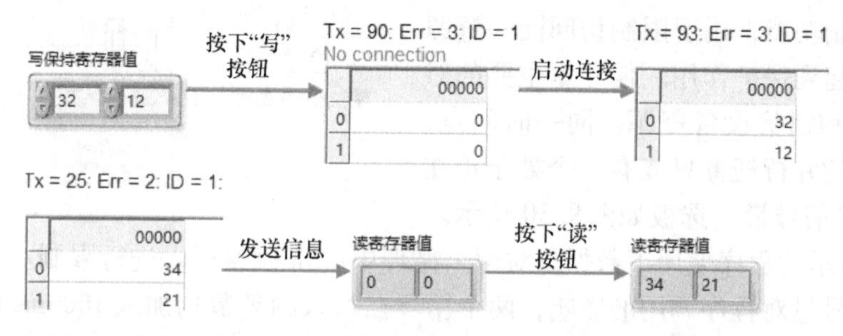

图 9.29　LabVIEW 作为从站与 Modbus Poll 之间读写的结果

不需要对时序做出严格规定使得 LabVIEW Modbus 编程更加简单。只要通信连接依然有效，信息接收方就可以在两次发送间的任意时刻读取这个信息。如果从站/主站更新为对保持寄存器写入的值不需要经过对方允许（或者接收方只需要当前最近一次更新而不考虑中间的信息），那么在实际编程时这一更新行为可以不受同步影响。但是如果收发双方对信息丢失和同步都极为重视，那么选择寄存器作为同步信号是一个可取的方法，因为同步信号一旦发出，就可以在任意时刻读取。读者可以尝试编写一个严格同步的 Modbus 通信程序，作为熟悉 Modbus 读和写编程的练习。

操作技巧与编程要点：

- 对于基于串口的 Modbus 通信，必须仔细核对串口通信的参数，避免串口资源冲突或者通信双方的参数不同。
- 读取寄存器 VI 的输出无论如何都会是数组，因此编程时需要考虑数据向下一个 VI 传递的方式。
- 读、写寄存器操作都要注意被操作的寄存器地址不能超出通信对象的定义范围，尤其是写多个寄存器的操作，因为这个操作使用数组的长度指定寄存器的数量。
- 当通信的目的不需要每时每刻读取或写入指定寄存器操作时，程序编写人员应该给出附加条件来限制读、写寄存器的操作，以免造成串口资源占用。
- LabVIEW Modbus 模块本身对通信的时机要求并不严格，除非是应用本身对信息同步的要求极高，因此编程者可以相对自由地选择调用 VI 的时机。

9.3.4 使用信号量避免资源冲突

通常在编写多线程程序时，共用相同资源的不同功能可能会被分配到不同的线程中。如果线程间对资源的调用不被同步所约束，资源冲突的现象就有可能发生，并导致 LabVIEW 报错。尽管编程时可以将通信功能全部放在同一个线程中以避免出错，但总会遇到要将负责通信的程序分散的状况。经过多年发展，LabVIEW Modbus 已经可以自行处理这个问题，而使用 LabVIEW 8.6 版本的 Modbus 库的编程者则必须面对这个问题。

这种对不同线程之间资源的限制访问，与电路中的互锁概念相似。当资源被某一个调用方取用时，其他调用方无法调用这一资源。不同之处在于，实行资源限制的同时，程序必须保证资源重新变得可用后可以马上被其他调用方使用。LabVIEW 提供了信号量 VI 实现以上提到的资源限制功能，用于限制访问同一资源的任务数量，起到保护作用。信号量主要的对象是全局变量和通信设备资源。同一时间点，被信号量约束的并行任务只能有一个处于正在执行的状态。“信号量”选板如图 9.30 所示。

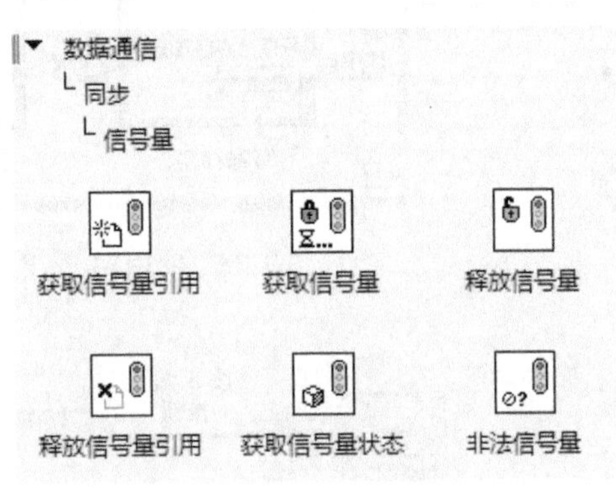

图 9.30 “信号量”选板

图 9.31 所示的程序使用了数据量对两个循环中的寄存器写入进行限制。为了让读者能直观体会到信号量对程序调用的影响，两个循环在写入的环节均加入 1000ms 的延时。运行程序后，在图 9.31 的 1、2 位置添加指针来观察错误信息的更新时间，就可以观察资源限制是否有效。因为两个循环开始的时间虽然不定，但必然是相当接近的，所以在没有信号量介入时，在以秒为单位显示时间的指针信息窗口可以看到两个指针的更新时间基本相同。而在加入信号量之后，在两个相隔较远的时间点查看指针更新窗口，可以发现两个指针之间刷新的时间均相差了 1s（即 1000ms），这证明信号量确实起到了限制资源竞争的作用。

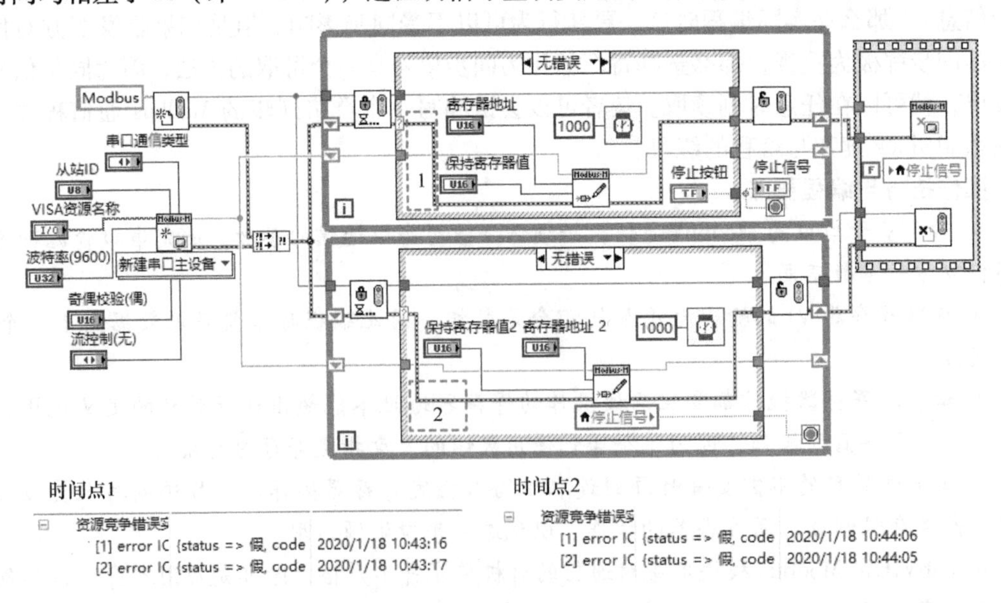

图 9.31 使用信号量限制 Modbus 主站写入寄存器

操作技巧与编程要点：

- "获取信号量引用" VI 会按照输入的字符串搜索同名的信号量，如果没有就进行新建。
- 使用信号量 VI 进行编程时需要搭配条件或顺序结构，且"获取信号量" VI 的输出必须输入到程序框图当中。这是因为对资源的限制使用实际上是同时利用了 VI 的等待和数据流控制。
- "获取信号量"和"释放信号量" VI 必然是成对使用的。

9.3.5 多寄存器实现多种数据类型传输

Modbus 通信传输信息的类型一般为无符号 16 位整型（U16）。如果要发送字符串或浮点型的数据，就必须使用多个寄存器实现。例如，一个单精度浮点型数（SGL）的长度为 32，为了传输这个数据，必须使用至少两个寄存器。传输浮点数是一个比较常用的功能，例如传输温度、电流和应变等测量值，本小节主要以浮点数传输为例讲解在 Modbus 通信中使用多寄存器实现其他数据类型的传输。

如果只是将浮点数当作一个普通的分数看待，那么事情会变得非常简单：整数部分和小数部分分别用两个寄存器传输。此表示方法相当于定点数表示，整数部分的表示范围是 [－32767，32767]，小数部分的表示范围为 [0，65535]。而正规的浮点数表示使用科学记数法，表示范围远大于定点数表示。

比较标准的做法应该是按照 IEEE 754 标准中对单精度浮点数的定义进行程序编写，这也是 Modbus 协议中对单精度浮点数的标准表示方法。IEEE 754 标准中，单精度浮点数的 32 个位由为符号位 S、阶码 E 和尾数 M 构成，具体如图 9.32 所示。其中，尾数 M 为浮点数基数的小数部分的二进制形式，由于浮点数基数的整数部分多数为 1，所以可不表示；阶码 E 是基数的指数 e 的补码减 1。符号位 S、指数 e、尾数 M 与浮点数 f 的一般关系为

$$f = (-1)^S \cdot (1.M)^e \tag{9.1}$$

1. 尾数

十进制的小数转换为二进制采用"乘 2 取整，顺序排列"的方法，即将小数乘 2，积大于 1 时该位为 1，小于 1 时为零，从小数点开始从左向右计算，直到满足精度要求或积恰好为 1。图 9.33 所示为以十进制小数 0.8125 为例进行尾数的转换。

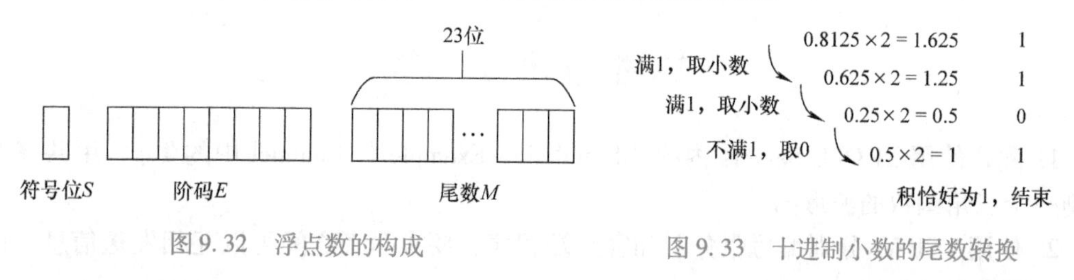

图 9.32 浮点数的构成　　图 9.33 十进制小数的尾数转换

2. 阶码

"阶码 E 是指数 e 的补码减 1"的描述比较抽象，另一种描述可以简单地表示这个关系：

$$e = E_{(10)} - 127 \tag{9.2}$$

即如果将 8 位阶码看作是一个无符号的二进制数，它的十进制值减 127 就是基数的指数 e。

3. 特例

对于阶码各位全为0或全为1的情况，IEEE 754的特殊规定为：

1）阶码各位全为0且尾数全为0时，浮点数表示±0。符号不能忽略，这是因为在基数为1.*M*的情况下，浮点数中的0只能用极小的值来表示，而+0和-0对应的真值分别为1.0×2-127和-1.0×2-127。

2）阶码各位全为1且尾数全为0时，浮点数表示±∞。

3）阶码各位全为1且尾数不为0时，浮点数表示NaN（不存在）。

遵循这个原则进行浮点数传输时，一个备选的方法为将浮点数先按照以上的规则转换为二进制数，再将二进制数一分为二，以U16整数的形式，调用“写入保持寄存器”VI，按顺序发送到两个相邻的寄存器中，以高低位配合存储。另一个方法是转换成二进制数后，使用“屏蔽写入保持寄存器”VI进行输入，同样是以高低位配合存储。

在使用多寄存器实现多种数据类型传输的时候，要先了解Modbus协议本身对目标数值类型传输的规定，避免造成功能上的缩减。但是如果事先没有特殊规定，自行定义是可行的，双方事先协调且能满足性能要求即可。

本章小结

本章对串口通信、TCP通信、LabVIEW DSC模块以及Modbus通信进行了简单的说明，并且介绍了如何通过NI OPC Servers实现简单的数据传输，以及使用LabVIEW Modbus库进行编程。编写本章的主要目的是向读者展示可用于设备间通信的手段，以及介绍如何通过LabVIEW编程的方式简单实现这些通信方法。为了讲解如何进行通信程序的编程，本章展示了一些相关的工具和简单的通信程序示例，并对使用通信手段进行了一些拓展性的介绍。

上机练习

按照9.3.3小节的内容，编写通过TCP实现的Modbus从站、主站程序各一个。要求两个程序均可对寄存器进行读和写操作，读和写各选一种寄存器实现即可。

思考与编程习题

1. 配合使用NI OPC Servers内的“Simulation Examples”Channel中的Tag，用共享变量绘制一个三角函数的波形图。

2. 使用TCP VI分别编写服务器和客户端程序，要求两者之间可以互相发送信息，信息的内容可自定。

3. 编写严格同步的Modbus主站和从站程序各一个。

4. 在1或3题的基础上使用信号量进行读和写之间的限制，要求读和写之间的时间间隔为1s。

参考文献

[1] 陈树学，刘萱．LabVIEW 宝典［M］．北京：电子工业出版社，2011.

[2] National Instruments. Modbus 协议深入讲解［EB/OL］．（2019－09－17）［2020－08－17］．https：//www. ni. com/zh－cn/innovations/white－papers/14/the－modbus－protocol－in－depth. html.

[3] OPC Foundation. What is OPC?［EB/OL］．［2020－08－17］．https：//opcfoundation. org/about/what－is－opc/.

第10章 LabVIEW机器视觉

由于对生产产品的质量控制与溯源要求，机器视觉技术已成为产品制造过程的关键技术之一。可以利用机器视觉技术实现产品制造的在线缺陷检测、几何参数测量以及机器人视觉导航定位等生产应用。目前，已有多种商业与开源视觉开发软件系统，例如，OpenCV 开源视觉系统，德国 MVTec 的 Halcon，美国康耐视（Cognex）的 VisionPro，加拿大 Matrox 公司的 Maxtor Image Library（MIL），MATLAB 的图像处理工具箱、计算机视觉工具箱、图像采集工具箱等商业视觉软件。美国 NI 公司的 LabVIEW 也推出了具有图形化编程模式的视觉工具模块——Vision Acquisition Software 和 Vision Development Module。本章将介绍这一独特的图形化视觉编程工具。

10.1 机器视觉基础

10.1.1 数字图像

数字图像，又称数码图像或数位图像，是二维图像用有限数字数值像素的表示，由数组或矩阵表示，其光照位置和强度都是离散的。数字图像是由模拟图像数字化得到的、以像素为基本元素的、可以用数字计算机或数字电路存储和处理的图像。一般选定数字图像的左上角点为图像坐标原点。

像素（Pixel）是数字图像的基本元素。像素是在模拟图像数字化时对连续空间进行离散化得到的，其动态范围由位深 k 决定，即 2^k。每个像素都具有整数行（高）和列（宽）位置坐标，同时，每个像素都具有整数灰度值或颜色值。

数字图像包括灰度图像（Grayscale Image）、二值图像（Binary Image）、彩色图像（Color Image）等。位深为 8 的灰度图像，其像素值为 0～255 之间的整数。二值图像的像素值为 0（黑）或 255（白）。位深为 8 的彩色图像一般由红（R）、绿（G）、蓝（B）3 种颜色表达，表现为 24 位或 32 位的数字彩色图像。图 10.1 所示是一幅大小为 640×400 的 32 位彩色图像，所选定 2×6 大小的区域对应的红、绿、蓝像素值用一个二维簇数组表示，其像素红、绿、蓝颜色数值采用 U8 数据类型。

10.1.2 机器视觉系统的组成

计算机视觉（Computer Vision）是用计算机实现人的视觉功能——对客观世界的三维场景的感知、识别和理解。计算机视觉和机器视觉（Machine Vision）这两个术语虽然有所区

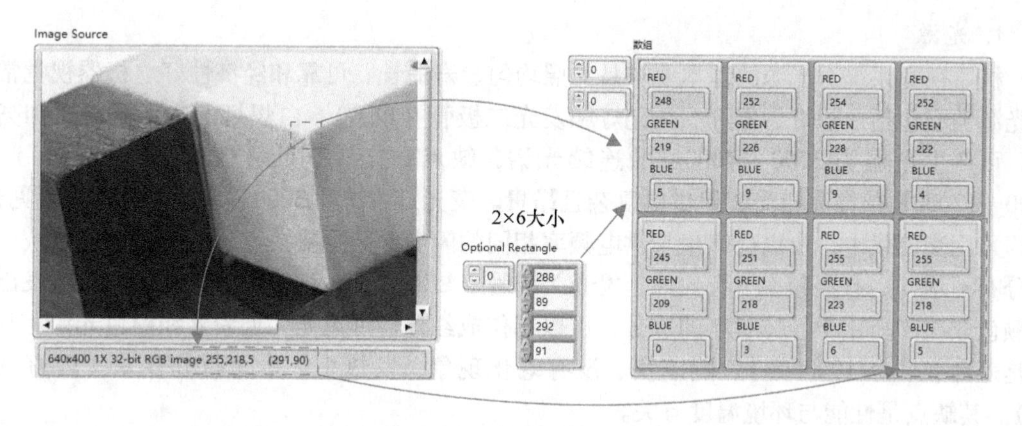

图 10.1 彩色数字图像的表达

别，但常常不加区别地使用。机器视觉系统就是一个能自动获取一幅或多幅目标物体图像，对所获取图像的各种特征量进行处理、分析和测量，并对测量结果做出定性分析和定量解释，从而得到对有关目标物体的某种认识并做出相应决策的系统。机器视觉系统一般由视觉传感器、图像采集系统、图像处理系统及决策执行机构等模块构成。图 10.2 所示是一个典型的用于缺陷检测的 PACK 锂电池极片焊点的视觉检测系统。PACK 锂电池芯极片需要与保护电路模块（Protective Circuit Module，PCM）极片用激光焊接方法焊接在一起，形成 6 个激光焊点。该系统在线检测的对象就是这些正反两面的激光焊点，用于确保锂电池的安全可靠。该机器视觉系统通过上下两个带远心镜头的相机拍摄极片的正反两面。为保证突出焊点特征，上下均采用了球形漫反射 LED 白光光源。极片焊点图像通过图像采集卡及光源控制器同步控制以实现频闪图像采集。采用图像处理算法完成焊点缺陷检测，并判断 OK 或 NG。检测结果传输给 PLC，控制相应的锂电池分选机构完成不合格锂电池标记或分选。图 10.2 所示的视觉检测系统包含了机器视觉系统必须含有的部件——光源、镜头、相机。

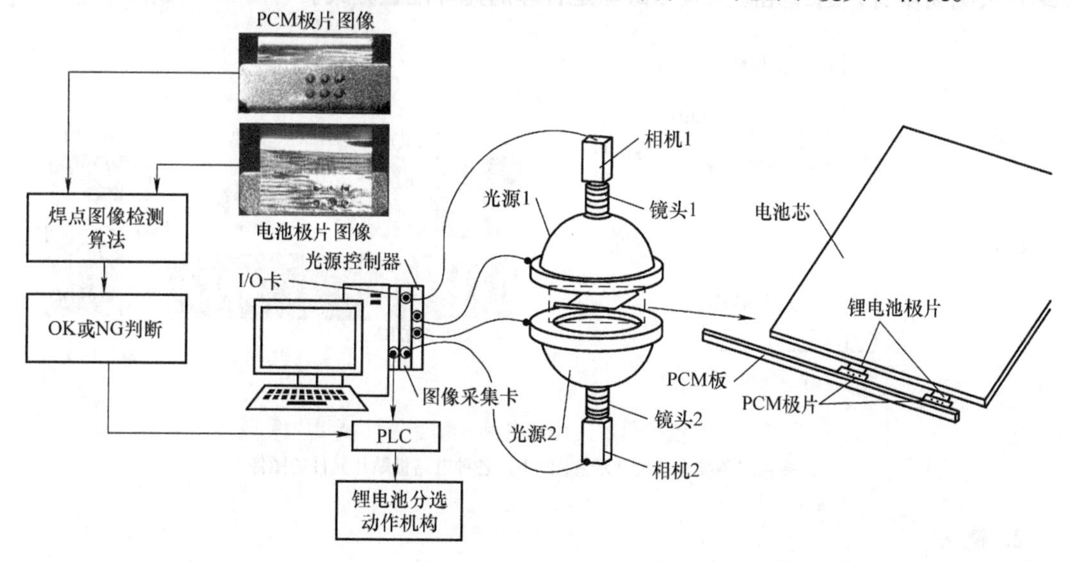

图 10.2 PACK 锂电池极片焊点的机器视觉检测系统

1. 光源

机器视觉系统对光源的基本要求是光照均匀、寿命长、可靠和经济性好。机器视觉常用的光源类型包括白炽灯、氙灯、荧光灯和发光二极管（LED）。白炽灯的优点是低压和亮度高，可产生色温为3000～4000K的连续光谱，缺点是光效率低（仅5%）。氙灯可产生5500～12000K的高亮白光，但供电复杂且昂贵。荧光灯可产生3000～6000K色温的可见光，因为采用交流供电，所以会产生与供电频率相同的闪烁。其主要缺点是寿命短、老化快、光谱分布不均匀，有些频率下有尖峰。发光二极管（LED）是一种电致发光的半导体，发出光的颜色取决于所用半导体材料的成分，可以制作成红外、可见光、近紫外和白色光源。其优点是寿命长（>100000h）、响应快、没有老化现象、发热小、亮度调节容易（因直流供电）。其缺点是性能与环境温度有关。

光与被测物体的相互作用主要表现为反射、折射与漫反射，如图10.3所示。物体表面的纹理与微细结构，会引起不同程度的漫反射及以主瓣形式存在的主反射。为了获得对比度良好且突出被测物结构或缺陷特征的数字图像，一般要通过大量的光源照明成像测试，包括光源和光照方向选择，确定合理的光源方案。对于具有明显彩色特征的物体，可以通过选择合适颜色的光源、加滤光镜和偏振片来突出结构特征和减小镜面反射影响。图10.4a是一种用于电路板元器件/引脚焊点AOI检测设备的光源设计。该光源设计采用多色多角度光源方案，从而可以实现颜色与结构三维相关的特征提取。图10.4b是采用该光源方案获得的电路板上IC芯片引脚、贴片二极管、贴片电阻、焊盘的彩色图像。显然，检测人员可以根据不同的颜色对应结构不同的曲率特征。这种方式可以实现对焊点三维特征的提取或基于彩色特征建立判别准则。值得注意的是，光源的设计需要结合被测物本身，通过光源实验测试确定合理的光源配置方案。

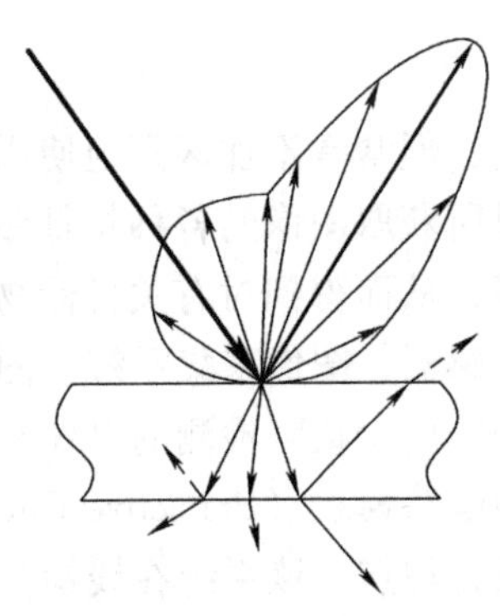

图10.3　光照射被测物的反射、折射与漫反射

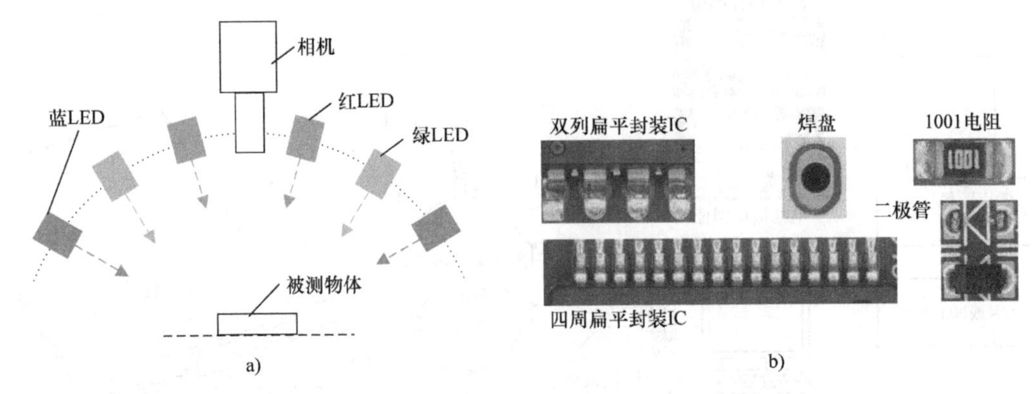

图10.4　多色多角度光源的电路板贴装原件照明成像

a）多色多角度光源设计示意图　b）各种电路板贴片元件的图像

2. 镜头

镜头的作用是汇聚光线到成像单元，且必须选择合适的镜头来确保获得清晰的图像。镜头的选择会影响成像系统的视场（Field of View，FOV）、工作距离和光学图像物理分辨率。

图 10.5 所示是成像系统的针孔模型，参数 h 为物体高度，s 为物距，c 为像平面到投影中心的距离，称为主距，h'为像高。可以根据该针孔模型，进一步给出参数对应的近似关系：物体高度 h 对应视场 FOV 大小 d_{FOV}，物距 s 对应工作距离 d_{w}（镜头到物体间的距离），像高 h'对应成像传感器尺寸 d_{s}，主距 c 对应镜头焦距 f。这样，可以得到镜头焦距的计算式：

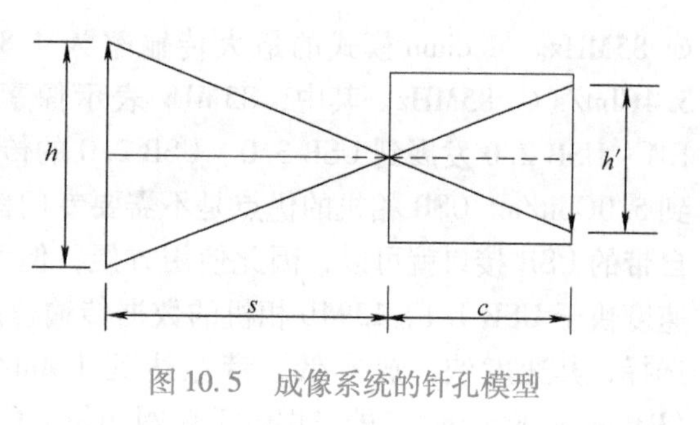

图 10.5 成像系统的针孔模型

$$f = \frac{d_{\mathrm{s}} \cdot d_{\mathrm{w}}}{d_{\mathrm{FOV}}} \tag{10.1}$$

如果知道视觉系统测量/检测的视场 FOV、相机成像芯片尺寸以及需要的工作距离，就可以计算出镜头焦距。根据该镜头焦距就可以选择所需的镜头。实际镜头选择时还要考虑定焦镜头、变焦镜头、CCTV 镜头、远心镜头、光圈是否可调等。另外还要考虑镜头的景深。根据厚透镜模型推导出来的景深计算公式，景深与工作距离的二次方、光圈（F）以及弥散圆直径成正比，与焦距的二次方成反比。因此，高倍显微镜头具有很小的景深。

3. 相机

相机主要有 CCD（Charge - Coupled Device）和 CMOS（Complementary Metal - Oxide Semiconductor）两种成像传感技术。两者主要的区别是从芯片中读取数据的方式不同。按成像颜色区分，相机包括彩色相机和黑白相机两种。按帧成像模式区分，相机包括面阵相机和线阵相机。面阵相机单帧采集一个矩形区域的二维图像，在大多数视觉系统上得到采用，其常见帧率为 30Hz（源于美国早期研发电视的帧率，该帧率为电源频率 60Hz 的一半）。而线阵相机单帧采集一维图像，其帧率可达到 14～140kHz，常用在相机运动或物体运动下的飞行成像中。

相机成像传感器最常见的长、宽以及对角线尺寸见表 10.1。相机传感器标称尺寸列于表 10.1 的第一列，其对应的传感器宽度际尺寸大致等于其公称尺寸的一半。值得注意的是，成像传感器尺寸必须与镜头口径相匹配，即镜头尺寸必须大于成像传感器的有效尺寸。例如，1″/2 镜头不可以与 2″/3 成像传感器配合使用。

表 10.1 相机成像传感器的尺寸

尺寸/in	宽度/mm	高度/mm	对角线长度/mm	像素间距/μm
1	12.8	9.6	16	20
2/3	8.8	6.6	11	13.8
1/2	6.4	4.8	8	10
1/3	4.8	3.6	6	7.5
1/4	3.2	2.4	4	5

相机有多种通信总线，这是由需求与技术发展逐步形成的，一般包括模拟、Camera Link、USB、1394、GigE 和 CoaXPress 等总线。模拟相机分辨率低，其最大帧率为 30 帧/秒，需要外部供电（常为 12V 直流）。Camera Link 是一种高速总线，有 3 种模式，即 Base、Medium 和 Full 模式，需要配备 Camera Link 图像采集卡。Base 模式的最大传输速率为2.0Gbit/s

@ 85MHz。Medium 模式的最大传输率为 4.8Gbit/s @ 85MHz。Full 模式的最大传输率为 5.4Gbit/s @ 85MHz。其中，85MHz 表示像素时钟频率。USB 总线用于相机接口，从 USB 1.1、USB 2.0 发展到 USB 3.0。USB 2.0 的传输带宽与 1394a 同级。USB 3.0 的传输带宽达到 5.0Gbit/s。USB 相机的优点是不需要专门图像采集卡，不需外部供电，直接利用计算机自带的 USB 接口就可以，因此使用方便，但可靠性不如 1394 相机。1394a 相机的数据传输速度快于 USB 1.1，1394b 相机的数据传输速度已达到 800Mbit/s。GiGE 相机是一种较好的选择，其速度快，成本低，带宽达到 1Gbit/s，一般需要外部供电，但现在已有带 PoE（Power on Ethernet）的自供电千兆网相机。CoaXPress 是一种非对称的高速点对点串行通信数字接口标准，传输带宽达到 6.25Gbit/s，远超过 Camera Link 和千兆网相机。

4. 分辨率

成像系统的分辨率依赖于镜头的光学放大倍数以及相机的分辨率（成像传感器的像素大小和像素数）。在相机成像传感器与镜头已经很好匹配的情况下，视场 FOV 越小（通过 ZOOM 调节），分辨率越高。根据经验，一般要求至少 2 个像素表示缺陷图像特征、10 以上的像素来测量结构尺寸。因此，x，y 方向的图像分辨率分别表示为

$$\delta = \frac{\mathrm{FOV}}{N_x} \times 2 \tag{10.2a}$$

或

$$\delta = \frac{\mathrm{FOV}}{N_y} \times 2 \tag{10.2b}$$

式中，N_x、N_y分别表示成像传感器 x 方向和 y 方向的像素数。

实际上，视觉系统的测量分辨率可以通过亚像素边缘提取算法提高，可高达 1/22 像素。但测量系统的图像畸变影响可达 2 ~ 3 个像素。因此，为提高视觉系统测量精度，必须进行图像标定与畸变校正。

10.2　LabVIEW 图像处理与视觉模块

当安装完 LabVIEW 的视觉模块后，将在操作系统任务栏中出现 Vision Assistant、Vision Calibration Training、Vision Color Classification Training、Vision Flat Field Creation Wizard、Vision OCR Training、Vision Particle Classification Training、Vision Template Editor、Vision Texture Training 应用程序。同时，安装后会生成“视觉与运动”函数选板、“Vision”控件选板，如图 10.6 所示。本节将基于 Vision Development Module 2018 进行介绍。

10.2.1　图像采集

如图 10.6 所示，LabVIEW 视觉模块包括了两个图像采集函数组：NI - IMAQ 和 NI - IMAQdx。NI - IMAQ 图像采集驱动用于 NI 图像采集硬件。NI - IMAQdx 图像采集驱动支持 NI 177x 智能相机、IEEE 1394、GigE 相机、兼容 DirectShow 的 USB 相机、USB3 相机以及网络摄像机（IP Camera）。这里使用 NI - IMAQdx 驱动函数介绍图像采集。图 10.7 所示是NI - IMAQdx 函数选板。图 10.8 所示是 Image Management（图像管理）函数选板。这里仅通过 NI 自带的示例讲述主要的相关图像采集函数。

打开 NI - IMAQdx 图像连续采集示例“LabVIEW 安装目录 \ examples \ Vision Acquisition \ NI - IMAQdx \ High Level \ Grab. vi”，如图 10.9 所示。笔记本计算机自带摄像

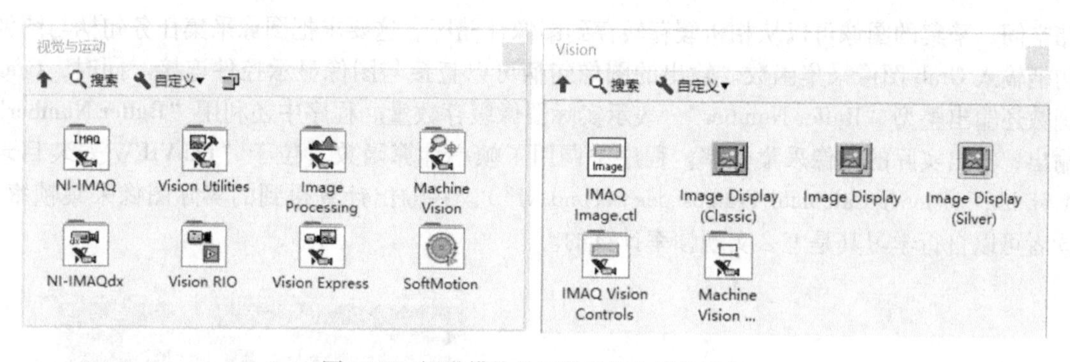

图 10.6 视觉模块的函数选板与控件选板

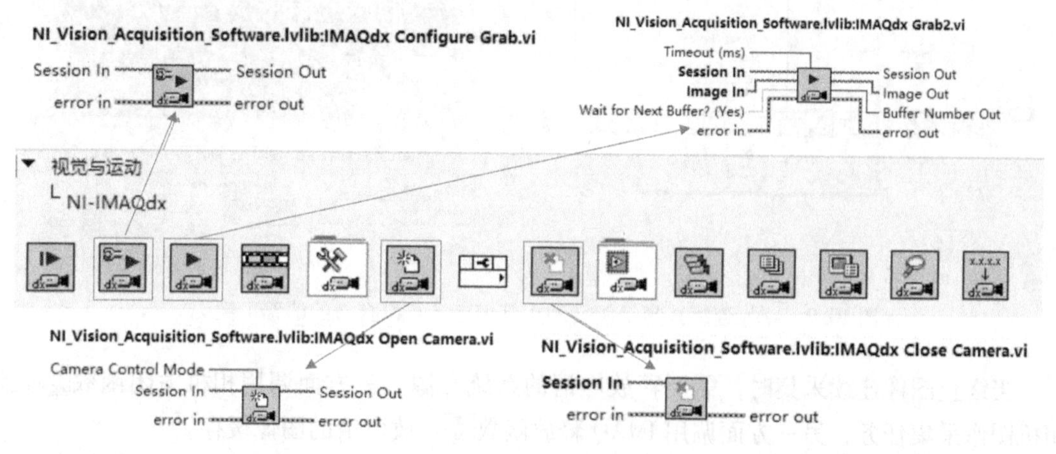

图 10.7 NI－IMAQdx 函数选板

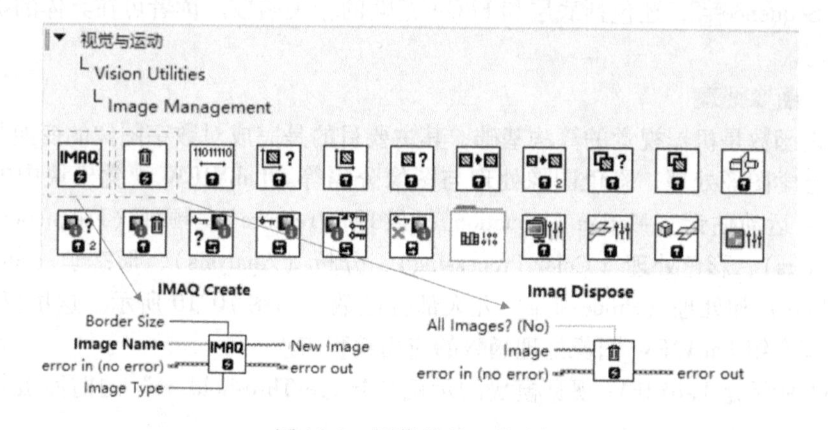

图 10.8 图像管理函数选板

头，默认设备名为“cam0”。首先使用 Open 函数打开 cam0 相机，获得图像采集任务句柄。接着使用相机配置函数 Configure Grab完成相机配置并启动，等待调用 Grab 函数进行图像采集，所采集的图像将连续存储在内部缓存中。在进入 While 循环体之前，需要创建图像缓存，用于后续显示和进行图像处理，为此，需要使用图像管理函数选板中的 IMAQ Create 函数，并输入字符串“Grab”代表该图像句柄名称。通过该函数可为图像分配存储空间，采集的图像可以从相机缓存转存到图像存储区。这要求把图像采集任务句柄与图像句柄输入 Grab 图像采集函数。输出的图像句柄可以直接与图像显示控件连接。同时，Grab 函数还输出整型“Buffer Number”，表示实际图像缓存数量。程序中还利用“Buffer Number”输出，输出实际的图像采集帧率。程序中调用了帧率计算函数（位于“LabVIEW 安装目录\ vi. lib \ vision \ Calculate Frames per Second. vi”），并输出计算得到的实际图像采集帧率。读者可以自行学习其是怎么实现帧率计算的。

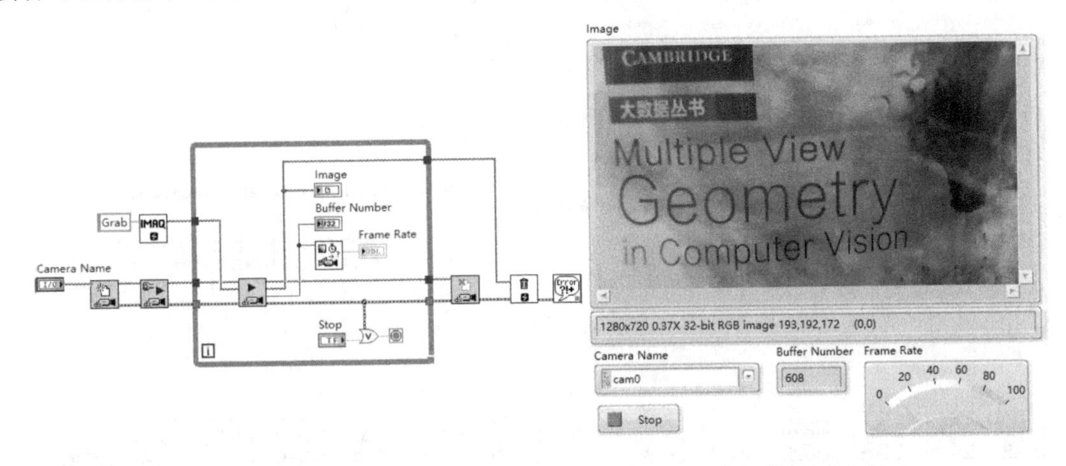

图 10.9　图像连续采集示例（利用笔记本计算机自带的前置摄像头）

当终止图像连续采集时，需要释放申请的系统资源。一方面调用相机关闭函数关闭相机图像采集任务，另一方面调用 IMAQ 释放函数释放申请的图像缓存。

NI-IMAQdx 函数选板中还有其他图像采集函数，如单次图像采集函数 Snap和多次图像采集函数 Sequence，还包括底层和 FPGA 范畴的相关函数。读者可在具体的机器视觉应用项目中研习。

10.2.2　图像处理

图像处理函数是机器视觉的算法基础，其主要目的是完成对数字图像的变换与滤波、频域处理、形态学图像处理、彩色图像处理与图像分隔等。LabVIEW 视觉模块中的数字图像处理函数分为运动估计（Motion Estimation）、纹理（Texture）、频域（Frequency Domain）、算子（Operators）、彩色处理（Color Processing）、分析（Analysis）、形态学（Morphology）、滤波器（Filters）和处理（Processing）九大部分函数，如图 10.10 所示。这里仅通过 NI 自带的一个例程介绍 LabVIEW 图像处理函数的应用编程特点。

图 10.11 所示是 LabVIEW 视觉模块的示例“Image Threshold. vi”的前面板与主体程序框图。

图 10.11 所示的程序中分别使用了 3 个阈值分割函数（位于“Image Processing”→“Processing”函数选板，并在图 10.10 中用矩形虚线框标出）。这 3 个阈值分割 VI 的接口说明如图 10.12 所示。

图 10.12a 所示的阈值分割函数（IMAQ Local Threshold）用于程序中的“Local”条件结构分支框。该函数使用 4 种自适应阈值算法（Niblack、Background Correction、Sauvola 和 Modified Sauvola）把原始图像分割成二值图像。该函数的输入参数“Niblack/SauvolaDeiva-

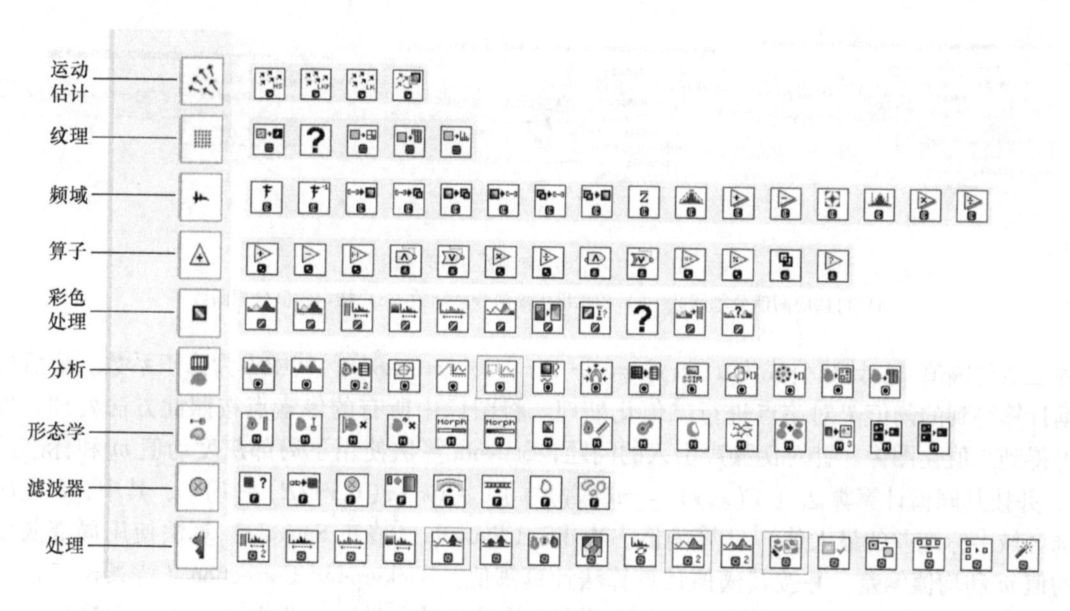

图 10.10　图像处理函数

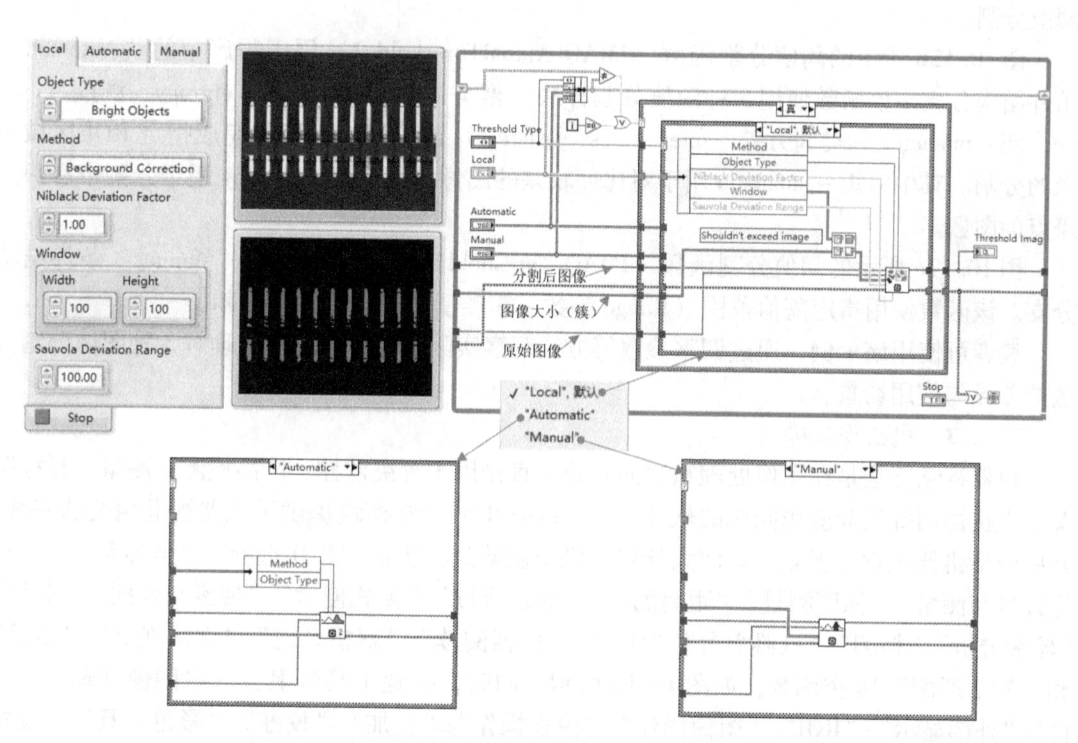

图 10.11　“Image Threshold. vi”的前面板与主体程序框图

tion Factor（0.2）”是指下面介绍的修正系数 k。

Niblack 算法是通过某一像素点及其邻域内像素点灰度值的均值和标准差计算得到二值化阈值的。在计算图像点（x，y）二值化阈值时，首先计算以（x，y）为中心的 $n\times n$ 大小的区域内像素点的灰度均值 m 和标准差 s。然后根据灰度均值和标准差计算得到点（x，y）

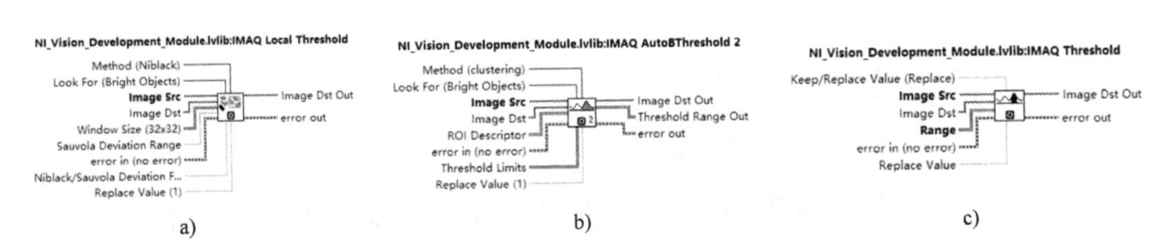

图 10.12　阈值分割函数的接口说明

a）自适应阈值分割函数　b）ROI 最优阈值分割函数　c）指定阈值分割函数

的二值化阈值 T，计算公式为 $T(x,y) = k \cdot s(x,y) + m(x,y)$，其中 k 为修正系数。最后根据计算得到的阈值 T 对该点进行二值化处理。将图像中所有的像素点按照此方法处理，即可得到二值化图像。针对伪噪声引入的问题，Sauvola 算法使用了局部灰度均值 m 和标准差 s，并按其阈值计算算法（$T(x,y) = m(x,y) + [1 + (k \cdot s(x,y)/R) - 1)]$，其中，$R$ 为所选区域中标准差的最大值）计算阈值。Modified Sauvola（修正 Sauvola）算法使用局部灰度均值 m 和均值偏差，并按其阈值计算算法计算阈值。Background Correction（背景校正）分割算法通过背景校正减少光照不均匀的影响，并采用最大类间方差方法（Ostu 方法）进行阈值分割。

图 10.12b 所示的阈值分割函数（IMAQ AutoMThreshold 2）用于程序中的“Automatic”条件结构分支。该函数使用 5 种阈值分割方法（聚类 – clustering、熵 – entropy、测度 – metric、矩 – moments 和类间方差 – inter – class variance）计算最优阈值来完成指定 ROI 区域图像的分割。其中，矩 – moments 用于对比度较差的图像分割；熵 – entropy 用于分割带有很少斑点的图像。

图 10.12c 所示的阈值分割函数（IMAQ Threshold）用于程序中的“Manual”条件结构分支。该函数使用指定阈值范围（Range 参数 – 簇类型）完成图像的分割。

读者可使用该示例，通过调整参数等方法观察实际图像分割效果，理解 3 种图像分割方法的差异与使用场景。

10.2.3　机器视觉模块

机器视觉算法是在图像处理算法的基础上直接用于解决监控、产品检测、测量、目标跟踪、人机协同等实际应用问题的软件工具。LabVIEW 视觉模块提供了机器视觉相关的函数，其中包括机器视觉与视觉工具两大分组。机器视觉分组包括“ROI 选择”“坐标系统”“目标计数与测量”“强度测量”“距离测量”“轮廓提取”“模式搜索”“搜索与匹配”“卡尺”“轮廓分析”“检测”“机器学习”“OCR”“仪器阅读”“解析几何”“立体视觉”“跟踪”和“特征匹配”18 类函数，如图 10.13 所示。同时，视觉工具分组包括“图像管理”“文件”“外部显示”“ROI”“图像操作”“像素操作”“叠加”“校准”“彩色工具”“视觉 RT”“图像变换”和“FPGA 工具”12 类函数，如图 10.14 所示。由此可见 LabVIEW 的视觉函数非常丰富。本小节仅用 LabVIEW 自带的一个示例进行必要的编程说明。

图 10.15 所示是 LabVIEW 视觉模块的示例“Edge Detection. vi”的前面板与主体程序框图。程序中使用了“IMAQ Edge Tool 3”函数（位于“Machine Vision”→“Caliper”函数选板，并在图 10.13 中用虚线框标出）进行图像结构的边缘检测。如图 10.16a 所示，该函数重要输入参数的 Edge Options 簇数据，包括边缘极性（Edge Polarity）（U32 整数）、滤波核

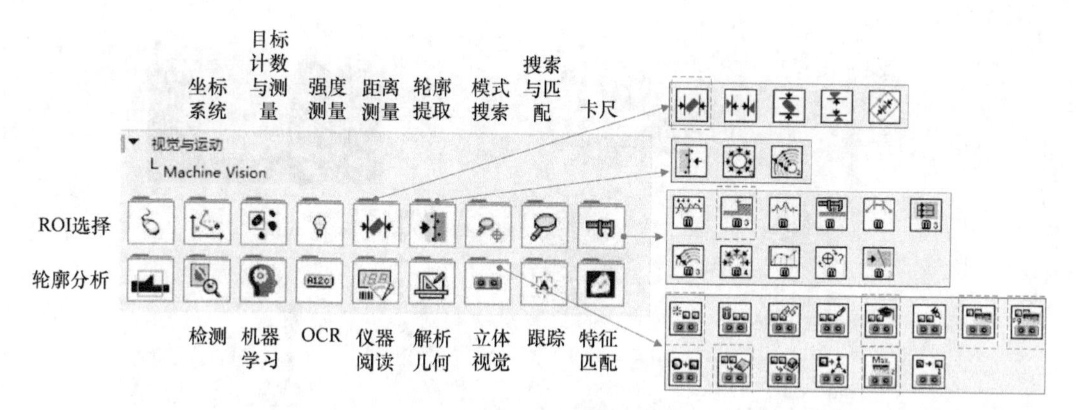

图 10.13 机器视觉分组函数

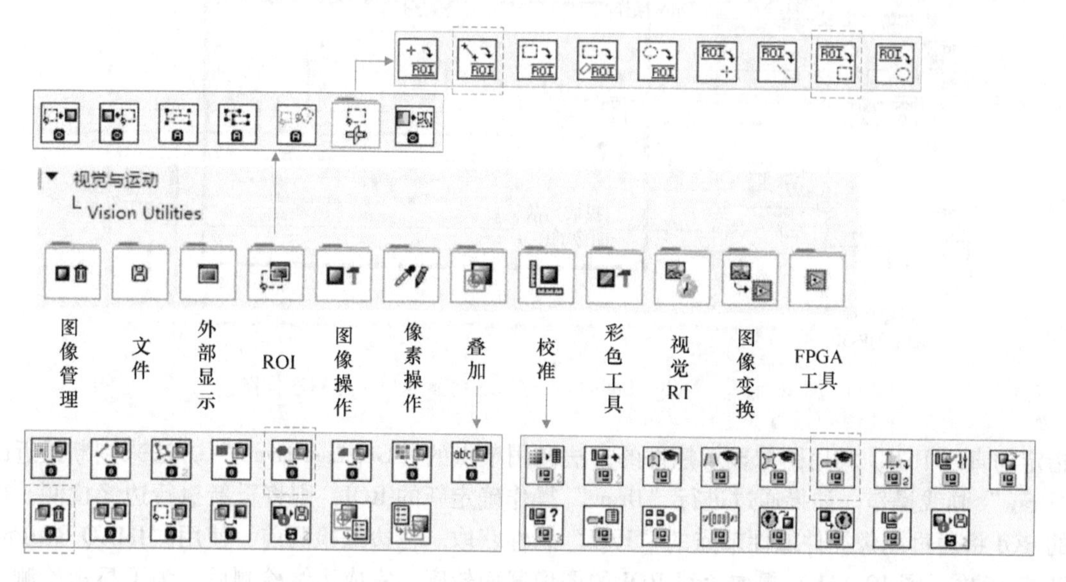

图 10.14 视觉工具分组函数

大小（Kernel Size）（U32 整数）、搜索宽度（Width）（U32 整数）、最小边缘强度（Minimum Edge Strength）、插值类型（Interpolation Type，包括“Zero Order”“Bilinear”和“Bilinear Fixed”）和数据处理方法（Data Processing Method，包括“Average”和“Median”）。另一个参数是 ROI Descriptor 数据，用于指定边缘搜索的区域。这里的 ROI 为一簇结构类型，包括一维数组表示的全局矩形点坐标和一维簇数组表示的 ROI 轮廓。此外，参数“Process”（枚举类型）用于指定搜索类型，包括“Get First Edge”“Get First + Last Edge”“Get All Edges”和“Get Best Edges”。

该程序轮廓提取的主要思路是通过初始化或交互式操作获取搜索 ROI。程序运行时，操作人员可以任意画出矩形框或直线来确定搜索 ROI，程序将马上计算出边缘，并在图像窗口中显示出检测出的边缘点。除了上面提到的“Edge Detection. vi”函数外，程序中还使用了其他视觉函数。“IMAQ Convert Line to ROI”函数（位于“Vision Utilities”→“ROI”→“Region of Interest Conversion”函数选板，并在图 10.14 中用虚线框标出）用来完成初始化

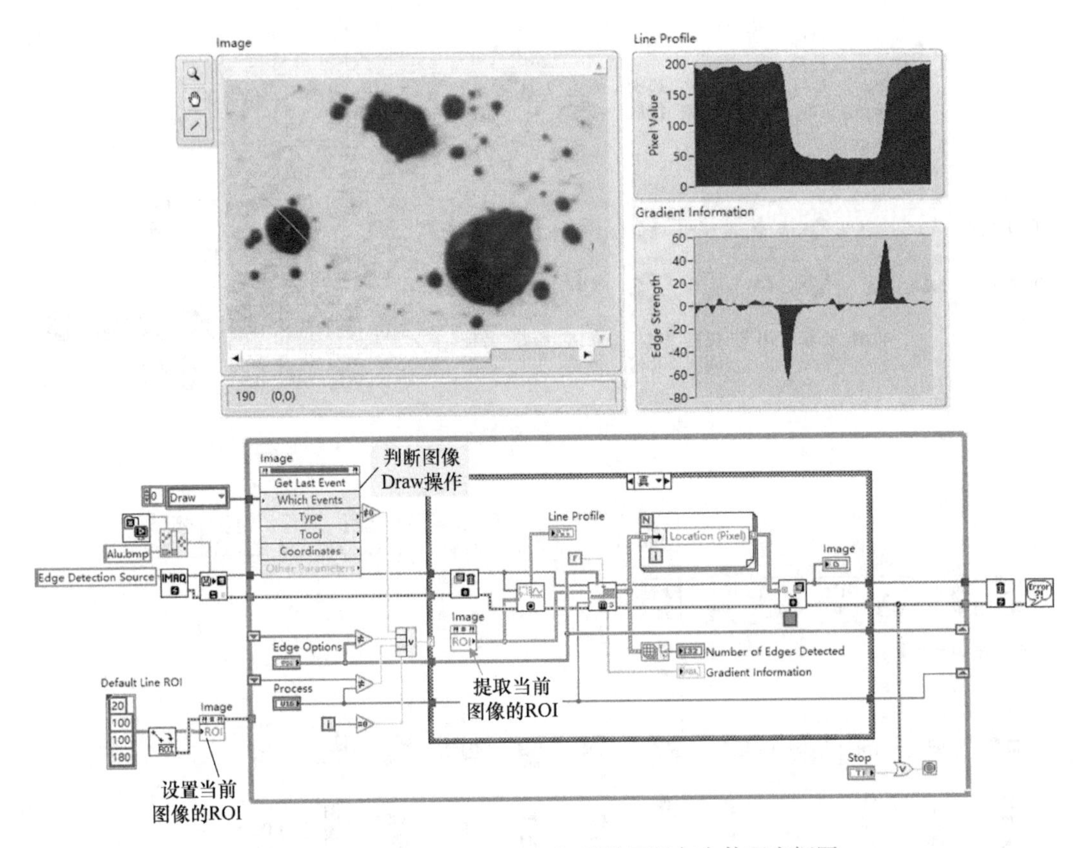

图 10.15 “Edge Detection. vi”的前面板与主体程序框图

指定的直线 ROI。利用图像显示控件的方法调用节点的“Get Last Event”方法来判断最近的“Draw”画线操作。如果通过进行“Draw”操作确定新的 ROI，则将重新执行边缘检测。新的 ROI 将通过图像控件属性节点的“ROI”属性获取。在边缘检测前，使用“IMAQ ROIProfile”函数（图 10.16b）提取直线 ROI 的图像截面轮廓。完成边缘检测后，为了显示检测边缘点，使用了示例自定义的 VI“Overlay Points with User Specified Size. vi”，用原点显示所检测到的边缘点。该 VI 实际上调用了视觉模块中的函数“IMAQ Overlay Oval”VI 函数（图 10.16c，位于“Vision Utilities”→“Overlay”函数选板，并在图 10.14 中用虚线框标出）。

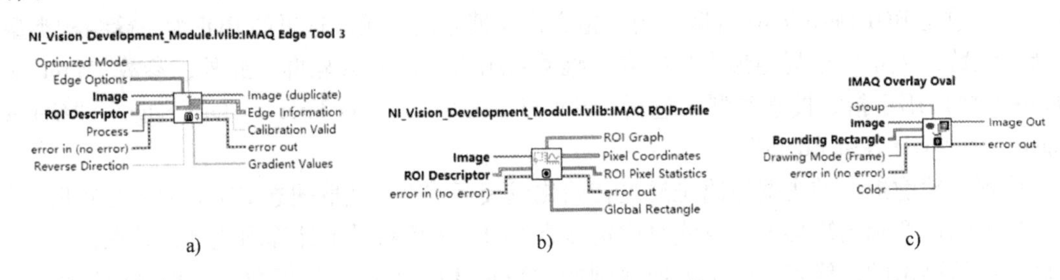

图 10.16 例程中使用的主要函数

a）“IMAQ Edge Tool 3”函数接口 b）“IMAQ ROIProfile”函数接口 c）“IMAQ Overlay Oval”函数接口

该例子只涉及有限的视觉函数 VI，对于其他 VI，读者可通过相关例程与函数接口说明进行学习。

10.3　LabVIEW 视觉综合应用

10.3.1　LabVIEW 视觉测量

用 LabVIEW 进行结构的几何参数测量可以直接使用“Machine Vision”函数选板里的“卡尺”（Caliper）和“距离测量”（Distance Measurement）函数（图 10.13）。如果不能直接用这些函数解决测量问题，就需要根据实际问题，综合使用“Image Processing”“Machine Vision”和“Vision Utilities”中的相关函数。

图 10.17 所示是一个圆柱形玻璃镜片的斜度 α 测量方案。首先，按图 10.17 左侧图所示搭建视觉测量系统。带远心镜头的成像系统光轴与玻璃底面的夹角为 β。显然，通过精确提取镜片的上下椭圆轮廓，测出 AB 距离 l_{AB}；通过计算椭圆的长轴与短轴之比确定角度 β；通过提取两个椭圆中心得到其距离 d（等于镜片厚度）。根据得到的 l_{AB} 和 d，即可计算出斜度 $\alpha = \arccos(d/l_{AB})$。这里重点阐述如何用 LabVIEW 视觉函数得到椭圆轮廓（解析方程表达）。

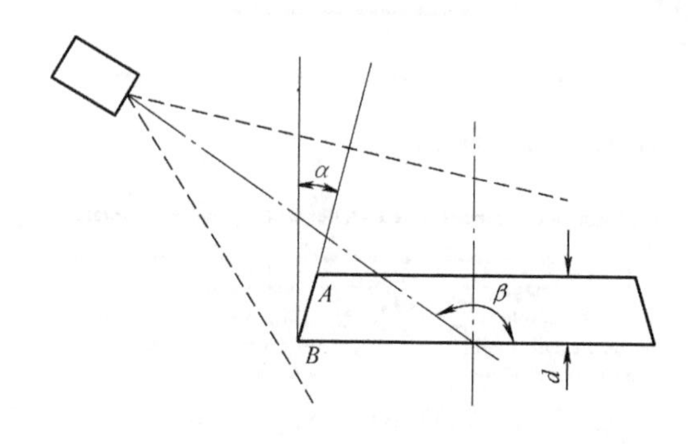

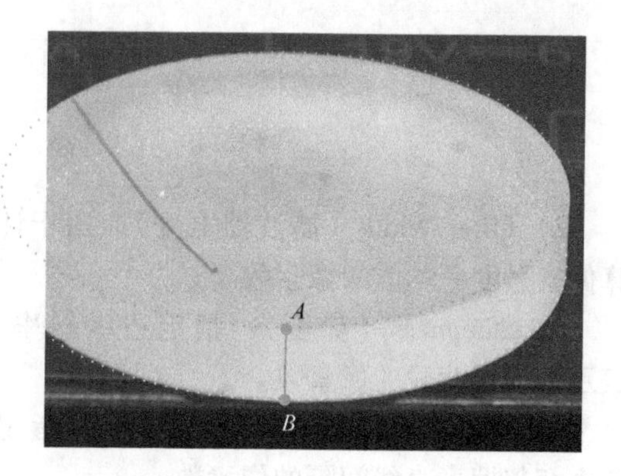

图 10.17　圆柱形玻璃镜片的斜度测量方案

这里的关键问题是提取两个椭圆方程。显然，可以提取一个完整的椭圆轮廓和一个不完整的椭圆轮廓。LabVIEW 只提供了圆弧或圆轮廓的提取函数（如“轮廓提取”函数选板中的函数），这里可以选择基本的视觉函数完成椭圆轮廓提取。图 10.18a、b 所示的两个轮廓提取函数都是通过中心线搜索的方式提取轮廓的，都可以实现该镜片椭圆轮廓的提取，但使用时要注意相关参数的配置。完成镜片两个椭圆轮廓坐标点的获取后，就可以使用图 10.18c所示的椭圆拟合函数完成两个椭圆解析方程的计算。

为了进一步学习可用于视觉测量的 VI，进一步用视觉模块自带的示例进行说明。图 10.19 所示是 LabVIEW 视觉模块的示例“Clamp. vi”的前面板与主体程序框图。程序中使用了“IMAQ Clamp Horizontal Max”函数，其接口如图 10.20 所示。该函数使用对比度与斜率提取边缘点。函数的重要输入参数是“Settings”（簇结构），包括 8 个参数，其中前 3 个参数用于设置边缘提取滤波器的相关参数。参数说明如下。

1）Contrast（对比度）：指定边缘对比度阈值，按边缘前后像素强度平均值的差计算。

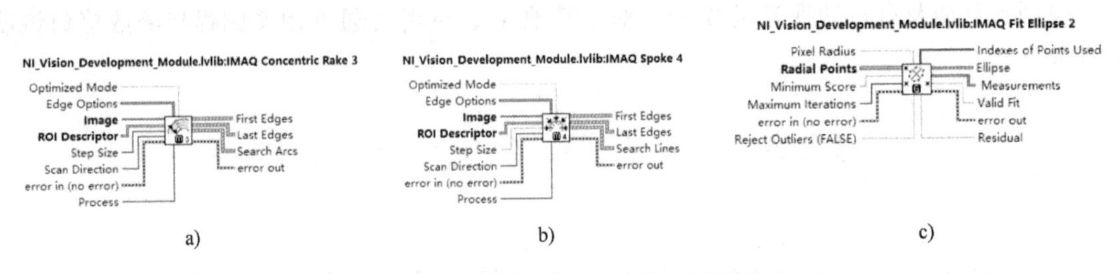

图 10.18 椭圆轮廓提取可用到的函数

a）“Concentric Rake 3” 函数接口 b）“Concentric Spoke 4” 函数接口 c）Fit Ellipse 2 函数接口

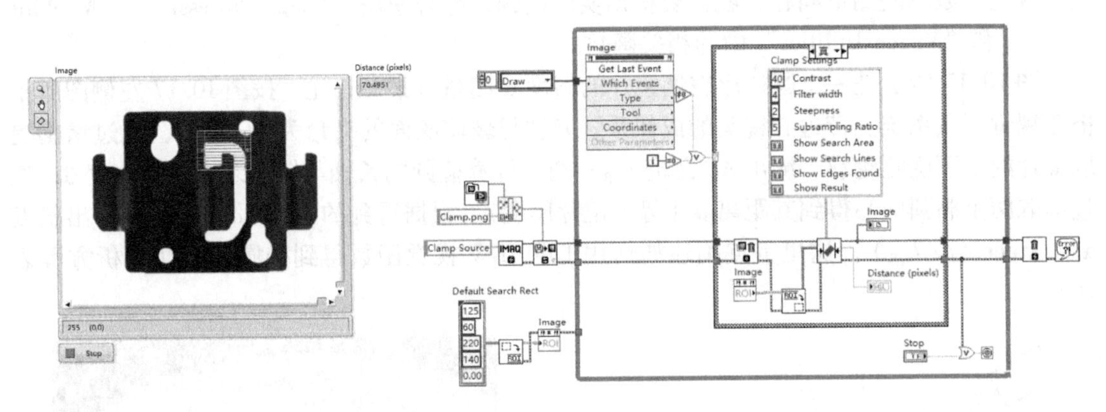

图 10.19 “Clamp. vi” 的前面板与主体程序框图

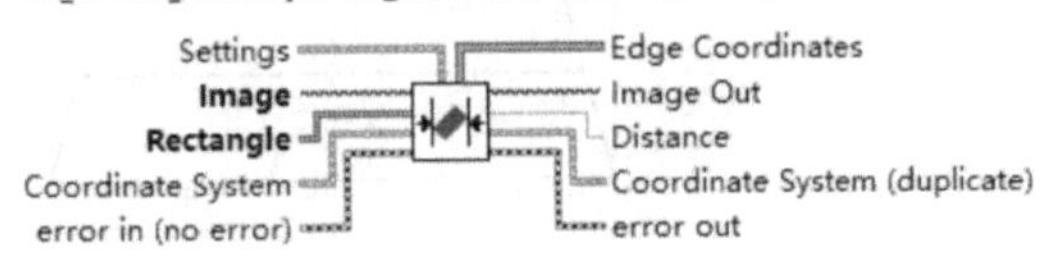

图 10.20 “IMAQ Clamp Horizontal Max” 函数接口

2）Filter Width（滤波器宽度）：用于计算像素强度平均值的像素数。

3）Steepness（陡度）：指定边缘斜率，表示边缘过渡段的像素数。

4）Subsampling Ratio（抽样率）：指定两个相邻搜索直线间隔的像素数。

5）Show Search Area（显示搜索区域）：布尔型。

6）Show Search Lines（显示搜索线）：布尔型。

7）Show Edges Found（显示边缘）：布尔型。

8）Show Result（显示结果）：布尔型。

该函数的 Rectangle 参数是簇结构类型，除了包含搜索区域矩形左上角点和右下角点的坐标外，还包括一个绕矩形中心旋转的角度参数。因此，通过角度参数可以设定一定斜度的搜索方向。

该程序还用到其他视觉 VI，具体可以参考 10.2 节中的说明。

10.3.2 LabVIEW 立体视觉

双目立体视觉是利用视差原理由多幅图像获取物体三维几何信息的方法。随着机器视觉理论的发展，双目立体视觉在机器视觉研究理论与应用研究方面发挥了越来越重要的作用。下面将简要介绍双目立体视觉的基本原理、立体匹配与立体视觉示例。

1. 双目立体视觉基本原理

图 10.21a 所示是相机光轴平行布局的两个特殊双目立体视觉系统。图中，b 为双相机基线距离；f 为相机焦距，两个相机焦距相同；U_L 和 U_R 分别是左右相机图像平面上的点 P 的投影点，其 x 坐标分别为 u_L 和 u_R；y 坐标分别为 v_L 和 v_R；P 的坐标位置为（X，Y，Z）。

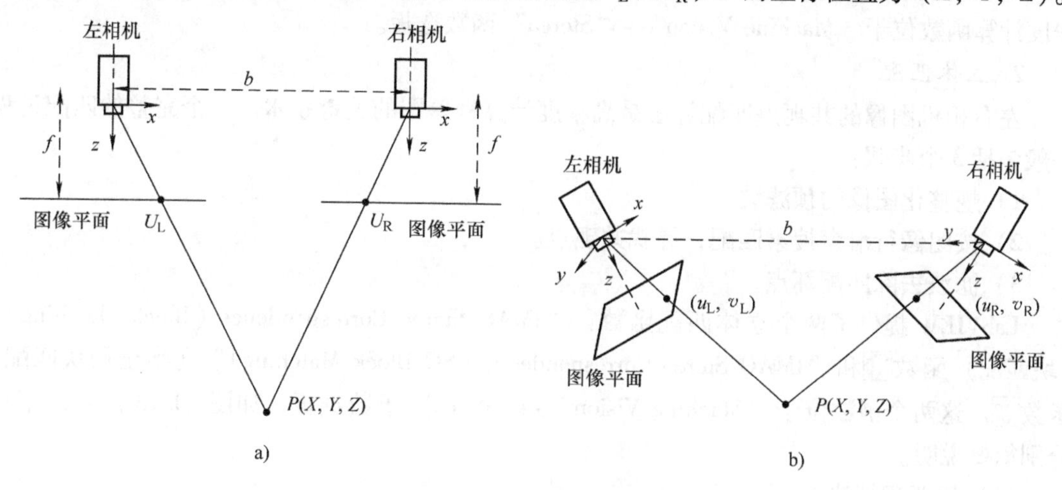

图 10.21 双目立体视觉系统

a）平行相机布局 b）通用相机布局

因此，可以得到图像平面的投影点 U_L 和 U_R 的 x 轴坐标为

$$u_L = f\frac{X}{Z} \tag{10.3}$$

$$u_R = \frac{X - b}{Z} \tag{10.4}$$

这样，共轭点 U_L 和 U_R 对应的视差 d 可表示为

$$d = u_L - u_R = f\frac{b}{Z} \tag{10.5}$$

根据得到的视差 d，可以计算出点 P 的高度 Z（世界坐标系下）。

$$Z = f\frac{b}{d} \tag{10.6}$$

因此，通过这种方法可以得到被测物体的视差图。除了可以根据视差图获取被测物的深度信息外，很多情况下，可以直接利用视差图进行目标跟踪、缺陷检测等实际应用。

大多数情况下，实际的双目视觉系统采用图 10.21b 所示的通用相机布局形式。这个时候需要按一定方法转换为平行相机布局，再计算视差图以及深度信息。其一般步骤简要叙述如下：

1）单相机内外参校准。完成相机内外参校准，修正相机成像畸变。LabVIEW 提供的相关相机校准函数如图 10.14 所示的“校准”函数选板（位于“Vision Utilities”→“Calibration”函数选板）。

2）双目立体视觉系统校准，计算两个相机之间的空间相对关系。LabVIEW 提供的双目视觉系统校准函数位于“Machine Vision”→“Stereo”函数选板。

3）相机成像规整化处理。通过相机规整化，把一般相机布局变换为光轴平行布局。

LabVIEW 提供的双目视觉成像规整化函数位于“Machine Vision”→“Stereo”函数选板。

4）相机成像立体匹配。通过对规整化的图像进行立体配准计算视差图。LabVIEW 提供的双目视觉立体匹配函数位于“Machine Vision”→“Stereo”函数选板。

5）由视差图及立体视觉系统的标定信息计算物体深度信息。LabVIEW 提供的双目视觉深度计算函数位于“Machine Vision”→“Stereo”函数选板。

2. 立体匹配

左右相机图像的共轭点匹配算法是高精度计算视差图的关键技术。一个完整的匹配过程一般包括 3 个步骤：

1）规整化图像的预滤波。

2）按图像行滑窗搜索匹配，寻找共轭点。

3）滤波去除匹配坏点。

LabVIEW 提供了两个立体匹配函数：“IMAQ Stereo Correspondence（Block Matching）”（块匹配）函数和“IMAQ Stereo Correspondence（SG Block Matching）”（半全局块匹配）函数。这两个函数位于“Machine Vision”→“Stereo”函数选板，如图 10.13 所示。下面分别简要说明。

（1）块匹配算法

图 10.22a 给出了“IMAQ Stereo Correspondence（Block Matching）”函数的接口。其参数说明如下。

1）Prefilter Options：簇结构类型，包括 3 个参数，即 Filter Type（枚举类型）、Filter Size（U32）和 Filter Cap（U32）。其中，使用 Filter Type 参数可以配置使用 Sobel 滤波器、Normal Response 滤波器或不使用滤波器。Sobel 滤波器的输出限制在 $\pm Cap$ 的范围内，Cap 为用户设定界限值，可以通过 Filter Cap 参数设置。使用这个滤波器的目的是通过计算横向的灰度变化，抑制水平边缘对匹配的影响。归一化响应滤波器的输出为

$$\mathrm{Min}[\mathrm{Max}(I_{\mathrm{Center}}, -Avg - Cap), Cap] \tag{10.7}$$

其中，I_{Center}为算子中心像素的灰度值，Avg 为算子内像素的平均灰度值。

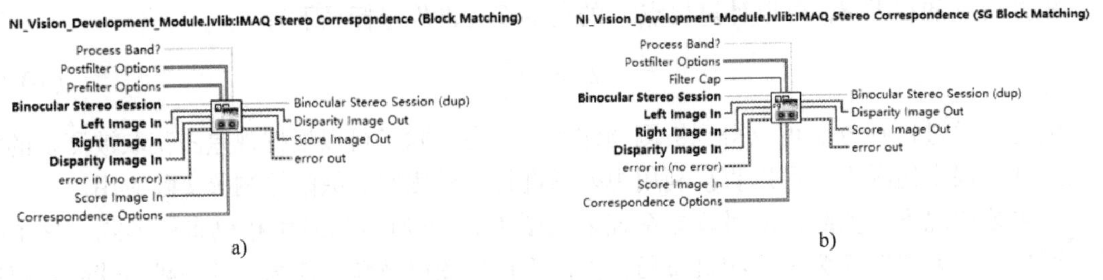

图 10.22　立体匹配函数接口

a）块匹配函数接口　b）半全局块匹配函数接口

2）Correspondence Options：簇结构类型，用于指定块匹配算法准则参数。其配准准则采用绝对差之和（Sum of Absolute Deviation，SAD），其配准的约束条件是配准矩形区域的左右相机规整化图像的最小视差和最大视差级数。其他参数可以进一步提升匹配精度以达到亚像素级。

3）Postfilter Options：簇结构类型，包括 Texture Threshold、Uniqueness Ratio、Speckle

Window Size 和 Speckle Range 这 4 个参数，用于指定配准后的后滤波参数。尽管经过计算和匹配之后计算机获得了一组点之间的对应关系，但这些信息不足以用于计算视差图。这是因为光照、视场变化和相机的噪声都会对匹配造成影响，部分误匹配会严重降低视差图的质量。块匹配方法对应的 VI 集成了后处理的功能，可以剔除这些误匹配或者效果较差的匹配。

（2）半全局块匹配算法

图 10.22b 给出了“IMAQ Stereo Correspondence（SG Block Matching）”函数的接口。其参数与块匹配算法函数最大的差异是“Correspondence Options”参数的不同。它是用于指定该函数所使用的半全局块匹配算法所需的参数。

对比块匹配算法，半全局块匹配算法可以直接使用未经处理的图片进行匹配和视差计算，而且能够生成更加平滑、规整和稠密的视差图。要实现这个效果，其最小化能量函数构造如下：

$$E(D) = \sum_{p} [C(p, D_p) + \sum_{q \in N_p} P_1 I(D_p - D_q) + \sum_{q \in N_p} P_2 J(D_p - D_q)] \tag{10.8}$$

式中，D 代表整幅视差图；$E(D)$ 为该方法中定义的能量；p 代表视差图中的某一个点；q 为 p 的邻域中的点；D_p、D_q分别代表 p、q 两点处的视差；$C(p, D_p)$ 为以 p 点匹配对应的代价；P_1、P_2为控制视差图平滑度的参数；$I(D_p - D_q)$ 和 $J(D_p - D_q)$ 满足以下关系：

$$I(D_p - D_q) = \begin{cases} 1 & D_p - D_q = \pm 1 \\ 0 & \text{Other} \end{cases} \tag{10.9}$$

$$J(D_p - D_q) = \begin{cases} 1 & |D_p - D_q| > 1 \\ 0 & \text{Other} \end{cases} \tag{10.10}$$

但是，二维能量函数进行最小化具有较大的计算复杂度，这将影响计算实时性。所以，本算法使用多次一维最小化来近似，从而降低计算复杂度。但这将使得算法可计算区域受到最小视差和最大视差级数限定，与块匹配算法类似。

3. 立体视觉示例

在初步介绍了 LabVIEW 立体视觉模块使用的主要立体匹配算法后，这里根据视觉模块自带的一个示例来了解 LabVIEW 立体视觉编程的基本方法。

图 10.23 所示是 LabVIEW 视觉模块的立体视觉示例“Compute Depth Image. vi”的程序框图。该示例包括 4 个部分（用带圈数字标记在图 10.23 中）。图 10.23 中的第①部分采用控件属性节点完成对界面控件（包括两个图像显示控件）的初始化。图 10.23 中的第②部分完成左右两个相机的校准。该部分采用视觉采集 Express VI（位于“视觉与运动”→“Vision Express”函数选板）完成左右相机采集或图像文件的采集任务配置与图像采集。该 Express VI 放入框图后将打开图像采集配置窗口，通过序列交互操作完成相关配置。这些配置 Tab 包括“Select Acquisition Source”“Select Acquisition Type”“Configure Acquisition Settings”“Configure Image Logging Settings”和“Select Controls/Indicators”。其中，For 循环外的视觉采集 Express VI 配置成了“Single Acquisition with processing”，仅完成单次图像采集或文件读取，如图 10.24a 所示。而 For 循环内的视觉采集 Express VI 配置成了“Continuous Acquisition with inline processing”，可实现循环连续图像采集或文件读取，如图 10.24b 所示。在 For 循环内部，每次完成图像采集或读取后，调用网格特征提取函数（“Stereo Vision - Grid Feature Extraction. vi”，该示例的自定义 VI，接口如图 10.25a 所示），采用 Background

Correction 算法，使用“IMAQ Local Threshold”函数完成标定板点特征提取。完成左右视图图像特征提取后，分别调用相机校准函数“IMAQ Learn Camera Model”（位于“Vision Utilities”→“Calibration”函数选板，其接口如图 10.25b 所示）完成左右相机内外参的标定。

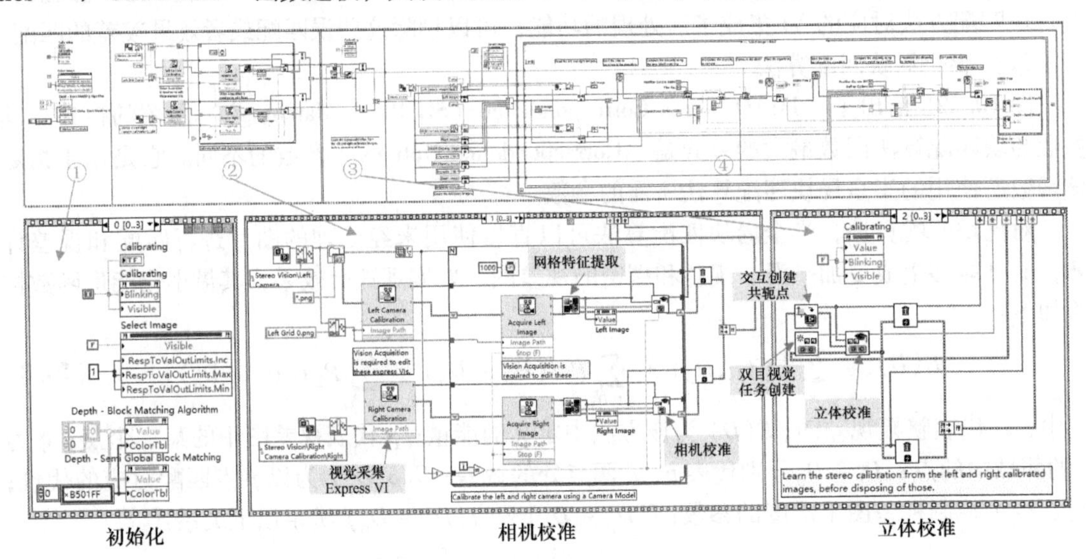

图 10.23　立体视觉示例程序框图

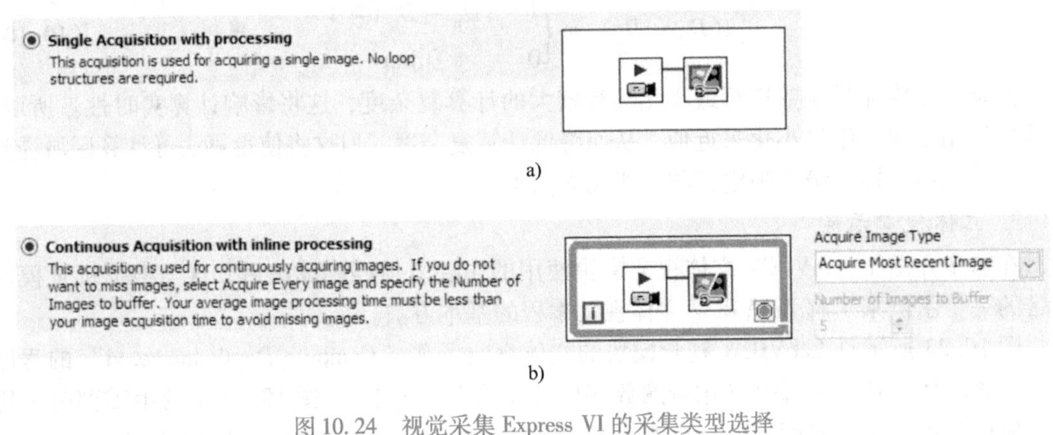

图 10.24　视觉采集 Express VI 的采集类型选择

a）单次图像采集或文件读取　b）循环连续图像采集或文件读取

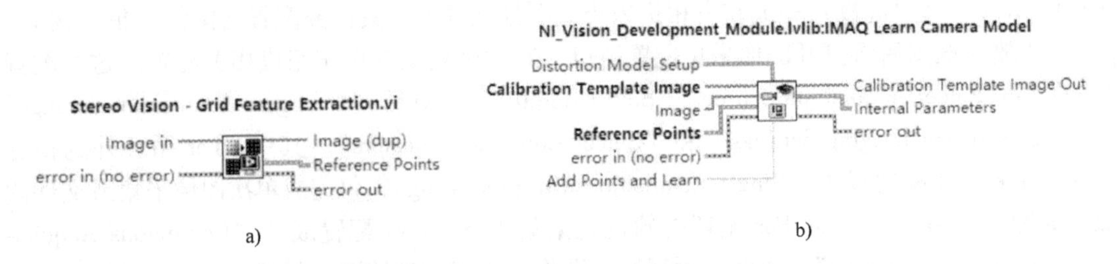

图 10.25　示例第②部分相机校准模块中使用的主要函数 VI

a）网格特征提取函数接口　b）相机参数校准函数接口

程序的第③部分完成立体视觉的校准。该部分使用的主要视觉函数及接口如图 10.26 所示。程序中使用“Stereo Vision - Corresponding Points Dialog. vi”自定义 VI（图 10.26a），采用交互式方式确定左右相机的图像共轭点。同时，调用双目视觉任务创建函数（位于“Stereo”函数选板，接口见图 10.26b）创建双目视觉任务，后续程序将使用该双目视觉任务完成双目视觉相关计算。之后调用立体视觉标定函数（位于“Stereo”函数选板，接口见图 10.26c）完成左右相机坐标空间关系的校准。

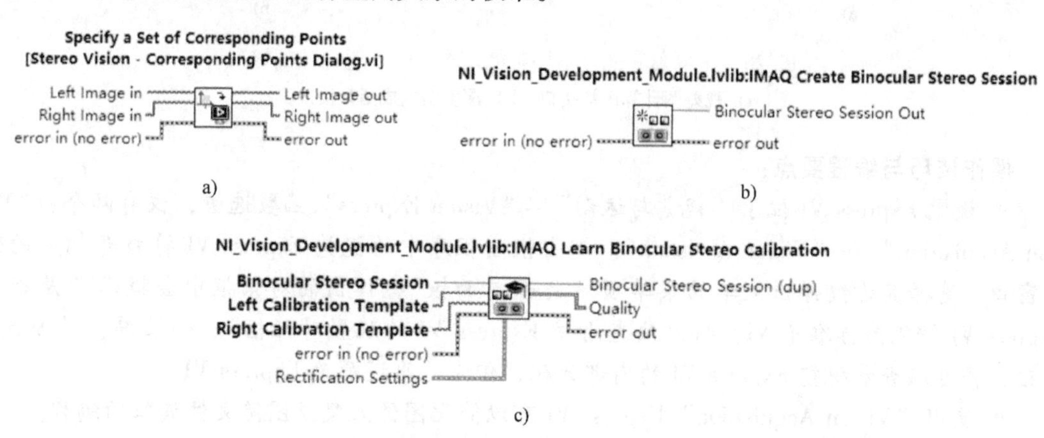

图 10.26 示例第③部分相机间关系校准模块中使用的主要函数 VI

a）交互式指定共轭点函数接口 b）双目视觉任务创建函数接口 c）立体视觉校准函数接口

程序的第④部分完成立体视觉的匹配与深度计算。图 10.27 所示是块匹配与深度计算、半全局块匹配与深度计算的部分程序框图。除了块匹配函数与半全局块匹配函数外，图 10.28给出了该部分程序用到的两个立体视觉函数的接口。这两个视觉函数分别是视差图计算函数“IMAQ Interpolate Disparity Image 2”和深度图生成函数“IMAQ Get Depth Image From Stereo”。其中，视差图计算函数中，通过参数“Number of Disparities”指定视差级数，参数“Minimum Disparity”指定左右相机图像共轭点的最小距离。深度图生成函数利用输入的视差图计算深度图，其参数“Depth Control”给出深度变化的允许范围，默认最小、最大都设置为 -1。

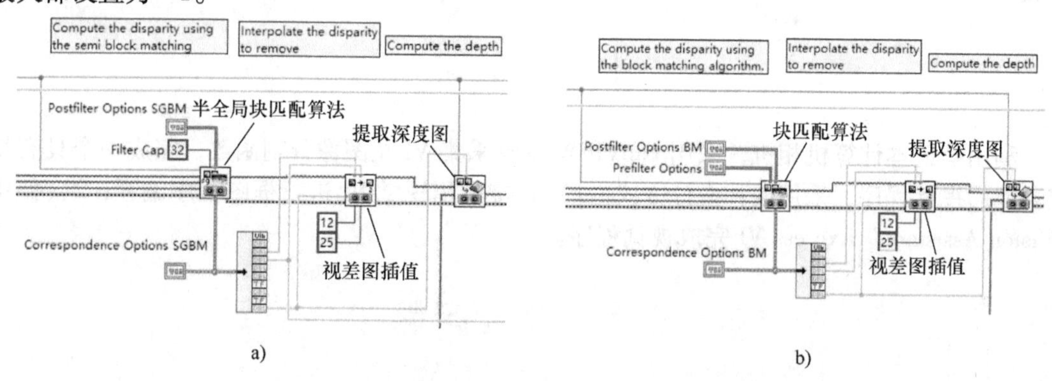

图 10.27 示例第④部分中立体视觉匹配与深度计算的部分程序框图

a）半全局块匹配算法 b）块匹配算法

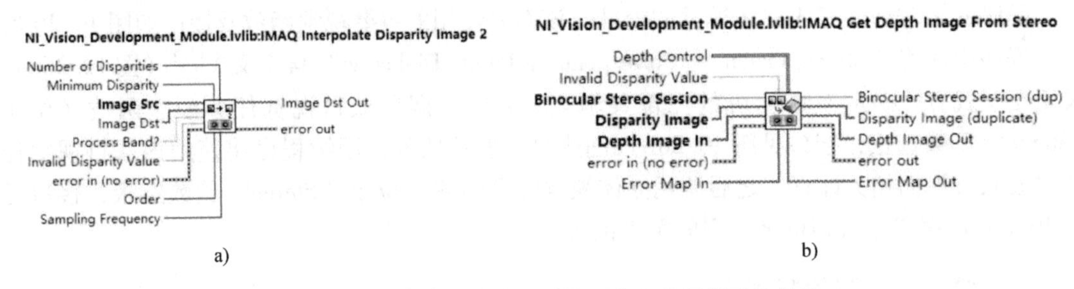

图 10.28　示例第④部分中用到的两个立体视觉函数的接口
a）视差图计算函数接口　b）深度图生成函数接口

操作技巧与编程要点：

• 视觉 Express VI 位于“视觉与运动”→“Vision Express”函数选板，仅有两个：“Vision Acquisition”和“Vision Assistant”。双击框图程序中的视觉 Express VI 将打开相应的配置窗口。选择其右键弹出菜单的菜单项“打开前面板”，弹出的对话框中会提示“是否将 Express VI 转化为标准子 VI? 将无法查看该 Express VI 的配置对话框”。如果单击“确定”按钮，将可以查看视觉 Express VI 的内部代码，但无法再还原为 Express VI。

• 使用“Vision Acquisition”Express VI 可以简化图像采集或图像文件读取的编程。

• 使用“Vision Assistant”Express VI 能够快速生成视觉应用程序，限于篇幅，本章将不做介绍。

本章小结

本章涉及测控模块知识体系中的机器视觉技术，该技术在测控领域有广泛应用，阐述了机器视觉的基础理论，包括数字图像、机器视觉系统的组成。同时，本章又简明扼要地介绍了 LabVIEW 机器视觉模块提供的图像采集、图像处理、机器视觉及其相关视觉软件工具。最后，通过机器视觉的两个重要应用——LabVIEW 视觉测量与 LabVIEW 立体视觉，以 LabVIEW 视觉模块自带示例为主线，论述了 LabVIEW 视觉编程的方法与主要视觉函数的使用方法。

上机练习

利用笔记本计算机相机，采用 LabVIEW 视觉采集 VI 及图像分割函数，完成一个具有特定功能的视觉程序。采用两种设计方式：1）直接采用视觉 VI 进行框图程序编程；2）使用“Vision Assistant”Express VI 完成视觉程序。

思考与编程习题

1. 试简述构建一个机器视觉系统的设计过程。给出选择镜头、相机及光源的方法。

2. 根据本章 10.3.1 小节提出的镜片斜度测量需求建立相关视觉系统，用 LabVIEW 视觉工具完成测量应用程序的编写。

3. 根据自己选择的测量、检测或目标跟踪问题，自主完成问题分析、机器视觉程序编写及调试分析的整个过程。

参考文献

[1] KWON K－S，READY S. Practical Guide to Machine Vision Software：An Introduction with LabVIEW［M］. Weinheim：Wiley－VCH，2015.

[2] STEGER C，ULRICH M，WIEDEMANN C. 机器视觉算法与应用［M］. 杨少荣，吴迪靖，段德山，译. 北京：清华大学出版社，2008.

[3] 张广军. 机器视觉［M］. 北京：科学出版社，2005.

[4] KONOLIGE K. Small Vision System：Hardware and Implementation［C］. London：Springer，1998.

[5] HIRSCHMULLER H. Stereo Processing by Semi－Global Matching and Mutual Information［J］. IEEE Transactions on PAMI，2008，30（2）：328－341.

[6] BIRCHFIELD S，TOMASI C. Depth Discontinuities by Pixel－to－Pixel Stereo［J］. International Journal of Computer Vision，1999，35（3）：269－293.

第11章 LabVIEW FPGA 编程基础

现场可编程逻辑门阵列（Field Programmable Gate Array，FPGA）是可编程硬件的一种，可以在设备出厂后通过编程的手段改变其功能。Xilinx 作为商用 FPGA 的发明者，依然是全球第一大 FPGA 供应商。此外，Altera FPGA 芯片也在业界得到广泛应用，其在 2015 年被 Intel 收购。美国国家仪器（NI）公司推出多种 FPGA 测控硬件，并且提供了可以结合 LabVIEW 进行 FPGA 图形化编程的模块。这些 NI FPGA 测控模块包括模块化测量硬件 Compact－RIO、Flex－RIO 和 PXI 的 R 系列模块。同时，NI 也提供用于 LabVIEW 的 Xilinx 专用 IP 和编译器。本章主要介绍如何使用 LabVIEW FPGA 模块进行 FPGA 编程。

11.1 FPGA 基础

11.1.1 FPGA 的概念与特点

一般而言，程序编写思路是根据 CPU 的核心器件——算术逻辑单元（ALU）的运行特点形成的。ALU 可以根据不同的信号输入执行不同的任务。但是 ALU 同一时间只能实现一种功能，这是它的最大限制。因为一个特定的应用需要分成多组信号分时输入才能达成目标，通常这个行为由使用者编辑并存储在记忆单元的程序中。

相比之下，同样符合这个理念的可编程逻辑可直接在硬件层面实现它的功能，这得益于它的部分电路可以根据应用的需求改变。这些电路由大量的与门、或门按固定的结构排布，而且它们之间的连接还可以根据需求调整。这个特性使它具有以并行方式执行任务的能力，并且有极高的执行效率。

FPGA 就是可编程逻辑器件的一种。它的基本组成单位是众多的逻辑块，这些逻辑块以查找表（Lookup Table，LUT）为核心器件，而查找表即是存储了每种输入所对应的输出的逻辑门电路集合。逻辑块被均匀地以网格的方式排布，并且用可编程的连线阵列连接，以便于将它们按照使用者的意愿进行连接。I/O 块同样能用这个连线阵列连接，作为外界设备与 FPGA 内部连接的接口。完整地实现 FPGA 的功能还需要寄存器和一些不可再配置的逻辑块。寄存器在运行过程中用于对数据的暂存，而不可配置的逻辑块用于将编辑好的配置（程序）载入 FPGA 中。图 11.1 所示是 FPGA 的基本内部结构。

FPGA 最突出的特性在于可重复编程、以硬件电路形式实现功能和高度并行的运行模式。

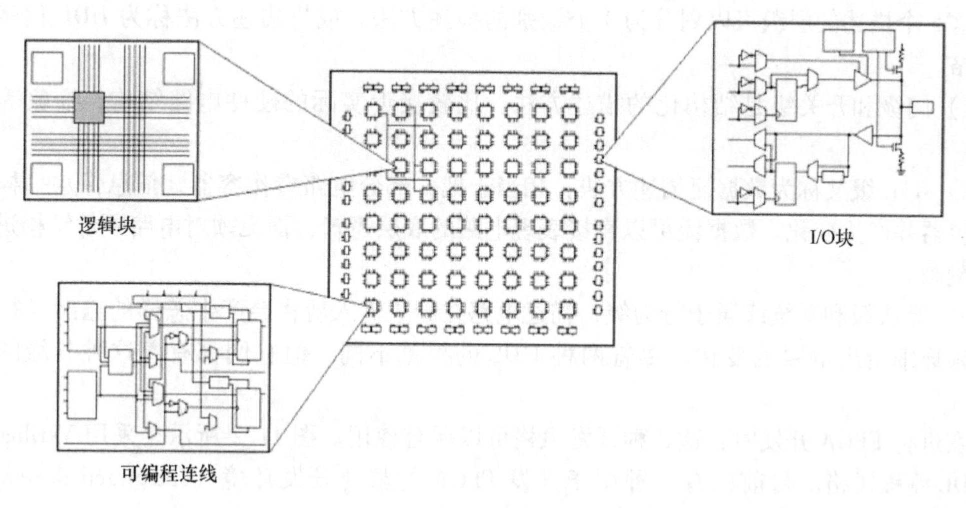

图 11.1　FPGA 的基本内部结构

可重复编程的特性支持开发者使用 FPGA 并结合硬件描述语言（Hardware Description Language，HDL）对集成电路设计进行验证。凭借可擦写的功能，电路设计者可以验证、修正集成电路，或者直接使用 FPGA 代替专用集成电路，缩短硬件电路设计和交付的时间。尽管 FPGA 在运行速率和功耗方面不如专用集成电路，但是它的通用性和便于调试的特性使得它依然得到广泛使用。

由于 FPGA 对运算是在硬件层面实现的，结合其高速率和高度并行的特性，它也可以用于硬件加速，提高一些算法的执行效率。目前，在搜索引擎算法和 AI 加速领域都有使用 FPGA 的实例。

此外，FPGA 自身具有一定的运算能力，所以 FPGA 也可作为微处理器使用。尤其是 20 世纪 90 年代末乘法器的加入，令 FPGA 在数字信号处理硬件系统中被广泛使用。

11.1.2　常规 FPGA 编程

FPGA 最主要的开发方式是使用硬件描述语言（HDL）。HDL 程序将电路的行为抽象成文本语言并建立电路模型。这样就避开了电路原理图过于复杂的缺点，提供了描述大规模集成电路行为的标准方法。硬件电路的行为基本是并行的，程序的执行更像是信息的流动。HDL 在语法上与计算机上使用的高级语言相近，然而使用计算机程序的过程性思路却不能很好地描述电路的行为，因为 HDL 描述的是电路的时序特性，并非某些任务集合的顺序执行。

目前有两种主要的 HDL，分别是基于 Ada 的 VHDL 和基于 C 的 Verilog。两种语言的共性是它们建立的电路模型都具有多层级的结构，可将电路的构造进行不同级别的抽象。小到一个晶体管和存储节点之间的连接，大到系统中各个模块之间的连接和行为，都可以用 HDL 进行描述。以下是 HDL 建立电路模型的 5 个层级。

1）开关级：描述器件中晶体管和存储节点之间的连接模型。

2）门级：描述逻辑门与逻辑门之间的相互关系。

3）RTL 级（Register Transfer Level）：描述数据在寄存器之间的流动。

4）算法级：描述器件所组成的模块所能实现的运算。

5）系统级：描述各个模块之间的连接及产生的模块外功能。

这5个描述的层级可以划分为3个级别的描述方法，或将描述方法称为HDL程序的编程风格。

1）门级和开关级是结构化的描述方法，比较接近实际的硬件电路结构，抽象等级比较低。

2）RTL级又称为数据流描述方法，相当于把一部分电路看作容器，信息像水一样流过这个容器并产生变化。数据流可以直接表现电路的底层逻辑，而无须对电路硬件结构进行清晰的刻画。

3）算法级和系统级属于行为级，描述电路在给予输入后将会产生怎样的输出（行为），而无须详细给出电路的变化。尽管两种HDL的根基不同，但它们都有着这种分级的编程风格。

在进行FPGA开发时，这3种开发风格可以混合使用。图11.2所示是采用Verilog语言的HDL编程风格。目前已有多种用于开发FPGA的整合开发环境（Integrated development environment，IDE），例如，Xilinx提供的ISE系列。

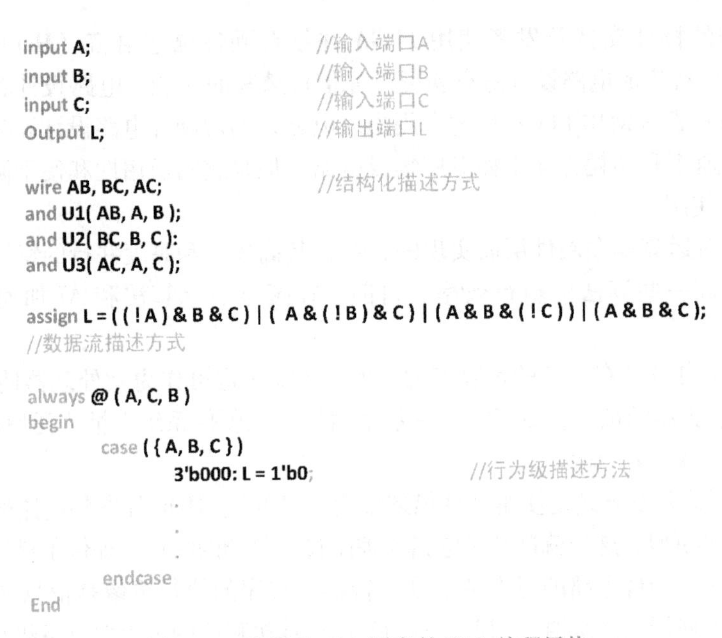

```
input A;                    //输入端口A
input B;                    //输入端口B
input C;                    //输入端口C
Output L;                   //输出端口L

wire AB, BC, AC;            //结构化描述方式
and U1( AB, A, B );
and U2( BC, B, C ):
and U3( AC, A, C );

assign L = ( ( ! A ) & B & C ) | ( A & ( ! B ) & C ) | ( A & B & ( ! C ) ) | ( A & B & C );
//数据流描述方式

always @ ( A, C, B )
begin
        case ( { A, B, C } )
                3'b000: L = 1'b0;          //行为级描述方法
                .
                .
                .
        endcase
End
```

图11.2　采用Verilog语言的HDL编程风格

从程序到实际的电路连线，需要经过综合、映射和配置文件生成，这一部分工作会交由编译器进行。HDL程序编写完成后，对电路的设计仅停留在行为或逻辑描述上，综合指的就是将这些描述转换为实际电路的门级网络表（Gate－Level Net List），即指定了包括逻辑块在内的各种构件之间的连接。综合期间产生的连接关系会被用于门电路等级的仿真，以获取对应电路的底层特性。一旦网络表被确认，这些连接关系就会被映射到目标FPGA的结构中。映射主要做两件事：将以电路设计的逻辑关系以LUT为单位分割，并确定逻辑块的内部走线，以及将逻辑块、存储器和I/O连接起来。伴随着映射的是执行约束的介入以及对电路时序的检查，从而指导接线的进行。接线完毕之后，对应的配置文件会被生成，以便让FPGA加载电路设计。

除了以上两种 HDL，针对如何使用已有的高级文本语言进行 FPGA 开发的研究相当瞩目。这么做的原因是：①使在普通软件上实现的功能能够轻易地被重新编译和调整，可以在硬件上实现，而不必再使用 HDL 重复工作；②进一步提升对硬件设计的抽象程度，降低硬件设计的门槛。相关的一类开发方法称为基于软件的语言（Software – based Language）。然而使用基于软件的语言和硬件设计依然有许多区别，例如：

1）计算机软件只能通过 CPU 和流水线化编程进行有限的并行运行，有限并行的软件难以完全编译成硬件电路。

2）软件开发模型缺乏时序概念，与硬件设计正好相反。

3）对于软件而言，存储器是一个大而完整的区块，而软件本身也存储在其中，所以软件可利用地址动态处理存储器。硬件电路中的存储器被分成大量的小区块，各自独立，局部变量均使用寄存器实现，所以指针在这种硬件电路中没有意义。

4）软件可以使用存储器保存算法运行的状态信息，包括运行过程中产生的一些局部变量，使用软件运行算法时可以重复使用这些存储器以及其中的信息。使用硬件实现算法时几乎无法保存这些状态信息，自然也难以进行再利用。

虽然有这些限制，但是目前仍有 3 种使用高级语言进行硬件电路设计的方法。第一种是结构化方法，使用结构模型代替算法描述设计，以高级语言模仿常规 HDL 的做法，具体例子有 JHDL、Quartz 和 HIDE。第二种是扩展语言（Augmented language），可对高级语言的语法进行定制，从而使它们能被有效地转化成 HDL，具体例子有 SystemC、ASC 和 SA – C。最后一种方法是本地编译技术（Native Compilation Techniques），程序编写依然按照常规的计算机软件的模式，通过编译器提取其中并行运行的模式，映射到电路设计中，具体例子有变形 C、基于 SUIF 的编译器和 Impulse C。

11.2　LabVIEW FPGA 编程初步

要使用 LabVIEW 进行 FPGA 开发，除安装 LabVIEW 外，使用者必须依次安装 FPGA 模块、Xilinx 编译工具和 FPGA 终端的驱动。编译工具可以根据个人需要选择是安装在开发计算机中还是安装在远程计算机中，如果使用者选择使用远程编译，则需要在远程计算机中再安装 FPGA Compile Farm Server。如果按本地编译要求安装以上模块，安装完毕后，系统任务栏的“National Instruments”目录中会出现 FPGA Compile Tool 目录以及 FPGA 终端的说明文件目录。部分 FPGA 终端需工作在具有 Real – Time（RT）系统的控制器中（如 CompactRIO），因此，如果有必要，使用者需要另外安装 NI 提供的 Real – Time 模块。

FPGA 编程环境和普通的 LabVIEW 编程环境是有区别的。在安装 FPGA 模块后，普通 VI 中的函数选板生成了“FPGA 接口”函数选板，但只用普通 VI 无法进行 FPGA 编程。本节将基于 NI R 系列模块中的 PXI 7854R I/O 模块展示如何使用 LabVIEW FPGA 模块编写简单程序。

11.2.1　FPGA 编程环境构建

由于 FPGA 编程的过程受到终端可以支持的 IP、I/O 类型等的条件约束，这导致了 FPGA 编程的环境与普通 VI 不同。因此，在使用 FPGA 编程之前，必须要先建立一个项目。只有在项目中添加对应设备，编程才算正式开始。

本小节中的 PXI 7854R 需要在 PXI 机箱中使用，但是不妨碍在一般个人计算机中进行编程和编译。除使用 PXI 接口的专用 I/O 模块外，R 系列还包含使用 PCI 接口的设备，普通个人计算机也可以使用。

新建项目之后，使用鼠标右键单击项目浏览器窗口中的“我的电脑”，选择“新建”→“终端和设备”菜单项，打开“在我的电脑上添加终端和设备”对话框。如果 FPGA 终端已经连接到开机计算机，在“现有终端或设备”选项可以搜索到该终端并添加，否则可在“新建终端和设备”选项中寻找目标 FPGA 终端。如果需要使用 RT 控制器，那么要在添加 FPGA 终端前先在项目浏览器处添加 RT 设备。终端与设备添加的操作界面和过程如图 11.3 所示。

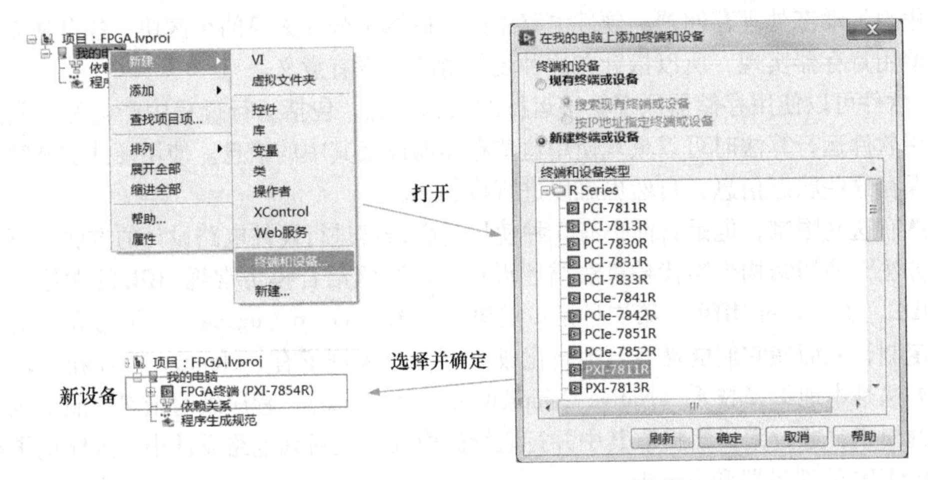

图 11.3　终端与设备添加的操作界面和过程

若设备添加完毕，使用者可以在项目浏览器中使用鼠标右键单击设备终端，并选择“属性”菜单项来进行 FPGA 终端的配置。在“属性”对话框的类别列表中选择“常规”，可以在页面上看到 FPGA 终端的名称、资源以及终端信息。用户还可以分别选择“属性”对话框类别列表中的“执行模式”和“顶层时钟”项来分别修改 FPGA 程序的执行模式和执行的速率。对于简单的应用编程，配置设备可在程序运行前完成，这对程序编写过程不会产生太大的影响。而当进行规模较大的复杂应用程序编写时，需要先进行 FPGA 时钟配置。

时钟会影响 FPGA 运行的效果，因为时钟会直接决定函数的执行速率。FPGA 寄存器的每一个时间周期都会更新，信息在两个寄存器之间的传输时间大于一个周期就会令 FPGA 运行出错。为了避免时序错误，LabVIEW 会自动在每两个函数之间放置寄存器，因此，初学者暂且不必担心时钟问题。对于较为高级的 FPGA 应用，可能会对执行速率要求极高，甚至需要部分 FPGA 程序在不同的时钟下运行。

每个终端都有称为时基时钟的数字信号，它是由硬件产生的基础时钟信号。除了 FPGA 自身的时基时钟外，与终端相连的硬件（如控制器）向其输入的时钟信号也是时基时钟。利用时基时钟，终端本身可以再产生一些频率不同的衍生时钟信号。使用者可以在以上提到的两类时钟信号中挑选出一种作为时钟控制 FPGA VI 运行的总体速率。这个时钟就是 FPGA 的顶层时钟。如果对程序的定时要求不严格，可以忽略时钟的配置。这是因为在新增设备时，LabVIEW 会自动向项目添加设备的时基时钟，并作为 FPGA VI 的顶层时钟使用。

FPGA 的运行过程是输入信号到电路，并经电路处理产生输出。编程前可以先确定哪些 I/O 是需要的，并添加到项目里。在较小规模的应用中，程序不会使用设备的所有 I/O，所以只需要添加自己需要的 I/O 即可。使用“新建 FPGA I/O”对话框进行 I/O 资源的添加方法如图 11.4a 所示。PXI 7854R 有 3 个缆线接口，在“可用资源”对话框中分别以 Connector0、Connector1、Connector2 显示，其中，Connector0 有部分 I/O 支持模拟信号的输入/输出，这部分 I/O 会在可用资源处显示 AIx、AOx，其余的 I/O 基本都为数字信号。Connector1、Connector2 只支持数字信号，这些数字信号 I/O 在“可用资源”对话框中以 DIOx 显示，它们和一般的 I/O 不同，可以根据需要设置为读取或输出。3 个 Connector 都含有端口 DIOPORT。这类 I/O 的本质为数字信号 I/O，由 8 路数字信号 I/O 组成，同样可以设置为读取或输出。这些 I/O 的相关信息在 11.2.2 小节会有详细说明。

在图 11.4b 中可以看到，通过“新建 FPGA I/O”对话框添加的 I/O 资源会自动添加到项目中，并在项目浏览器显示。需要注意的是，已经添加到项目的 I/O 不能通过“新建 FPGA I/O”对话框移除，但可在项目浏览器中进行删除。它们被删除后可以在“新建 FPGA I/O”对话框中重新找到。实际上，即使未确定哪些 I/O 是必需的也无妨，可以先行编写处理和计算程序，再考虑输入和输出。这是因为编程人员可以在编程过程中根据需要增加或者删减项目内的 I/O 资源。

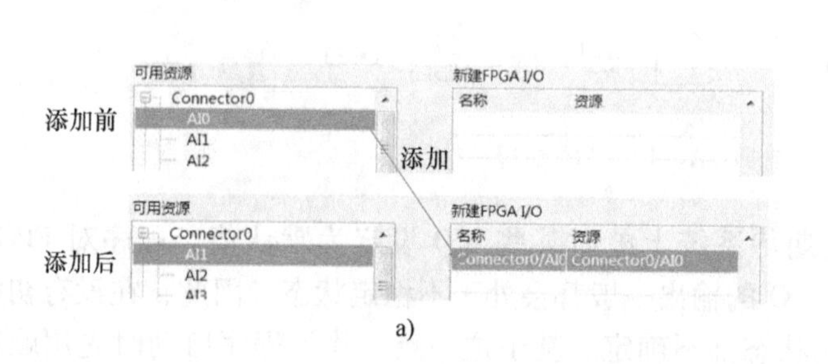

a)

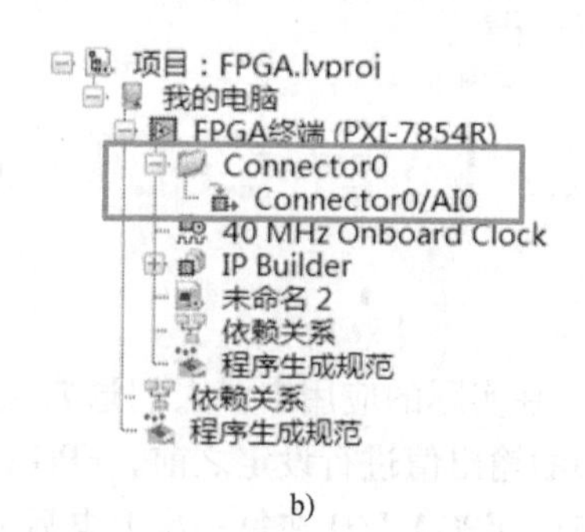

b)

图 11.4 向项目添加 FPGA I/O

a）添加 I/O 操作 b）项目浏览器里新增的 I/O

11.2.2 编写 FPGA VI

在 FPGA 终端上运行的程序需要在项目浏览器指定的目标设备中新建。新建 FPGA VI 程序的右键弹出菜单项及两种编程环境的区别如图 11.5所示。比较在“我的电脑”和“FPGA 终端”处新建 VI 的标题栏，可以看出两者在编程环境时的区别：FPGA 终端上新建 VI 的标题栏中显示的目录名称是“FPGA 终端”，即项目浏览器窗口中的 FPGA 硬件名称。

链 11-1 环境搭建

LabVIEW 作为一种图形化编程软件，以数据流控制为主要编程方法，与电子电路的运行模式是相容的，这也是 LabVIEW FPGA 比常规 FPGA 编程的优势所在。正因如此，编写 FPGA VI 时可以一定程度上借鉴一般 VI 的思路，但需要更加重视数据流和时序。

FPGA 模块依然支持使用部分编程结构，如 For 循环结构、While 循环结构及条件结构，如图 11.6 所示。这意味着部分在普通 VI 中使用的程序框架仍然可以用于 FPGA VI 编程，如状态机。在 FPGA VI 编程中不能使用事件结构，但可以采用条件结构和循环结构以在一定程度上替代其功能。与常规编程相比，公式节点被禁用，这使得编程者难以控制公式计算程序的框图程序复杂程度。在编写一些如多项式等的计算复杂度较高的运算时会略烦琐。这时，使用者应多采用子 VI 的创建。除了事件结构外，部分数据类型也不被支持，如浮点数和字符串，处理这一类数据的程序需要交由控制器执行。

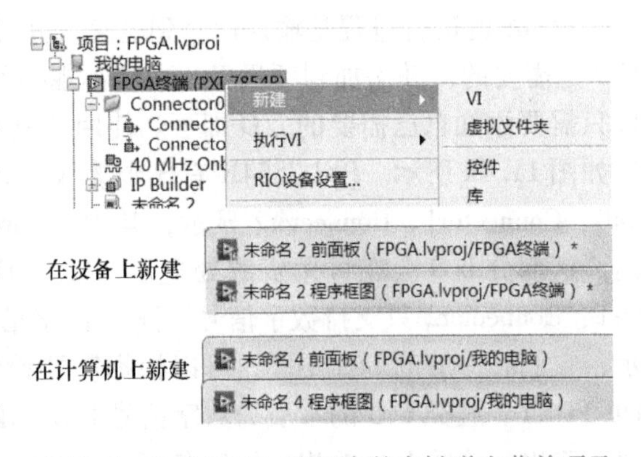

图 11.5　新建 FPGA VI 程序的右键弹出菜单项及两种编程环境的区别

现在要创建一个简单的流水灯程序。在项目中添加 Connect0 的 DIO0 和 DIO1，并假定这两个 I/O 与 LED 连接。程序的功能是使用一个 While 循环对 I/O 进行写入，并且按照设定的时间间隔改变写入的值。在 FPGA VI 中，对 I/O 的写入和读取由“FPGA I/O 节点”VI 完成，关于 I/O 的使用将会在 11.3 节详细介绍。

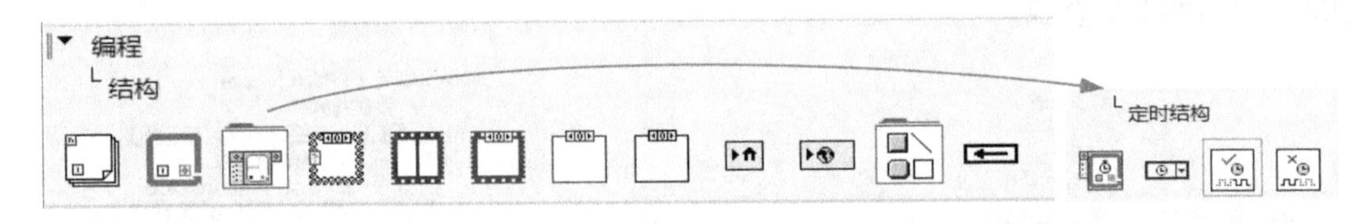

图 11.6　FPGA VI 支持的编程结构

在实际的应用中，人们通常会期待系统上电时某些 I/O 设定为默认值。程序对 FPGA I/O的输出值进行设定之前，FPGA I/O 的输出一般都会处于不稳定状态。因此，在没有初始化时，FPGA I/O 在每一次上电后的状态都不确定。基于这一点，建议程序启动时先用顺序结构对 I/O 的上电状态进行控制，再执行实际的程序。

流水灯的另一个“核心”是定时。定时部分可以使用“编程”→“定时”选板中的 VI 完成，“定时”选板如图 11.7 所示。虽然和普通 VI 中的“定时”VI 位置相同，但是这些 VI 的使用方式并不相同。在 FPGA 编程环境下使用“定时”VI 时，可以指定等待时间的单位，包括“滴答”（即 FPGA 的时钟周期）、微秒和毫秒。这些配置可以配合 FPGA 的多个不同频率的时钟，实现更为灵活的定时功能。尽管延时是 FPGA 程序设计中重要的一环，但是应尽量避免将延时设置在子 VI 中，原因是在子 VI 中设置延时会使调用者的运行受阻，违背了 FPGA 程序尽可能快地执行的原则。

图 11.7　“定时”选板

操作技巧与编程要点：

● “定时”选板中的 3 个 Express VI 均可通过双击鼠标左键重新设置定时单位以及计时器的位长度。将 VI 的定时单位设定为“滴答”时，实际的定时时长由设定值和 VI 所在区域的时钟周期共同决定。

● 在项目浏览器中添加时基时钟或衍生时钟后，这些时钟可以与单周期定时循环配合使用。这会令循环内的代码以与顶层时钟不同的时钟频率运行，从而可改变一部分代码的运行效率。关于单周期定时循环的使用请见11.4节。

11.2.3 FPGA程序编译

现在已经创建好了一个图11.8所示的流水灯程序。程序将相反的值按照一定的时间间隔写入Connector0 DIO0和DIO1中，DIO0对应接口的电平会受到这个值控制。同时，数值型控件“Count（Ticks）”的值会影响写入的间隔时间。但此时单击“运行”按钮并不会使程序马上运行，而是进入程序编译环节。FPGA VI经过编译才可被转换成FPGA的电路连接关系，即转换成LUT，以重新配置FPGA终端。编译器会在编译过程中自动对LUT、寄存器的占用情况进行优化。

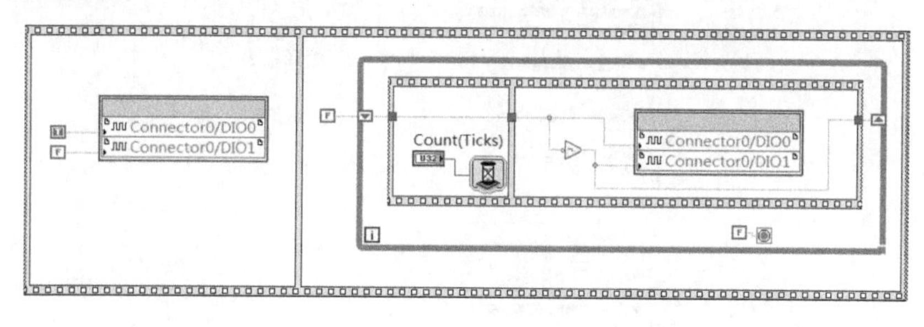

图11.8 流水灯程序

如果没有对设备的资源进行设定，LabVIEW将会认为设备没有连接到该开发计算机中。如果希望编译后程序可以马上运行，可以先中止，对设备进行配置。但如果使用者当前没有这个需求，甚至可以允许编写好的程序在其他终端上运行，可以直接在图11.9a所示的对话框中单击“确定”按钮。然后，LabVIEW会启动FPGA Compile Worker，并开始编译过程。

确定开始编译后，“选择编译服务器”对话框会弹出，如图11.9b所示。这时，人们可以根据编译工具软件安装的位置以及自己的需求选择编译方式。选择编译服务器后，弹出“正在生成中间文件”对话框（图11.9c），等待完成即可。正式开始编译时，FPGA Compile Worker会打开“编译状态”对话框（图11.10），使用者可以在该对话框中查看当前有多少个程序在编译队列中及当前编译程序的进度和状态，还可以通过选择不同的报表来查看目标终端的信息及程序对FPGA终端的查找表和寄存器的占用情况。

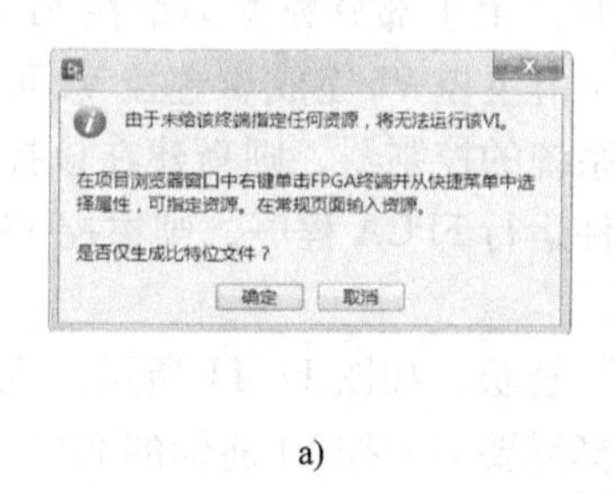

a)

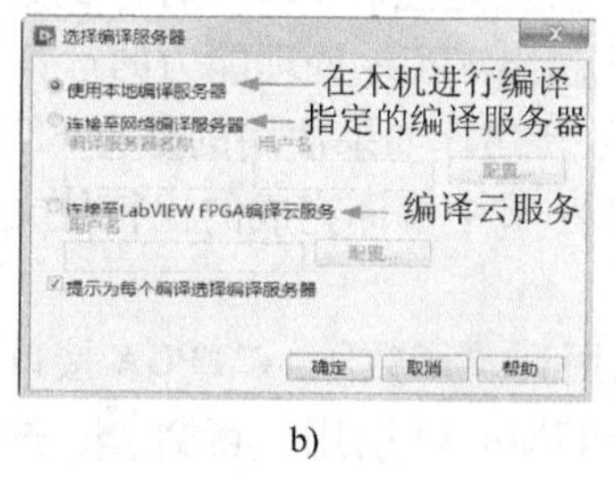

b)

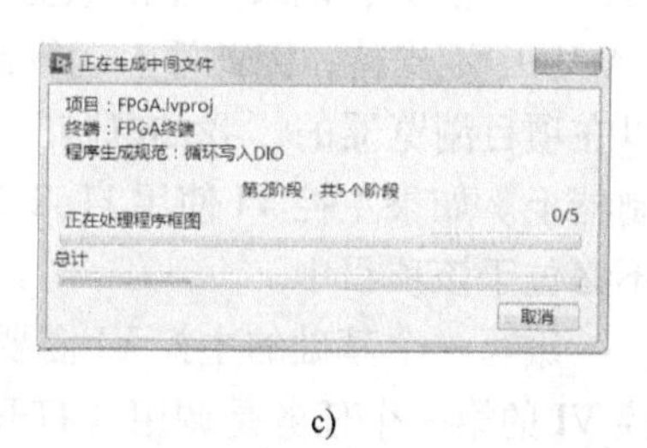

c)

图11.9 编译开始时弹出的对话框

a）没有配置设备资源时弹出的提示对话框 b）“选择编译服务器”对话框 c）“正在生成中间文件”对话框

显示编译完成后，在操作系统的项目文件目录中会出现一个名为“FPGA Bitfiles”的文件夹，里面存放着这个项目中被编译 FPGA 程序的比特位文件。后续编写上位机程序及在设备中运行时需要使用这些比特位文件。

以上是编写 FPGA VI 的基本过程，包括了终端和资源的配置、FPGA I/O 节点的使用以及程序编译的过程。除了文中作为示例的以 R 系列为代表的 NI 生产的设备，由 MangoTree 公司提供的 Pocket - RIO、Atom - RIO 等同样可以使用这个流程新建 FPGA VI。

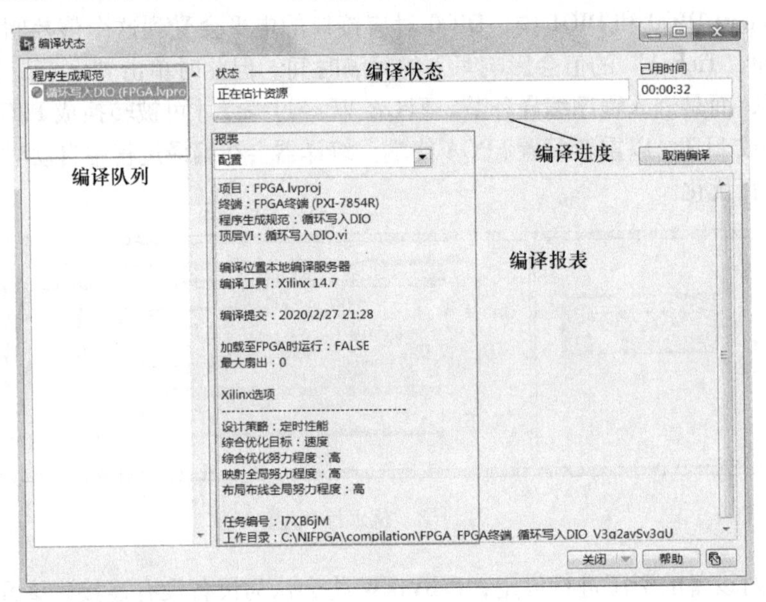

图 11.10 “编译状态”对话框

操作技巧与编程要点：

“编译状态”对话框会显示该程序对 FPGA 资源的占用情况。如果程序编译失败，可以首先查看资源占用是否超出终端所能承受的范围。

链 11-2 编译过程

11.2.4 编译后 FPGA 程序的调用

编译完成后，FPGA VI 可以单独在终端中运行，也可以通过使用主控 VI 调用。主控 VI 在控制器上运行，其主要作用是与 FPGA VI 通信，并执行 FPGA 终端不支持的运算。使用者可以通过主控 VI 查看 FPGA 终端的运行情况、记录产生的数据，甚至是控制 FPGA 程序的运行。由于部分数据类型在 FPGA VI 中不支持，因此浮点运算或超出 FPGA 处理能力的运算应由主控 VI 完成。主控 VI 可以在项目浏览器的“我的电脑”处新建。如果使用的是有 RT 系统的控制器，则新建在该控制器上。如果主控 VI 使用 11.2.3 小节中编译完成的比特位文件运行 FPGA 程序，则主控 VI 不必位于该项目中。

编写一个基础的主控 VI 需要用到“函数”→“FPGA 接口”选板，如图 11.11 所示。主控 VI 的第一个任务是调用“打开 FPGA VI 引用”函数，选择需要与主控 VI 通信的 FPGA VI。该 VI 放置于程序框图中后，双击可打开“配置打开 FPGA VI 引用”对话框（图 11.12），从中可配置打开方式。打开方式分为 3 种：程序生成规范、VI 和比特位文件。其中，“程序生成规范”与“VI”打开方式相似，不需要提前编译文件。而且这两种方式可以直接把 VI 从项目浏览器窗口拖动到“配置打开 FPGA VI 引用”对话框的“VI”选项上来

完成配置。该 VI 的配置中还包含一个“运行 FPGA VI”选项。如果勾选，则代表 VI 打开 FPGA VI 引用时会启动相应程序并运行。调用“配置打开 FPGA VI 引用”对话框后，主控 VI 可以通过“读取/写入控件”函数对 FPGA VI 中的控件进行读取和写入操作，从而实现 FPGA 与控制器之间的数据交换。这是两个设备之间数据传输的一个基本方法，其限制是：如果 FPGA 写入 FPGA VI 中数据控件的速度高于主控 VI 读取数据的速度，数据丢失不可避免。如果主控 VI 需要退出，需要调用“关闭 FPGA I/O 引用”函数，释放 FPGA VI 引用。图 11.13 所示的是图 11.8 中 FPGA VI 的主控 VI，功能是主控 VI 在每个循环都对 FPGA 内的延时长度做一次更新。

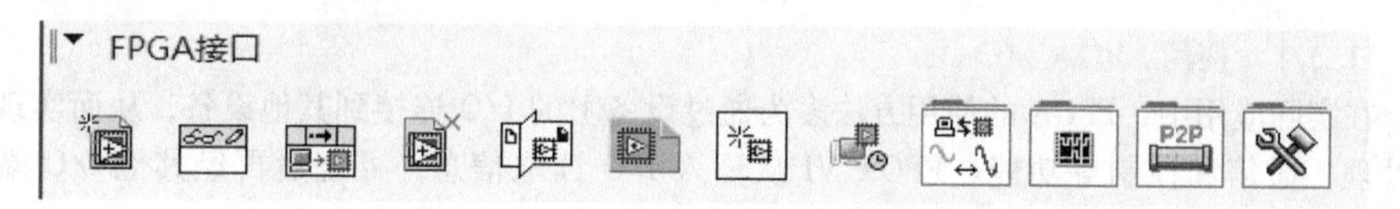

图 11.11 “FPGA 接口”选板

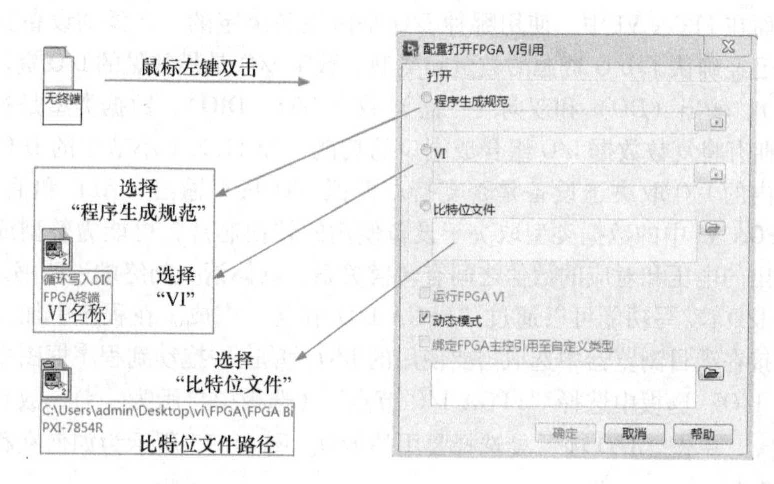

图 11.12 “配置打开 FPGA VI 引用”对话框

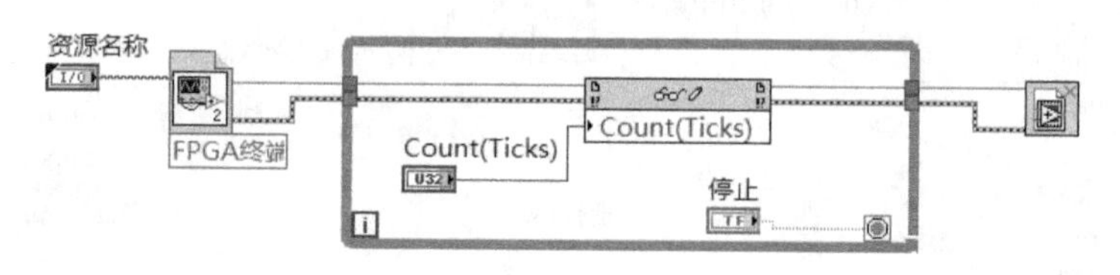

图 11.13 主控 VI

操作技巧与编程要点：

● 在没有打开 FPGA VI 引用的情况下，可以选择使用“调用方法”函数运行程序。“调用方法”函数能够直接干预 FPGA VI 的运行，如“运行”“中止”“等待 IRQ”（中断）等方法，具体如图 11.14 所示。

● 从打开 FPGA VI 到使用“调用方法”函数，“读取/写入控件”函数依然有效，期间可以进行一些需要在主控 VI 才能进行的控件初始化操作。

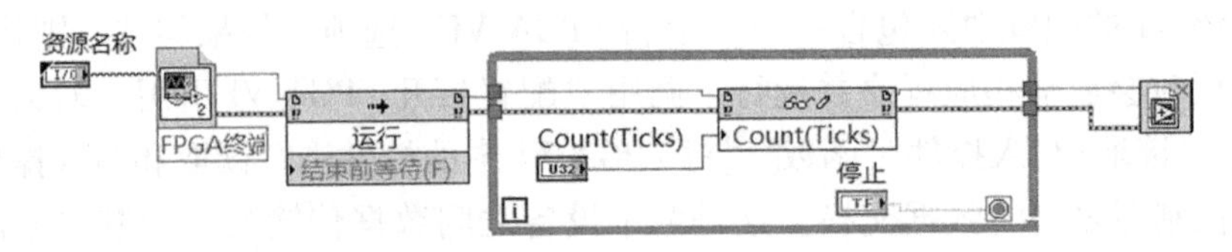

图 11.14 使用“调用方法”函数启动程序

11.3 FPGA 编程中的端口与数据缓存

11.3.1 使用 FPGA I/O

在实际应用中，FPGA 的使用方法多为通过设备上的 I/O 连接到其他设备，从而实现数据处理、通信和控制等功能。FPGA VI 从输入 I/O 读取信息，处理后再经其他 I/O 端口输出。

每个 FPGA I/O 资源均有自己特定的类型（数字或模拟），可直接与硬件电路对应，并且不能修改。而在 FPGA VI 中，使用哪种 I/O 是由设备决定的，在添加设备到项目、形成编程环境时就已经确认了 I/O 资源的数量和类型。数字 I/O 是最常见的 I/O 资源，根据功能分成输入（DI）、输出（DO）和双向（三态）数字 I/O（DIO），数据类型是布尔类型。一些 FPGA 终端拥有将复数数据 I/O 组合成端口的功能，如 11.2.1 小节中的 DIOPORT，能否单独访问端口内的 I/O 取决于设备是否支持。模拟 I/O 只有输出（AI）和输入（AO）两种，它们在 FPGA VI 中的数据类型取决于设备使用的转换芯片，可能为整型或定点数值类型。输入或输出的电压和对应的数值之间有转换关系，具体请查阅终端说明书。

最基础的 I/O 读/写功能可以通过“FPGA I/O 节点”完成。在程序中加入 I/O 的方法有两种：①直接在项目浏览器中选取需要使用的 I/O，单击并拖动到程序框图中；②在“函数”→“FPGA I/O”选板中选择“FPGA I/O 节点”（选板中显示为），放置在程序框图中后显示为，单击“I/O 项”处选择要用的 I/O。图 11.15 所示为如何在程序框图中使用 FPGA I/O 节点。

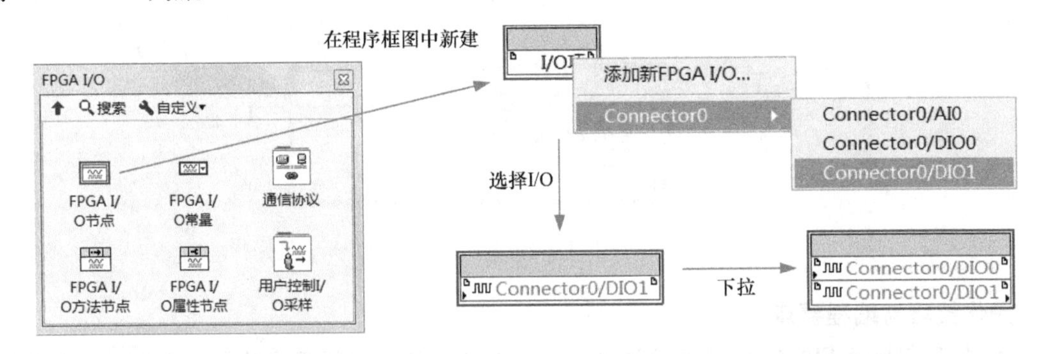

图 11.15 使用 FPGA I/O 节点

与一般的输入/输出端口的确定性功能相比，FPGA 终端上的 DIO 物理端口可以实现类似三态门电路双向输入/输出的功能，即人们可在 FPGA VI 中改变它的输入/输出功能。在 FPGA I/O 节点创建时，DIO 端口对应的 I/O 节点（以下简称为 DIO 节点）均默认为读取，

AI 或 AO 节点则自动调整为对应的读取或写入状态。使用鼠标右键单击 DIO 节点的“FPGA I/O 节点”，选择“转换为写入”菜单项，即可改变 DIO 的使用方式。

但是，当在一个 FPGA VI 中同时使用写入和读取的 DIO 节点时，程序的运行不一定符合预期。原因是 DIO 可以一直作为输入项使用，但作为输出项时，在这个场合中可能会因为三态门没有收到启用的信号而失效。如果 FPGA VI 在工作时既要用 DIO 节点输出控制信号，又需要监视或者切换到接收，就必须使用“FPGA I/O 方法节点”。“FPGA I/O 方法节点”可对 I/O 的行为进行调整，例如选择“设置输出启用”且设置为 TRUE，写入“启用”输入后可以令 DIO 节点在输出数据的同时用“FPGA I/O 节点”监视该 I/O。

“FPGA I/O 方法节点”还有其他很方便的用处，例如让 DIO 等待上升沿或下降沿，直接作为触发器使用以减少程序复杂度；对于支持“设置输出数据”的输出项，还可以代替“FPGA I/O 节点”对输出项进行写入。

操作技巧与编程要点：

- 在程序中添加 FPGA I/O 节点的方式主要为从项目浏览器中选择并拖动对应 I/O 至程序框图或是通过“函数”→“FPGA I/O”的“FPGA I/O 节点”实现。如果发现需要新增 I/O资源才能继续编程，则只需在配置 FPGA I/O 节点时选择“添加 FPGA I/O”即可，具体操作见图 11.15。
- 需要连续写入 DIO 资源时，使用“FPGA I/O 方法节点”的“设置输出数据”比使用“FPGA I/O 节点”有更高的效率。

11.3.2 在 FPGA VI 中使用数组

数组等容器为程序处理大量数据提供了便利，尤其是在一些循环次数不定的情况下。然而在使用 LabVIEW FPGA 编程时，高维数组被禁用，可变大小的数组可能无法编译，令数组的使用变得不如一般 VI 方便。

在 FPGA VI 中使用数组，需要提前预估数组的大小，并且要尽量避免使用高维数组。因为 FPGA 编程毕竟与基于 ALU 的编程不同，实质上是进行电路设计。即使 FPGA 是一种可重复编程的器件，电路的运行模式也只有通过加载新的设置才能更改。所以，不仅数组大小被要求是确定的，会改变数组大小的操作（如数组子集函数）也会被要求使用常量作为参数。另外，使用未确定大小的数组的索引控制 For 循环的执行次数，也是不被允许的。While 循环的自动索引功能在 FPGA 编程中也被禁止。

针对这些限制，最简单的做法就是在创建数组时设置数组的大小。创建数组的输入、显示控件以及数组常量后，使用鼠标右键单击，并选择“属性”菜单项，在“大小”选项卡中完成设置。这一设置只在 FPGA VI 中有效。

在 FPGA VI 中使用可变大小的数组依然是可行的，前提是 LabVIEW 可以在编译程序时判断这些数组的大小。下面介绍了一些即使使用了可变大小的数组也能通过编译的方法：

1）可变大小数组产生后，连接到只接收固定大小数组的接线端，经过强制变换后变为固定大小数组。

2）使用常数作为循环次数输入的 For 循环，可以使用自动索引（自动索引的过程视为数组的大小可变）。

3）将数组嵌入簇结构中。

4）利用“选择”VI，会把输入的数组强制转换为一个固定大小数组。

这里并没有列举出所有可以实现可变大小数组的操作，有兴趣的读者可以自行阅读LabVIEW帮助中有关“FPGA VI对可变大小数组的支持”部分的文档。

11.3.3 使用FIFO

FIFO是“First In First Out”的缩写，亦可按照其字面意思称为“先进先出”，是一种实现控制器与FPGA终端、FPGA终端内部数据交换的一个高效的手段。它的工作模式如图11.16所示，先进入FIFO的数据先弹出。

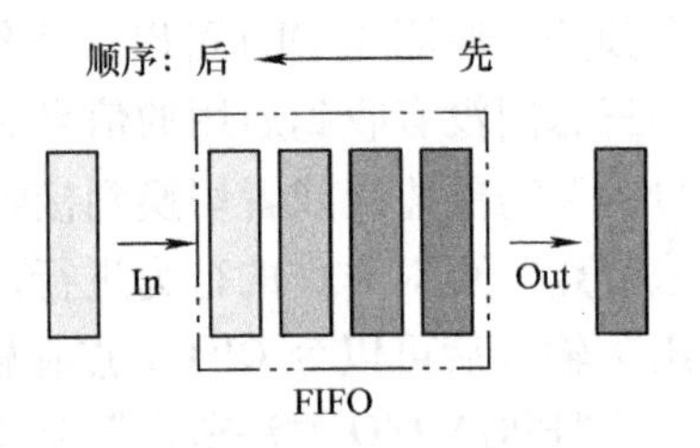

图11.16 FIFO的工作模式

之前提到过利用“读取/写入控件”函数可以实现FPGA与控制器之间的简单数据交换，但这种方式只能在主控VI中刷新获得控件的最新值，而设备数据更新时间差会导致数据丢失。从硬件层面考虑，FPGA VI中使用输入、显示控件会占用较多的寄存器和LUT，所以大规模采用控件去获得数据不利于程序的开发。相比之下，使用FIFO效率更高，而且数据丢失的概率更低。

FIFO主要有4种使用场景：①在FPGA VI内，使用同一个时钟的不同区域之间进行数据传输；②在使用不同时钟的区域之间进行数据传输；③在主控计算机与FPGA终端之间进行数据传输；④在FPGA终端和其他终端之间进行数据传输。新建FIFO的方法包括通过程序框图创建和通过项目浏览器窗口创建。其中，通过程序框图创建的方法只适用于场景①和②，所有使用场景中的FIFO均可通过项目浏览器创建。

使用项目浏览器创建和添加I/O资源的操作相似，使用鼠标右键单击FPGA终端，在弹出菜单中选择“新建”→“FIFO”菜单项，即可打开“FIFO属性”对话框，如图11.17所示。FIFO的默认名称就是“FIFO”，可结合应用自行定义，如果一直使用默认名称，LabVIEW会自动在默认名称后添加顺序号。“类型”下拉列表指定了FIFO的使用场景（使用方式）：“终端范围”代表这个FIFO在该FPGA终端上创建的FPGA VI内均可使用，也就是对应前文提到的第一种和第二种使用场景；“主机到终端DMA”和“终端到主机DMA”对应

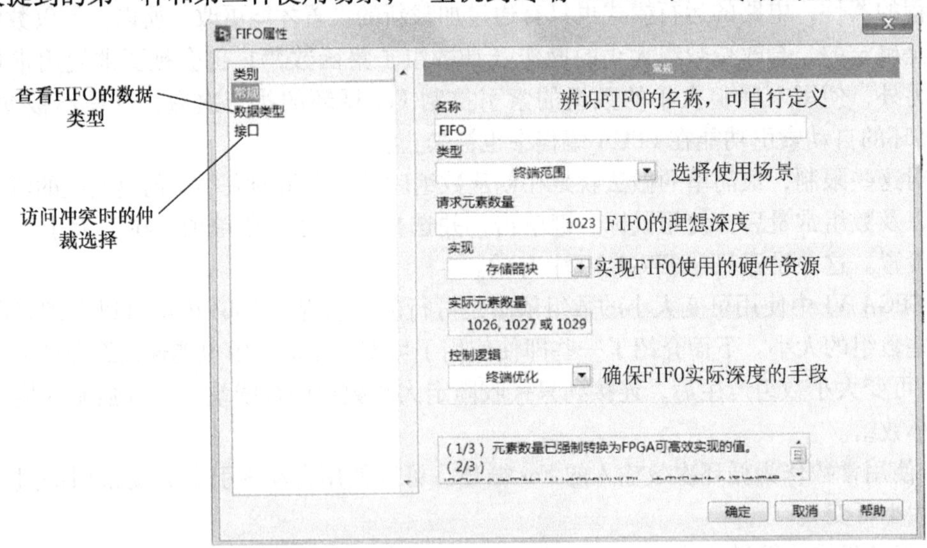

图11.17 “FIFO属性”对话框

的是第三种使用场景，只有在终端支持 DMA 通道时才可使用；最后一种场景对应的选项是“点对点写入方”和“点对点读取方”，同样是只有终端支持时才能使用。

FIFO 的“实现”下拉列表指定了使用哪一种硬件资源。不同的 FIFO 可以使用的实现方式不同。“终端范围”的 FIFO 可以使用触发器、查找表和存储器块（或称为块 RAM），而“主机到终端 DMA”“终端到主机 DMA”和“点对点写入方”“点对点读取方”的 FIFO 只能使用存储器块。图 11.18 所示是决定“终端范围”FIFO 使用哪种硬件资源的流程。

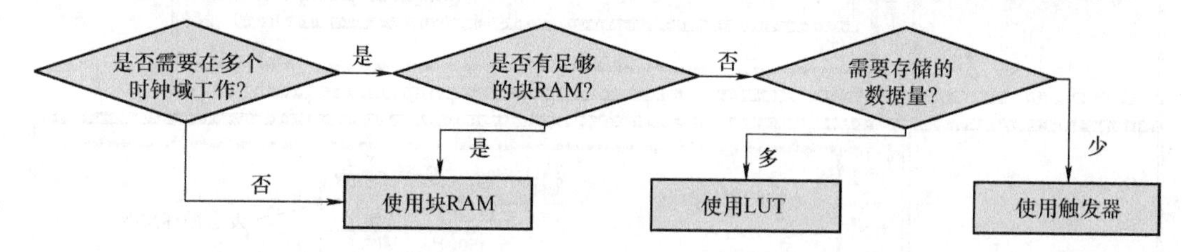

图 11.18 决定“终端范围”FIFO 使用哪种硬件资源的流程

使用 FIFO 时，应评估能够满足程序使用的 FIFO 深度，即 FIFO 应该能容纳多少个元素。但是，FIFO 的实际深度不一定等于“FIFO 属性”对话框中“请求元素数量”的值，原因是除了设备本身能提供给 FIFO 的资源有限之外，还有对 FIFO 的控制逻辑。使用寄存器块以外的硬件资源时，“控制逻辑”被限定为“逻辑片架构”，而存储器块实现的 FIFO 还有“终端优化”和“内置”。这些方法影响 FIFO 实际元素数量的具体情况可以查阅 LabVIEW 帮助中的“实现存储器块 FIFO”和“使用内置的控制逻辑实现 FIFO”文档。

除了在项目浏览器中新建 FIFO 外，还可以通过程序框图创建 FIFO，但是仅限于“终端范围”FIFO。在程序框图中新建和使用的 FIFO 的 VI 都在“编程”→“同步”→“FIFO”选板（图 11.19），可以通过“通过 VI 定义 FIFO 配置”VI 的右键菜单打开新建 FIFO 的对话框。使用这种方式创建 FIFO 的好处是，子 VI 同时被多次调用时可以使用只属于自己的 FIFO，而不会产生资源冲突。

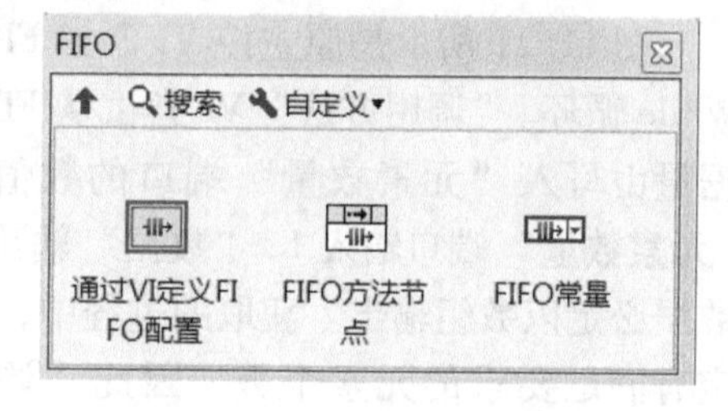

图 11.19 “FIFO”选板

通过“FIFO 方法节点”，FPGA VI 可以对 FIFO 进行写入或读取操作，也可以监视 FIFO 的情况，甚至是将 FIFO 清空。使用时可以通过设置超时时间或是握手信号对 FIFO 进行的操作做必要的约束。在程序框图中添加“FIFO 常量”并选择可用的 FIFO 后，连线到“FIFO 方法节点”，即选择使用 FIFO 的方法。

图 11.20 所示是流水灯程序的扩展框图。程序中使用两个不一样的 DIO 重复了原来已有的功能，但是此时两个循环之间使用 FIFO 传输等待时间。负责完成这个传输任务的 FIFO 1 是一个“终端范围”的 FIFO，在两个循环中分别使用写入和读取方法。除此之外，项目中还新增了一个“终端到主机 DMA”FIFO，将第二个循环的循环计数值向主控 VI 传递。在主控 VI 上使用“调用方法”VI 可从 FIFO 获得数据，连接到该 VI 的输入是由“打开 FPGA VI 句柄”提供的，即 FPGA VI 的引用。单击“调用方法”，对比添加 FIFO 前后这个 VI 提供的方法，可以发现添加“终端到主机 DMA”FIFO 后，增加了名为该 FIFO 名称的方法选项。

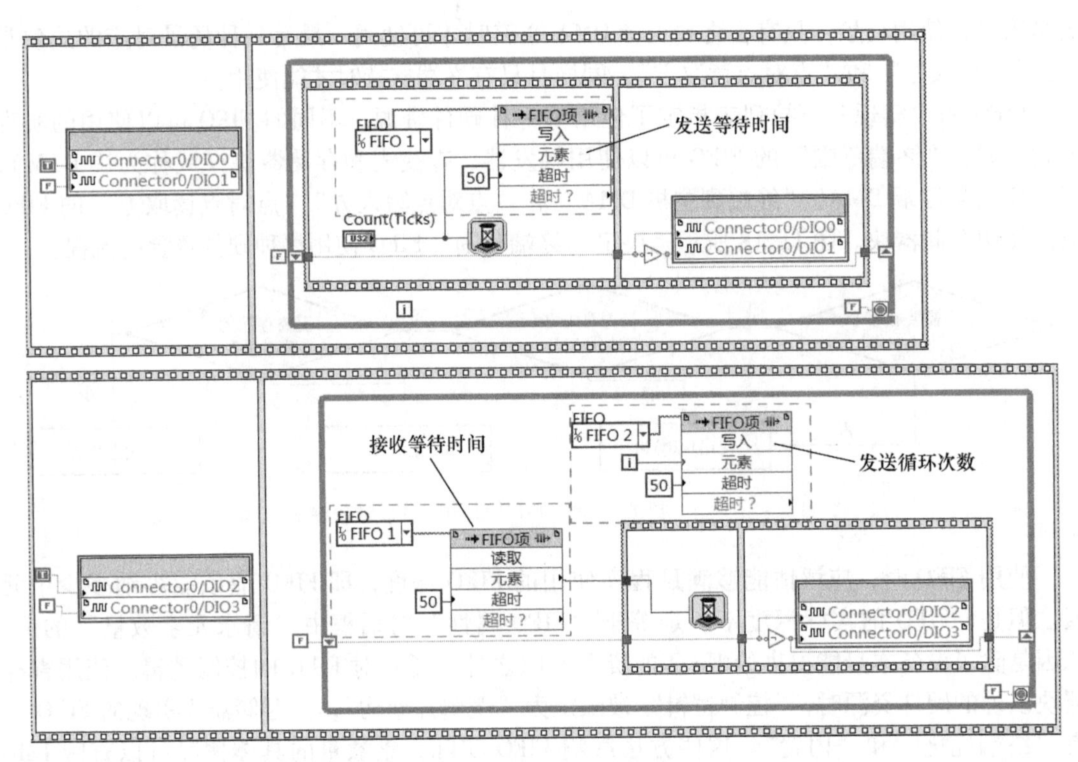

图 11.20　流水灯程序的扩展框图

图 11.21 所示是原主控 VI 添加 FIFO 读取后的 While 循环。“调用方法” VI 尝试从 FIFO 获取的数据量由写入“元素数量”端口的数值决定，即使“元素数量”端口输入 1，“数据”输出端口的输出数据必定以数组输出。获取的过程中，FIFO 内不一定有满足要求的元素个数，因此“调用方法” VI 按照写入到“超时（ms）”的值等待，默认等待 5000ms，值为 -1 时为“一直等待”。

图 11.21　在原主控 VI 添加 FIFO 读取后的 While 循环

操作技巧与编程要点：

● FIFO 本身就具有队列的功能，可以适用于“生产者消费者”模式。由于可变长度的数组在 FPGA VI 中不便使用，所以可以使用“FIFO 方法节点”作为替代来实现部分数组的功能。

● 在一般 VI 中使用局部变量传递信息的方法不适用于对时序敏感的 FPGA 编程，使用 FIFO 和握手信号代替局部变量能获得更好的效果。

11.4　FPGA VI 的优化

FPGA 使用硬件电路实现程序功能是一个非常突出的特色，可以保证以较高的运行速率并行地运算。但 FPGA 中的存储器和逻辑门资源是受限的，使用者在编写程序时可能遇到

FPGA 片上资源“超支”的状况。另一个相反的情况是，程序已经可以实现功能，但是没有充分利用硬件资源，甚至错误使用资源导致效率不如预期。针对这些状况，使用者可以对 FPGA VI 进行一些针对性的优化。

11.4.1　减少不必要的开支

对初学者而言，编写程序时如果不能预先估计会使用哪些 FPGA 资源，可采用资源不限的方法实现电路功能。在 FPGA 使用过多的寄存器或者一些特定的运算时会使程序无法通过编译。超量使用存储器毫无疑问会过分占用 FPGA 内不多的资源，而一些运算如果没有妥善处理，就会使 LUT 被低效占用。以下是一些关于减少 FPGA VI 硬件资源占用的建议。

（1）缩短程序实现的路径长度。

不熟悉数据流编程的使用者可能会按照文本语言编程的思维，以一个较长且少分支的路径组合进行 LabVIEW FPGA 编程。这种编程模式在普通 VI 的编程环境下可能并没有多大的不妥，但是 LabVIEW FPGA 会默认在所有函数 VI 之间的连线上添加寄存器以避免延时错误（即两个寄存器之间的指令无法在一个时钟周期内完成）。此时，过长的组合路径意味着寄存器的过多使用。同时，同一路径上的寄存器数量多，完整执行一次程序需要多次更新寄存器，这意味着 FPGA 程序整体的执行时间会延长且效率低下。为此，针对同一个任务建议用更短的路径完成，可根据数据流的需要把部分操作用并行的方式组合。

（2）避免资源仲裁。

如果 FPGA VI 在多个位置同时访问局部变量、I/O 资源和 FIFO 等资源，则资源仲裁便会产生。仲裁可以解决资源访问的冲突，但仲裁会占用较多的硬件资源。要解决这个问题，除了尽量错开资源的访问时序之外，还需要通过右键弹出菜单打开配置窗口，调整仲裁选项。

（3）使用较少字节的数据类型。

字节长度越小的数据类型，在进行运算时占用的资源就越少。在编写程序时，先预估参与计算或是输出数据的范围，根据这个范围选择字节最短的数据类型。例如，一个简单乘法的输入和输出均不大于整数 256，那么所有参与运算的数据都应该以无符号 8 位整数 U8 表示。在 FPGA VI 编程时，有一些数据的来源是不可更改的，如 While 循环的循环计数输出，使用者可尝试使用移位寄存器和一些简单组合操作代替。

（4）减少 FPGA VI 前面板控件的数量。

由于 FPGA VI 中隐含了终端与顶层 VI 之间通信的 VI，因此前面板控件的实现需要消耗大量的寄存器。子 VI 中的前面板控件不必参与通信，因此不会占用额外的 FPGA 资源。所以，针对这个问题的优化思路是：减少 FPGA VI 中的顶层 VI 前面板的非必要控件对象。使用移位寄存器、全局变量和 FIFO 可以有效实现前面板控件对象所起的作用，从而减少前面板控件对象的使用。如果某些数值依然需要前面板控件对象完成功能，则可尝试使用单个控件“包揽”多个控件的功能，例如，图 11.22 中用无符号 8 位整数 U8 和“数值至布尔数组转换”VI 代替 8 个布尔型控件。

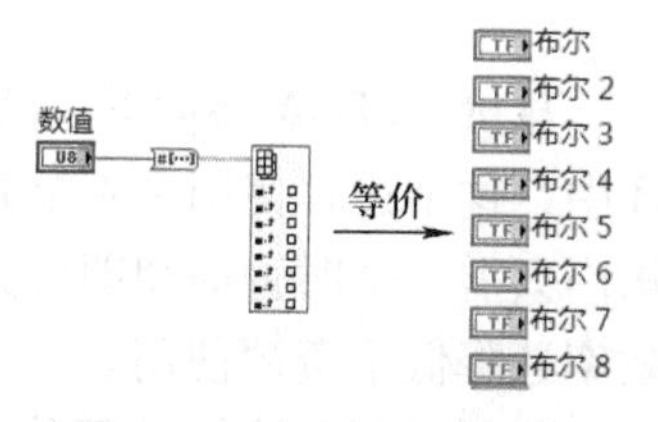

图 11.22　使用整数代替复数布尔型控件

（5）优化或避开使用某些特定的计算方法。

有一些运算占用的FPGA资源非常多，如除法、取倒数和求平方根。如果不得已一定要使用，则可以通过调整它们的输出配置降低资源占用：对于“除”和“取倒数”，可将其“取整模式”设置为“截断舍入”或是“半值向上”；对于“求平方根”，则可减少其小数的长度；对于除数为2的幂次方，可将与除法有关的运算（如“商与余数”）用“按2的幂缩放”代替。

（6）使用单周期定时循环。

11.4.2 单周期定时循环的使用

11.4.1小节中提到LabVIEW会自动增加寄存器以降低发生延时错误的可能，但是这样做会增加寄存器的使用并降低程序执行的效率。在FPGA VI中使用While循环时，循环内的代码需要多个时钟周期才能完成，具体的用时由循环内代码的长度决定。

而当While循环被替换为单周期定时循环（SCTL，）后，SCTL结构会强制循环内的代码在一个时钟周期内完成，因为此时所有的函数之间都不再自动增加寄存器。SCTL结构的使用可以降低资源使用，并且提高代码执行的效率。

图11.23所示为While循环和SCTL结构的执行模式对比。图中的竖直虚线代表一个时钟周期完结时程序应该执行到的位置，即一条虚线代表一个时钟周期。While循环内代码的执行模式是：

1）控件x2和y2的值输出到寄存器。

2）将值从寄存器中取出并执行乘法，然后将其结果和z2的值同时输出到下一个寄存器。

3）执行加法，并输出到寄存器。

4）从寄存器将值取出，输出到显示控件。

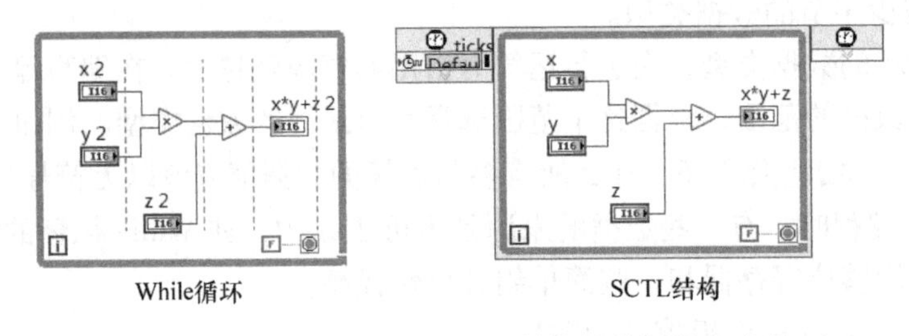

图11.23 While循环和SCTL结构的执行模式对比

显然，FPGA环境下，简单的加法和乘法不需要单独占用一个时钟周期，而在While循环中，这个过程使用了4个时钟周期，并且还使用了大量的寄存器。同样，程序在SCTL结构内只需一个时钟周期即可完成，而且只对输入控件和显示控件分配了寄存器，不仅提高了效率还降低了资源使用。

但是SCTL结构并不能无节制地使用。首先正如其名，SCTL结构内的代码都只能在一个时钟周期内使用，这就意味着当代码的运行时间超过一个时钟周期时，VI就会出现延时错误。不仅本身需要延时功能的VI或部分程序不能使用，部分计算量大的运算也不可以出现在SCTL结构中，如“商与余数”。除此之外，SCTL结构本身的实现也至少需要两个时钟周期（除了循环内的部分程序），所以使用时需要考虑是否有更好的处理方法。

操作技巧与编程要点：

图 11.24 时钟的使用

- SCTL结构的输入节点可以输入某个时钟的引用，从而可使循环内的程序按照被指定的时钟周期运行。其方法如图 11.24所示。
- 对于一些不在循环内使用或者只是循环内一部分的代码，SCTL 结构同样是可以使用的，只需给 SCTL 结构的条件接线端写入“TRUE”常量即可。即使 SCTL 结构只执行一次，也仍然需要对寄存器的使用进行优化。

11.4.3 流水线化的程序处理

11.4.2 小节中提到了 SCTL 结构不能运行耗时超过一个时钟周期的程序，这代表 SCTL 结构在一般情况下无法容纳运行流程过长的程序，但是这不代表在大型程序中不能使用 SCTL 结构。如果在程序中人为地添加寄存器，且能够确保两个寄存器之间的运行时间少于一个时钟周期，就不会出现延时错误。这就是流水线处理方式。

在 SCTL 结构中，反馈节点会被视为寄存器。对于 SCTL 结构的每次循环，程序运行的结果都会写入反馈节点中，在下一个循环开始时在另一端输出。图 11.25a 中的程序被反馈节点分成 A、B、C 这 3 个部分。其中的 3 个子 VI 在处理某一组数据时是串行、分时的。而在 SCTL 结构的某一次循环中，A、B、C 子程序是并行运行的。这是因为使用数据流编程的程序只需接收足够的输入即可运行，而反馈节点不需要输入即可输出及保存其中的值。除了反馈节点外，移位寄存器也有相同的作用，只是寄存器的输入和输出必须分别放在循环结构的两侧，如图 11.25b 所示。具体使用哪一种方法取决于使用者的喜好。

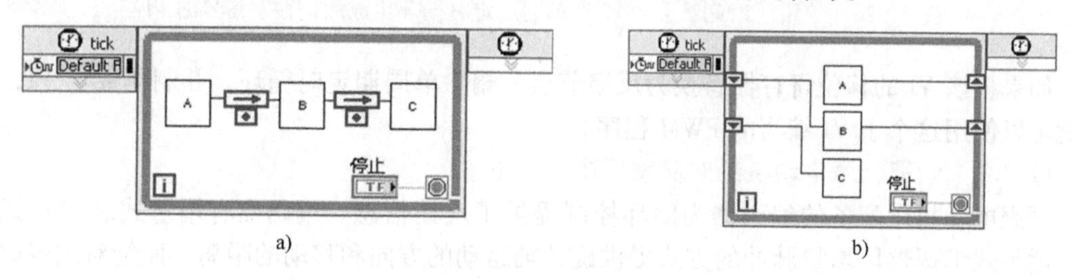

图 11.25 向项目添加 FPGA I/O

a）使用反馈节点完成流水线处理 b）使用移位寄存器完成流水线处理

11.5 程序实例：伺服电动机的脉冲宽度调制和编码器解码

11.5.1 实现准确的脉冲宽度调制

脉冲宽度调制（Pulse-Width Modulation，PWM）在电动机控制系统里常见且重要。一段数字信号里蕴含着两个信息：频率和占空比。频率指的是单位时间内总共有多少个完整的数字波形，占空比则是一个周期内信号值为“1”的时间占比。脉冲宽度调制用于电动机控制时，控制系统对数字信号的使用不尽相同，有的会以信号的频率作为电动机转速的参数，有的会以占空比作为转速的参数，而有的控制系统则要求信号的占空比要足够高才有效。为保证控制得准确、有效，准确的 PWM 脉冲序列是必需的。

11.2.3 小节中的流水灯程序使用了“延时”的 VI，其实就是输出一个占空比为 50%、频率可调的数字信号。只要“延时”VI和顺序结构配合使用，数字信号的占空比就可以被调整了。然而使用延时进行定时控制是不恰当的做法。“延时”VI在每一次被调用的过程中，延时时间不一定等于设定值（因信号抖动）。抖动信号是变化且不可预知的，这意味着“延时”VI不适用于精确的控制系统。然而系统当前的运行时间可以通过“时间计数”获得，并且足够精确。

图11.26所示是一个使用“时间计数”VI和单周期定时循环生成周期数字信号的VI。其工作模式为用本次循环的“时间”减去移位寄存器中的“基准时间”，从而获得当前时间点在数字信号的单个周期中的位置。使用者需要设定“High”和“Low”（对应输出信号为“1”和“0”的时长）、程序比较时间点的位置和“High”来确定当前应该输出的信号，再将时间点与“High”“Low”之和进行比较，并判断是否更新移位寄存器中的“基准时间”。

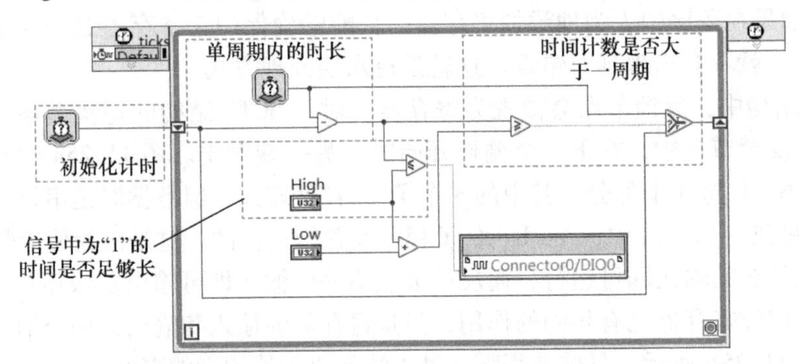

图11.26　使用“时间计数”VI和单周期定时循环生成周期数字信号的VI

如果将该VI的移位寄存器替换为反馈节点，删除单周期定时循环，并制作成子VI，那么就可以使用这个子VI编写的PWM程序。

11.5.2　读取伺服电动机绝对值编码器的输出

伺服电动机中配备的编码器为闭环控制提供了反馈信息。编码器有增量式和绝对式两种。增量式编码器以增量脉冲的方式提供旋转轴运动的方向和移动的距离，而绝对式编码器提供旋转轴的位置，具体的信号形式（即通信协议）常常由电动机生产商确定。

这里以日本YASKAWA生产的电动机的绝对值编码器的输出信号为例。YASKAWA提供了从伺服驱动器读取编码器输出信息的通信协议，信号由表示转动圈数的字符串（简称为圈数字符串）和增量脉冲序列组成。圈数字符串的传输通信协议为UART，内容包括首字符、转向标识、圈数和终止符；增量脉冲序列为两相增量脉冲，均为方波。

值得注意的是，该通信协议具有特殊性，其同时涵盖了串行通信、增量脉冲读取及FPGA编程优化技术。所以本小节将根据YASKAWA提供的通信协议进行讲解。请读者在编写相关程序时自行按照电动机生产商的通信格式要求进行调整。

1. 圈数字符串接收

一些绝对式编码器需要在使用前进行初始化，以确定零点。之后编码器输出的位置信息将以该零点为参照。在本小节的实例中，圈数字符串反映了零点设定后转子相对零点转动的圈数，以整数表示。字符串以串行通信的方式传输，首字符为电动机生产厂家规定的特殊字符，转向标识以“+”“-”代表转向的正负，圈数是5个范围为0~9的ASCII字符，终止符用ASCII字符中的“换行”表示字符串信号的终结。

本例中，串行通信部分的参数为：波特率为9600bit/s，7 位数据位，校验方式为偶校验。各位之间使用 DIO 对数据线的电位进行读取，两次电位读取之间的时间间隔由“延时”VI实现。FPGA 的顶层时钟频率为 40MHz，可以计算得到一个数据位持续的时间为 4166 个时钟周期。

理想状态下，从系统上电到第一个字符发出，信号线会持续处于高电位（“1”），而串行通信的起始位为低电位（“0”）。程序通过检测起始位发出后产生的下降沿，判断驱动器是否已经开始发送字符。图 11.27 所示的顺序结构中的 While 循环起到触发器的作用，在下降沿被检测到之前，程序会一直循环运行。实际工况下，电路会出现信号抖动，FPGA 有可能对下降沿产生误判，因而下一顺序帧再次对 DIO 的输入值进行检测，可以有效避免因电路信号抖动造成的误读取。

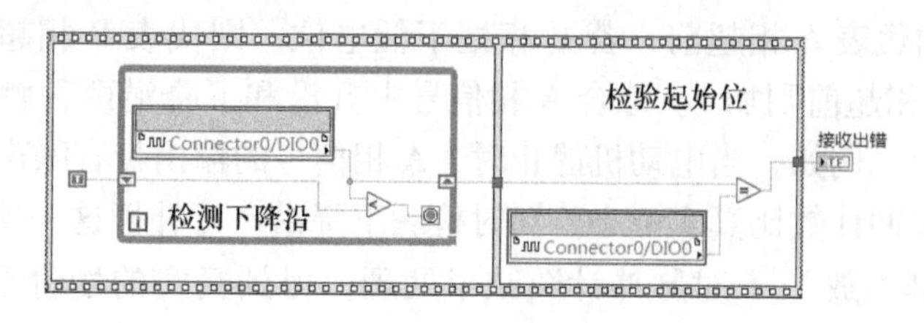

图 11.27　检测起始位

起始位检测后，系统进行信号位的接收，其接收的过程如图 11.28 所示。在 For 循环体内，使用布尔型数组和移位寄存器暂时存放数据位，避免使用 For 循环的索引功能，可有效节约 FPGA 资源。接收到的数据通过“布尔数组至数值转换”输入到 FIFO，程序会在需要时按照进入 FIFO 的顺序取用这些数据。奇偶校验由“异或”实现。当数据位中“1”的数量为奇数时，与“异或”VI 输出相连的移位寄存器将会在循环结束后输出一个“FALSE”。但如果在校验位处，读取 DIO 输入应得到“TRUE”。所以，当信号的校验方式为偶校验时，移位寄存器的输出可连接“非”VI，再通过与 DIO 在校验位处的输出比较得知接收是否有误。这样，可选择是否舍弃已接收的数据。

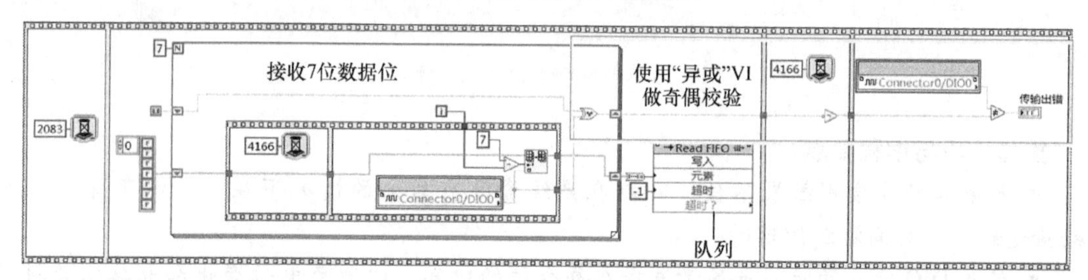

图 11.28　信号位接收

当接收到的字符数不小于 8 时，程序对第一个字符进行检测，再次尝试排除误接收。同时，程序根据所有字符的接收情况做进一步评判，即一旦接收过程中有字符无法通过奇偶校验，整个接收过程就会重置。如果接收到的信息通过了所有检验，程序将会进入增量脉冲的接收状态。字符串可以通过“终端到主机 FIFO”发送至上位机或直接在 FPGA 终端内处理，具体处理方法由使用者自行决定。

2. 增量脉冲序列接收

增量脉冲序列接收使用的数据线比绝对值编码器多一条，所以多使用一个 DIO。此处将 DIO0 和 DIO1 分别称为 A 相和 B 相。增量脉冲分为初始增量脉冲和一般增量脉冲：初始增量脉冲数表示转子当前位置相对于零点的距离（单圈范围内），而一般增量脉冲则表示转子运动的方向和大小。同一个方波，B 相超前于 A 相时记为“正”，反之为“负”，对应转子的正转和反转。虽然初始增量脉冲只有“正”，但由于两者之间并没有明确的区分信号，因此在接收时共用同一部分程序。

在接收时，程序按 A 相信号的上升沿和下降沿产生触发，且作为增量值脉冲计数的标志。当检测到 A 相上升沿时，若 B 相处于高电位，则代表 B 相超前；若 B 相处于低电位，则代表 A 相超前。B 相超前则脉冲计数加 1，A 相超前则减 1。当检测到 A 相下降沿时，若 B 相处于高电位，则代表 A 相超前；若 B 相处于低电位，则代表 B 相超前。同样，A 相超前脉冲计数减 1，B 相超前则加 1。综合 A 相信号上升沿和下降沿两种触发操作，可去除电路波动对计数的影响。例如，当电动机静止时，A 相信号的输出带有噪声。这时，只检测信号上升沿，会使得脉冲计数比真实值小，同时检测下降沿，可补偿这一误差。完成脉冲计数后，使用“按 2 的幂缩放”对脉冲计数减半处理，得到真实的增量型脉冲数。图 11.29 所示为接收增量脉冲的程序框图。

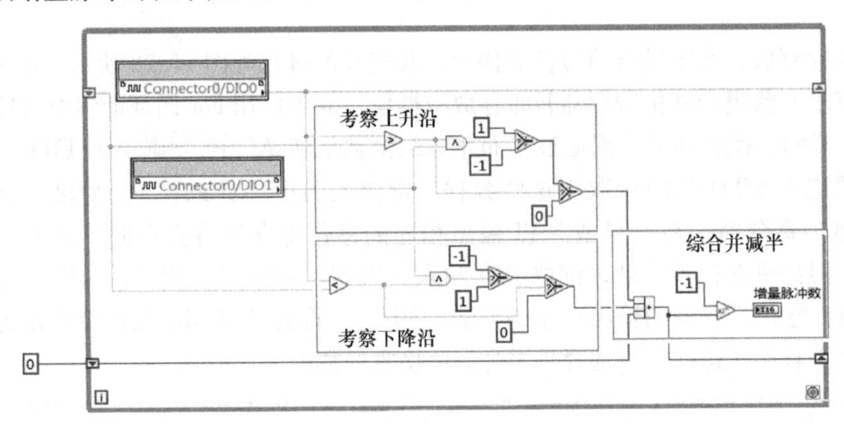

图 11.29　接收增量脉冲的程序框图

操作技巧与编程要点：

- 如果起始位检测效果不佳，可以在系统资源有富余的情况下在“检测下降沿”和“检验起始位”之间添加短延时。
- 读取 DIO 输入的时间点尽量选择在每个位的中间，以避免电位变化和电路信号抖动带来的干扰。
- 本节中关于各相关信号的时序于附录 B 中有说明。

本章小结

本章涉及具有可重复编程功能的 FPGA 芯片的 LabVIEW 基本编程方法，介绍了 FPGA 的特点及相应的开发工具。本章从 FPGA VI 的基本编写流程出发，讲解从构建开发环境、

编写程序到对程序进行优化的全过程，并由浅入深地叙述了 LabVIEW FPGA 模块的基本使用方法。最后，通过使用 LabVIEW FPGA 编程实现了伺服电动机控制中的脉宽调制与绝对值编码器信号解码读取两个基础功能。

上机练习

基于 Pocket－RIO FPGA 硬件构建 FPGA VI 编程环境，并编写信号上升沿的触发器和计数器。

思考与编程习题

1. 试用简单的方式对硬件和软件编程的差别进行描述，如算法的执行和存储器的使用。

2. 尝试用 LabVIEW FPGA 编写使用模拟 I/O 输出正弦波形的程序，要求可以改变幅值和频率。

3. 对第 2 题的结果进行优化，并将输出的正弦信号在主控 VI 中用波形图表控件显示。

参考文献

[1] BAILEY D. Design for Embedded Image Processing on FPGAs［M］. New Jersey：John Wiley & Sons，2011.

[2] 上海恩艾仪器有限公司. LabVIEW FPGA 入门指南［EB/OL］.（2014－09－25）［2020－08－13］. http：//www. ni. com/tutorial/14532/zhs/.

[3] PONCE－CRUZ P，MOLINA A，MACCLEERY B. Fuzzy Logic Type 1 and Type 2 Based on LabVIEW™ FPGA［M］. Cham：Springer，2016.

[illegible]LabVIEW FPGA模块的基本使用方法。最后，通过[illegible]FPGA[illegible]中[illegible]

[illegible]

[illegible]

本章[illegible]FPGA[illegible]

思 考 题

1. [illegible]
2. [illegible]LabVIEW FPGA[illegible]
3. [illegible]

参 考 文 献

[1] BAILEY D G. Design for Embedded Image Processing on FPGAs[M]. New Jersey: John Wiley & Sons, 2011.

[2] [illegible]LabVIEW FPGA入门指南[EB/OL]. (2014-09-25)[2020-08-13]. [illegible]

[3] PONCE-CRUZ P, MOLINA A, MACCLEERY B. Fuzzy Logic Type 1 and Type 2 Based on LabVIEW FPGA[M]. Cham: Springer, 2016.

附　录

附录A 数据采集信号接口基础知识

A.1 信号分类与模入信号的连接

A.1.1 信号类型

数据采集前，必须对所采集信号的特性有所了解。因为不同信号的测量方式和对采集系统的要求是不同的，只有了解被测信号，才能选择合适的测量方式和采集系统。

任意一个信号都是随时间而改变的物理量。一般情况下，信号所运载的信息是很广泛的，如状态（State）、速率（Rate）、电平（Level）、形状（Shape）、频率成分（Frequency Content）。根据信号运载信息方式的不同，可以将信号分为模拟信号或数字信号。数字（二进制）信号分为开关信号和脉冲信号。模拟信号可分为直流信号、时域信号、频域信号，如图 A.1 所示。

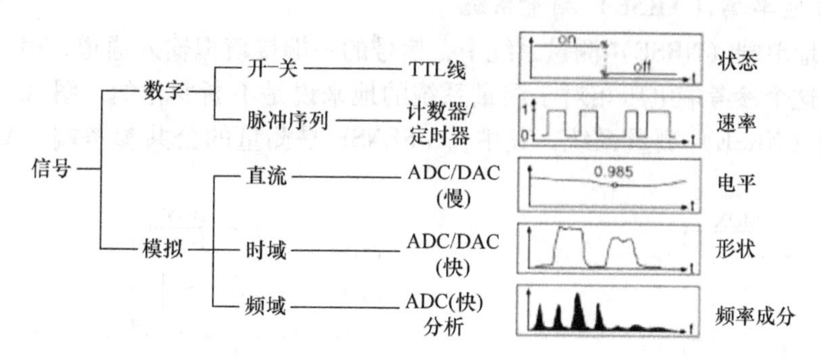

图 A.1 信号类型

A.1.2 模入信号的连接

一个电压信号可以分为接地和浮动两种类型。测量系统可以分为差分（Differential）、参考地单端（Referenced Single-Ended-Ground，RSE）、无参考地单端（NonReferenced Single-Ended，NRSE）3 种类型。

接地就是将信号的一端与系统地连接起来，如大地或建筑物的地。因为信号用的是系统地，所以与数据采集卡是共地的。接地最常见的例子是通过墙上的接地引出线，如信号发生器和电源。

一个不与任何地（如大地或建筑物的地）连接的电压信号称为浮动信号，浮动信号的每个端口都与系统地独立。一些常见浮动信号的例子有电池、热电偶、变压器和隔离放大器。

1. 差分系统的连接

在差分测量系统中，信号输入端分别与一个模入通道相连接。具有放大器的数据采集卡可配置成差分测量系统。图 A.2 所示为一个 8 通道的差分测量系统，用一个放大器模拟多路转换器进行通道间的转换。标有 AIGND（模拟输入地）的引脚就是测量系统的地。

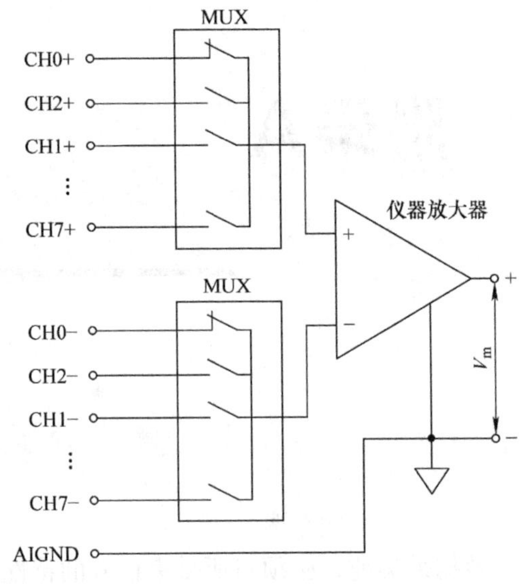

图 A.2　差分测量系统

一个理想的差分测量系统仅能测出 + 和 - 输入端口之间的电位差，完全不会测量到共模电压。然而，实际应用的板卡却限制了差分测量系统抵抗共模电压的能力，数据采集卡共模电压的范围限制了相对于测量系统地的输入电压的波动范围。共模电压的范围关系到一个数据采集卡的性能，可以用不同的方式来消除共模电压的影响。如果系统共模电压超过允许范围，那么需要限制信号地与数据采集卡的地之间的浮地电压，以避免测量数据错误。

2. 参考地单端（RSE）测量系统

一个参考地单端（RSE）测量系统，也称为接地测量系统，被测信号一端接模拟输入通道，另一端接系统地 AIGND。图 A.3 所示为一个 8 通道的参考地单端（RSE）测量系统。

3. 无参考地单端（NRSE）测量系统

在无参考地单端（NRSE）测量系统中，信号的一端接模拟输入通道，另一端接一个公用参考端，但这个参考端电压相对于测量系统的地来说是不断变化的。图 A.4 所示为一个无参考地单端（NRSE）测量系统，其中，AISENSE 是测量的公共参考端，AIGND 是系统的地。

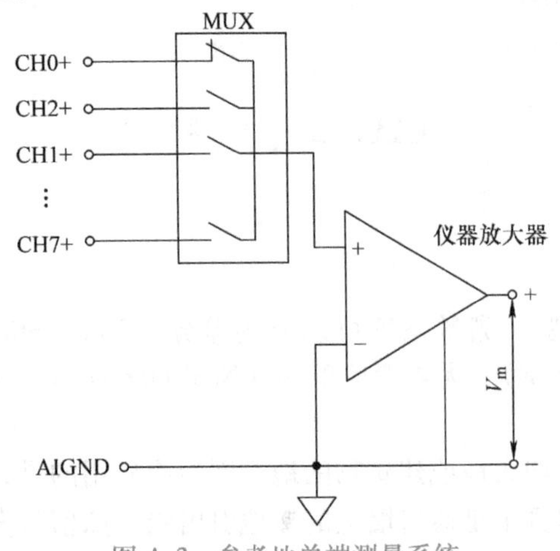

图 A.3　参考地单端测量系统

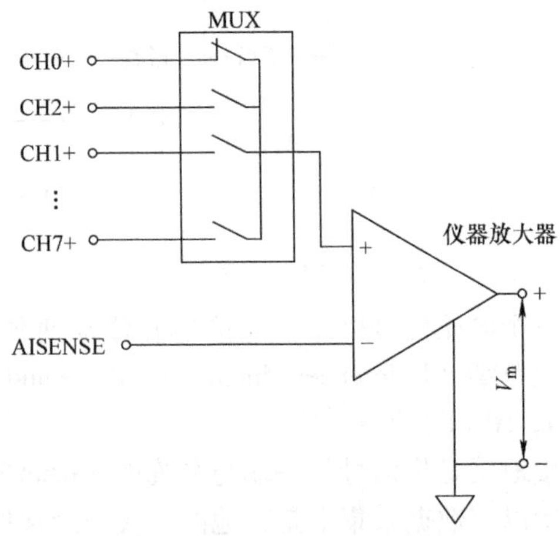

图 A.4　无参考地单端测量系统

4. 伪差分（PDEF）测量系统

伪差分测量系统兼具差分测量系统与单端测量系统的特点。伪差分测量系统同差分测量系统一样，其正负通道端口与被测单元的输出相连，如图 A.5 所示。输入通道的负极性端通过较小的阻抗（Z_1）与系统地相连，输入通道的正负极性端被较大的阻抗隔离（Z_{in}）。

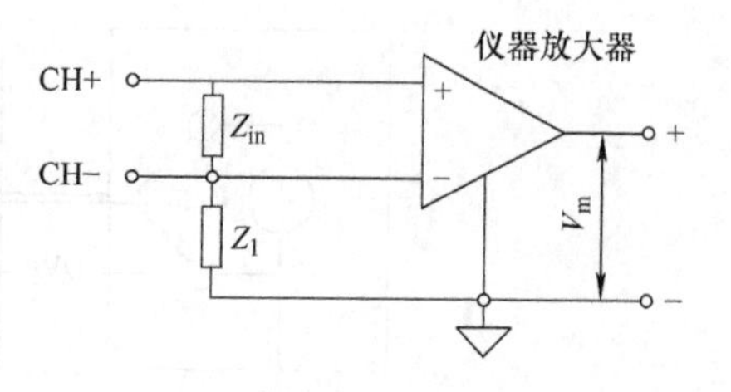

图 A.5　伪差分测量系统

伪差分测量系统常常被同步采样和动态信号测量采集模块采用，这类动态信号采集模块没有采用普通的多工信号采集模式。伪差分信号连接适用于浮动信号的采集或隔离的测量单元的信号采集，如电池供电的测量单元和大多数加速度传感器。如果信号参考电势与系统地电势差别不大，也可采用伪差分测量方式测量参考地信号。但当它们之间的电势差较大时，接地闭环回路将在测量结果中引入接地噪声。一般来说，差分测量连接相比伪差分连接有更大的共模抑制比。

A.2　测量系统的选择

A.2.1　测量信号与测量系统

2 种信号源和 4 种测量系统可以组成 8 种连接方式，如表 A.1 所示。

表 A.1　8 种连接方式

测量系统	接地信号	浮动信号
DEF	*	*
RSE	–	* *
NRSE	*	*
PDEF	*	*

其中，不带＊号的方式不推荐使用。一般说来，信号源是浮动信号时可选择任意连接方式，但优先选择差分连接方式（DEF 和 PDEF），但实际测量时还要看情况而定。

A.2.2　测量接地信号

测量接地信号最好采用差分或 NRSE 测量系统。如果采用 RSE 测量系统，将会给测量结果带来较大的误差。图 A.6 所示为用一个 RSE 测量系统去测量一个接地信号源的弊端。在本例中，测量电压 V_m 是测量信号电压 V_s 和电位差 DVg 之和。其中，DVg 是信号地和测量地之间的电位差，这个电位差来自于接地回路电阻，可能会造成数据错误。一个接地回路通常会在测量数据中引入频率为电源频率的交流和偏置直流干扰。一种避免接地回路形成的办法就是在测量信号前使用隔离方法测量隔离之后的信号。

如果信号电压很高并且信号源和数据采集卡之间的连接阻抗很小，也可以采用 RSE 测量系统。这是因为此时的接地回路电压相对于信号电压来说很小，可以忽略接地回路对信号源电压测量的影响。

A.2.3　测量浮动信号

可以用差分、RSE、NRSE 方式测量浮动信号。在差分测量系统中，应该保证相对于测

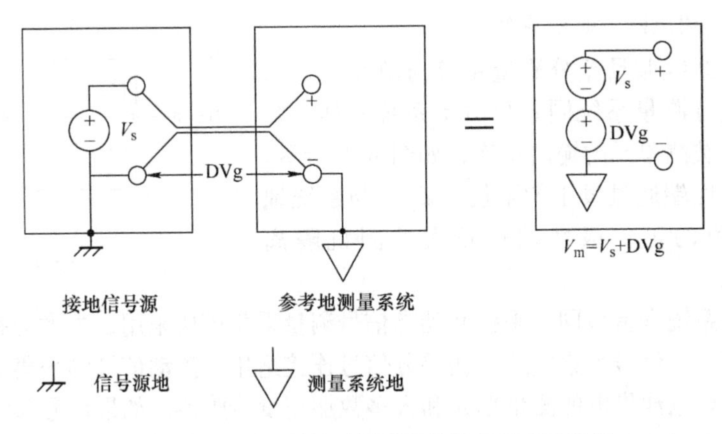

图 A.6　用 RSE 测量系统测量接地信号源的弊端

量地的信号的共模电压在测量系统设备允许的范围之内。如果采用差分或 NRSE 测量系统，放大器输入偏置电流会导致浮动信号电压偏离数据采集卡的有效范围。为了稳住信号电压，需要在每个测量端与测量地之间连接偏置电阻，如图 A.7 所示。这样就为放大器信号输入端到放大器的地提供了一个直流通路。这些偏置电阻的阻值应该足够大，从而使得信号源可以相对于测量地浮动。对低阻抗信号源来说，10～100kΩ 的电阻比较合适。

总的来说，不论测接地信号还是浮动信号，差分测量系统都是很好的选择，因为它不但避免了接地回路干扰，还避免了环境干扰。相反的，RSE 测量系统却允许两种干扰的存在，在所有输入信号都满足以下指标时，可以采用 RSE 测量方式：输入信号是高电平（一般要超过 1V）；连线比较短（一般小于 5m），并且环境干扰很小或屏蔽良好；所有输入信号都与信号源共地。当有一项不满足要求时，就要考虑使用差分测量方式。

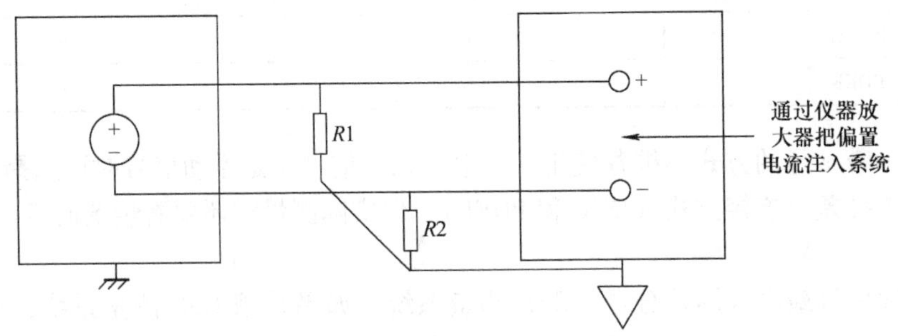

电阻(10kΩ<R<100kΩ)为仪器放大器输入偏置电流提供了一个接地回路。对于直流耦合信号源，仅需电阻R2。对交流耦合信号源，要求R1=R2。

图 A.7　增加偏置电阻

A.3　多通道数据采集的设置

多数通用采集卡都有多个模入通道，但是并非每个通道都配置一个 A/D，而是共用一套 A/D。在 A/D 之前有一个多路开关（MUX），以及放大器（AMP）、采样保持器（S/H）等。通过这个开关的扫描切换可实现多通道的采样。多通道的采样方式有 3 种：循环采样、同步采样和间隔采样。

1. 循环采样

循环采样是指采集卡使用多路开关以某一时钟频率将多个通道分别接入 A/D 循环进行采样。图 A. 8 所示为两个通道循环采样的示意图。此时，所有的通道共用一个 A/D 和 S/H 等设备，比分别为每个通道配一个 A/D 和 S/H 的方式要廉价。循环采样的缺点在于不能实现多通道同步采样，通道的扫描速率是由多路开关切换的速率平均分配给每个通道的。多路开关要在通道间进行切换，对两个连续通道采样，采样信号波形会随着时间变化，产生通道间的时间延迟。如果通道间的时间延迟对信号的分析不是很重要，使用循环采样是可以的。

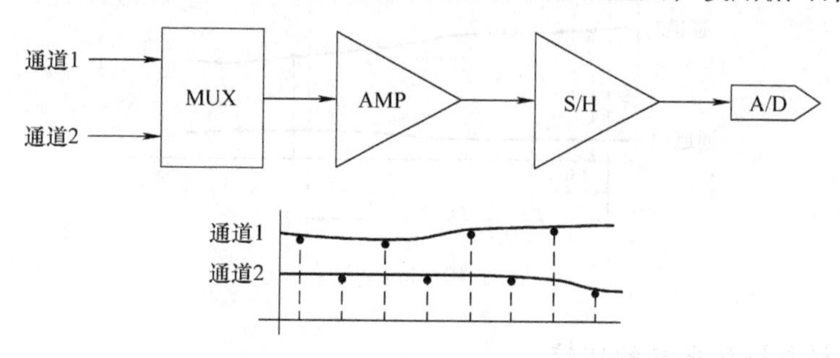

图 A. 8　两个通道循环采样的示意图

2. 同步采样

当通道间的时间关系很重要时，就需要采用同步采样方式。实现同步采样的一种方式是每个通道使用独立的放大器和 S/H 电路，经过一个多路开关分别将不同的通道接入 A/D 进行转换。另一种方式是每个通道各有一个独立的 A/D，这种数据采集卡的同步性能更好。图 A. 9 所示为两个通道同步采样的示意图。

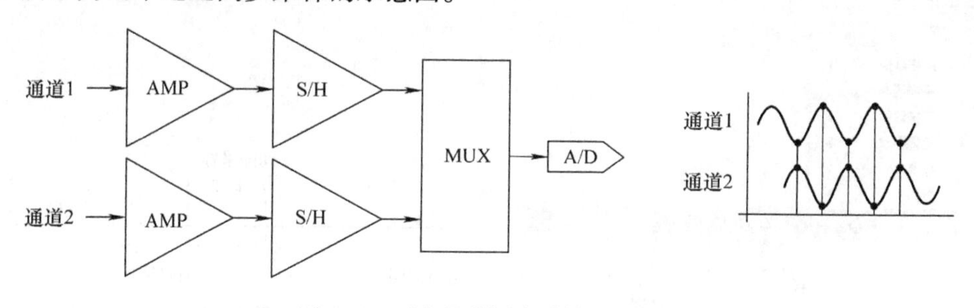

图 A. 9　两个通道同步采样的示意图

3. 间隔采样

假定用 4 个通道来采集 50kHz 的周期信号（其周期是 20μs），数据采集卡的采样频率设置为 200kHz，则采样间隔为 5 μs（1/200kHz）。如果用循环采样，则相邻两个通道之间的采样信号的时间延迟为 5μs（1/200kHz），这样通道 1 和通道 2 之间就产生了 1/4 周期的相位延迟，而通道 1 和通道 4 之间的信号延迟就达 15μs，折合相位差是 2700。一般说来这是不行的。

为了改善这种情况，可以采用间隔扫描（Interval Scanning）方式。在这种方式下，用通道时钟控制通道间的时间间隔，用另一个扫描时钟控制两次扫描过程之间的间隔。通道间的间隔实际上由采集卡的最高采样速率决定，可能是微秒级甚至纳秒级，效果接近于同步扫描。间隔扫描适合缓慢变化的信号，如温度和压力。假定一个 10 通道温度信号的采集系统，用间隔采样，设置相邻通道间的扫描间隔为 5μs，每两次扫描过程的间隔是 1s，这种方法提供了一个以 1Hz 同步扫描 10 通道的方法，如图 A. 10 所示。通道 1 和通道 10 的扫描间隔是 45μs，相对于 1Hz 的采样频率是可被忽略的。对一般采集系统来说，间隔采样是性价比较高的一种采样方式。

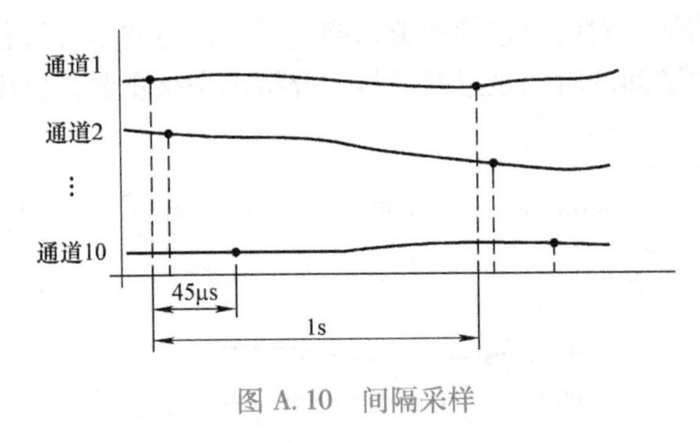

图 A. 10　间隔采样

4. 间隔采样与循环采样的比较

当选择好扫描速率时，LabVIEW 自动选择尽可能快的通道时钟速率。大多数情况下，这是一种比较好的选择。可以通过“DAQmx 定时”属性节点手动设置通道转换速率。如图 A. 11所示，放置“DAQmx 定时”属性节点后单击属性选择器，选择“更多”→“AI 转换”→“速率”菜单项。然后右键单击属性，并选择更改为写入以改变为输入属性。循环采样和间隔采样的比较如图 A. 12 所示。

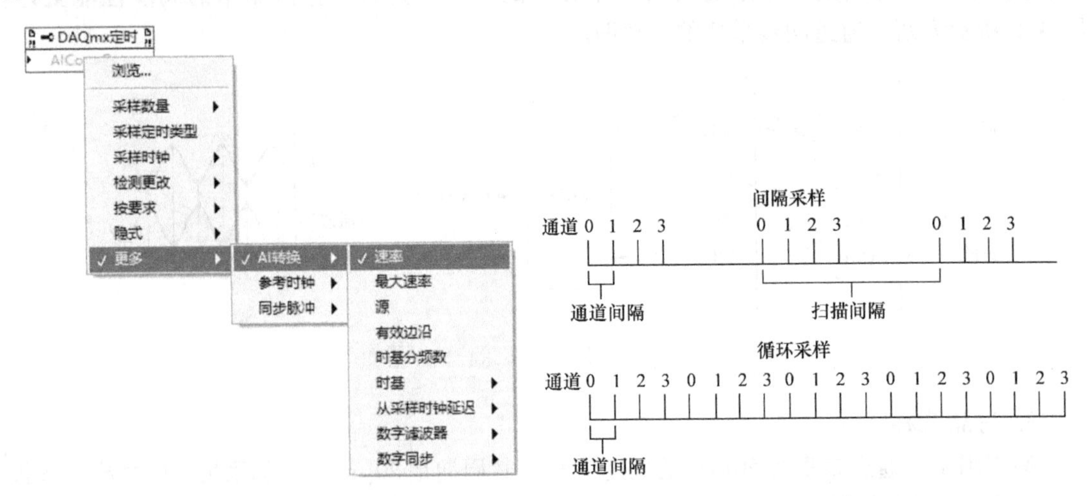

图 A. 11　为“DAQmx 定时”属性节点设置通道转换速率

图 A. 12　间隔采样与循环采样的比较

附录B 使用FPGA接收绝对值编码器信号

B.1 DIO端口电平读取

在11.5.2小节的实例中，波特率设置为9600bit/s的串行信号的传输速率与FPGA实际的顶层时钟（40MHz）速率相差较大。选择FPGA的顶层时钟为40MHz，是为了让程序在接收串行信号后依然能够适应不同频率的增量值脉冲。另外，让FPGA保持较高速率运作的目的是尽可能提高信号接收的准确性。

图B.1所示为FPGA读取串行信号时各自定义信号的简单时序变化关系。这里先定义一个接收时钟，用于匹配串行信号传输的波特率。本例中接收时钟的时钟周期为顶层时钟的4166倍，对应的是11.5.2小节实例中设置的延时。

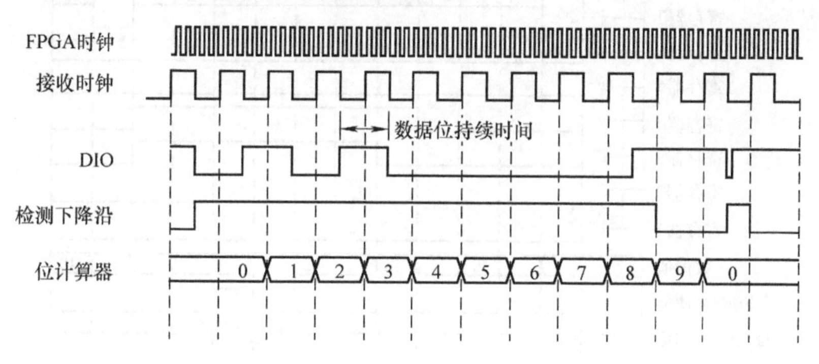

图B.1　FPGA读取串行信号时各自定义信号的简单时序变化关系

以接收ASCII字符“P”为例，DIO物理端口的电平变化的理想状况如图B.1所示。当DIO端口的电平出现下降沿时，“检测下降沿”为“1”。电平下降沿出现半个时钟周期后，若DIO端口电平维持为低电平，“检测下降沿”会保持，并且程序暂停对下降沿的检测，程序开始进行数据位的接收。之后，FPGA程序在每一个接收时钟周期结束时读取DIO端口的电平。程序读取的DIO电平存储于寄存器中，且“位计数器”值加1。在理想信号传输状态下，FPGA读取DIO端口电平的时机为对应数据位有效宽度的中间位置，在图B.1中为“位计算器”存储值从“2”跳变为“3”的时刻。

当“位计数器”为9时，可认为该字符的接收已经完成。此时程序会重置“检测下降沿”及“位计数器”，重新开始等待 DIO 端口处的电平下降沿。若下降沿出现，且 DIO 端口处的低电平少于半个接收时钟的时钟周期时，程序判定该 DIO 电平下降沿为电压信号扰动所致，并重置“检测下降沿”为“0”。

B.2 寄存器及 FIFO 的使用

在图 11.28 所示的程序框图中，For 循环的移位寄存器中存储了一个布尔型数组。随着数据位的接收，数组元素会被所读取的 DIO 端口电平替代。当前字符接收完毕后，布尔型数组会被“布尔数组至数值转换”VI 整体转换为整型数值。布尔数组元素被替换的过程实际上就是 DIO 端口电平的存储过程，因此将布尔型元素视作由 7 个寄存器组成的单元。按照“布尔数组至数值转换”的转换模式，布尔型数组中索引值为 0 的位对应的是二进制数的最低位，而串行信号中数据位的第一个位对应的是二进制数的最高位。基于这个特点，程序被设计成从寄存器中的最高位开始存储串行数据的数据位。

通过下降沿检测，程序确定要进行数据位的接收时，所有寄存器会被初始化为“0”。之后按照从寄存器 7 ~ 1 的顺序，每经一个接收时钟周期，就把寄存器值置换为当前 DIO 端口电平。图 B.2 所示的时序图反映了这个运行过程。“数据值”代表寄存器当前存储的二进制数所对应的十六进制值。

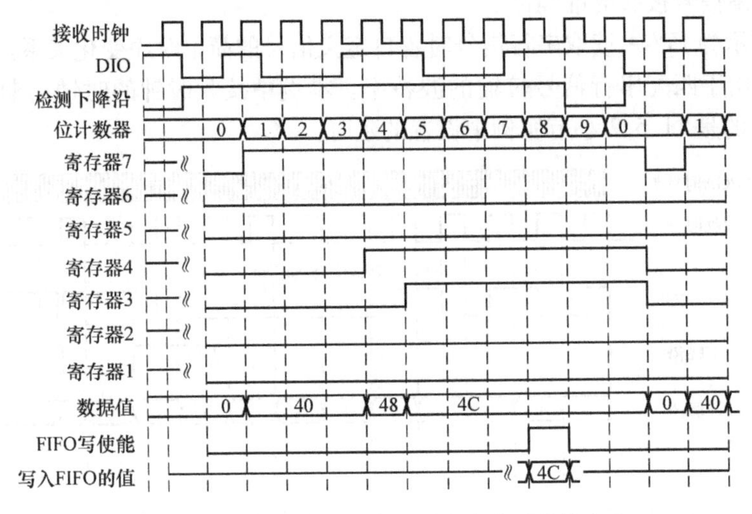

图 B.2 FPGA 读取串行信号时各寄存器值的变化

存储在寄存器中的二进制数通过“布尔数组至数值转换”VI 转换成十进制数，并写入 FIFO 中。本书实例中对 FIFO 的写操作不受奇偶校验影响。写入的时机为“位计数器”由“7”转变为“8”的时刻。写入 FIFO 的数值与“数据值”一致，寄存器的值在下一个串行字符接收开始前才会进行初始化。

B.3 奇偶校验

奇偶校验是一种较为常用的信号检验方式。其原理为在串行信号数据位后添加一位校验位，保持数据位和校验位中“1”的数量为奇数或偶数。如果信号发送的过程中出现噪声，令串行信号中的某一位出现变化（从“0”变为“1”或相反），那么接收方可以此判断信号接收出错。

在 11.5.2 小节提供的实例中，使用存储布尔型数值的移位寄存器对串行信号中的数据位进行“异或”操作。这种操作可实现奇偶校验。为方便说明，本文将该移位寄存器称为“校验寄存器”。

本实例中，奇偶校验的过程和数据位接收同时开始，即“位计算器”从“0”到“1”变化的时刻。校验开始时，“校验寄存器”初始化为“1”。在每一个接收时钟周期结束时，程序将该寄存器与串行信号当前的位进行“异或”操作。操作的结果取代“校验寄存器”中的值。当“位计算器”的值到达“8”，且奇偶校验位被读取后，当前“校验寄存器”和奇偶校验位的值将进行对比。当通信的奇偶校验方式为奇校验时，“校验寄存器”和奇偶校验位的值应相同，校验方式为偶校验时则相反，如图 B.3 所示。

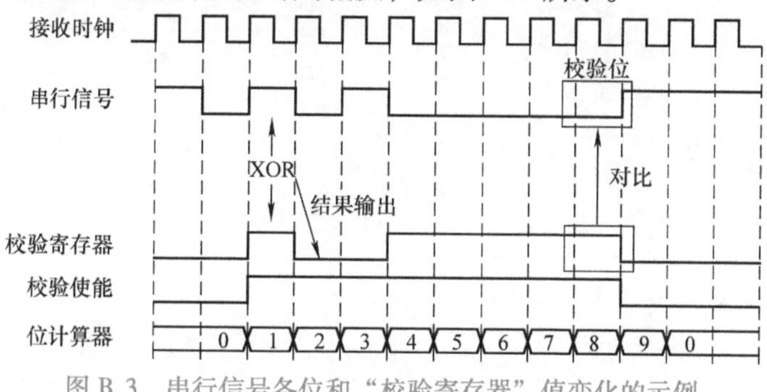

图 B.3　串行信号各位和“校验寄存器”值变化的示例

B.4　增量脉冲接收

串行信号接收完毕之后，程序开始使用 A、B 两相信号进行增量脉冲接收。由于增量脉冲的频率不固定，因此程序需要保持在最高时钟频率运行，以提高对增量脉冲接收的精度。该过程中，A、B 信号与电动机运动的关系已经在 11.5.2 小节中进行了详细说明，相关的时序如图 B.4 所示。图 B.4 中的“计数器（初步）”其实对应的是图 11.27 中 While 循环的整型移位寄存器，“增量脉冲计数”对应显示控件“增量脉冲计数”，“计数器（初步）”的值为“增量脉冲计数”除 2 后向下取整后的值。

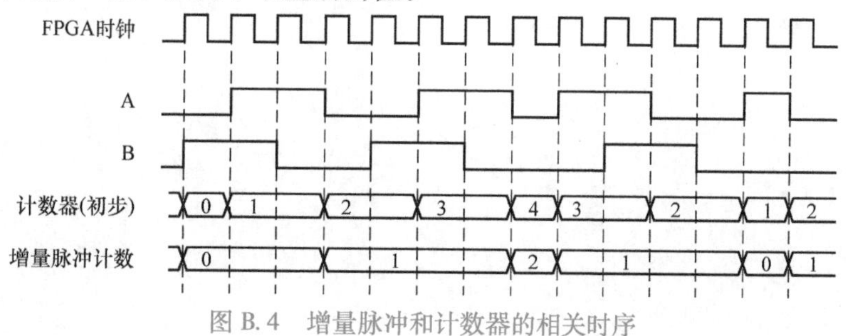

图 B.4　增量脉冲和计数器的相关时序